TÉCNICAS DE MANUTENÇÃO PREDITIVA

VOLUME 1

Blucher

L.X. NEPOMUCENO

Coordenador

●

TÉCNICAS DE MANUTENÇÃO PREDITIVA

●

VOLUME 1

Técnicas de manutenção preditiva – vol. 1

© 1989 Lauro Xavier Nepomuceno

1ª edição – 1989

10ª reimpressão – 2022

Editora Edgard Blücher Ltda.

Blucher

Rua Pedroso Alvarenga, 1245, 4º andar

04531-934 – São Paulo – SP – Brasil

Tel.: 55 11 3078-5366

contato@blucher.com.br

www.blucher.com.br

É proibida a reprodução total ou parcial
por quaisquer meios sem autorização
escrita da editora.

Todos os direitos reservados pela Editora
Edgard Blücher Ltda.

FICHA CATALOGRÁFICA

Nepomuceno, Lauro Xavier,
 Técnicas de manutenção preditiva /
Lauro Xavier Nepomuceno – São Paulo:
Blucher, 1989.

Bibliografia.

ISBN 978-85-212-0092-5

1. Controle preditivo 2. Manutenção
industrial I. Nepomuceno, L. X..

05-4296   CDD-620.0046

Índices para catálogo sistemático:

1. Manutenção preditiva: Engenharia:
Tecnologia   620.0046

Apresentação

A época em que vivemos, já marcada pelas conquistas espaciais, está condicionada a muitos fatores mas, entre estes, destacamos a **velocidade da inovação tecnológica, aumento da competição e o movimento trabalhista.** Neste contexto, a **Manutenção** está assumindo um papel de primeira grandeza nos serviços essenciais ao bem estar do Homem. A capacidade de investimento das Nações está limitada pela alta das taxas de juros no mercado financeiro e, nesta situação, o investimento melhor e mais econômico é a manutenção em boas condições de utilização do parque produtivo existente. Além de manter em boas condições o parque produtivo, a **Manutenção** também pode racionalizá-lo, aperfeiçoá-lo e atualizá-lo com as novas tecnologias disponíveis no campo da informática e da eletrônica, tornando-o mais competitivo. Pela adoção de métodos de serviço mais confortáveis, pela adequação dos ambientes de trabalho e pela implantação de processos indiretos de controle, a **Manutenção** também dá grandes passos na humanização do trabalho, com repercussões altamente favoráveis na vida do trabalhador.

Assim, a Manutenção entra definitivamente no processo produtivo, atendendo aos condicionamentos de nossa época. Por outro lado, a capacidade de manter adequadamente o parque produtivo constitui uma das diferenças fundamentais entre as Nações desenvolvidas e as subdesenvolvidas. Nestas últimas, a **Manutenção** tem sido tarefa das mais difíceis e merecido pouca atenção da alta administração pública e empresarial, com todas suas conseqüências na formação de pessoal, na dotação de recursos orçamentários, nas aplicações tecnológicas e no desenvolvimento gerencial. Esta diferença, entre desenvolvido e subdesenvolvido, pode ser bem notada a nível da vida diária do cidadão. Numa parte tudo funciona bem, desde a manutenção das rodovias, ferrovias, escolas, hospitais, correios, energia elétrica, telefone, água, até na observância de horários e na conservação de praças públicas, jardins, ruas, edifícios, etc... Na outra, tudo funciona mal, fora de horário, ou com deficiências crônicas.

Assim, a **Manutenção** está no limiar de dois mundos. Nosso País, o Brasil, é uma Nação em desenvolvimento. Nesta mesma posição está a nossa Manutenção, também em desenvolvimento.

Colaborando para o desenvolvimento da Manutenção no Brasil, no estratégico campo da Educação e Treinamento, aparece o livro **Técnicas de Manutenção Preditiva** do Professor L.X. Nepomuceno, este, há longo tempo, um dos baluartes na defesa da Manutenção, como atividade importante e necessária à sociedade.

É um livro atual, importante para planejadores e executores, professores e alunos, engenheiros e técnicos, enfim, a todos que militam no campo da **Manutenção.**

O livro faz uma incursão profunda no campo da gerência e tecnologia, focalizando, neste último, as técnicas e métodos adotados na Manutenção Preditiva. Por essa razão e por muitas outras é que recomendamos o livro do Professor Nepomuceno à toda a **Comunidade de Manutenção.**

Elcias José Ferreira
Presidente da ABRAMAM

Prefácio

O presente trabalho deveria ser nada mais que uma segunda edição do livro Procedimentos Técnicos de Manutenção Preditiva em Instalações Industriais, recém esgotado. Entretanto, alguns fatos detetados no passado recente aconselharam a elaborar uma obra diferente da original, principalmente pelo acréscimo de alguns materiais básicos, inadvertidamente considerados conhecidos nas atividades desenvolvidas. O livro mencionado acima foi utilizado como texto em vários cursos ministrados tanto com finalidades acadêmicas, tais com reciclagem e extensão, quanto no treinamento de pessoal envolvido com problemas de manutenção em diversas instalações industriais

Procurando apresentar um enfoque mais abrangente, foram convidados vários especialistas em diferentes áreas a escrever capítulos específicos, permitindo, dessa forma, a apresentação de experiências vividas por um grupo heterogêneo, com interesse ligado às atividades de manutenção. Nesse particular, os autores convidados mostraram-se receptivos à idéia e entregaram sua colaboração de maneira plenamente satisfatória.

O leitor poderá observar que no presente trabalho foram acrescidos capítulos referentes a Vibrações Mecânicas e Movimento Ondulatório, Noções sobre Análise e Processamento de Sinais, que inclui noções sobre análise via Séries de Fourier e suas aplicações à manutenção. Um dos co-autores apresenta uma série de análises envolvendo casos práticos de manutenção em indústria química, o que permite ao interessado observar o como é relativamente fácil e seguro executar a predição em função dos níveis de vibração; é suficiente prestar atenção no acompanhamento da evolução dos espectros em função do tempo de funcionamento.

Alguns capítulos novos como os referentes à Vibrações Mecânicas, Análise de Sinais e inclusive alguns ensaios não-destrutivos podem parecer inadequados a um trabalho sobre manutenção. Entretanto, foram encontrados inúmeros casos de encarregados procurando elaborar diagnósticos de máquinas fundamentados em medidas e análise de vibrações sem que tivessem a mínima idéia do que fosse formalmente vibração. Inclusive os poucos que ouviram falar nas Séries de Fourier, sabiam tão somente "que é um monte de senoides aptas a deixar diversos alunos em segunda época". Por tal motivo, foram introduzidos capítulos bastante elementares, com a intenção de tornar acessível aos técnicos em manutenção, um método ou processo de melhorar seu desempenho, pela melhor compreensão dos procedimentos que está executando.

Considerando que os apêndices do livro original mantém sua atualidade, foi decidido mantê-los no presente trabalho, permitindo um estudo mais elaborado de alguns problemas específicos. Observe-se que o presente trabalho foi elaborado para atender aos técnico de nível médio envolvidos com manutenção, dada a ausência quase que total de trabalhos destinados a tal finalidade.

L.X. Nepomuceno
Coordenador

Autores

Álvaro Alderighi - Químico Industrial pela Universidade Mackenzie, turma de 1946. Trabalhou como especialista na Thermo Equipment Company. Cursou na Rutgers University curso de extensão em Advanced Paint Technology. Atualmente ocupa a posição de Consultor e Assessor de Marketing da Dresser Indústria e Comércio Ltda. Divisão Manômetros Willy.

R.W. Erickson - Pesquisador do Research Center da TEXACO CO., INC., envolvido em problemas de análise de lubrificantes.

Pedro Feres Filho - Engenheiro Mecânico pela Faculdade de Engenharia Industrial FEI, turma de 1979. Diretor do Centro de Tecnologia Brasitest. Desde início de sua carreira profissional, dedicou-se a problemas de Ensaios Não Destrutivos, exercendo atividades nos campos de Controle da Qualidade, especializando-se em Técnicas de Emissão Acústica. Possui vários trabalhos publicados, apresentou trabalhos em vários Congressos e Simposia. Diretor da ABENDE - Associação Brasileira de Ensaios Não Destrutivos.

Miguel Sigura Garcia - Engenheiro Eletricista, atualmente ocupando o cargo de Consultor da ALCAN - Alumínio do Brasil S/A.

Wilhelm Henseler Filho - Engenheiro Mecânico, responsável pelo setor de diagnóstico e manutenção preditiva da RHODIA TEXTIL, São José dos Campos.

Armando Carlos Lopes - Engenheiro Químico pela Faculdade de Engenharia Industrial, FEI, turma de 1985. Realizou vários estágios visando aperfeiçoar-se em Poluição Ambiental, Controle de Qualidade. Prestou serviços na Worthington, PETROBRÁS e, desde 1986 presta serviços na FOERSTER-IMADEN LTDA., na qualidade de Engenheiro de Desenvolvimento e Aplicação em técnicas de Ensaios Não-Destrutivos nas modalidades de Correntes Parasitas, Partículas Magnéticas, Líquidos Penetrantes. Executa estudos, desenvolvimento, cálculos e projetos de instalações e equipamentos para controle de qualidade. Normalmente ministra cursos de ensaios não-destrutivos referentes à sua especialidade, assim como pronuncia palestras no ambiente industrial e acadêmico.

Luiz Mamede G. Magalhães - Engenheiro Metalúrgico, Universidade Federal do Rio de Janeiro - UFRJ, turma de 1979. Mestre em Soldagem pelo Departamento de Metalurgia da UFRJ. Acompanhou e participou em vários cursos envolvendo Deteção e Proteção Radiológica, Processos de Soldagem, Mecânica da Fratura, Corrosão, Metrologia, Ensaios com Líquidos Penetrantes, Partículas Magnéticas, Radiação Penetrante, Ultra-sons, Garantia de Qualidade, Correntes Parasitas e assuntos correlatos. Estágio na TUV Alemanha e na ATISAE promovidos pelo IBQN. Vários trabalhos publicados referentes a sua especialidade, tendo inclusive apresentado diversos trabalhos em Congressos e Seminários. Qualificado como Nível III em Ensaios Não-Destrutivos pela CNEN e pelo IBQN. Trabalhou no IBQN entre 1980 e 1986. Ocupa, desde 1986 o cargo de Gerente Técnico da Divisão de Ensaios Não-Destrutivos da SGS do Brasil S/A.

L.X. Nepomuceno - Físico pela Faculdade de Filosofia, Ciências e Letras, atual Departamento de Física da USP, classe de 1946. Membro fundador do Centro Brasileiro de Pesquisas Físicas, ABENDE, ABRAMAM, IDE (Institute of Diagnostis Engineers, Leicester, UK). Membro pleno na ASNT, ASME, ASTM, SBPC, SBF, ASA, INCE, ABNT, etc. Nível III by Examnination em UT e MT pela ASNT, Nível III by Examination in NDE pela CONAN Nuclear Services, Inc. Representou o Brasil nas reuniões planárias da ISO/UNO em Stockholm, 1958 e nas da IEC/UNO também em Stockholm, em 1958. Participou de cursos de Extensão e Aperfeiçoamento na Goettingen Universitaet em Acústica e Vibrações, Nuclear Heat Exchange Course - Thermal/Hydraulic Design and Analysis ASME/ANS (1982) - Flow Induced Vibrations (ASME) − Training the NDT Trainer (ASNT). Mantém programas de troca de informações com a NASA, Southwest Research Institute, Bolt, Beranek & Newman, Inc., EPA/ Environmental Protection Agency, Tohôku University, Institutto Elettrotecnico Nazionale (Torino). Possue cerca de 80 trabalhos publicados no país e no exterior. Publicou os livros seguintes: Acústica Técnica (1968); Acústica (1977); Tecnologia Ultra-sônica (1980); Barulho Industrial: Causas e Origem e Conseqüências Sociais (1984); Acoustic Emission in Nondestrutive Testing (trabalho apresentado no II Encontro da Qualidade (PETROBRÁS, 1970) traduzido e distribuido pela NASA como documento NASA-TT-F-13646 (1971); Procedimentos Técnicos de Manutenção Preditiva em Instalações Industriais (1985); Técnicas de Manutenção Preditiva (no prelo); Ministra anualmente cursos de extensão e reciclagem na FDTE/EPUSP/IPT, PROPESA/ITA/CTA/, CETTA, ABM, treinamento e cursos fechados em várias instalações industriais, como: COSIPA, ALCAN, ALCOA, CATERPILLAR, SIDERÚRGICA MENDES JÚNIOR, CVRD-Carajás, USIMINAS, ABM, CELANESE BRASILEIRA, CARBOCLORO, DRESSER DO BRASIL, ALUMAR, etc. Consultor autônomo de diversas instituições governamentais e privadas.

Oswaldo Rossi Júnior - Físico pela Universidade Mackenzie, turma de 1974. Ex-Presidente da Associação Brasileira de Ensaios Não Destrutivos, ABENDE; Associação Brasileira de Controle de Qualidade, ABCQ; Coordenador do Projeto Regional de Ensaios Não Destrutivos da América Latina e Caribe, da UNO e AIAA. Diretor da Magnatech Ltda.

Alejandro Spoerer - Engenheiro Naval pela Academia de Engenharia Naval do Chile, turma de 1973. Especializou-se em ensaios não-destrutivos na Naval Air Station em Jacksonvillé, FL-USA. Estagiou em várias indústrias, como Nortec (USA) Lock e Clandon (UK), Interflux e Institut Dr. Foerster (Alemanha). Ocupou cargos de direção na Magnatech e Panambra. Atualmente é Diretor de Vendas e Marketing da Foerster-Imaden do Brasil, equipamentos para controle de qualidade. Antigo presidente da Associação Brasileira de Ensaios Não-Destrutivos ABENDE. Expert da IAAE, organiza, coordena e participa como professor em cursos, seminários e conferências sobre ensaios não-destrutivos.

W.V. Taylor - Pequisador do Research Center da The TEXAS COMPANY, INC., no que diz respeito a lubrificação e análise de lubrificantes.

Índice

CONTEÚDO

Apresentação	V
Prefácio	VII
Autores	IX
Índice	XIII

I.00 - **ADMINISTRAÇÃO E ORGANIZAÇÃO DA MANUTENÇÃO** 1
L. X. Nepomuceno
I.10 - Organização de um Sistema de Manutenção 13
I.20 - Filosofia que deve Prevalecer numa Instalação Industrial 21
I.30 - Técnicas e Procedimentos Técnicos Modernos 37
I.40 - Técnicas Atuais 45
I.50 - Leitura Recomendada 53

II.0 - **IDÉIAS E CONCEITOS BÁSICOS DA MANUTENÇÃO** 55
L. X. Nepomuceno
II.01 - O CONCEITO DE CONFIABILIDADE 55
II.01.01 - Definições Fundamentais Relacionadas à Confiabilidade 57
II.01.01.01 - Conceito de Sistema 57
II.01.01.02 - Conceito Fundamental de Circuito 58
II.01.01.03 - Conceito de Componente ou Peça e Conceito de Montagem .. 59
II.01.01.04 - Hierarquia de um Sistema 60
II.01.01.05 - Operação Deficiente 60
II.01.01.06 - Falhas ou Faltas 61
II.01.01.07 - Maneiras ou Modos de Falhar 61
II.01.01.08 - Conceito de Vida Útil 63
II.01.01.09 - A Confiabilidade 63
II.01.01.10 - A Equação da Predição da Confiabilidade 64
II.02 - O CONCEITO DE MANUTENABILIDADE 65
II.02.01 - Padronização e Normalização 66
II.02.02 - Modularização e Unidades Integradas 66
II.02.03 - Permutabilidade e Acessibilidade 67
II.02.04 - Dispositivos Indicadores. Isolamento do Defeito 67

XIV PREFÁCIO

II.02.05 - Identificação dos Dispositivos 68
II.03 - DISPONIBILIDADE 68
II.04 - FUNDAMENTOS DA ANÁLISE DA CONFIABILIDADE/MANUTEN-
ÇÃO/DISPONIBILIDADE DE UM PRODUTO - NOÇÕES GERAIS 70
II.04.01 - Confiabilidade de Circuitos em Série 71
II.04.02 - Confiabilidade de Circuitos em Paralelo 72
II.04.03 - Aplicações Práticas de Técnicas de Redundância 76
II.05 - PLANEJAMENTO E ANÁLISE DE FALHAS 78
II.05.01 - Método da Árvore das Falhas 81
II.05.02 - Falha e Decisão de Reparo 84
II.05.03 - Avaliação da Relação Predição de Falhas/Confiabilidade 92
II.05.04 - Variação do Gradiente de Risco. Considerações Práticas 96
II.06 - LEITURA RECOMENDADA 101

III.00 - **INVESTIGAÇÃO, TIPOS E OCORRÊNCIA DE FALHAS** 104
L. X. Nepomuceno
III.01 - FALHAS DE COMPONENTES E SISTEMAS 104
III.02 - CLASSIFICAÇÃO DAS FALHAS 106
III.03 - TIPOS DE FALHAS 108
III.04 - INVESTIGAÇÃO DA ORIGEM DAS FALHAS 111
III.04.01 - Falhas em Caldeiras e Vasos de Pressão 113
III.04.02 - Falhas em Aeronaves 114
III.04.03 - Fatores Humanos na Ocorrência de Acidentes 117
III.05 - CAUSAS DAS FALHAS OU RUPTURAS 118
III.05.01 - Falhas Durante a Operação. Falhas de Serviço 120
III.05.02 - Fadiga 121
III.05.03 - Deformações Excessivas 126
III.05.04 - Tensões Devidas à Carga. Machucaduras Diversas 127
III.05.05 - Desgaste 131
III.05.06 - Corrosão 134
III.06 - FALHAS E DEFEITOS DEVIDOS AO PROJETO, FABRICAÇÃO
E MONTAGEM 136
III.07 - VALORES NUMÉRICOS INDICADOS PELA PRÁTICA 139
III.08 - LEITURA RECOMENDADA 148

IV.00 - **MÉTODOS E PROCESSOS DE MANUTENÇÃO, PROCESSOS
DE MEDIÇÃO** 150
L. X. Nepomuceno
IV.10 - PROCESSOS E MÉTODOS DE MANUTENÇÃO 153
IV.20 - CONSIDERAÇÕES SOBRE A MANUTENÇÃO EM BASE AO
DIAGNÓSTICO 162
IV.30 - VALORES NUMÉRICOS DOS PARÂMETROS E SUA OBTENÇÃO ... 165
IV.30.01 - Células de Carga 167
IV.30.02 - Verificação do Vasamento em Tubulações e Vasos 170
IV.30.02.01 - Método do Teste Hidrostático 171
IV.30.02.02 - Métodos do Teste Ultra-sônico 171
IV.30.30 - Medidas da Temperatura 172
IV.30.40 - Medidas da Espessura na Manutenção 174
IV.30.50 - Transdutores de Vibração 174
IV.30.50.10 - Transdutores Sensíveis ao Deslocamento 175
IV.30.50.20 - Transdutores Sensíveis à Velocidade 175
IV.30.50.30 - Transdutores Sensíveis à Aceleração. Acelerômetros 177
IV.30.50.40 - Características dos Transdutores e dos Métodos de Fixação 178

PREFÁCIO

XV

IV.30.50.50 - Estroboscopia 182
IV.30.50.60 - Gravação Magnética de Sinais 182
IV.30.40.70 - Significado dos Valores Fornecidos pela Medição 183
IV.40 - LEITURA RECOMENDADA 185

V.0 - **MEDIDA E CONTROLE DA TEMPERATURA E PRESSÃO NA MANUTENÇÃO** 188
Álvaro Alderighi
V.01 - INTRODUÇÃO 188
V.02 - MANÔMETROS. TIPOS E APLICAÇÕES 189
V.02.01 - Manômetro com Sensor Elástico e Mostrador 190
V.02.02 - Tubo de Bourdon 190
V.02.03 - Leitura à Distância 191
V.02.04 - Limitações pela Agressividade da Linha 191
V.02.05 - Medida da Pressão de Nível 192
V.02.06 - Manômetros Eletrônicos Digitais 192
V.02.07 - Acessórios 193
V.03 - CONTROLE DA PRESSÃO 193
V.04 - PRESSOSTATOS 194
V.05 - MEDIDA DA TEMPERATURA 195
V.05.10 - Termômetro de Expansão de Mercúrio 196
V.05.20 - Termômetros Bimetálicos 196
V.06 - SISTEMAS ELÉTRICOS DE MEDIÇÃO DA TEMPERATURA 197
V.06.20 - Medida da Temperatura Diferencial 201
V.07 - Princípio de Medição 202
V.08 - TERMISTORES 202
V.09 - PIRÔMETROS ÓPTICOS E A RADIAÇÃO 203
V.10 - TERMOGRAFIA 204
V.11 - LÁPIS, TINTAS, PELOTAS SENSÍVEIS ÀS MUDANÇAS DE TEMPERATURA 204
V.12 - MÉTODOS DE MUDANÇA DE COLORAÇÃO 204
V.13 - CONTROLE DA TEMPERATURA 204
V.14 - BIBLIOGRAFIA 205

VI.0 - **VIBRAÇÕES MECÂNICAS. MOVIMENTO ONDULATÓRIO** 206
L. X. Nepomuceno
VI.01 - Movimento Circular 209
VI.01.01 - Equações do Movimento Circular 210
VI.01.02 - Força Centrípeta 214
VI.01.03 - Corpos Executando Movimentos Curvos 214
VI.01.04 - Exemplos Práticos de Movimento Circular 216
VI.01.04.01 - O Rotor Mágico 216
VI.01.04.02 - O Balde Girante 218
VI.01.04.03 - Funcionamento de Centrífugas 219
VI.02 - O CONCEITO DE MOMENTO DE INÉRCIA 220
VI.02.01 - Energia Cinética de um Corpo Girante 223
VI.02.02 - Conjugados. Trabalho Executado por um Conjugado 224
VI.02.03 - Conceito de Momento Angular 227
VI.05 - VIBRAÇÕES MECÂNICAS. CONCEITOS BÁSICOS 228
VI.03.01 - Equações do Movimento Oscilatório 234
VI.03.02 - Expressões para a Velocidade Angular 237
VI.03.03 - Oscilador Massa-e-Mola. Pêndulos Simples 238
VI.03.04 - A Energia no Movimento Harmônico Simples 242

XVI PREFÁCIO

VI.03.05 - Oscilações Amortecidas 245
VI.03.05.01 - Casos Particulares de Oscilações Amortecidas 245
VI.03.05.02 - Oscilações Forçadas. Conceito Físico de Ressonância 248
VI.03.06 - Conceitos Úteis no Estudo das Vibrações 251
VI.03.07 - Vibrações de Chapas 255
VI.04 - MOVIMENTOS ONDULATÓRIOS 257
VI.04.01 - Descrição Elementar das Ondas Mecânicas 259
V8.04.02 - O Princípio ou Construção de Huyghens 262
VI.04.03 - O Princípio da Superposição 266
VI.04.04 - Interferências entre Movimentos Ondulatórios 268
VI.04.05 - O Fenômeno da Difração 270
VI.04.06 - Ondas Estacionárias 271
VI.04.07 - Batimentos 275

VI.05 - BALANCEAMENTO ESTÁTICO E DINÂMICO. NOÇÕES
FUNDAMENTAIS 277
VI.05.01 - Balanceamento Perfeito 277
VI.05.02 - Balanceamento Estático de Rotores Rígidos 277
VI.05.03 - Balanceamento Dinâmico de Rotores Rígidos 279
VI.05.04 - Balanceamento de Rotores Flexíveis 279
VI.05.05 - Balanceamento de Rotores com Eixo Flexível 280
VI.05.06 - Causas de Desbalanceamento 282
VI.05.07 - Qualidade do Balanceamento Dinâmico 284
VI.05.08 - Tabelas e Curvas de Classificação das Vibrações em Máquinas.
Especificações Válidas em Âmbito Universal 285
VI.06 - LEITURA RECOMENDADA 292

VIII.00 - NOÇÕES SOBRE PROCESSAMENTO E ANÁLISE DE SINAIS
DE INTERESSE À MANUTENÇÃO 294
L. X. Nepomuceno
VII.01 - SINAIS MECÂNICOS DE ALGUNS TIPOS DE EQUIPAMENTOS 295
VII.02 - ANÁLISE DE FOURIER 299
VII.02.01 - Análise Harmônica via Séries de Fourier 300
VII.02.02 - Considerações Preliminares 301
VII.02.03 - Alguns Exemplos Práticos de Aplicações 302
VII.02.03.01 - Análise dos Sinais Provenientes de Compressores 302
VII.02.03.02 - Mecanismo com Variação Tipo Dente de Serra 303
VII.02.03.03 - Superposição de Duas Vibrações Senoidais 306
VII.02.03.04 - Análise de um Sinal Arbitrário 308
VII.03 - SINAIS MULTI-FREQUÊNCIA OU MULTI-HARMÔNICO.
ESPECTROS EM FREQUÊNCIA 310
VII.03.01 - Correlação, Correlação Cruzada e Autocorrelação 314
VII.03.02 - Espectro de Sinais. Autoespectro e Espectro Cruzado 316
VII.04 - VIBRAÇÕES MECÂNICAS DE MÁQUINAS E EQUIPAMENTOS
ATIVOS 316
VII.05 - LEITURA RECOMENDADA 319

VIII.00 - **MEDIÇÕES PERIÓDICAS VISANDO A MANUTENÇÃO PREDITIVA**
.... 321
L. X. Nepomuceno
VIII.10 - MEDIÇÕES PERIÓDICAS. PROCEDIMENTOS USUAIS 321
VIII.20 - INSTRUMENTOS PARA A MEDIDA DO NÍVEL GLOBAL DE
VIBRAÇÕES 324

PREFÁCIO   XVII

VIII.30 - VANTAGENS E LIMITAÇÕES DO MÉTODO 338
VIII.40 - CONSIDERAÇÕES SOBRE O INSTRUMENTAL DE MEDIDA 339
VIII.50 - ALGUNS PROCEDIMENTOS PRÁTICOS POUCO
    CONVENCIONAIS 340
VIII.50.10 - Medições de Deslocamento. Observações com Osciloscópio . 340
VIII.50.20 - Diferenciação Simplificada entre Desalinhamento e
    Desbalanceamento e entre Folga e Turbulência 343
VIII.50.30 - Considerações Gerais 344
VIII.60 - LEITURA RECOMENDADA 346
IX.00 - ANÁLISE RÁPIDA DE ÓLEO 348
    R. W. Erickson e W. V. Taylor
I.10 - COLETA E ENVIO DA AMOSTRA 349
IX.20 - DESCRIÇÃO E SIGNIFICADO DOS ENSAIOS 350
IX.20.10 - Inspeções Sensoriais 352
IX.20.20 - Ensaios Físicos e Químicos 353
IX.30 - ESPECTROGRAFIA DE EMISSÃO 360
IX.40 - ANÁLISE INFRA-VERMELHO 361
IX.50 - ÍNDICE DE NEUTRALIZAÇÃO 364
IX.60 - CONTAGEM DE PARTÍCULAS 365
IX.70 - SUMÁRIO 367
IX.80 - REFERÊNCIAS BIBLIOGRÁFICAS 367

X.0 - ESPECTRO DOS SINAIS. FILTROS E ANALISADORES 369
    L. X. Nepomuceno
X.10 - CONCEITOS FUNDAMENTAIS DA ANÁLISE DOS SINAIS 371
X.20 - ANALISADORES USUAIS. ANÁLISE SEQÜENCIAL 385
X.30 - ANÁLISE EM PARALELO. ANALISADORES USUAIS 398
X.30.10 - Analisadores em Tempo Real 398
X.30.20 - Analisadores em Base à Transformada de Fourier 404
X.40 - LEITURA RECOMENDADA 409

XI.00 - IDENTIFICAÇÃO DA ORIGEM DAS VIBRAÇÕES. MONITORAÇÃO 411
    L. X. Nepomuceno
X.10 - ESTREITAMENTO DOS PICOS DO ESPECTRO DEVIDO A
    ANOMALIAS 413
XI.20 - BARULHO PRODUZIDO POR MOTORES DIESEL 415
XI.30 - VIBRAÇÕES NATURAIS DE BARRAS 417
XI.30.10 - Vibrações Transversais de Barras 418
XI.40 - VIBRAÇÕES ORIGINADAS NAS CORREIAS 420
XI.50 - VIBRAÇÕES DE ORIGEM ELÉTRICA 423
XI.60 - VIBRAÇÕES ORIGINADAS POR TURBULÊNCIA/INSTABILIDADE . 425
XI.70 - VIBRAÇÕES DEVIDAS AO DESBALANCEAMENTO 427
XI.80 - DESALINHAMENTOS 429
XI.90 - FOLGAS MECÂNICAS 431
XI.100 - VIBRAÇÕES EM SISTEMAS DE ENGRENAGENS 431
XI.100.10 - Noções de Cálculos da Vibração de Engrenagens 450
XI.200 - VIBRAÇÕES EM MANCAIS E ROLAMENTOS 454
XI.200.10 - Rolamentos de Esferas e de Rolos 454
XI.200.10.10 - Vibrações Originadas por Rolamentos 465
XI.200.10.20 - Deteção de Anomalias em Rolamentos 473
XI.200.20 - Predição da Vida Útil Residual de Rolamentos 476
XI.300 - VIBRAÇÕES DE ORIGEM AERODINÂMICA 482
XI.400 - VIBRAÇÕES ORIGINADAS PELO ATRITO 484

XVIII
PREFÁCIO

XI.500 - VIBRAÇÕES ORIGINADAS PELO PROCESSO 485
XI.600 - VIBRAÇÕES ORIGINADAS POR RESSONÂNCIA 486
XI.700 - VIBRAÇÕES ORIGINADAS POR CAUSAS DIVERSAS 486
XI.800 - MONITORAÇÃO PERMANENTE 487
XI.800.100 - Transdutores Utilizados na Monitoração 487
XI.800.200 - Painéis Indicadores 490
XI.800.300 - Monitoração pela Análise dos Sinais 492
XI.900 - LEITURA RECOMENDADA 498

XII.00 - **CASOS PRÁTICOS DE DIAGNÓSTICO EXECUTADO EM CAMPO** . . 503
Wilhelm Henseler Filho
XII.10 - Estudo 0314-E Bomba Worthington Código W-127 503
XII.20 - Estudo 0361 - Centrífuga Krauss 2 503
XII.30 - Estudo 0614-E Captação de Água Bruta - SEF 504
XII.40 - Estudo 1010 - Bomba de Circulação de Água Quente 504
XII.50 - Estudo 1032-E Bidim, Linha II - Hooper 505
XII.60 - Estudo 1142-E - Bomba de Circulação de Água Quente SEF 505
XII.70 - Estudo 1255-E - Continuação do Estudo 1142-E 505

XIII.00 - **LIMPEZA ULTRA-SÔNICA. DESOBSTRUÇÃO DE TUBULAÇÕES** . 568
L. X. Nepomuceno
XIII.10 - CONSIDERAÇÕES GERAIS SOBRE A CAVITAÇÃO 568
XIII.20 - LIMIAR PARA LIMPEZA ULTRA-SÔNICA. LÍQUIDOS
ADEQUADOS 578
XIII.20.10 - Alguns Casos Práticos de Limpeza Ultra-Sônica 579
XIII.20.10.10 - Limpeza de Palheta de Turbinas Aeronáuticas 580
XIII.20.10.20 - Limpeza de Rolamentos 581
XIII.20.10.30 - Limpeza de Carburadores Automotivos 582
XIII.20.10.40 - Limpeza de Fieiras de Extrusão 582
XIII.20.10.50 - Limpeza de Filtros Diversos 582
XIII.20.10.60 - Limpeza de Giroscópios 583
XIII.20.10.70 - Limpeza de Instrumentos 583
XIII.20.10.80 - Limpeza de Bicos Queimadores e Injetores 585
XIII.20.10.90 - - Limpeza de Placas e Circuitos Impressos 585
XIII.30 - DESOBSTRUÇÃO DE TUBULAÇÕES NAS INSTALAÇÕES
INDUSTRIAIS 586
XIII.40 - LEITURA RECOMENDADA 590

XIV.00 - **MANUTENÇÃO PREDITIVA DE EQUIPAMENTOS ELÉTRICOS** ... 592
Miguel S. Garcia e L. X. Nepomuceno
XIV.10 - DAGNÓSTICO DA DETERIORAÇÃO DO DIELÉTRICO 593
XIV.20 - MOTORES E GERADORES DE CORRENTE CONTÍNUA 596
XIV.20.10 - Limpeza 598
XIV.30 - DIAGNÓSTICO DA DETERIORAÇÃO DO ENROLAMENTO DE
MOTORES 598
XIV.40 - DIAGNÓSTICO DE ANORMALIDADES EM MOTORES
ELÉTRICOS 600
XIV.50 - DEFEITOS MECÂNICOS EM MOTORES ELÉTRICOS 606
XIV.60 - DETERMINAÇÃO DO ESTADO MECÂNICO DOS EIXOS DE
ROTORES 608
XIV.70 - BARRAS DE CONEXÃO 609
XIV.80 - PARAFUSOS SOLTOS 610
XIV.90 - ATIVIDADES DA MANUTENÇÃO QUANTO AO ISOLAMENTO 610

PREFÁCIO XIX

XIV.100 - TRANSFORMADORES 612
XIV.200 - LEITURA RECOMENDADA 614

XV.00 - **O EXAME VISUAL COMO ELEMENTO DE MANUTENÇÃO** 515
Oswaldo Rossi Junior
XV.10 - INFORMAÇÕES FORNECIDAS PELO EXAME VISUAL 616
XV.20 - LIMITAÇÕES INERENTES AO EXAME VISUAL 618
XV.30 - FATORES FÍSICOS QUE AFETAM O EXAME VISUAL 618
XV.40 - DISPOSITIVOS AUXILIARES DO EXAME VISUAL 620

XVI.00 - **ENSAIOS COM LÍQUIDOS PENETRANTES** 628
Oswaldo Rossi Junior
XVI.10 - PRINCÍPIOS FÍSICOS 628

XVII.00 - **ENSAIOS POR PARTÍCULAS MAGNÉTICAS** 632
Alejandro Spoerer
XVII.1 - INTRODUÇÃO 632
XVII.2 - FUNDAMENTOS DO ENSAIO 633
XVII.3 - MAGNETISMO E ELETROMAGNETISMO 636
XVII.4 - CAMPOS MAGNÉTICOS E TÉCNICAS DE ENSAIO 650
XVII.5 - PARTÍCULAS MAGNÉTICAS 660
XVII.6 - EQUIPAMENTO UTILIZADO NA ÁREA DE MANUTENÇÃO 663
XVII.7 - DESMAGNETIZAÇÃO 665

XVIII.00 - **O ENSAIO RADIOGRÁFICO APLICADO À MANUTENÇÃO
INDUSTRIAL** 671
Luiz Mamede G. Magalhães
XVIII.10 - Introdução 671
XVIII.20 - PRINCÍPIOS E TÉCNICAS RADIOGRÁFICAS 672
XVIII.20.10 - Princípios 672
XVIII.20.20 - Fontes de Radiação 673
XVIII.20.30 - Origem dos Raios-X 673
XVIII.20.40 - Equipamentos de Raios-X 674
XVIII.20.50 - Radiosótopos 675
XVIII.20.60 - Comparação entre os Equipamentos de Raios-X e
Gamagrafia 676
XVIII.20.70 - Detectores de Radiação. Filmes Radiográficos 677
XVIII.20.80 - O Processamento dos Filmes Radiográficos 677
XVIII.20.90 - Telas Intensificadoras ou Écrans 677
XVIII.20.100 - Sensibilidade Radiográfica 678
XVIII.20.110 - Indicadores da Qualidade da Imagem (IQI) 678
XVIII.20.120 - Interpretação das Radiografias 679
XVIII.20.130 - Técnicas de Exposição Radiográfica 679
XVIII.20.130.10 - Paredes Simples Vista Simples (PS/VS) 679
XVIII.20.130.20 - Parede Dupla Vista Simples (PD/VS) 680
XVIII.20.130.30 - Parede Dupla Vista Dupla (PD/VD) 780
XVIII.20.130.40 - Exposição Simples 681
XVIII.20.130.50 - Exposição Panorâmica 681
XVIII.20.140 - Seleção das Técnicas 681
XVIII.30 - O ENSAIO RADIOGRÁFICO NA MANUTENÇÃO 681

XIX.00 - **ENSAIOS E CONTROLES COM ULTRA-SONS** 684
L. X. Nepomuceno

XX PREFÁCIO

XIX.10 - FUNDAMENTOS DO MÉTODO DE ULTRA-SONS PULSADOS.... 686
XIX.10.10 - Aspectos Essenciais do Teste Ultra-sônico 692
XIX.10.20 - Equipamentos Comerciais. Transdutores 706
XIX.20 - INSPEÇÃO E CONTROLE ULTRA-SÔNICO DE SOLDAGENS..... 707
XIX.30 - INSPEÇÃO E CONTROLE DE TARUGOS E EIXOS FORJADOS.... 711
XIX.40 - INSPEÇÃO E ENSAIO DE CHAPAS E ADERÊNCIA DE METAIS... 714
XIX.50 - VERIFICAÇÃO DA PRESSÃO DE ENCAIXE ENTRE PEÇAS....... 718
XIX.60 - MEDIDA DA ESPESSURA/CONTROLE DA CORROSÃO........ 719
XIX.60.10 - Medições com Apresentação "A". Instrumentos Analógicos,
        Digitais e Combinados "A" plus Digital. Comparações....... 724
XIX.70 - LEITURA RECOMENDADA.................................. 726

XX.00 - **EMISSÃO ACÚSTICA NA MANUTENÇÃO PREDITIVA E
        PREVENTIVA**... 732
        Pedro Féres Filho
XX.10 - INTRODUÇÃO... 732
XX.20 - A EMISSÃO ACÚSTICA NA AVALIAÇÃO DE EQUIPAMENTOS
        INDUSTRIAIS 733
XX.30 - EA NA AVALIAÇÃO DE EQUIPAMENTOS FABRICADOS EM
        PLÁSTICO REFORÇADO...................................... 738
XX.40 - A EA NA MONITORAÇÃO DE MANCAIS........................ 742
XX.50 - EMISSÃO ACÚSTICA DA DETECÇÃO DE VAZAMENTOS......... 743
XX.60 - COMENTÁRIO FINAL... 745
XX.70 - REFERÊNCIAS BIBLIOGRÁFICAS 746

XXI.00 - **ENSAIOS E CONTROLES COM CORRENTES PARASITAS**....... 747
        Armando Lopes
XXI.10 - INTRODUÇÃO.. 747
XXI.20 - PRINCÍPIO BÁSICO DO TESTE............................... 747
XXI.30 - FUNDAMENTOS DO MÉTODO................................. 749
XXI.40 - PRINCÍPIO DA SEPARAÇÃO DE FASE.......................... 753
XXI.50 - CURVA DA FREQÜÊNCIA 754
XXI.60 - TIPOS DE SONDAS E BOBINAS 755
XXI.70 - SISTEMA TÍPICO DE TESTE POR CORRENTES PARASITAS...... 761
XXI.80 - EXEMPLOS PRÁTICOS DE APLICAÇÃO........................ 765
XXI.90 - LEITURA RECOMENDADA 775

XXII.00 - **PROCEDIMENTOS E TÉCNICAS NÃO CONVENCIONAIS**....... 775
        L. X. Nepomuceno
XXII.10 - ENSAIO BASEADO NA RESSONÂNCIA MAGNÉTICA NUCLEAR 775
XXII.20 - ENSAIO PELA ALTERAÇÃO DO CAMPO MAGNÉTICO.......... 777
XXII.30 - ENSAIO ATRAVÉS DA PERTURBAÇÃO DA CORRENTE
        ELÉTRICA 779
XXII.40 - DETECÇÃO DAS TENSÕES RESIDUAIS NOS MATERIAIS....... 782
XXII.50 - TÉCNICAS DE EMISSÃO ACÚSTICA ....· 783
XXII.60 - AVALIAÇÃO DA VIDA ÚTIL RESIDUAL DE COMPONENTES
        DIVERSOS 792
XXII.70 - DISPOSITIVOS OPERANDO EM BASE À TENDÊNCIA DA
        VARIÁVEL... 802
XXII.80 - CONCLUSÕES GERAIS - RECOMENDAÇÕES.................. 803
XXII.90 - LEITURA RECOMENDADA 807

I.00 Administração e Organização da Manutenção

L. X. Nepomuceno

Toda e qualquer fábrica ou instalação industrial, ou ainda toda e qualquer atividade que pretenda fabricar alguma coisa, precisa de vários meios que permitam a produção; tais meios podem ser simples tesouras e agulhas ou mesmo um par de agulhas e novelos de lã, assim como conjuntos de alta complexidade, abrangendo máquinas automáticas, equipamentos simples como bombas e ventiladores até conjuntos operando em tandem e produzindo artigos dos mais complexos possíveis. Entretanto, em todos os casos aparece o problema do desgaste, enguiços, quebras, fraturas e mais uma parafernália de acidentes e incidentes que se observam durante a produção. Assim como uma simples tesoura precisa de ser reparada de tempos em tempos, já que o corte é perdido com a seqüência de operações, as máquinas complexas apresentam desgaste assemelhado, exigindo reparos e consertos em períodos que variam de conformidade com o equipamento, utilização, material sendo processado etc.. Por tais motivos, toda atividade produtiva exige uma certa manutenção, sem o que a produção entra em colápso.

Em todas as instalações existe um Departamento, Secção ou Setor que é denominado de **Manutenção**. Quando se toma o organograma esquemático de uma instalação industrial genérica, observa-se um triângulo como o ilustrado abaixo, com pequenas variações.

Figura I.01

2 TÉCNICAS DE MANUTENÇÃO PREDITIVA

Em praticamente todos os casos a Manutenção é simplesmente tolerada como um mal necessário, já que as máquinas vão se quebrar e então, alguém deve consertá-las. Normalmente o pessoal de manutenção é considerado tão somente para consertar o que se quebra. Basta observar que, em praticamente a totalidade dos casos, o Gerente de Manutenção ocupa uma posição considerada subalterna quando comparada com o Gerente de Produção, Financeiro, Vendas, etc.. Entretanto, um estudo detalhado do problema mostra que os custos de manutenção, quando existe uma organização adequada, desaparecem quando comparados com os lucros que possibilitam, por conservar a capacidade produtiva em valores elevados.

Com o desenvolvimento tecnológico as máquinas foram se tornando cada vez mais rápidas, mais complexas, mais leves e com as conseqüentes deficiências, tais como fator de segurança menor, necessidade de matéria prima com padrão de qualidade mais elevado, operadores melhor preparados e mais uma série de fatores que tornam tais máquinas cada vez mais dependentes de uma manutenção eficiente e adequada. Entretanto, a manutenção por si só nada representa, uma vez que não produz artigos ou peças mas sim serviços. Tais serviços são prestados no âmbito interno da instalação mas, seja como for, são somente serviços, que tem o seu custo aumentado à medida que a complexidade do maquinário aumenta, sem fornecer aquilo que a instalação pretende produzir e vender. Para os envolvidos com a produção, assim como para os envolvidos em cálculos econômicos e financeiros, aparece tão somente uma despesa, qual seja o custo da manutenção. Tal custo é combatido, visando-se sempre diminuí-lo ao mínimo possível, sem observar as conseqüências de tal diminuição. Normalmente, a manutenção é chamada para reparar um equipamento que se quebrou. As causas e origens da quebra são sempre atribuídas a fatores fortuitos ou erro do operador ou do material e o que interessa é consertar o quanto antes para que a produção não seja interrompida.

É interessante observar que a Gerência de Manutenção é sempre considerada como cargo subalterno, como já foi dito; não conhecemos nenhuma instalação que tenha um Vice-Presidente de Manutenção. Por que? A função bem que o merece, já que a manutenção é uma parte integrante do sistema produtivo. Na ausência de um entendimento adequado entre as várias Divisões ou Departamentos de uma unidade de produção, os resultados não podem ser satisfatórios. A instalação deve funcionar como um todo harmônico, onde cada função deve operar de comum acordo com as demais. Caso contrário, o resultado tende a se aproximar do cáos completo, caso não sejam tomadas providências enérgicas em tempo hábil.

ADMINISTRAÇÃO E ORGANIZAÇÃO DA MANUTENÇÃO 3

Repisamos alguns fatos importantes e que são geralmente esquecidos ou ignorados. Numa instalação qualquer, a meta é produzir o máximo com o mínimo de custo. Com tal procedimento, é possível obter rendimento maior e melhores resultados com relação ao capital aplicado em equipamentos e maquinário, assim como investido em mão de obra especializada, que representa um capital investido e que deve fornecer retorno satisfatório. Ora, a conservação do equipamento em condições satisfatórias significa vida útil mais longa e isto só é conseguido através de um sistema adequado e eficiente de manutenção. O gasto com métodos, processos, instrumentos e ferramentas destinadas à manutenção representa um aumento da vida útil do equipamento muitas vezes superior ao investido na própria manutenção.

A rosácea abaixo ilustra uma instalação industrial genérica, onde os vários departamentos estão assinalados.

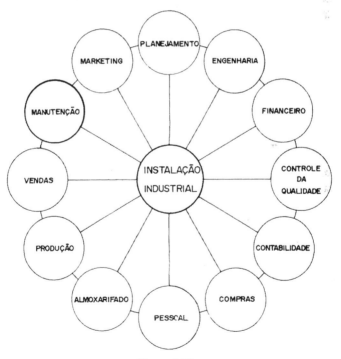

Figura I.02

Evidentemente, a rosácea acima pode ser alterada, como o é, dependendo da instalação que se está estudando. Mas, de um modo geral, existem os departamentos indicados.

4 TÉCNICAS DE MANUTENÇÃO PREDITIVA

Para que a operação da instalação seja harmoniosa, os departamentos ou divisões indicados devem ter, cada uma delas, o seu campo de atuação bem delimitado. Obviamente, haverá superposição de duas ou mais funções. Embora o interesse seja a Produção, a mesma depende da atuação dos demais departamentos. No caso particular, há necessidade imperiosa de um entrosamento completo entre a Produção e a Manutenção. Quando existe tal entrosamento, as paradas para manutenção são programadas de maneira adequada, com benefícios para a operação da instalação inteira e os custos são diminuídos de maneira apreciável.

Numa instalação qualquer, por pequena que seja, existe um núcleo central que trata do **planejamento**, núcleo esse que pode ser constituído por uma única pessoa ou por um conjunto de indivíduos mas, em qualquer caso existe um planejamento que visa atingir determinadas metas ou determinadas finalidades. A rosácea da Figura I.03 ilustra, de maneira esquemática, as relações entre os vários setores e o planejamento central. Obviamente, o funcionamento do sistema dependerá do gerenciamento do

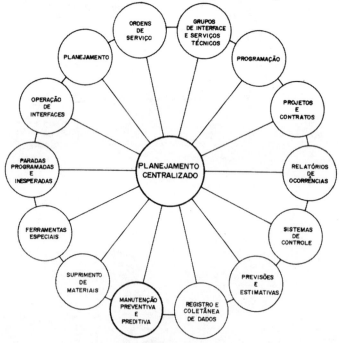

Figura I.03
DIAGRAMA ESQUEMÁTICO DO PLANEJAMENTO CENTRALIZADO

ADMINISTRAÇÃO E ORGANIZAÇÃO DA MANUTENÇÃO   5

planejado, visando corrigir os desvios de percurso mediante providências adequadas.

Embora a manutenção seja considerada como um "mal necessário", as suas funções e a sua importância é percebida imediatamente quando a mesma falha. Considerando a manutenção como responsável pela instalação de maneira global, abrangendo o fornecimento de luz, água e ventilação além do maquinário e equipamento, uma falha é percebida imediatamente. É algo como o serviço doméstico. Quando bem executado ninguém o vê nem o percebe. Entretanto, caso não seja feito, há um verdadeiro caos. O mesmo no caso da faxina. Caso os faxineiros façam greve, a intalação inteira vira um pandemônio. É claro que a complexidade e os problemas de manutenção aumentam em proporção muito maior que o número de funcionários, aumentando ainda mais rapidamente com a complexidade da intalação. Uma indústria com dez empregados tem problemas desprezíveis quando comparados com os de uma indústria com 250 ou mil funcionários. Além do mais, quando a instalação é total ou parcialmente automatizada, os problemas de manutenção aumentam enormemente, exigindo pessoal qualificado e treinado, além de uma organização impensável numa instalação clássica.

Pelos motivos expostos, complexidade do equipamento, automação, etc., os custos de manutenção na indústrias que se desenvolveram tecnologicamente cresceram de maneira alarmante nos últimos anos, o que levou os responsáveis pelas instalações a prestarem atenção muito maior a uma atividade que era considerada como secundária. Quando tais empresas estudaram o problema, verificaram que seria totalmente inviável tentar reduzir os custos de manutenção. Caso o fizessem, a produção certamente seria prejudicada e, com isso, os resultados econômicos estariam comprometidos. Trataram, então, de elaborar um plano, através do qual os aumentos dos "custos" implicariam em atitudes absolutamente imprescindíveis e que a manutenção deveria ser administrada e gerenciada com muito maior atenção e cuidado que até o momento onde a tendência foi verificada.

Diante dos fatos descritos, a Direção da empresa coloca o Gerente ou Superintendente de Manutenção diante da pergunta: Quanto o crescimento corresponde à realidade e não à um simples desejo da Manutenção de crescer, aumentando com isso seu prestígio? Para uma resposta adequada às necessidades reais da empresa, é preciso que sejam estudadas e verificadas alguma questões. A rosácea da figura I.04 ilustra, de maneira esquemática, os elementos mais importantes num esquema genérico

6 TÉCNICAS DE MANUTENÇÃO PREDITIVA

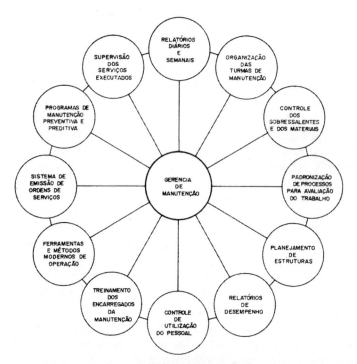

Figura I.04

de Gerenciamento da Manutenção. A organização e gerenciamento da manutenção deve ter em vista questões como as seguintes:
  a) Quais as metas e objetivos da empresa;
  b) Qual o tamanho da empresa e suas instalações e qual a amplitude da manutenção que é mais adequada em função desses dados;
  c) Caso a tendência da empresa é crescer, existe, no quadro atual de funcionários, elementos em número suficiente para atender as necessidades atuais e as previstas no futuro próximo? O pessoal possui o preparo adequado ao desempenho pretendido?
  d) A manutenção deve ser considerada como uma atividade que mantém o equipamento em condições evitando falhas. É muito mais racional controlar com rigor antes do aparecimento de falha e as conseqüentes interrupções da produção que depois que as mesmas ocorram;

ADMINISTRAÇÃO E ORGANIZAÇÃO DA MANUTENÇÃO 7

e) Qual o padrão de qualidade estabelecidos para os produtos e qual o padrão pretentido?

O problema do gerenciamento resume-se, então, numa questão de organização e gerenciamento. Caso as técnicas sejam conhecidas e o pessoal esteja devidamente treinado e embuído numa filosofia coerente para toda a instalação, a organização e o gerenciamento torna-se problema bem mais simples de ser resolvido. O fator mais importante no caso é o treinamento e capacitação dos envolvidos na manutenção, em todos os níveis, de supervisores a trabalhadores praticamente manuais que executam os serviços. As instruções devem ser bastante claras e os executores não devem ter dúvidas quanto aquilo que vão realizar. É importante, além do treinamento e capacitação do pessoal, que existam ferramentas, dispositivos e acessórios que permitam a execução dos serviços necessários com a devida eficiência e perfeição. Embora a organização e gerenciamento sejam essenciais, com ordens de serviços e instruções pormenorizadas, a ausência de meios materiais de execução torna a manutenção uma entidade que nada mais faz que emitir papéis e arquivá-los, sem executar os serviços necessários. Os gastos da manutenção são mais difíceis de controlar que aqueles observados na produção e outros departamentos. Por tal motivo a manutenção deve controlar o pessoal, material, ferramentas e acessórios com o máximo rigor, inclusive verificando a avaliação dos resultados mediante o estabelecimento de padrões compatíveis com a instalação. Tal controle de custos geralmente é menosprezado, ou pelo menos o era no passado recente e, por tal motivo, a manutenção sempre foi considerada como o elo mais fraco da corrente que constitue a instalação como um todo.

Normalmente a Administração de uma instalação genérica dá à manutenção uma importância secundária, mesmo com todos os gastos e despesas que a mesma acarreta. Como já foi dito, é considerada como um "mal necessário". Tal consideração é devida, possivelmente, aos processos inadequados utilizados para a avaliação dos custos industriais, onde são utilizadas porcentagens de cada atividade ou medições inadequadas de eficiência. Normalmente, quando é utilizada a medida em porcentagem, a manutenção aparece como uma fração despresível em relação ao total de faturamento dos produtos e, por tal motivo, é considerada como uma perda suportável ou admissível. Com relação à eficiência, quando os reparos são de monta e executados com rapidez, a produção sofre interrupção ligeira e a manutenção é considerada eficiente. Com isso, fica mascarada uma situação altamente ineficiente que corresponde à grande maioria dos serviços digamos, rotineiros, que são executados em cerca de 90% das atividades de manutenção. Em base e tais fatores, há necessidade de executar modi-

8 TÉCNICAS DE MANUTENÇÃO PREDITIVA

ficações nos sistemas vigentes, procurando atingir uma eficiência permanentemente no máximo das possibilidades da instalação. Inclusive, na contabilização das despesas, os custos de manutenção são levados em consideração como tais, sem relacioná-los com a vantagens que são obtidas globalmente devidas a atuação de uma manutenção eficiente e bem organizada.

Para modificar o conceito que a alta administração tem da manutenção, há necessidade de implantar um método de gerenciamento e controle que permita transformar uma atividade considerada como despesa numa atividade que forneça lucros, no sentido amplo do termo. O problema passa a ser, então, um problema de organizar e gerenciar um grupo de indivíduos que se propõe a executar determinados serviços, utilizando técnicas, métodos, ferramentas e acessórios modernos, visando a obtenção de "lucros" numa instalação considerada como conjunto harmonioso e operando, tendo em vista uma finalidade comum. Para que isso seja conseguido, há necessidade de apoio pleno da alta direção da empresa, uma vez que existem investimentos e despesas iniciais com a implantação de uma organização apta a fornecer resultados altamente positivos.

A organização na manutenção deve ser baseada primordialmente num plano bem elaborado, estudado com grande cuidado e objetividade e que leva em consideração todos os elementos da instalação, até os mínimos detalhes da organização e da metodologia que é empregada, visando a obtenção de lucro. Para tal, é importante não somente reduzir os custos mas, o que é mais importante, realizá-los da maneira mais eficiente. É preferível obter um lucro sobre uma despesa de cem que não obter lucro algum numa despesa de cinqüenta. Por tais motivos, o estabelecimento do plano para a organização e gerenciamento da manutenção deve ser elaborado mediante estudos cuidadosos que, como a manutenção abrange toda a instalação, deve atender às necessidades de todos os departamentos, secções e divisões de toda a fábrica. Por isso, os envolvidos com a chefia dos outros departamentos ou secções devem contribuir e colaborar, inclusive a alta direção, uma vez que a operação deve ser **integrada,** abrangendo todos os componentes da instalação, que deve ser considerada como uma unidade funcionando harmoniosamente e de maneira global.

Quando todos os envolvidos, engenheiros da fábrica, gerentes de vendas e de compras, responsável pelas relações industriais, gerente de produção, alta administração da empresa, gerente de manutenção e seus supervisores, decidem-se a atingir o objetivo de obter a otimização dos custos e desempenho da manutenção, torna-se perfeitamente possível transformar uma atividade que "custa" numa atividade de fornecer "lucros".

ADMINISTRAÇÃO E ORGANIZAÇÃO DA MANUTENÇÃO

Entretanto, a obtenção desta decisão não é um problema fácil, pelo contrário, é bastante complexo, uma vez que os interesses e opiniões são bastante conflitantes e existe uma falta quase que total de conhecimento das atividades de um departamento em relação as desenvolvidas por um outro qualquer. Como em todos os departamentos, secções ou divisões a gerência é exercida por um elemento humano, é perfeitamente compreensível que as reações humanas normais estejam sempre presentes e complicando a solução. Há a tendência natural de cada um de considerar a sua atividade a mais importante da instalação e com isso há a tendência de transformar cada gerente ou cada responsável por uma atividade num verdadeiro "empire maker". Para ampliar sua influência, ou seu império, as suas atribuições passam a ser as mais importantes, pouco interessando os resultados em atividades paralelas, resultando em perda da eficiência do ponto de vista global. Dada a presença constante desses fatores humanos, a contribuição da alta direção é essencial, uma vez que está em melhores condições de estabelecer as metas e os objetivos da instalação, evitando a imposição de pontos de vista nem sempre saudáveis na empresa. Um dos elementos que mais contribuem para tornar a manutenção uma atividade secundária é a irregularidade de situações de emergência. Quando a situação é tal que o equipamento não apresenta problemas, a manutenção fica limitada a praticamente lubrificar e observar, de maneira esporádica, os vários equipamentos. Todos tem a impressão que os envolvidos na manutenção, nada mais fazem que passear pela fábrica. Nesses casos, os custos são tolerados, uma vez que pouco representam no computo global e o tempo ocioso é simplesmente tolerado e a manutenção é considerada altamente eficiente. Tão eficiente que o pessoal permanece ocioso a maior parte do tempo. Entretanto, tal eficiência é totalmente falsa, uma vez que inexiste a eficiência que a manutenção deve apresentar intrinsecamente, como entidade prestadora de serviços. Com o aumento da complexidade e automação do equipamento, os problemas tornam-se mais graves e os custos de horas ociosas aumentam assustadoramente. Por tal motivo, é essencial uma organização que torne a manutenção uma atividade realmente eficiente e não um grupo que dispõe de ferramentas, técnicas, métodos, processos e pessoal habilitado que trabalha de maneira aleatória. Por isso é que há necessidade de um funcionamento harmonioso entre todos os departamentos e, dentro de tal contexto, a manutenção precisa de uma organização apta a controlar todas as atividades e materiais utilizados. A obtenção de uma operação otimizada do departamento e manutenção, cuja atuação e desempenho sejam realmente satisfatórios, exigem que sejam satisfeitas as condições seguintes:

10 TÉCNICAS DE MANUTENÇÃO PREDITIVA

a) A organização deve possuir pessoal habilitado e treinado, apresentar campos externos e internos de autoridade bem estabelecidas, com definição clara entre as responsabilidades e autoridade de cada envolvido no assunto. O gerenciamento deve observar que é essencial estabelecer a execução das atividades necessárias de maneira harmônica, no momento adequado e com custos minimizados a par de maximização dos resultados;

b) Um fator de importância capital ao bom gerenciamento da manutenção é a fixação do tempo, período e prazo de execução de um serviço qualquer para que a manutenção seja, realmente, eficiente. O planejamento da manutenção deve especificar, com clareza, a prioridade dos serviços, especificação do serviço a ser executado com a clareza necessária e suficiente para que não pairem dúvidas com relação a atuação de quem vai executá-lo, o quando e quais os dispositivos, ferramentas, materiais e acessórios são necessários para que o trabalho seja realizado no prazo previsto, e informado os demais departamentos;

c) A coordenação dos homens, materiais, ferramentas, acessórios, etc., é essencial para que os serviços sejam executados no local predeterminado, na hora que foram programados, com todos os recursos necessários a fim de que os serviços sejam executados em tempo hábil, para o que todas as providências devem ser tomadas a priori de maneira que toda a atividade da manutenção seja exercida no momento previsto e programado;

d) É essencial que a gerência de manutenção planeje e ponha em execução um processo adequado de controle das atividades de seu departamento. Tais controles devem permitir verificar não somente a execução mas ainda o andamento dos serviços que foram programados, como conter dados que permitam verificar a performance e eficiência das equipes e também, o que é muito importante, se os mesmos foram executados na hora prevista e dentro do prazo programado. A documentação deve fornecer dados suficientemente detalhados para permitir que a gerência possa verificar os custos e, concomitantemente, controlar o como a contabilidade os está lançando. A principal finalidade é verificar efetivamente o que está acontecendo, para que as ba-

ADMINISTRAÇÃO E ORGANIZAÇÃO DA MANUTENÇÃO 11

ses sejam objetivas e não programadas em conceitos subjetivos ou no "feeling" de cada pessoa;

e) É preciso ficar bem claro que, quando uma instalação possue um departamento, divisão ou secção de manutenção bem organizada e eficiente, a própria manutenção dá origem a lucros que normalmente não são contabilizados e que dificilmente poderão sê-lo caso não exista uma organização e administração muito eficiente. Tal lucro advém da meta primordial que consiste em conservar o equipamento em excelentes condições durante o tempo mais longo possível, aumentar tanto quanto possível a vida útil de cada peça de equipamento, diminuição ou eliminação dos defeitos, falhas e quebras devido ao funcionamento inadequado dos mesmos;

f) O conjunto de Divisões, Áreas, Departamento, Divisões ou Secções que constituem a instalação industrial, quando trabalha de maneira harmônica e visando todos eles os mesmos objetivos, permitem uma operação altamente eficiente de todos os setores. Inclusive, quando constituem setores operando com sistemas metódicos, a manutenção pode assegurar um funcionamento confiável do maquinário. É possível, em muitos casos, diminuir ou mesmo eliminar a conhecida "manutenção corretiva", mediante o uso de métodos e processos obtidos pela imaginação criativa que vários envolvidos no problema possuem que, em base a conhecimentos técnicos possibilitam a praticamente eliminar alguns serviços de manutenção altamente desagradáveis e dispendiosos, que ocorrem quase que sistematicamente;

g) O fator mais importante na eficiência de uma atividade qualquer é o preparo, treinamento do pessoal envolvido em tal atividade e, principalmente a motivação. Tal fator é normalmente esquecido ou ignorado, principalmente nas empresas genuinamente brasileira. É fato comum a alta direção adquirir, a custos elevados, equipamentos, ferramentas e instrumentos altamente sofisticados e enviá-los a determinados departamentos. Os responsáveis pelo departamento normalmente encaminham tais dispositivos a seus subalternos, esquecendo-se que os que vão operá-lo precisam, em primeiro lugar, ter o preparo mínimo necessário para tal e, em segundo ser treinados. Nada disso é feito e a situação mais comum é uma instalação possuir o que há de mais sofisticado e avançado que permanece em prateleiras, sendo mostrado a visitantes e incautos que, ignorando o que se passa, ficam realmente impressionados. Por tal motivo, quando se trata de manutenção, todos os envolvidos devem ser treinados e instruídos de maneira a ficarem embuídos de uma filosofia coerente e que define claramente quais os objetivos pretendidos e como obtê-los, para o que a organização do serviço deve ser executada com o devido cuidado.

Um dos motivos pelos quais a manutenção não é levada na devida consideração é a evolução do parque industrial brasileiro. Normalmente um ou mais operários, com preparo limitado geralmente ao curso primário (quando completado), devido ao esforço próprio passa a gozar de uma situação privilegiada, sendo promovido à posição de mestre ou contramestre. Evidentemente, tal promoção é baseada em fatores que mostram ser o promovido superior aos demais, seja pelo esforço apresentado, maior preparo, maior interesse pelo trabalho ou outra causa qualquer. Entretanto, apesar de se sobressair com relação aos demais, o seu preparo é insuficiente, embora conheça razoavelmente bem os métodos e processos de fabricação, assim como tem idéias relativamente claras de como o maquinário funciona e como o artigo é produzido. Por tais motivos, no momento que aparece um enguiço, é tal pessoa que "resolve" o problema, eliminando o enguiço permitindo que a produção prossiga. Com tal atuação, o contramestre, mestre ou "chefe de linha" passa a ser considerado como o homem que "conserta" e automaticamente passa a pertencer a algo denominado manutenção. Quando a instalação cresce, as necessidades de manter o equipamento operando faz com que tais homens passem a integrar um quadro que constitue a chamada "equipe de manutenção". Raramente a denominação pode ser contestada porque, realmente, na empresas pequenas, é tal equipe que executa a manutenção e permite que a produção prossiga. Entretanto, tais componentes da "equipe de manutenção", aos olhos da gerência e mesmo da direção da empresa, não passam de operários que foram promovidos e a manutenção permanece como algo secundário. Com o desenvolvimento e progresso da instalação, é comum a contratação de um engenheiro que passa a cuidar da manutenção que, a esta altura, já passou a representar um custo que começa a incomodar. Entretanto, a direção julga que, no momento que contratou um "engenheiro", os problemas devem ser resolvidos imediatamente, esquecendo que contratou um recém-formado ou um engenheiro que, embora detentor de

ADMINISTRAÇÃO E ORGANIZAÇÃO DA MANUTENÇÃO 13

conhecimentos sólidos de engenharia, não possue a experiência necessária e muito menos a malícia obtida na prática, através de trabalho no campo e tendo pela frente problemas que devem ser resolvidos de qualquer maneira. A equipe de manutenção é constituída por funcionários antigos que não podem ser dispensados e, como não possuem o preparo técnico necessário mas tão somente uma prática adquirida através de longos anos de trabalho, a manutenção passa a ser uma atividade secundária e que sofre críticas de todos os lados.

A situação acima é insustentável quando a instalação se desenvolve e tende a crescer. Assim sendo, chega o momento em que o círculo vivioso tem de ser rompido de uma forma ou outra. Para que tal rompimento seja processado sem traumas, há necessidade que exista pessoal treinado e preparado previamente, o que demanda tempo considerável. Por tal motivo, o estabelecimento de um serviço de manutenção eficiente e que produza resultados economicamente compensadores exige um planejamento prévio cuidadoso e baseado em programas de treinamento e capacitação, principalmente para os encarregados de primeira linha, de todo o pessoal envolvido, além de exigir a colaboração de todos os departamentos, visando a obtenção de um sistema integrado que funcione de maneira global e harmônica. Tais necessidades impõe que a manutenção seja organizada e gerenciada levando em conta todos esses fatores, alguns deles claramente contraditórios.

I.10 - ORGANIZAÇÃO DE UM SISTEMA DE MANUTENÇÃO

Para que numa empresa qualquer uma determinada função seja exercida com a necessária eficiência, o controle desta função tem necessariamente de ser exercido por meio de uma organização fixada pela própria função. A organização é feita de conformidade com as metas, objetivos e atitudes da direção geral ou então implantada segundo necessidades que se apresentaram. Seja como for, a manutenção deve prestar serviços e, para tal, há necessidade de uma certa organização. Entretanto, observe-se que **qualquer tipo** de organização pode prestar serviços satisfatórios, inexistindo uma organização que seja melhor que a outra, uma vez que existem vários fatores envolvidos, como tipo de instalação, equipamentos utilizados, produto em fabricação, etc., havendo sempre possibilidades de melhorar a organização e, com tal melhora obter serviços mais eficientes e a custo menor. Além do mais, as instalações industriais estão evoluindc constantemente, sendo comum modificações periódicas na ins-

14 TÉCNICAS DE MANUTENÇÃO PREDITIVA

talação, seja através da operação de equipamentos novos e mais modernos, alterações dos materiais utilizados, alterações nos produtos fabricados, etc., sendo essencial que a manutenção se adapte a essas mudanças sem diminuir a sua eficiência e sem aumentar os custos. Vamos admitir que uma instalação industrial começou como uma planta pequena e que, com o decorrer do tempo, cresceu adquirindo equipamentos novos e modernos, passando a ocupar lugar de destaque no mercado. Dado o crescimento que teve, a manutenção sempre foi executada por operários antigos que, pelo interesse e diligência demonstrados, tornaram-se mestres, contra-mestres e finalmente encarregados da manutenção. Tal caso é o mais comum nas instalações existentes no nosso parque industrial. Com o crescimento, foi contratado um engenheiro que passou a responder pela manutenção e, geralmente, por outras funções já que a manutenção sempre foi exercida por pessoal de confiança e que sempre apresentaram resultados aceitáveis. Entretanto, começaram a surgir problemas com a produção, devido a falhas e enguiços que se refletiram na produção, aumentando enormemente os custos devido a necessidade de trabalho em horas extras, além da preocupação constante com a falhas que passaram a ser constantes e freqüentes. A alta direção decidiu organizar, de maneira eficiente e confiável, um departamento de manutenção, que estivesse em condições de manter a fabricação dentro dos programas de produção e com o mínimo de enguiços e interrupções. Apareceu, logo de saída, o problema: Como organizar? Quais os objetivos claros e quais as funções da manutenção? Até onde tal departamento terá autoridade e qual a responsabilidade de seu chefe? Qual deverá ser o relacionamento da Manutenção com os demais departamentos, principalmente com o de Produção?

Evidentemente, há necessidade de estabelecer, de maneira clara e insofismável e como primeiro passo, quais são os **objetivos**, os **princípios** e qual a **filosofia** que será adotada em função das atividades que caberão à manutenção para, depois disso, cogitar o **como** organizar. Obviamente, é inútil tentar organizar uma atividade sem que sejam, a priori, estabelecidas as finalidades, objetivos e princípios que nortearão a mesma. Uma vez estabelecidos com clareza esses itens, cabe o passo seguinte que consiste em fixar não somente a responsabilidade mas ainda o campo de competência ou autoridade de cada degrau dos diversos indivíduos envolvidos nos diferentes estágios, ou escalões das atividades estabelecidas. Observe-se que, no caso geral, os envolvidos com a manutenção costumam classificá-la em diversos tipos, como "manutenção de rotina", "manutenção corretiva", "manutenção periódica" ou "overhaul" e mais uma sé-

ADMINISTRAÇÃO E ORGANIZAÇÃO DA MANUTENÇÃO 15

rie de denominações que indicam aproximadamente o que se passa. Assim sendo, a manutenção de rotina consiste em verificar e completar o nível de lubrificante, a corretiva em reparar ou eliminar um enguiço que apareceu de maneira inesperada (correia quebrada, eixo engripado, etc.) e a manutenção periódica ou "overhaul" nada mais é que a parada do equipamento para verificação do estado de seus componentes. Tal subdivisão cabe, no nosso estudo, como manutenção em nível I, nível II e a manutenção preditiva (também chamada preventiva por alguns autores) designada como em nível III.

Em qualque caso, a manutenção tem como finalidade precípua conservar o equipamento, maquinário, instrumentos e eventualmene prédios e fornecimento de utilidades em condições satisfatórias, para permitir a fabricação de artigos ou produtos cujo resultado final nada mais é que o lucro proveniente do trabalho executado. O lucro pode ser aumentado mediante uma diminuição dos custos e, nesse particular, as funções da manutenção exigem um controle e gerenciamento que torne seus custos o mínimo possível, fornecendo o máximo de eficiência. Com isso, o resultado global será altamente positivo, funcionando a instalação inteira de maneira satisfatória.

É importante ter em mente que praticamente todos os princípios e métodos gerenciais tem aplicação no caso de um departamento de manutenção. No caso brasileiro, a gerência ou o gerenciamento da manutenção é atividade considerada como irrelevante, não só pela pouca atenção que a alta direção da empresa presta a esta atividade como também pela idéia arraigada que o importante é reparar a máquina ou equipamento, pouco importando o que fazer, uma vez que os custos de manutenção são diluidos dentro do item classificado como "despesas gerais", principalmente em tempos de grande atividade econômica. No caso de aparecerem crises ou o mercado não reagir como previsto, aquilo que não foi feito na época de fartura torna-se um fardo elevadíssimo durante as crises. Dada a pouca atenção que a direção geral das empresas dão à manutenção, a mesma constitue o departamento mais ineficiente de praticamente todas as empresas. Entretanto, tal ineficiência não é necessária, uma vez que um departamento de manutenção bem organizado pode apresentar uma eficiência que supera a dos demais. Isto porque em praticamente todos os departamentos da manutenção existem vários desperdícios que podem e devem ser eliminados. Isto é conseguido somente através de uma administração racional e baseada em fundamentos bem estabelecidos e descritos anteriormente.

A finalidade precípua da manutenção é conservar os equipamentos e máquinas em condições satisfatórias de operação e as suas ati-

16 TÉCNICAS DE MANUTENÇÃO PREDITIVA

vidades cobrem uma faixa bastante ampla de funções. Como todo equipamento apresenta desgaste, tal desgaste leva, invariavelmente, ao rompimento ou quebra de um ou mais componentes. Quando isto acontece aparece a necessidade de realizar um **conserto**, consubstanciado na substituição do componente, ou componentes defeituosos. Em pouco tempo, quando a manutenção é bem organizada e gerenciada através da aplicação dos métodos e processos usuais de organização, sabe-se quais os componentes que se rompem e, além do mais, qual a duração de cada um deles. Basta, portanto, que o tempo considerado ocioso porque não há reparos ou consertos a executar, seja aproveitado para a fabricação de tais componentes, para o que a manutenção deve ter pessoal devidamente habilitado para exercer tais funções. Mediante o estabelecimento de uma política que indique claramente as normas que devem ser obedecidas para que sejam atingidos os objetivos pretendidos, é possível, perfeitamente, delegar responsabilidades e autoridade sem perda do controle de todas as atividades executadas. Portanto, os objetivos do departamento de manutenção devem ser expressos de maneira clara, em função de metas baseadas numa avaliação que engloba **todos** os problemas da instalação, que deve ser do conhecimento dos responsáveis pela manutenção como uma atividade global. A ausência de tal política obriga a manutenção a agir de conformidade com a opinião dos encarregados dos problemas particulares, ignorando-se a relação existente entre a manutenção e as demais atividades essenciais à própria empresa.

Os estudos e as observações de vários especialistas que se ocupam de problemas ligados ao gerenciamento e a organização da manutenção mostram alguns aspectos fundamentais que o sistema de gerenciamento deve considerar:

a) Fixação da política e dos objetivos da manutenção;

b) Estabelecimento dos graus de autoridade e responsabilidade de cada estágio ou degrau;

c) Organograma detalhado, especificando através de manual as finalidades da organização e os diversos estágios ou degraus;

d) Elaboração de planejamento de ação e distribuição aos envolvidos de tais planos;

e) Treinamento e instrução adequada do pessoal de manutenção, contratando especialistas estranhos aos quadros da empresa, se for o caso;

f) Obter, junto a alta administração ou junto a quem de direito, os recursos necessários para a implantação do sistema,

ADMINISTRAÇÃO E ORGANIZAÇÃO DA MANUTENÇÃO **17**

tanto em termos de espaço físico quanto de equipamentos, máquinas, acessórios, etc.;

g) Fixar, possivelmente com a colaboração do pessoal da contabilidade, procedimentos contábeis que permitam controlar os custos de maneira eficiente e segura;

h) Desenvolver sistema de fichário, pastas ou outro qualquer onde cada peça de equipamento tenha o seu histórico completo, da aquisição até a época presente;

i) Desenvolver um método ou processo qualquer que permita a análise visando verificar a eficiência e o desempenho.;

O estabelecimento dos princípios mencionados, somados a sua aplicação num ambiente satisfatório de trabalho, fornece resultados que podem perfeitamente ser previstos. Com isto fica estabelecido que a melhoria do processo ou procedimento de manutenção é um caso de **gerenciamento**, que deve ser baseado num processo equilibrado e orientado por princípios e filosofias eminentemente gerenciais. Sem isto, o melhor conjunto de ferramentas, dispositivos, acessórios operando associados à melhor técnica e aos melhores métodos redunda em custos elevados e eficiência reduzida.

No estabelecimento e implantação de uma gerência de manutenção o responsável deve estudar cuidadosamente os seguintes itens, essenciais a obtenção de resultados satisfatórios:

I) Organização planejada de maneira adequada, contando com pessoal devidamente habilitado e treinado e composta de elementos competentes aptos a trabalhar de maneira harmônica. Tal fator é um dos mais importantes e dos mais difíceis de conseguir

II) Quais as providências e quais os procedimentos para conseguir resultados ótimos que significam a obtenção de serviços de qualidade amplamente satisfatória, executados nos prazos certos e com custos adequados a todos os fatores econômicos envolvidos.

III) Como estabelecer um sistema que permita fornecer, de maneira clara, informações suficientemente completas para que os cálculos dos custos sejam confiáveis e objetivos.

IV) Quais serão os procedimentos adequados para controle e alocação do pessoal, verificação do trabalho dos elementos de maneira individual e avaliação dos resultados.

V) Qual o método e como compatibilizar o treinamento e aperfeiçoamento do pessoal, principalmente supervisores e

18 TÉCNICAS DE MANUTENÇÃO PREDITIVA

executores altamente especializados em técnicas modernas, sem prejudicar a execução dos serviços de manutenção.

VI) Há necessidade de manter o pessoal que executa os serviços de manutenção trabalhando dentro de padrões de segurança tão completos quanto possível. Por tal motivo, a manutenção deve dispor de dispositivos adequados para os trabalhos que são executados, de modo que o nível de acidentes seja mantido em valores tão próximos do zero quanto as condições o permitam.

VII) Deve ser desenvolvido um método ou processo que permita determinar a qualidade dos serviços que a manutenção está prestando, mediante o estabelecimento de padrões de qualidade que envolvam não somente os resultados finais dos serviços como ainda o desempenho dos constituintes das equipes de manutenção.

Os itens ou parâmetros acima constituem o conjunto que forma a atuação da manutenção através de seu pessoal. Em base aos mesmos, deve ser erigida uma **organização** que se baseie em princípios gerais de administração e gerenciamento. Para a erecção de tal organização, é preciso inicialmente estabelecer quais as responsabilidades e qual a situação de manutenção dentro do quadro organizacional da própria empresa. De posse de tais dados é que é possível proceder a uma organização satisfatória. Existem alguns princípios fundamentais que, se obedecidos, darão origem a uma organização satisfatória. Tais princípios são vários e, entre eles podemos citar os seguintes:

i) Cada departamento, secção ou divisão da instalação (dependendo da organização geral da própria instalação) deve ter um responsável pela atuação em toda a área circunscrita à divisão. Não há outra possibilidade de obter uma tomada de satisfações nem orientação coordenada caso não seja assim feito.

ii) A responsabilidade de cada secção, ou área, deve ser bem delimitada, assim como as atividades de cada responsável deve ser especificada com clareza, preferivelmente por escrito.

iii) Cada secção, ou área, deve contar com pessoal suficiente e dotada de ferramentas, acessórios e dispositivos necessários à execução dos serviços que lhe estão afetos.

ADMINISTRAÇÃO E ORGANIZAÇÃO DA MANUTENÇÃO

iv) As obrigações, responsabilidades e autoridade de cada cargo deve ser estabelecida claramente e atribuídas por escrito visando:

  a) circunscrever e delimitar as áreas de autoridade e responsabilidade.

  b) instruir os operadores e supervisores com relação às suas funções, obrigações e autoridade, orientando-os adequadamente para evitar choques;

  c) permitir um selecionamento de pessoal de maneira objetiva, tornando possível uma avaliação dos cargos, assim como auxiliar a aplicação de uma política salarial satisfatória.

v) Os cargos burocráticos administrativos/destinados a supervisão das equipes, devem ser estabelecidos em base a natureza das funções que cada elemento exerce em cada seção, e do número de secções ou departamentos abrangido pela equipe.

vi) As funções assemelhadas devem, sempre que possível, ser agrupadas, permitindo um controle das tarefas executadas.

vii) Sempre que possível, deve ser delegada responsabilidade específica ao operador do nível mais baixo.

viii) Como não poderia deixar de ser, a autoridade delegada e cada indivíduo é diretamente proporcional à responsabilidade que é atribuída ao mesmo.

ix) No caso de impasse ou falta de orientação, a decisão é tomada pelo ocupante de um cargo cuja autoridade apresente o grau adequado à situação em pauta.

x) A burocracia deve constar do mínimo necessário, evitando-se o excesso de papéis. Entretanto, embora os controles e registros devam ser o mínimo possível, os mesmos devem conter informações suficientes para permitir tomada de posição clara e atuação adequada a cada caso.

xi) Uma coisa importantíssima é a comunicação dentro da própria manutenção. As comunicações devem ser imediatas, claras e concisas. No caso geral, as comunicações obedecem a uma ordem análoga à existente no meio militar, ou seja, o superior hierárquico é que emite ordens a seus subordinados. Entretanto, para maior eficiência, as

20 TÉCNICAS DE MANUTENÇÃO PREDITIVA

comunicações devem atingir a todos os envolvidos, podendo ser emitidas por praticamente qualquer um dos ocupantes da escala hierárquica. Caso um supervisor observe algo estranho num equipamento qualquer e elimine a anomalia, tal fato deve ser comunicado imediatamente à toda a cadeia de envolvidos. Com isso os processos e "descobertas" pasam a ter efeito imediato, independentemente dos processos burocráticos e papéis distribuídos tão a gosto de muitos elementos.

xii) Os processos que foram estabelecidos para controle e avaliação das atividades de cada componente das equipes de manutenção, devem ser distribuídas por escrito, para que o trabalho de cada elemento seja orientado de maneira adequada e tender a manter a atuação na direção correta, evitando perdas inúteis de tempo e a tomada inadequada de atitudes ou posições.

xiii) Nas instalações de pequeno porte, os encarregados e envolvidos na manutenção fazem praticamente tudo, executando os serviços que aparecerem. Quando a instalação é grande, aparecem serviços que exigem especialização, como é o caso de intrumentistas de aparelhos elétricos, de sistemas pneumáticos, eletricistas de motores, chaves, fiação, etc., assim como consertadores de prensas, tubulações, etc.. Uma organização adequada procura, sempre que possível, evitar que um executor permaneça por período excessivo numa determinada função. Caso tal se de, este executor em particular recusar-se-á no futuro a apertar o parafuso de uma caldeira porque é um mecânico de prensas e vice-versa. A solução ideal consiste em fazer um rodízio entre os executores. Com isso, embora os executores possam não concordar, obtêm-se grandes vantagens, como treinar e aperfeiçoar os conhecimentos dos componentes das diversas equipes, evitar a formação dos "donos de serviços" que passam a ser os únicos em condições de executar determinadas funções e, além do mais, dá grande flexibilidade à manutenção, tornando possível o atendimento de eventuais emergências, por contar com vários executores aptos a executar uma ampla gama de trabalhos.

ADMINISTRAÇÃO E ORGANIZAÇÃO DA MANUTENÇÃO 21

Os itens mencionados constituem um conjunto de parâmetros que servem como guia ou orientação para o estabelecimento de uma organização do departamento de manutenção. Observa-se, no entanto, que a maioria das instalações industriais já possue tal departamento, geralmente operando em condições precárias mas que, de uma forma ou outra está conseguindo cumprir suas funções. Embora exista uma despesa elevada, desperdício excessivo com custos elevados, a função existe e está sendo cumprida. Constitue, por tais motivos, um problema bastante delicado e de solução complexa alterar a situação atual, introduzindo uma organização desconhecida até então, com os controles e sistemas de avaliação esboçadas anteriormente. Entretanto, esta alteração é essencial para que a manutenção se transforme numa atividade lucrativa a partir de uma atividade onde são gerados única e exclusivamente custos elevados devido a ineficiência, desorganização e falta de motivação. Para tal, há a necessidade premente de alterar a situação mediante uma reorganização das atividades baseadas numa filosofia diversa da vigente. Verificaremos a seguir quais os fundamentos de uma filosofia que torne a manutenção uma atividade integrada e coordenada com todas as atividades existentes da instalação industrial, permitindo que o conjunto funcione harmoniosamente e de maneira global.

I. 20 - FILOSOFIA QUE DEVE PREVALECER NUMA INSTALAÇÃO INDUSTRIAL

Uma fábrica ou instalação industrial qualquer é constituída por vários Departamentos, Divisões, Secções ou outra denominação qualquer mas que, em qualquer caso, devem funcionar de maneira harmoniosa e objetiva. A interdependência é total, sendo o resultado final uma conseqüência do bom funcionamento de todos os componentes. Trata-se de um organismo que deve funcionar adequadamente, cada componente ou órgão do conjunto deve apresentar resultados satisfatórios, exercendo suas funções sem entrar em choque ou produzir efeitos detrimentais nos órgãos vizinhos que compõe o organismo total. Toda instalação é erigida como um todo e visando a obtenção de lucro, através da aplicação de técnicas e processos de fabricação ou produção, associadas a técnicas de administração e gerenciamento. A obtenção do lucro está intimamente associada a produção de determinados artigos, materiais ou serviços, dependendo do tipo de instalação e organização. Seja como for, aparece um **produto** que é comercializado e os resultados desta comercialização é que mantém a instalação inteira e, concomitantemente, produz lucros aos que investiram

22 TÉCNICAS DE MANUTENÇÃO PREDITIVA

no empreendimento. A tecnologia está se desenvolvendo e se alterando continuamente e, para manter uma posição no mercado todas as instalações devem estar a par de tais desenvolvimentos, para poder acompanhar o progresso e manter sua parte no mercado. Em última análise, a organização e a instalação inteira tem por finalidade produzir coisas, que podem ser artigos e materiais das mais diversas espécies e tipos. Entretanto, seja o que for, trata-se de um **produto**. Por tal motivo, a organização inteira tende a servir a finalidade da instalação, qual seja fornecer um produto. Por tal motivo, todas as secções ou componentes da organização visam facilitar e auxiliar a **Produção** que passa a ser a atividade mais importante de todos componentes. As demais secções constituem, na realidade, processos e métodos auxiliares da Produção e, assim sendo, as necessidades todas estarão, sempre, subordinadas a Produção.

Entretanto, mesmo sendo a atividade final da instalação, a Produção isoladamente constituirá um fracasso se não reconhecer e contar com a colaboração e atuação das demais divisões ou secções, dada a interdependência entre todas as atividades. Tal fato constitue elemento primordial à boa organização e ao funcionamento adequado de qualquer instalação. Então, os responsáveis pelas Operações ou Produção da instalação têm sob seus ombros e maior responsabilidade, uma vez que são eles que vão determinar o Porquê, o Como e o Quando determinadas atividades deverão ser exercidas ou executadas. Inclusive é a Produção que estabelece qual o escopo do trabalho, qual o volume e gradiente de serviços devem ser executados. Tal fato não exclue a responsabilidade dos demais departamentos que devem funcionar como auxiliares, inclusive fornecendo informações e dados referentes às suas próprias atividades, para permitir à Produção a tomada de decisões e providências adequadas ao bom funcionamento da organização inteira. A interdependência é tal que as secções de Vendas e Marketing é que informam qual será a produção necessária, assim como a extrapolação de tal produção em função do tempo. Tais dados são apresentados aos envolvidos na Direção Geral que, em conjunto com os demais departamentos decidem se há ou não necessidade ou conveniência de adquirir equipamentos novos, se há ou não possibilidades de alteração na instalação existente para atender a demanda do mercado, etc., exercendo a Produção papel fundamental em tais decisões, desde que esteja sempre a par dos desenvolvimentos que estão sendo processados na área correspondente às atividades da empresa.

Com relação à Manutenção, admite-se ser uma atitude perfeitamente justificável que o responsável pela Produção deseje que as máquinas e equipamentos de produção sejam conservadas visando permanecer

ADMINISTRAÇÃO E ORGANIZAÇÃO DA MANUTENÇÃO

23

nas mesmas condições de dispositivos totalmente novos. Entretanto, embora isto seja possível, existem custos apreciáveis envolvidos, dependendo do tipo de maquinário, equipamento e dispositivos. Tais dados devem ser informados à Produção pelo responsável pela Manutenção e, em comum acordo, é perfeitamente possível que seja atingido um patamar no qual ambas as pretensões sejam satisfeitas. De um modo geral, as finalidades da manutenção consistem em conservar os equipamentos em condições de funcionamento com custo reduzido. Tal funcionamento abrange ampla gama de pretensões, como:

a) Conservar o maquinário em condições análogas a de dispositivos novos e recém-instalados;

b) Evitar a deterioração do equipamento devido a falta de cuidados e manutenção inadequada, e

c) Conservar os equipamentos operando em condições de funcionar, originando produção em condições economicamente vantajosas, ou seja, em condições compatíveis com o valor do ativo fixo, adequando-se às condições de custos de mão-de-obra, materiais e outros fatores envolvidos com a produção.

É importante que todo o pessoal encarregado da manutenção permaneça sob controle e jurisdição exclusiva do responsável pela atividade de Manutenção que, por uma questão de autoridade e responsabilidade, é o responsável pela orientação, direção e supervisão de todos os consertos, reparos e demais atividades inerentes à manutenção. Dada a interdependência entre os departamentos de Produção e de Manutenção, as despesas, gastos e custos da manutenção devem ser assumidos em conjunto por ambos os departamentos. Isto porque a Produção impõe determinadas despesas pelos prazos e pela amplitude dos serviços que exige, enquanto que a Manutenção condiciona os gastos em função da qualidade e da rapidez dos trabalhos que apresenta. Este fracionamento dos custos entre os dois departamentos dá constantemente origem a controvérsias mas, quando ambos estão organizados de maneira adequada, os problemas são rapidamente solucionados, eliminando-se um ponto de atrito que pode originar conseqüências desagradáveis:

Em todos os casos, é função básica do envolvido com a manutenção esclarecer e fornecer dados precisos à Produção, principalmente informações de natureza técnica e econômica, para que sejam tomadas decisões acertadas no que diz respeito ao tipo e abrangência dos serviços que a própria Manutenção presta à Produção. É muito importante que a co-

TÉCNICAS DE MANUTENÇÃO PREDITIVA

ordenação, planejamento, programação e execução visem primordialmente complementar a supervisão da manutenção reforçando-a. Em caso algum deve ser apelado para a autoridade e responsabilidades do supervisor, uma vez que deve haver assessoria plena e não atitudes burocráticas, altamente indesejáveis.

Como é natural, numa instalação ou empreendimento industrial qualquer, a alta direção ou a gerência geral aplica toda a sua atenção e todo o esforço visando o máximo de produção, procurando o máximo de eficiência, flexibilidade e economia. Com tais atitudes, é bastante comum as alterações do "lay-out" e alterações nos produtos e artigos que à última hora apresentam bom mercado, alterações intempestivas e decisões para interromper a produção ou modificá-la comunicadas à última hora, consertos, reparos ou alterações rápidas para evitar a produção de artigos defeituosos ou fora dos padrões de qualidade e mais uma série de atitudes e providências que redundam em custos elevados. Tais custos, nesses casos, são compreendidos e contabilizados com relativa facilidade mas os custos de manutenção sofrem elevações despropositadas e a sua contabilização nem sempre é fácil. Para que se tenham dados confiáveis, há necessidade de determinar, com bastante clareza quais as funções e quais as responsabilidades da Manutenção como um todo e as várias ramificações da mesma, que formam um sistema de satélites acionados pelo núcleo central.

Dada a complexidade das instalações industriais de porte médio e grande, o departamento de manutenção possui atividades distribuídas em várias áreas e, além da manutenção do equipamento produtivo, deve ainda executar a manutenção e conservação de seus próprios dispositivos, tais como máquinas, ferramentas e acessórios, sem o que não estará em condições de cumprir suas funções. Tais fatos tornam-se evidentes quando consideramos que, em todo e qualquer caso, a manutenção é responsável pelas atividades:

a) Execução da manutenção diária (nível I);
b) Fabricação e ajuste de peças novas, para substituir as que se desgastaram ou que estão em fase de desgaste;
c) Executar reparos ou consertos no equipamento que eventualmente apresenta defeitos (nível II);
d) Providenciar a execução dos serviços gerais exigidos pelo funcionamento da instalação;
e) Assessorar e prestar informações para que, junto com a Produção, fixem-se as programações e estabelecimentos de prioridades para os serviços futuros.

ADMINISTRAÇÃO E ORGANIZAÇÃO DA MANUTENÇÃO 25

Note-se que a experiência mostra não ser suficiente e existência das melhores e mais modernas ferramentas, acessórios e dispositivos, operados por executores habilitados e treinados, utilizando métodos e sistemas eficientes de manutenção, além de boa organização do departamento, para garantir a execução eficiente e adequada dos serviços. É preciso algo mais, que pode ser resumido numa linha de ação firme e enérgica, que obrigue todas as equipes e todos os envolvidos com o problema a trabalhar de maneira coordenada, harmônica e coerente, visando atingir o mesmo fim. Além do mais, para que seja conseguida uma redução efetiva dos custos de manutenção, é essencial a existência de um método e procedimento rígido referente à emissão de autorizações de serviços e seu controle, programação e planejamento de comum acordo com as demais divisões e atividades da instalação industrial. Com isso, obtem-se um funcionamento integrado e altamente eficiente.

Quando consideramos uma instalação industrial genérica, observa-se, logo de início, que a manutenção não apresenta vida própria, sendo as suas atividades dependentes de outras secções e atividades, tornando-a totalmente desprovida de autonomia. Além do mais, suas atividades dependem principalmente de outros departamentos e para a obtenção de operacionalidade eficiente a custos reduzidos é preciso que haja um entrosamento íntimo com os Departamentos de Produção (ou Operação). Almoxarifado e Engenharia. Dadas as peculiaridades da Produção, a sua função primordial é fazer com que as máquinas e equipamentos operem com a máxima eficiência, visando maximizar a produção dos artigos e produtos. Evidentemente, a Produção procura sempre operar o equipamento de modo a poupar a Manutenção do trabalho de exercer uma vigilância permanente sobre os mesmos, além de informar, com a máxima brevidade, toda e qualquer irregularidade ou anomalia que for observada em qualquer dos equipamentos ou máquinas. A emissão de tais informações deve, naturalmente, ser concisa mas completa, de modo a permitir que sejam programadas paradas no momento adequado e que, concomitantemente, sejam providenciados os materiais, peças e pessoal necessário a execução do serviço, assim como providenciar a fabricação de algumas peças que eventualmente não sejam disponíveis. Por outro lado, o Departamento de Engenharia é o responsável pelo fornecimento de dados importantes à Manutenção, tais como desenhos, gráficos, folgas admitidas, detalhes de montagem e/ou desmontagem, técnicas recomendadas para alinhamento e, o que é muito importante, cópias dos Manuais de instruções referentes aos diversos equipamentos e máquinas que devem ser reparados ou ajustados pela Manutenção. Por outro lado, o Almoxarifado deve ter coordenação ple-

26 TÉCNICAS DE MANUTENÇÃO PREDITIVA

na com a Secção ou Departamento de Compras, uma vez que ele é o único responsável pela existência de peças, materiais e dispositivos requisitados pela Manutenção para tornar possível a execução da maioria dos serviços.

Compete à Gerência Geral da instalação ou à alta Direção da empresa, a responsabilidade total para que as equipes e os departamentos funcionem de maneira a cumprir com as respectivas obrigações visando fazer com que a Manutenção possa cumprir as tarefas de maneira enérgica, rápida e eficiente. Nesse particular, a responsabilidade de cada setor iguala a da Gerência de Manutenção, uma vez que a interdependência obriga a uma operação coordenada, cuja ausência resulta em situações caóticas ou mesmo catastróficas.

O exposto mostra, de maneira clara, a necessidade de uma coordenação perfeita entre as várias atividades para que a instalação apresente resultados positivos tanto no que diz respeito à eficiência quanto nos resultados econômicos. Como cada departamento ou seção é gerenciado por homens, existe sempre o problema de relações humanas, sendo necessário o uso e imposição de uma política baseada em relações humanas que convença aos envolvidos que o importante é a instalação industrial, independentemente dos sentimentos que os indivíduos possam ter entre si. Há uma tendência geral de cada um pretender possuir mais autoridade que outro e tal tipo de problema geralmente se traduz por perda de eficiência e aumento dos custos. Os "empire makers" são, normalmente, indivíduos competentes, eficientes e que apresentam elevada produtividade. O problema não consiste em afastar ou eliminar tais indivíduos, mas sim convencê-los que a melhor maneira consiste em colaborar, visando transformar a própria instalação um império que pertence a todos, já que é ela que mantém a estrutura inteira e seus dependentes.

Para que a Manutenção exerça suas funções com elevada eficiência, a custos reduzidos (sem desperdícios) e de comum acordo com os demais departamentos que constituem a instalação, é preciso que sejam fixadas e estabelecidas várias responsabilidades fundamentais que recaem única e exclusivamente sobre a Manutenção. Existem muitas e várias de tais responsabilidades, como é natural mas, dentre as mais importantes podemos citar as seguintes:

a) Estabelecer uma organização que seja suficientemente eficiente para que a Produção seja atendida de maneira adequada, no momento certo e sem perda de tempo. Manter o pessoal permanentemente treinado e a par dos últimos desenvolvimentos que se observam na área;

ADMINISTRAÇÃO E ORGANIZAÇÃO DA MANUTENÇÃO   27

b) Elaborar um método planejamento que permita programar, coordenar e supervisionar todas as atividades da Manutenção, incluindo a fabricação de peças que se desgastam com freqüência (se for o caso);

c) Trabalhar sempre procurando reduzir os custos ao máximo, sem, no entanto, diminuir a qualidade dos serviços prestados, mantendo um padrão de serviços elevado;

d) Procurar estabelecer e manter com os envolvidos com a Manutenção um "espírito de equipe", sem, contudo, introduzir animosidade com os encarregados de funções diferentes da manutenção;

e) Estudar permanentemente a melhoria dos processos e métodos de trabalho, visando não somente aumentar a eficiência sem aumento dos custos mas também conservar a segurança do executor dentro de padrões compatíveis com a instalação;

f) Quando for o caso, convencer a direção geral da necessidade de equipamentos novos para que a Manutenção possa fabricar peças novas ou dispositivos especiais que venham a facilitar os serviços que lhe cabem;

g) Em colaboração com os demais departamentos, principalmente com a Produção, desenvolver processos para a tomada de providências que redundem em melhoria da Manutenção, principalmente com relação a execução de consertos e reparos eventuais;

h) Obrigar os envolvidos com a Manutenção a cumprir os procedimentos estabelecidos para a segurança, inclusive com relação a pessoas não pertencentes à própria Manutenção;

i) Fornecer instruções e orientação clara tanto ao Almoxarifado quanto ao Departamento de Compras com relação aos materiais, peças e acessórios que devem ser adquiridos, não somente com referência à qualidade mas também com referência as quantidades adequadas para um determinado período.

Dada a interdependência, já mencionada várias vezes, entre os vários segmentos que constituem a instalação, evidentemente existe uma série de responsabilidades cruzadas entre cada segmento. Uma eficiência satisfatória só pode ser conseguida quando cada segmento cumprir de maneira satisfatória as responsabilidades que lhe são intrínsecas, como também as responsabilidades que tem com os demais segmentos. No nos-

TÉCNICAS DE MANUTENÇÃO PREDITIVA

so caso, interessam as responsabilidades mútuas entre a Manutenção e a Produção, entre a Manutenção e o Almoxarifado/Compras, entre o Almoxarifado/Compras e a própria Manutenção e ainda a entre a Produção e a Manutenção. Tais responsabilidades são muitas mas, as que interessam, por constituirem fatores básicos, são as seguintes:

Responsabilidades da manutenção para com a produção

a) Assessorar a Produção, visando estabelecer um programa coerente de Manutenção e reparos, que permita a elaboração de um planejamento e programação compatível com as necessidades e possibilidades de cada um dos departamentos envolvidos;

b) Conservar toda a instalação em condições tão perfeitas quanto possível, para permitir o trabalho com minimização dos custos;

c) Executar os reparos e consertos eventuais dentro do menor prazo possível visando sempre minimizar os custos e introduzir o mínimo de distúrbio à produção;

d) Obedecer os intervalos de conservação rotineira, como lubrificação, limpezas, ajustes, etc., para que as interrupções na Produção sejam mantidas no menor limiar possível;

e) Executar e controlar os reparos emergenciais de modo a torná-los serviços programáveis de coordenação;

f) Manter reuniões constantes com os encarregados da Produção para analisar e avaliar as razões das interrupções esporádicas para reparos, visando informar ao pessoal da Manutenção e da Produção quais as condições reais em que se encontra determinados equipamentos e máquinas;

g) Verificar, junto com a Produção, o porque determinadas máquinas ou equipamentos apresentam índice elevado de interrupções, visando eliminar as causas do aparecimento dos defeitos;

h) Auxiliar, sempre que possível, o Departamento de Produção no que diz respeito aos operadores das máquinas e equipamentos, visando instruí-los a manusear adequadamente os equipamentos que lhes são confiados.

Existem, ainda, outras obrigações mas, sendo satisfeitas as mencionadas, já foi dado um passo importantíssimo no caminho certo.

ADMINISTRAÇÃO E ORGANIZAÇÃO DA MANUTENÇÃO **29**

Responsabilidades de Produção para com a Manutenção

A relação das responsabilidades da Produção para com a Manutenção obedece praticamente aos mesmos conceitos. O interrelacionamento é amplo mas as obrigações ou responsabilidades podem ser resumidas num grupo que é o fundamental, como os itens seguintes:

a) Programar, em conjunto com a Manutenção, as paradas necessárias a consertos ou reformas de algum vulto, com a antecedência necessária, para permitir a aquisição ou fabricação das peças que forem necessárias;

b) Elaborar um planejamento adequado, visando permitir uma distribuição tão uniforme quanto possível da carga de trabalho da Manutenção, além de informar com a devida antecedência para possibilitar o planejamento das atividades;

c) Emitir autorização para reparos, consertos, alterações e/ou substituições em máquinas e equipamentos, constando na autorização detalhes suficientemente explicados para que não existam dúvidas quanto ao que deverá ser executado;

d) Informar-se com relação a quais são os problemas de um determinado equipamento e qual a sua produção, para solicitar os serviços necessários com a devida antecedência, permitindo a sua execução em tempo hábil;

e) Informar as necessidades através da Produção para que a Manutenção execute suas obrigações, fixando prazos e tempos exequíveis;

f) Indicar as prioridades através de observação cuidadosa das atividades, procurando se precaver quanto a ocorrência de problemas;

g) Em comum acordo com a Manutenção, procurar estabelecer uma metodologia que transforme os reparos ou serviços emergenciais em serviços planejados e programáveis.

As duas séries de obrigações entre os segmentos de Produção e da Manutenção constituem o fundamento de um funcionamento harmônico e coerente. O relacionamento com os demais Departamentos, Engenharia e Almoxarifado/Compras é normalmente bem mais fácil.

O material exposto até o presente informa tão somente que a manutenção deve ser organizada e administrada. Seja como for, numa instalação qualquer existe, sempre um departamento, secção, divisão ou outra nomenclatura qualquer, constituída por um único indivíduo ou por um grupo constituído por muitas pessoas, que cuida da Manutenção. A maneira de organizar a Manutenção depende de vários fatores. A Manutenção é organizada ou para atender a uma necessidade da instalação ou então por uma atitude ou filosofia da alta direção que conhece os problemas e pretende resolvê-los de maneira adequada. Com isso, dependendo da instalação e dos motivos que levaram a implantação da Manutenção, a mesma vai se situar num determinado patamar de nível decisório dentro da organização. De maneira genérica, o esquema seguinte ilustra as atribuições e níveis de decisão dentro de uma organização arbitrária.

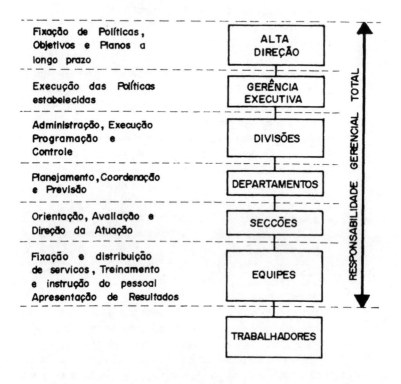

Figura I.05

ADMINISTRAÇÃO E ORGANIZAÇÃO DA MANUTENÇÃO   31

Onde a autoridade, responsabilidade e atuação da Manutenção vão se posicionar no diagrama anterior dependerá da atitude da Alta Direção. Se a mesma for estabelecida para atender a uma certa necessidade de instalação, a sua posição hierárquica será uma e, caso seja originada de uma atitude da direção que estabelece uma filosofia que visa uma atuação integrada, a sua posição será totalmente diferente.

De maneira geral, a organização do Departamento de Manutenção como entidade é executada pelo responsável pelo setor e de conformidade com a orientação estabelecida pela direção geral. Evidentemente a organização deve ter como escopo a prestação de serviços com alta eficiência, custos reduzidos e qualidade elevada quando atua, além de possibilitar um controle amplo sobre materiais, ferramentas, dispositivos, planejamento do pessoal para evitar tempo ocioso e demais exigências de uma organização tão próxima do perfeito quanto possível. Seja qual for a concepção utilizada para a organização do setor, atender necessidades ou em base a uma filosofia pré-estabelecida, é possível conseguir resultados satisfatórios. Entretanto, quando a organização tem uma filosofia geral implantada na instalação, o controle e os resultados finais são geralmente superiores. É, em todo caso, muito importante saber que não existe uma organização melhor que a outra, uma vez que a organização deve ser elaborada e desenvolvida face as características da fábrica ou instalação. Em muitos casos a falta total de organização pode oferecer resultados muito superiores, tanto em eficiência quanto em custos operacionais.

Entre os vários tipos de organização do setor de Manutenção existem duas maneiras básicas:

a) Manutenção Centralizada;

b) Manutenção totalmente Descentralizada.

É claro que o grau de centralização depende do porte da instalação. Seria totalmente inconcebível que uma usina siderúrgica, que possue atividades das mais diversas, com equipamentos, pessoal e procedimentos totalmente diversos apresente uma centralização total dos serviços de Manutenção. A centralização total, comumente concentrada num único homem auxiliado por dois ou mais executores, é perfeitamente possível em empresas pequenas e instalações de porte médio e pequeno. Dada a enorme gama de variações existentes nas atividades e instalações funcionando, a Manutenção apresenta certas formas características de organização. Entretanto, em todos os casos existe um certo grau de centralização envolvendo as maneiras ou formas seguintes:

i) Organização baseada e áreas de atividades,

ii) Organização erigida em atividades especializadas,

32 TÉCNICAS DE MANUTENÇÃO PREDITIVA

iii) Manutenção contratada e executada por quadros externos
a instalação (total ou parcial),
iv) Organização baseada em Departamentos,
v) Organização mixta, envolvendo a referente à Áreas de Atividades e Atividades Especializadas.

i) Quando a Manutenção é baseada em áreas de atividades, a mesma é
necessariamente centralizada de maneira total. A escalação, distribuição e programação dos serviços constituem funções comandadas por
um órgão centralizado. Neste tipo de organização estreitamente centralizada, os envolvidos na Manutenção são distribuídos pelas diversas
áreas, ficando estabelecido, logo de início, que cada contramestre da
área é o único responsável por todas as atividades de Manutenção que
devem ser executadas na sua área. No caso, existe sempre uma oficina central e o contramestre de uma determinada área tem autoridade
para requisitar especialistas de outras áreas ou da oficina central. À oficina central cabem responsabilidades bem definidas, como assumir os
resultados de todos os serviços que lhe forem solicitados, tendo autoridade para requisitar especialistas de outras áreas e assessorá-los para
que os mesmos executem trabalhos dentro de sua especialidade, controlar e coordenar os serviços que o seu pessoal permanente executa
nas diversas áreas quando houver solicitação para tal e outras atividades necessárias ao bom funcionamento da instalação. Neste caso, embora a responsabilidade caia sobre os ombros dos contramestres de
cada área, a oficina central permanece, no caso geral, sob responsabilidade e orientação do Departamento de Engenharia.
O diagrama esquemático da Figura I.06 ilustra de maneira
resumida, uma organização típica de Manutenção por Áreas. Como é
natural, existem amplas variações, dependendo do tamanho e atividades da instalação. No mesmo quadro esquemático são apresentados
as vantagens e desvantagens deste tipo de organização, quando consideradas do ponto de vista global e abrangente. Tal tipo de organização é bastante comum em instalações de porte entre médio e grande.

ii) Uma organização baseada em função de atividades especializadas implica na necessidade e atuação de especialistas que executam serviços bastantes específicos e especializados, tais como maquinistas, encanadores, soldadores, instrumentistas, eletricistas, pintores, ajustadores, etc.. Tal tipo de organização é necessária quando um complexo
qualquer possue várias instalações ou mesmo fábricas localizadas a

ADMINISTRAÇÃO E ORGANIZAÇÃO DA MANUTENÇÃO 33

grandes distâncias ou mesmo em cidades ou estados diferentes. O volume de serviços não recomenda que cada unidade possua todos os especialistas e, dessa maneira, o complexo inteiro, ou o grupo industrial possue um número de especialistas que devem atender as necessidades de todas as diferentes instalações. Normalmente cada tipo de especialidade permanece sob a responsabilidade de um mestre ou contramestre que se encarrega de distribuir e programar os serviços de conformidade com as requisições ou pedidos que recebe. Como não poderia deixar de ser, este tipo de organização não impede e normalmente não interfere com a Manutenção encontrada normalmente e todas as instalações industriais. Além do mais, esta organização exige uma atuação centralizada funcionando com alta eficiência e dotada de instrumentos que permitam um controle efetivo das suas atividades, assim como contabilizar os custos referentes a cada serviço executado.

iii) Existem determinados tipos de equipamentos e dispositivos industriais que exigem investimento elevados para a sua manutenção satisfatória. Por maior que seja uma instalação industrial, tais tipos de equipamentos não conseguem manter as máquinas, pessoal altamente especializado, ferramentas e dispositivos ocupados durante tempo razoável, sendo elevadíssimo o número de horas ociosas. Nesses casos, a instalação contrata serviços externos, com o que obtém serviços satisfatórios e a um custo razoável, principalmente porque são executados por equipes altamente especializadas, constituída por pessoal habilitado, treinado e qualificado. Dentre tais equipamentos encontram-se as caldeiras, turbinas, reparos de mancais de grande porte (mancais de escora, ou encosto), etc.. É bastante comum a contratação de empresas externas nos casos de execução de ensaios e testes não-destrutivos e serviços especiais. Isto porque existem empresas e grupos que executam única e exclusivamente tais tipos de serviços e raramente uma instalação industrial apresenta porte a ponto de justificar o investimento em pessoal e instrumentos especiais para a execução de trabalhos que ocuparão tanto o pessoal quanto o equipamento uma parcela do mínima do tempo útil. As mesmas considerações valem para vários empreendimentos que prestam serviços ao parque industrial mediante contratos, existindo firmas especializadas na conservação de caldeiras, de turbinas, manutenção de equipamentos químicos e petroquímicos, levantamento de níveis de barulho e vibrações com o conseqüente projeto para atenuação de tais grandezas, empresas especializadas em executar ensaios não-destrutivos nas suas diferentes especialidades e métodos, etc..

TÉCNICAS DE MANUTENÇÃO PREDITIVA

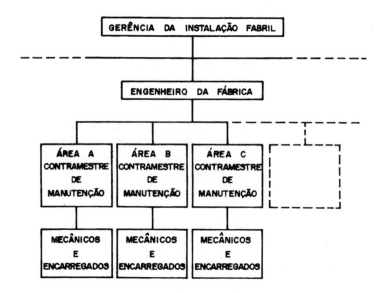

Vantagens:

a) O pessoal da Manutenção tem acesso fácil ao setor de Produção, permitindo melhor entendimento.

b) A distância até o local de serviço e retirada de ferramentas toma menos tempo.

c) Redução ao mínimo do tempo entre emissão da ordem de serviço e a sua execução.

d) Os encarregados sofrem supervisão melhor e mais efetiva.

e) Os supervisores possuem conhecimentos mais amplos com relação aos equipamentos e as peças sobressalentes.

f) As alterações na linha de produção são mais rápidas e mais eficientes.

g) Os supervisores e encarregados conhecem melhor os problemas, programações, serviços especiais e peculiaridades da instalação.

Desvantagens:

a) A execução dos serviços maiores torna-se bem mais complexa e difícil.

b) Aparece a tendência de contrar excesso de pessoal que permanecerá ocioso por longo tempo.

c) Torna-se bastante difícil justificar a aquisição de equipamentos e dispositivos especiais, devido a pouca utilização.

d) Há necessidade de maior número de escriturários quando as áreas são grandes.

e) Aparecem problemas e regulamentos complexos quanto as necessidades de transferência, horas extras e outros procedimentos burocráticos.

f) Aparece o problema da duplicidade de ferramentas e equipamentos não oficiais em várias áreas.

Figura I.06

ADMINISTRAÇÃO E ORGANIZAÇÃO DA MANUTENÇÃO   **35**

iv) Em muitos casos, a Manutenção é organizada em base a Departamentos. Com isso, cada departamento da instalação possue suas próprias equipes de manutenção que, sob supervisão e orientação dos supervisores de produção, os envolvidos executam os serviços sob a disciplina e coordenação dos contramestres do próprio departamento. O processo apresenta vantagens com relação ao ego dos chefes de departamentos e normalmente consiste em serviços altamente deficientes. Trata-se de uma organização eminentemente descentralizada que serve mais para satisfazer vaidades pessoais que obter, realmente, eficiência e serviços de qualidade. O quadro esquemático da Figura I.07 ilustra tal tipo de organização, onde as principais desvantagens estão assinaladas.

v) Existem diferenças fundamentais nos conceitos de Manutenção Centralizada e Manutenção Integrada, sendo esta última também chamada de "mixta" ou "combinada" por vários autores. Normalmente a crença geral consiste em acreditar que a centralização é o tipo de organização que oferece os melhores resultados, por permitir um controle superior ao possível com a descentralização. Tal conceito é muito comum principalmente nas instalações de grande porte e, embora todos reconheçam que o procedimento corresponde a uma inércia apreciável por parte da execução das necessidades, ou seja, transcorre tempo excessivamente longo entre uma solicitação e o atendimento, tal fato é admitido como compensatório por permitir um controle mais efetivo, a par de uma coordenação e programação centralizada. Tais considerações são válidas tão somente para aquelas que não estão em condições de visualizar ou imaginar outro processo mais eficiente, que consiste numa organização integrada.

A organização de um Departamento de Manutenção Integrado está descrito esquematicamente na Figura I.09. No caso, permanece uma centralização que permite um controle e coordenação eficaz, representada por uma ampliação da oficina central que passa a possuir ramificações nas diferentes áreas e em condições de executar reparos e consertos de pequena monta, ajustes e em muitos casos fabricação e adaptação de componentes de porte pequeno ou reduzido, com o que a Produção não sofre solução de continuidade. Nas eventualidades dos reparos apresentarem algum vulto, a oficina central desloca para o local a sua equipe de especialistas que os executa e, no caso, a responsabilidade e coordenação permanece inteiramente na oficina central que, por sua vez mantém autoridade, exercendo o controle, coordenação e informado da programação dos chefes de Manutenção das várias

36 TÉCNICAS DE MANUTENÇÃO PREDITIVA

áreas que devem pertencer à Manutenção e não à área que trabalham. Como não poderia deixar de ser, não existe uma organização perfeita, isenta de desvantagens e, assim sendo mesmo a melhor organização integrada apresenta uma série de desvantagens, estando as principais indicadas no quadro correspondente. Seja qual for a metodologia e a organização estabelecida, existirão relações com outros departamentos, no caso de instalações de porte pequeno e grande, assim como em micro-empresas, onde várias atividades são exercidas pelo mesmo indivíduo ou comumente dois ou três indivíduos respondem por praticamente todas as atividades. A Manutenção é fortemente ligada à Engenharia e tal ligação torna-se extrema quando a Manutenção constitue uma ramificação ou desmembramento da própria Engenharia. Normalmente, é a Engenharia que possue os dados técnicos referentes ao maquinário e equipamento instalado na fábrica, assim como está de posse dos Manuais de Instalações e Operação de todo equipamento, instrumentos e dispositivos existentes. Por tal motivo, a Manutenção consulta constantemente a Engenharia solicitando dados. O inverso, entretanto, geralmente não se dá. A Engenharia providencia mudança e modificações, substituições e outras atitudes sem informar ou avisar os demais departamentos. Com tal posição autoritária, são criados vários problemas, principalmente no que diz respeito à Manutenção. É, portanto, importantíssimo que exista uma coordenação com troca de informações e reuniões periódicas a fim de manter um funcionamento harmonioso e coerente de toda a instalação. Como os cálculos de custos e a sua contabilização são importantes, principalmente para permitir à Manutenção operar com elevada eficiência a Contabilidade e Manutenção constituem passos indispensáveis para a troca de informações acompanhada de uma colaboração íntima entre a harmonização das funções e atividades. Tal cooperação torna-se patente quando existe, realmente, um interrelacionamento adequado e visando um fim comum, já que os orçamentos, previsões, relatórios de serviços, previsão da distribuição do trabalho, comunicação de dados que influenciam a folha de pagamento, relatórios dos gerentes, autorização de despesas, etc., devem ser contabilizados com precisão. Nesses casos, as informações que a Manutenção presta são essenciais à Contabilidade que instrue o como tais documentos devem ser preenchidos e quais os dados importantes. O relacionamento entre a Manutenção e o Almoxarifado/Compras deve ser tão íntimo quanto possível. É o fornecimento de materiais, acessórios e peças feito pelo Almoxarifado/Compras que, nessas condições, é o responsável pelo

ADMINISTRAÇÃO E ORGANIZAÇÃO DA MANUTENÇÃO   37

atendimento das requisições, manutenção do estoque em valores compatíveis com as atividades da Manutenção e aquisições intempestivas.

Com isso, é claro que a cooperação e coordenação entre a Manutenção e o controle de materiais (Almoxarifado) deve ser bastante íntima, seja o Almoxarifado uma divisão ou ramificação da Manutenção ou de outra atividade qualquer. O relacionamento interdependente entre a Produção (ou operação) e Manutenção já foi discutida com bastante detalhes. Não custa repizarmos tal coordenação, uma vez que a Produção necessita, esporadicamente, ser interrompida para a execução de serviços de Manutenção de monta em um ou mais equipamentos ou conjuntos, Como a Produção é responsável pelo planejamento da própria produção o é pelas interrupções necessárias à Manutenção. Uma coordenação adequada permite reduzir ao mínimo o tempo ocioso tanto da Manutenção quanto da quebra de produção, minimizando-se o prejuízo originado pela própria interrupção. Como, comumente é o Departamento de Produção que preenche as ordens e requisições de serviços, deve ser considerada a responsabilidade que lhe é inerente de satisfazer a programação de produção estabelecida. Dadas as necessidades de Manutenção, a Produção deve ser interrompida para a execução dos programas da própria Manutenção e, para manter uma coerência no funcionamento global da instalação, é a Produção que indica não só os custos estimados como o nível ou grau da Manutenção que requisita. Tais dados são estabelecidos mediante ampla discussão entre Produção e Manutenção. É bastante compreensível que a Produção pretenda o mínimo de custo a par de rapidês e eficiência mas, por outro lado, a Manutenção teoricamente conhece melhor o equipamento e sabe do que deve ser feito no momento e no futuro próximo. Em base a tais dados, é comum uma alteração do pretendido pela Operação face aos argumentos expostos pela Manutenção. Pelo exposto, torna-se mais uma vez evidente a necessidade que todos os departamentos trabalhem em base a uma filosofia bem definida que vise a um funcionamento harmonioso e coerente de todos os setores que constituem a instalação ou fábrica.

I. 30 - TÉCNICAS E PROCEDIMENTOS TÉCNICOS MODERNOS

O material exposto até o presente constitue um apanhado de idéias com relação a operação e funcionamento de uma instalação genérica. Foram admitidos os métodos "clássicos" de Manutenção, assim como

MANUTENÇÃO POR ÁREA

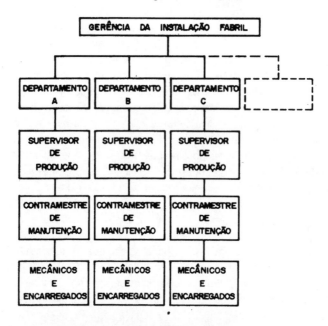

Apresenta vantagens análogas encontradas quando a manutenção é distribuida por áreas. Entretanto, como a supervisão não é qualificada, apresenta grandes desvantangens, como assistência técnica deficiente e serviços mal executaods, ou mesmo não executados devido aos problemas de produção. As desvantagens são as seguintes:

a) Os supervisores de produção não possuem qualificação para dirigir os trabalhos de manutenção.

b) Os supervisores de produção não possuem conhecimentos técnicos para orientar os mecânicos e encarregados da manutenção.

c) Os supervisores de produção estão interessados na **produção** e não em manutenção.

d) A responsabilidade da manutenção fica diluída, inexistindo responsável.

e) Torna-se impraticável verificar o custo da manutenção, assim como controlá-la.

f) Os problemas com distribuição do pessoal e suas funções tornam-se maiores quando comparados com a manutenção executada por áreas.

Figura I.07

ADMINISTRAÇÃO E ORGANIZAÇÃO DA MANUTENÇÃO

MANUTENÇÃO CENTRALIZADA

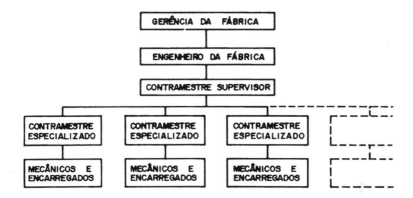

Vantagens:

a) Grande flexibilidade, permitindo escalar especialistas diversos para vários serviços.

b) Existência de pessoal qualificado e suficiente para a execução dos serviços de manutenção.

c) Número de funcionários relativamete estável, havendo poucas dispensas e/ou horas extras.

d) As situações inesperadas, enguiços e tarefas novas são atendidas e satisfeitas com maior rapidez e eficiência.

e) Os funcionários altamente especializados (instrumentistas) são aproveitados com mais eficiência.

f) Os equipamentos e dispositivos especiais são utilizados com maior eficiência.

g) Há um responsável pela manutenção.

h) É possível centralizar toda a contabilidade das despesas de manutenção.

i) Existe grande controle no investimento e nos serviços novos.

Desvantagens:

a) Os envolvidos com a manutenção ficam espalhados pela instalação, dificultando enormemente a supervisão.

b) Há grande perda de tempo em retirar ferramentas e material e receber instruções.

c) Podem ser escalados diversos indivíduos para utilizar os mesmos equipamentos ou ferramentas.

d) A prioridade é dada pela manutenção e não pela produção.

e) Fica mais difícil a coordenação ou programação dos especialistas.

f) O intervalo de tempo entre uma requisição e a sua execução pode ser excessivamente longo.

g) Há necessidade de maior controle administrativo.

h) Pode aparecer choques entre a Produção e a Manutenção, uma vez que a prioridades de ambas são diversas.

Figura I.08

MANUTENÇÃO INTEGRADA

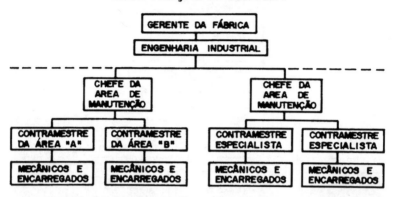

Estando a par das dificuldades, os Engenheiros e Gerentes da Fábrica procuram equilibrar a prestação de serviços e o custo da manutenção, visando solucionar e resolver os problemas combinando um sistema centralizado com os sistemas por áreas ou por departamentos, obtendo um sistema integrado. Tais sistemas integrados são bastante comuns em instalações de alto desenvolvimento tecnológico, existindo tantas variações e combinações quantas fábricas o adotam.

Vantagens:
a) Possue equipe de mecânicos apta a executar serviços de manutenção e construção de porte, em toda a fábrica.
b) Controle altamente eficiente das despesas de manutenção.
c) Os mecânicos e encarregados de cada área possuem amplos conhecimentos dos equipamentos e dos núcleos de produção.
d) Existem sempre mecânicos e encarregados nas várias áreas e prontos para executar serviços importantes e atender os núcleos de produção com grande rapidez e eficiência.
e) O responsável por cada serviço é identificado com precisão e sem dúvidas.

Desvantagens:
a) As prioridades para os serviços mais importantes são estabelecidas pela manutenção.
b) Uma equipe centralizada de mecânicos e encarregados escalada para serviços em toda a fábrica perde muito tempo andando e sua supervisão é deficiente.
c) Existe uma tendência para excesso de pessoal em algumas áreas.
d) Aparece o problema de multiplicidade de ferramentas, equipamentos e dispositivos.
e) Os envolvidos com a produção têm a impressão que a manutenção tem pessoal em excesso, que permanece andando pela fábrica sem fazer nada.

Figura I.09

ADMINISTRAÇÃO E ORGANIZAÇÃO DA MANUTENÇÃO 41

supõem-se a existência de um departamento, ou atividade de Manutenção. Normalmente, como será visto adiante, a Manutenção é dividida, no nosso ponto de vista, como executada em níveis, existindo os níveis I, II e III. O nível I é o mais simples e corresponde a simplesmente conservar o equipamento funcionando; o nível II consiste na conhecida Manutenção Preventiva clássica, que consiste na substituição de peças em períodos regulares, assim como a execução de reparos e consertos devido a quebras ou falhas inesperadas. O nível III consiste numa técnica diferente, pela qual a Manutenção é executada no momento adequado e antes que se processe o rompimento ou falha qualquer. Tal técnica consiste a denominada "Manutenção Predidiva", conhecida em âmbito internacional por "Condition Monitoring". As técnicas para o estabelecimento do processo serão expostos e discutidas a seguir.

A Manutenção Preditiva tem por finalidade estabelecer, numa instalação industrial qualquer, quais são os parâmetros que devem ser escolhidos em cada tipo de máquina ou equipamento, em função das informações que as alterações de tais parâmetros sobre o estado mecânico de um determinado componente (pistões, dilatação, rolamentos, vasão, particulado, etc.). Em base a tais informações, a análise dos mesmos permitirá que sejam tomadas providências visando evitar estragos de monta ou mesmo situações catastróficas irreversíveis. É importante considerar que, na Manutenção Preditiva, há necessidade de uma organização rígida, que coordene e analise uma série apreciável de inspeções que são realizadas periodicamente em praticamente todos os equipamentos. Tal organização é essencial para a coordenação e execução de reparos de monta, assim como eliminar pequenas irregularidades visando evitar que a situação do dispositivo se agrave, originando reparos de monta que, de uma forma ou outra, representam custos elevados, além de interrupção indesejáveis à produção. Ao estabelecer um programa de Manutenção Preditiva, não ficam eliminadas as providências referentes à Manutenção classificada como de nível I e este tipo de Manutenção é o que melhores resultados apresenta, tanto em termos técnicos quanto em termos econômicos, permite atingir o valor máximo da eficiência global. Entretanto, a necessidade de uma coordenação e cooperação entre os departamentos de Manutenção e Produção é a mais elevada em todos os casos descritos. Uma falha em tal coordenação pode dar origem a resultados desastrosos tanto técnica quanto economicamente. Quando se consideram os fatores economicos, "custos", o cálculo e a previsão são bastante difíceis não somente pela variedade de instalações e dos dispositivos (equipamentos, máquinas, acessórios, etc.) que são utilizadas nas diversas instalações, como ainda pelas

TÉCNICAS DE MANUTENÇÃO PREDITIVA

múltiplas condições que existem em instalações praticamente iguais. Em qualquer hipótese, em todos os locais onde foi estabelecida e implantada, os resultados globais apresentam vantagens muitas vezes superiores ao custo de sua implantação. Quando a Manutenção Preditiva é estudada, aparecem as primeiras condições, que implicam na medição e análise de vários parâmetros, com a conseqüente necessidade de aquisição de instrumentos de medição e análise, alteração de métodos convencionais de medição e controle de variáveis controladas por processos inalterados nas últimas décadas. Tal investimento inicial leva a conclusão que o processo é dispendioso e que portanto não compensa, sendo mais interessante deixar a situação como está e aplicar os investimentos em máquinas e equipamentos produtivos. Entretanto, um estudo detalhado do problema mostra que a Manutenção Preditiva apresenta resultados tais que pode e deve ser considerada como atividade produtiva. Isto porque, além de várias outras, são conseguidas as vantagens seguintes:

a) Um reparo, ajuste ou conserto normal e rotineiro passa a custar bem menos que uma quebra e conseqüente interrupçao da produção.

b) Como o equipamento é mantido constantemente ajustado, a rejeição é apreciavelmente diminuida, com menor perda de materiais.

c) Os equipamentos "de reserva" podem ser eliminados em grande número de casos, tornando-os produtivos ou eliminando-os, diminuindo o ativo fixo.

d) Controle efetivo de peças sobressalentes e materiais, diminuindo de maneira sensível os custos de estoques elevados. Quando a programação é executada inteligentemente, o estoque de peças permanece no fornecedor e não no almoxarifado da fábrica.

e) O controle e a monitoração permitem verificar quais os componentes mais substituídos, assim como quais os equipamentos que apresentam maiores problemas. Tal conhecimento permite a correção mediante verificação da origem das falhas, se no material, no equipamento ou nos operadores.

f) Permite que a Manutenção/Produção fiquem permanentemente sabendo qual o estado real do equipamento a qualquer instante, o que permite sugerir à alta direção a sua

ADMINISTRAÇÃO E ORGANIZAÇÃO DA MANUTENÇÃO 43

substituição ou reforma no momento adequado e não intempestiva ou tardiamente.

g) A Manutenção Preditiva visa, primordialmente, programar os reparos de pequena ou grande monta. Com isso, a ociosidade originada por falhas é diminuida a seu valor mínimo, com reflexos grandes na eficiência global da instalação.

h) Como existe uma programação, é possível providenciar todo o necessário, originando maior segurança para os executores do reparo, assim como ampla segurança à Produção que fica informada, previamente, do tempo ocioso do dispositivo sendo reparado.

i) Cada peça de equipamento que constitue a instalação passa a ter uma ficha, livro ou "dossier" onde estão descritos todos os dados sobre a máquina, com seu estado real a cada instante, além do histórico completo de cada peça da instalação.

j) Pelos resultados que a Manutenção Preditiva apresenta, os consertos de grande monta, assim como as interrupções constantes devido a falhas periódicas são eliminadas ou atenuadas de maneira sensível.

k) Uma programação adequada, com coordenação junto com o setor de Produção permitem executar praticamente todos os serviços afetos à Manutenção no horário normal de trabalho, eliminando ou diminuindo apreciavelmente as horas extras e trabalhos em fins de semana e feriados.

l) Como a Manutenção é informada quanto ao estado real de cada componente das máquinas e equipamentos a todo instante, as falhas de menor importância são corrigidas em menor tempo, exigindo menos mão-de-obra, além de aliviar a carga sobre os especializados. Além do mais, como são substituídas peças previamente conhecidas os estoques são menores, com diminuição das despesas.

m) A Manutenção Preditiva apresenta, em geral, uma redução global entre 15% e 20% daquele observado com a manutenção "clássica", quando são computados os custos de peças, materiais e mão-de-obra.

n) Quando é feito um levantamento global nos custos, a redução dos custos de Manutenção traduzem-se em custo menor por produto ou artigo produzido. No final, a eficiência é aumentada como resultado de um trabalho coordenado e

TÉCNICAS DE MANUTENÇÃO PREDITIVA

integrado, já que a instalação inteira trabalha dentro da mesma filosofia visando atingir o mesmo fim.

o) Como existem dados claros e objetivos, as Gerências, assim como a alta direção da empresa podem tomar decisões em base a valores e dados concretos e não em base a opiniões subjetivas ou mesmo ao "feeling" de alguns gerentes.

p) O estabelecimento da Manutenção Preditiva permite que a mesma seja executada antes da falha aparecer. Com isso, a manutenção corretiva, que funciona tão somente para corrigir os defeitos detectados depois de seu aparecimento, tende a ser apreciavelmente diminuída, quando não totalmente eliminada.

Note-se, no entanto, que o fator principal para que o sistema funcione é o elemento humano. De nada adianta estabelecer um programa com todo cuidado e com o melhor instrumental e equipamentos, acompanhado do melhor ferramental se a "infantaria" não estiver em condições de executar os serviços que lhe competem. Insistimos neste ponto, por ser o mesmo fundamental a toda e qualquer ação. A rosácea da Figura 10 ilustra o funcionamento da Manutenção Preditiva de maneira esquemática. A mesma funcionará somente se o pessoal envolvido estiver devidamente preparado. Caso contrário, permanecerá somente como uma figura e nada mais.

A rosácea ilustrada na Figura 10 mostra os elementos fundamentais de que se vale a Gerência para implantar um programa de Manutenção Preditiva. Observa-se, imediatamente, que várias das técnicas e métodos utilizados na Manutenção Preditiva é também utilizada nos casos de manutenção corretiva ou manutenção preventiva clássica. Entretanto, no caso da Manutenção Preditiva, os dados são utilizados de maneira bastante inteligente, uma vez que existe uma coordenação, programação, cronometração e harmonização entre **todas** as atividades da instalação. Trata-se de uma corrente onde cada elo exerce o seu papel com plena e total autonomia sem, no entanto, prejudicar as atividades das demais funções.

Considerando os controles necessários ao bom funcionamento da Manutenção Preditiva que foi estabelecida, aparece o problema de quem executará tais controles. Para tal, a própria Manutenção deverá possuir seu corpo próprio de burocratas que, trabalhando com orientação clara da contabilidade e dos envolvidos com a execução dos serviços estabelecidos com a programação preenchem as fichas correspondentes às várias má-

ADMINISTRAÇÃO E ORGANIZAÇÃO DA MANUTENÇÃO   45

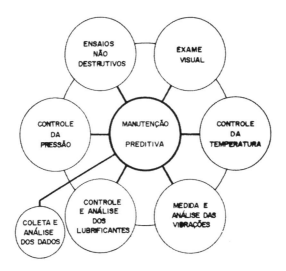

Figura I.10

quinas e equipamentos e, concomitantemente executam os cálculos dos custos. Tais dados deverão ser verificados pela contabilidade que poderá, a qualquer tempo, solicitar informações complementares ou esclarecimentos àqueles que os forneceram.

Passaremos a verificar, a seguir, quais os métodos e quais os parâmetros mais importantes que interessam à Manutenção Preditiva, assim como a maneira de selecioná-los, medí-los e analisá-los.

I.40 - TÉCNICAS ATUAIS

O exposto mostra as amplas possibilidades que a Manutenção Preditiva oferece ao parque industrial, principalmente pelas vantagens econômicas de diminuir os custos de manutenção, diminuir os lucros cessantes por evitar paradas inesperadas e, além disso, aumentar a vida útil do equipamento e maquinário, normalmente de custo apreciável. Pelo exposto, a sua implantação é por demais simples e fácil, bastando um treinamento de meia dúzia de operários chefiados por um mestre ou engenheiro e o problema está resolvido. Logo de início verifica-se que o problema não é bem assim, existindo complexidade apreciável mesmo em instalações de médio porte complexidade essa que deve ser perfeitamente compreendida pelos responsáveis e "dissecada para que o processo apresente resultados satisfatórios".

TÉCNICAS DE MANUTENÇÃO PREDITIVA

A manutenção como executada habitualmente, consiste simplesmente em substituir peças ou componentes que se desgastaram e que levaram a máquina ou equipamento a uma parada, por falha ou pane num ou mais componentes. Tal manutenção é ordinariamente conhecida e classificada como "manutenção corretiva". A Manutenção Preditiva apresenta a vantagem de predizer o estado dos componentes, informando quando o mesmo apresentará falha, dentro de boa margem de certeza. Para tal, há necessidade de executar aquilo que é chamado "diagnóstico". Através do mesmo, ficar-se-á sabendo qual o estado de determinado ou determinados componentes, quando os mesmos apresentarão falhas e como programar a sua substituição antes da ocorrência da situação crítica que leva ao rompimento e conseqüente parada do equipamento. Além do mais, a Manutenção Preditiva deve estar informada como um componente defeituoso exerce as conseqüências de tal defeito ou irregularidade aos demais componentes associados intimamente ao componente irregular. Tal interação constitue uma realimentação (feed-back) fazendo com que a irregularidade de um componente produza efeitos em componentes ligados ao primeiro, originando um processo de cascata como já informamos anteriormente.

Para a elaboração de um diagnóstico, os envolvidos no problema precisam saber qual o mecanismo de deterioração que leva a geração de falhas e o como uma falha exerce ação nos componentes associados. A operação de um equipamento ou mesmo componente qualquer fornece alguns dados, denominados parâmetros, que permitem executar o diagnóstico com boa margem de segurança. No caso comum, basta verificar uma alteração nos parâmetros que o "problema" está resolvido com a substituição do componente em questão. Entretanto, quando se trata de um processo racional, a substituição não é simplesmente executada mas sim são estudados os efeitos da alteração nos componentes associados e, principalmente, são investigadas as **causas** do desgaste visando obter meios de atenuar tais causas, quando não eliminá-las. A tabela da Figura 11 ilustra o conceito fundamental para o estabelecimento de um programa de Manutenção Preditiva, baseado em diagnósticos com margem de segurança satisfatória.

Verificaremos, no correr de nossa exposição, que existem processos e métodos bastante complexos e sofisticados para uso da Manutenção Preditiva. Alguns são baseados em análise em tempo real, outros na transformada de Fourier Rápida (FFT) e outros em instrumentos mixtos, que fornecem dados tanto em tempo real quanto em FFT, com monitoramento remoto e centralizado, alguns com registro em fita magnética, outros

ADMINISTRAÇÃO E ORGANIZAÇÃO DA MANUTENÇÃO 47

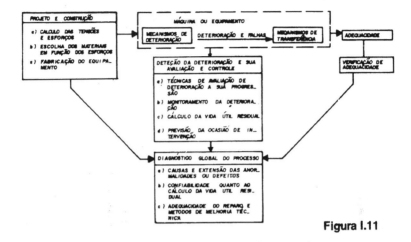

Figura I.11

com registro gráfico ou numérico, informando praticamente tudo que está se passando com cada componente de cada máquina da instalação. Tais métodos e complexos instrumentais exigem grupos de vários especialistas, não somente em eletrônica como ainda em mecânica, eletricidade, hidráulica, química etc., não dispensando matemáticos para resolver as equações que representam ou simulam a instalação industrial. É bastante comum o desejo de implantar um sistema "avançado" e que indique imediatamente qualquer irregularidade, com o máximo de antecedência possível. Infelizmente, sem pessoal qualificado e habilitado, o melhor e mais sofisticado sistema transforma-se em sucata dentro de pouco tempo, com perda total do investimento feito, além de continuarem a imperar os problemas de manutenção.

Voltando ao diagrama de blocos da Figura 11 e que indica os conceitos fundamentais da elaboração do diagnóstico de máquinas, vamos verificar qual o significado de cada um dos blocos expostos.

Já vimos que a manutenção preventiva clássica, que consiste em parar a instalação para fazer a "revisão" do equipamento, conhecida por "parada da fábrica" (overhau) não apresenta resultados satisfatórios, embora muito comum em nosso meio, quase que a regra geral. Com o equipamento moderno de alta velocidade e alta produção, sempre constituindo maquinário bastante complexo, os riscos de lucros cessantes por paradas inesperadas levou as indústrias com visão tecnológica avançada a implementarem e estabelecerem a Manutenção Preditiva como método de maiores vantagens sob todos os aspectos. Para tal, foram desenvolvidos

48 TÉCNICAS DE MANUTENÇÃO PREDITIVA

métodos e técnicas que permitem um diagnóstico preciso do equipamento, existindo ainda métodos que dão um diagnóstico com margem de segurança satisfatório, embora não apresentem a precisão conseguida com processos mais sofisticados. Em qualquer caso, o importante é que a Manutenção tenha dados concretos sob o **estado de cada componente** num dado momento, assim como saber como tal estado está evoluindo com a operação da máquina. Existem métodos para saber o como está evoluindo uma dada irregularidade, assim como predizer quando a irregularidade atingirá uma extensão tal que torne a situação perigosa. A precisão do diagnóstico vai depender do método utilizado, existindo diagnóstico "normal" e diagnóstico "preciso". Voltaremos mais tarde ao assunto.

Há uma técnica para verificar quantitativa e qualitativamente o estado de um dado componente, permitindo que seja predito qual o seu futuro imediato e mediato, essencial à Manutenção Preditiva. A determinação do estado real atual do equipamento é o passo fundamental para a emissão e elaboração de um diagnóstico que permita à Manutenção programar seus trabalhos e suas atividades. Tal verificação e predição exige a determinação dos elementos seguintes, como ilustra o diagrama de blocos da Figura 11:

a) Localização, grandeza e causas da deterioração da máquina ou componente e as irregularidades decorrentes.
b) Quais as tensões que estão dando origem a deterioração e irregularidade na máquina ou componente.
c) Qual o desempenho da máquina, sua resistência e eficiência durante a operação.
d) Qual a importância da máquina da produção e quais as possibilidades de sua substituição, assim como quais as conseqüências de sua parada.
e) Com o reparo ou conserto, qual a confiabilidade da máquina "refeita" e qual a sua vida útil residual.

Evidentemente, a Manutenção deverá saber a resposta a todos estes quesitos ou será inviável estabelecer um programa de Manutenção Preditiva. Para a resposta aos itens indicados, a Manutenção deverá estar em condições de realizar o seguinte:
1 - Levantamento do estado do maquinário todo e esta técnica fornece os elementos seguintes:
a) Controle da tendência de cada componente e deteção prematura de eventuais anormalidades;

ADMINISTRAÇÃO E ORGANIZAÇÃO DA MANUTENÇÃO **49**

b) Conhecimento dos problemas existentes em cada peça de maquinário ou equipamento;
c) Verificação da necessidade de monitoração e proteção do maquinário ou a sua dispensa.

Os dados acima permitem que seja feito um diagnóstico "normal" de cada máquina e eventualmente de cada componente. Note-se que, num ambiente como o existente em nosso país, o diagnóstico normal constitue passo bastante grande, uma vez que a grande maioria das instalações industriais estão longe de saber que tal diagnóstico é possível. Existe, como já informamos, a possibilidade de executar um diagnóstico com muito maior confiabilidade, que é o diagnóstico "preciso" ou de "precisão". Esta técnica é utilizada quando o diagnóstico normal revelar a existência de anormalidades ou irregularidades mas não indicar, com a necessária clareza, qual a causa ou origem. Nesse caso, ter-se-á:

2 - Diagnóstico preciso ou de precisão, fornecendo os dados seguintes:

a) Análise do posicionamento, extensão e causa de irregularidades e anormalidades.
b) Cálculo, medida e avaliação das diferentes tensões que são exercidas.
c) Quantificação e estimativa do desempenho, resistência, eficiência e confiabilidade do equipamento.
d) Confiabilidade e predição da vida útil residual do equipamento.

Existe, então, a possibilidade de estabelecer dois processos para a Manutenção Preditiva, como ilustra esquematicamente o diagrama de blocos da Figura I.12. Entretanto, é preciso considerar que a técnica do diagnóstico de precisão é implantada somente depois de estar em pleno funcionamento a técnica de levantamento nas máquinas. Com esta primeira técnica, que constitue o diagnóstico normal, a instalação passa a dispor de pessoal treinado e habilitado e executar a parte mais importante que é saber qual o estado do equipamento e, de tal conhecimento, partir para a implantação de técnicas de diagnóstico de precisão, ou diagnóstico preciso. Inclusive, a implantação de tais técnicas permite que, em curto tempo, a própria instalação industrial apresente subsídios valiosos aos projetistas/construtores de máquinas e equipamentos para alteração de projeto de construção dos mesmos. Isto porque as máquinas são projetadas e construídas em base e cálculos teóricos e suposições baseadas em dados experimentais oriundos de ensaios destrutivos. Caso tenham em mãos dados

TÉCNICAS DE MANUTENÇÃO PREDITIVA

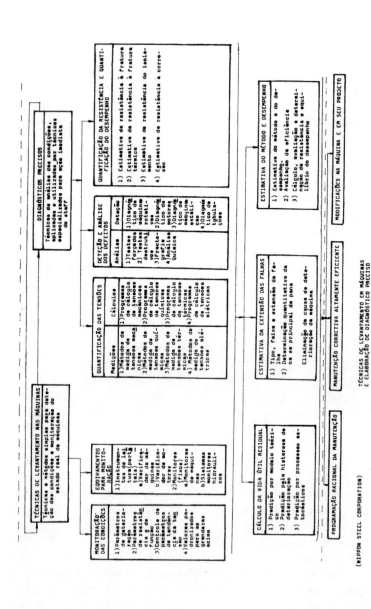

Figura I.12

ADMINISTRAÇÃO E ORGANIZAÇÃO DA MANUTENÇÃO

51

de **operação** real e em campo do equipamento que fabricam, poderão, sem a menor dúvida, melhorar apreciavelmente seus produtos.

Ao observar qualquer instalação industrial, observa-se imediatamente que há uma variedade enorme de máquinas, equipamentos, dispositivos, acessórios, etc.. Seria um contrasenso tentar aplicar de maneira aleatória uma técnica de diagnóstico para todas elas. Há, portanto, necessidade de verificar o como proceder para iniciar a implantação de uma técnica de manutenção preditiva que seja realmente eficiente e vantajosa, sob todos os pontos de vista. A título de ilustração, numa instalação qualquer encontramos os equipamentos seguintes, como um mínimo: prensas, motores elétricos de corrente contínua, motores elétricos de corrente alternada, compressores, plainas, tornos, cortadeiras, tubulações, transformadores elétricos, dispositivos estacionários como tanques, depósitos, trocadores de calor, cadeiras, etc., e mais bombas, ventiladores, frezas, exaustores, separadores, furadeiras manuais e de bancada, tornos-revólver, dobradeiras e mais uma série de itens com modelos, formas e tamanhos os mais diversos.

Dada tal variedade de maquinário, deve ser feita uma divisão de tal forma que, para melhor operação de manutenção, o maquinário seja dividido em grupos de equipamentos semelhantes segundo as características de diagnóstico. Assim sendo, a Manutenção Preditiva é iniciada pelo estabelecimento dos algoritmos de diagnóstico de cada equipamento, levando em consideração a importância de cada grupo para a manutenção. Como não poderia deixar de ser, parte-se do diagnóstico em cada máquina ou equipamento e, uma vez estabelecida a técnica para cada grupo, passa-se a execução prática do programa estabelecido. A Figura I.13 ilustra o desenvolvimento global de um programa visando a implantação de um programa avançado de manutenção preditiva numa instalação de grande porte. Observe-se que o primeiro estágio consiste no preparo do que vai ser feito, estabelecendo-se então o método e a técnica de levantamento de cada máquina. Depois disso, operando com eficiência plenamente satisfatória, passa-se a preparar o estágio seguinte, qual seja o estabelecimento de técnicas para obtenção de diagnósticos de precisão, ou precisos. Depois de conseguido e dominada tal técnica, passa-se a desenvolver o melhoramento do processo, visando a utilização eficiente de todas as potencialidades que os resultados obtidos apresentam.

Pelo exposto, é evidente que a Manutenção Preditiva fornece resultados excelentes, uma vez que os dados são utilizados de maneira bastante inteligente, já que existe coordenação, programação, cronometração e harmonização entre **todas** as atividades da instalação.

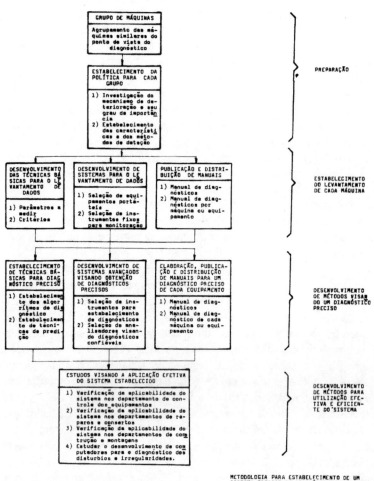

Figura I.13

ADMINISTRAÇÃO E ORGANIZAÇÃO DA MANUTENÇÃO 53

Durante nossa exposição serão verificados quais os parâmetros mais utilizados na Manutenção Preditiva, assim como tais parâmetros são medidos, analisados e interpretados dependendo do tipo de máquina ou equipamento. Exemplificando, as vibrações mecânicas são importantíssimas na medida e elaboração do diagnósticos de máquinas em geral mas, quando se trata de máquinas elétricas (motores, geradores, transformadores, etc.), a sua medida e análise informará qual o estado de componentes elétricos e ainda qual a extensão da irregularidade.

1.50 - LEITURA RECOMENDADA

Amstadter, B.L. - Reliability Mathematics: Fundamentals, Practice and Procedures - McGraw-Hill, 1971

Carter, A.D.S. - Mechanical Reliability - Wiley, 1972

Collacott, R.C. - Mechanical Fault Diagnosis and Condition Monitoring - Chapman & Hall - 1977

Collacott, R.C. - Vibration Monitoring and Diagnosis - UKM Publications Ltd. - 1979

Dolney, Linda Jo and R.L. DeHoff: - Maintenance Information Management Systems - Jones, Editor: Condition Monitoring' 84 Swansea College, 1984

EPRI - Failure Analysis and Failure Prevention in Electric Power Systems - EPRI Project 217-1, Report EPRI NP-280 - November 1976

Goldman, A.S. and T.B. Slattery: Maintenability-A Major Element of System Effectiveness - Wiley, 1964

Hajek, J. and V. Dupac - Probability in Science and Engineering - Academic Press, 1967

Jaramillo, E. - Mechanical Systems Integrity Management - in Jones, Editor: Condition Monitoring' 84 - Swansea College, 1984

Jones, Mervin H., Editor - Condition Monitoring' 84 - Proc. Int. Conf. Condition Monitoring at Swansea College - April 10/13, 1984

Katehakis, M.N. and C. Derman - On the Maintenance of Systems Composed of Highly Reliable Components - Report on Contract AFOSR-84-0136, 1986

Lambert, H.E. - Fault Trees for Decision Making in Systems Analysis - Lawrence Livermore Labs-Report ACRL-51829 - 1975

Manz B.J. - Reliability as a Function of Fatigue, Complexity and Redundancy: Mathematical Analysis - Directorate of Aerospace Studies of USAF Report DAS-DR-85-7, October, 1985

54 TÉCNICAS DE MANUTENÇÃO PREDITIVA

Moss, M.A. - Designing for Minimal Maintenance Expenses - The Practical Application of Reliability and Maintenability - Dekker, 1985

NBS - Proc. Meeting of the Mechanical Failures Prevention Group (22nd) Anaheim, April 23/25, 1975 - Report PB-248 254 - December, 1975

Pieruschka, E. - Principles of Reliability - Prentice-Hall, 1963

Ragul'skis, K.M., Editor: Cybernetic Diagnostics of Mechanical Systems with Vibro-Acoustic Phenomena - NASA Translation of: Kibernetischeskaya diagnostika mechanicheskikh sistem po vibroakusticheskin protsessam - Kaunas, KPI Press, 1972 - NASA Document NASW-2841

Rèmondière, A., Editor - 3e Colloque International Fiabilité et Maintenabilité - Agence Spatiale Européene Document ESA SP-179 September, 1 82

Shioji, T., H. Koitabashi, M. Kurihara, M. Sanematsu, S. Hirohama, H. Kumagai, S. Kamada and H. Kanetada - Development of a Predictive Maintenance System at Sakai Works - Nippon Steel Technical Report nº 19 - June, 1982

White, M.F. - The Modelling of Structural Systems and Signal for Machinery Condition Monitoring Studies - ISVR Technical Report 97 - December, 977

II.00 - Idéias e Conceitos Básicos da Manutenção

L. X. Nepomuceno

Existe, à disposição dos interessados, um volume enorme de livros, notas e artigos referentes aos problemas de manutenção dos diversos tipos de máquinas e equipamentos. Na grande maioria dos casos, tais estudos são de natureza teórica, apresentando uma série de estatísticas que informam qual a vida útil aproximada de cada máquina, componente ou equipamento, limitando-se tais dados a peças ou componentes específicos. Quando se trata de livro texto, o assunto é geralmente tratado de maneira bastante geral, normalmente fornecendo noções e procedimentos de natureza ou muito geral ou excessivamente especializada, apresentando interesse duvidoso para a maior parte das instalações industriais. Existem vários conceitos e noções ligadas à Manutenção que devem ser definidas de maneira clara, visando evitar confusões referentes ao uso inadequado de termos definidos de maneira pouco clara.

É fato indiscutível que toda e qualquer máquina e equipamento apresenta um certo envelhecimento devido ao uso. Com o desenvolvimento tecnológico observado a partir da década dos quarenta, foram criados conceitos novos e outros foram aperfeiçoados, compatibilizando uma série de abstrações a aplicações eminentemente práticas. Entre tais conceitos, que foram estudados e aperfeiçoados nas últimas quatro décadas, tem-se a confiabilidade, a manutenabilidade e a disponibilidade. Tal desenvolvimento está intimamente ligado ao aparecimento de tecnologias de ponta, onde uma falha apresenta consequências difíceis de avaliar. Verificaremos, de maneira bastante elementar algumas noções ligadas a tais conceitos. Os interessados em maiores detalhes deverão consultar a literatura recomendada, uma vez que não cabe no presente trabalho um desenvolvimento maior do assunto.

II.01 - CONCEITO DE CONFIABILIDADE

A confiabilidade é uma das idéias fundamentais que praticamente todos julgam saber do que se trata de maneira puramente intuitiva. Entretanto, no meio de especialistas o conceito encontra enorme dificulda-

56 TÉCNICAS DE MANUTENÇÃO PREDITIVA

de em ser definido de maneira clara e precisa. Tal dificuldade está ligada a aplicação do conceito nas diversas situações que o especialista encontra nas suas atividades. De maneira geral, é possível adotar a definição: "um dispositivo é considerado confiável, seja um automóvel, avião ou qualquer mecanismo, quando permanece cumprindo suas funções durante toda a vida útil estabelecida pelo projeto, independentemente de condições favoráveis ou adversas". Embora a definição seja um tanto ampla, é preciso considerar que dispositivo ou equipamento nenhum pode operar de maneira confiável se não for mantido adequadamente. Analogamente, as condições descritas como adversas não podem exceder limites considerados razoáveis.

Com o aparecimento do maquinário em princípios do século passado, houve um grande crescimento industrial, denominado de Revolução Industrial. Tal crescimento deu origem a padronização e normalização das ligas metálicas inicialmente, a seguir as roscas e dimensionamento foi padronizado, permitindo que os produtos que foram aparecendo fossem acomodados dentro das possibilidades da época. As peças e componentes, assim como os materiais padronizados ganharam o apoio dos usuários e foi notado que várias unidades de um dado tipo de peça ou componente apresentavam uma tendência ao rompimento, seja por ruptura seja por desgaste. Com isso, observou-se que a duração, ou vida útil de uma peça podia ser relacionada diretamente à severidade das tensões aplicadas à peça. Tal relação entre a carga aplicada e a vida útil sem que haja desgaste é visível de maneira marcante quando se trata de rolamentos. Baseados em tais fatos, foi estabelecido que a vida útil de um componente arbitrário é inversamente proporcional as cargas aplicadas.

Não é difícil imaginar que, com o rápido desenvolvimento e a evolução das tecnologias industriais, apareceram aperfeiçoamentos nas técnicas de análise estrutural, teoria da otimização de sistemas, análise das tensões etc.. De posse de tais aperfeiçoamentos, foi um passo a necessidade de uma teoria apta a predizer e otimizar a confiabilidade de peças, produtos e sistemas. É peciso considerar que tal teoria foi desenvolvida somente após a conflagração mundial de 1939 a 1946, embora o desenvolvimento da teoria não tenha estimulado a sua aplicação metodológica nas atividades industriais. Com o aparecimento de problemas na década dos cinquenta, as forças armadas principalmente dos Estados Unidos iniciaram uma série de exigências quanto as especificações referentes a contratos cobrindo determinadas armas e sistemas. Em curto tempo as exigências de confiabilidade passaram a ser obrigatórias em todas as especificações de equipamentos e dispositivos novos, sendo que a mesma era estabelecida em termos de probabilidade de cumprir determinadas mis-

IDÉIAS E CONCEITOS BÁSICOS DA MANUTENÇÃO 57

sões. A teoria probabilística foi aplicada extensivamente na aeronáutica, principalmente nas forças armadas, entre a Primeira e Segunda Guerra Mundial, apoiada nas vantagens de confiabilidade que apresentam os aviões de vários motores, em comparação com os de motor único. Na realidade o conceito de confiabilidade foi desenvolvido por Robert Luser e Erich Pieruschka, que o desenvolveram durante os estudos referentes as bombas VI fabricadas em Peenemunde. O desenvolvimento foi baseado na verificação que cada foguete que falhou teve a falha originada na falha de um único componente, sendo que nem sempre se tratava do mesmo componente. Baseando-se na idéia geral de que uma corrente tem a sua fraqueza igual a fraqueza do élo mais fraco, foram concentrados esforços visando melhorar a qualidade dos componentes que apresentavam a maior probabilidade de falhas. Aqueles autores observaram que um sistema qualquer de míssil tinha uma confiabilidade que depende da confiabilidade da todos os componentes e com isto observaram que a confiabilidade da corrente é menor que a confiabilidade do componente menos confiável.

Então, para predizer a confiabilidade de um produto qualquer considerado como sistema, devem ser consideradas as confiabilidades de todos os componentes e tal consideração levou a assunção intuitiva que a confiabilidade do sistema é igual a média dos valores das confiabilidades dos componentes. Os estudos de estatística e probabilística mostram que a confiabilidade é apreciavelmente menor que a média, sendo nada mais nada menos que o produto da confiabilidade dos componentes individuais. Tal verificação é a base da teoria da confiabilidade como estudada presentemente e, como a confiabilidade de cada componente é menor que a unidade, o produto das confiabilidades individuais é ainda menor. Com isso, observa-se que a confiabilidade do sistema é menor que a confiabilidade do componente menos confiável. O estudo de Lusser e Pieruschka, quando aplicado às bombas VI, elevaram a confiabilidade de zero a 75%.

II.01.01 - Definições Fundamentais Relacionadas à Confiabilidade - Visando evitar interpretações errôneas, apresentamos a seguir algumas definições associadas aos conceitos fundamentais de confiabilidade, procurando manter uma sequencia lógica que coincida com o uso geral mas que, por outro lado, são descritas de maneira um tanto restritiva exatamente para evitar interpretações inadequadas.

II.01.01.01 - Conceito de Sistema - Um sistema é um conjunto de dispositivos que operam formando uma unidade destinada a cumprir determi-

58 TÉCNICAS DE MANUTENÇÃO PREDITIVA

nada missão ou executar determinado trabalho. É importante observar que existem sistemas complexos constituídos por dois ou mais grupos de dispositivos cumprindo cada um deles uma das funções ou missões do sistema. Neste caso, aparece o problema de função ou missão, que obrigatoriamente deverá apresentar uma interpretação que particularize individualmente a função.

Visando exemplificar o que foi exposto, suponhamos o caso dos condicionadores de ar. No passado, o conforto do ambiente era fornecido por dois sistemas separados, um destinado a resfriamento durante o verão e o segundo ao aquecimento durante o inverno. Recentemente ambas as funções são executadas por um sistema composto de dois subsistemas que aproveitam a tubulação para ambas as funções. Embora seja perfeitamente possível dizer que o sistema integrado apresenta a missão, ou função, de fornecer conforto ambiental há necessidade de, neste caso, subdividir a missão em três partes, para que a confiabilidade e o desempenho do sistema seja avaliada. Tais sub-missões são as seguintes: (i) controle da temperatura do ar contido no ambiente; (ii) controle da umidade relativa do ar no ambiente e (iii) distribuição do ar controlado. Observe-se que cada uma dessas sub-missões é executada por um grupo de dispositivos colocados e operando separadamente e, nessas condições tal grupo deve ser considerado como um sub-sistema e, visando uma análise da confiabilidade, tal sub-sistema deve ser considerado como um sistema independente.

II.01.01.02 - *Conceito Fundamental de Circuito* - Dá o nome de circuito a um agrupamento de peças ou componentes no interior de um sistema ou sub-sistema qualquer, que apresente a característica de executar uma função determinada visando permitir o cumprimento da missão estabelecida para o sistema. É importante observar que o termo **circuito** não é limitado ao circuito elétrico conhecido de todos, mas engloba as conexões e ligações entre os elementos, sejam elas mecânicas, elétricas, hidráulicas, térmicas ou de qualquer outro tipo. Além do mais, o circuito compreende não somente os componentes (elementos) mas também os acessórios, tais como fiação, eixos, tubulações, dutos, correias, etc., que unem os elementos formando o circuito. No caso mencionado do condicionador de ar, a parte responsável pelo aquecimento pode ser denominada de circuito de aquecimento e, análogamente, a referente a refrigeração como circuito de refrigeração, ficando o conjunto de dutos como pertencente a ambos os sub-sistemas que, para efeito de confiabilidade são considerados como sistemas individuais.

IDÉIAS E CONCEITOS BÁSICOS DA MANUTENÇÃO **59**

Nem sempre é simples fazer a separação adequada visando uma técnica de análise envolvendo a confiabilidade, manutenabilidade e disponibilidade, principalmente pelas dificuldades existentes para estabelecer as relações entre um **circuito** e a sua **função**. Para esclarecer a questão, vamos procurar responder a seguinte pergunta: "Quais são as funções do circuito elétrico de um veículo?". Podemos dizer que a função do circuito elétrico é acionar o motor de arranque, para que o motor passe a funcionar. Caso não exista a energia necessária para isso, a missão falha já que o veículo não pode funcionar. Mas, a parte elétrica fornece ainda energia para vários dispositivos de segurança e conforto, tais como luzes internas, faróis e faroletes, buzina, limpador de parabrisas, etc. e embora tais dispositivos sejam de importância fundamental, os mesmos nada tem a haver com a finalidade fundamental do veículo que é o transporte de pessoas ou de carga. Observa-se que a sequência lógica implica em estabelecer inicialmente as missões que devem ser cumpridas pelo produto em questão, após o que cada missão é desdobrada em funções essenciais ao cumprimento da missão. Com tal procedimento, o conceito, bastante abstrato, de **função** é transformado num circuito constituido por várias peças interligadas; os circuitos são então re-arranjados em sub-sistemas que são, por sua vez agrupados para formar o produto final. Com tal procedimento, é possível analisar o sistema visando predizer as possibilidades de desempenho e quais as modificações de projeto são adequadas para otimizar tais possibilidades, sempre dentro dos limites dos custos de produção.

II.01.01.03 - Conceito de Componente ou Peça e Conceito de Montagem - Uma **peça** ou **componente** nada mais é que um item arbitrário que não é passível de desmontagem em componentes subordinados, sem que haja rompimento permanente de uniões físicas usuais.

Denomina-se **montagem** todo e qualquer item estrutural ou funcionalmente dinâmico que pode ser desmontado em dois ou mais componentes subordinados, sem que haja ruptura permanente de uniões físicas. Observe-se que os componentes de uma montagem arbitrária podem ser constituidos por uma combinação de um número de montagem subordinadas, denominadas sub-montagens. O termo **estrutural** refere-se a função executada por componentes passivos que funcionam como suporte de componentes dinâmicos que exercem as funções de um circuito. É importante observar que os diferentes tipos de componentes estruturais apresentam como finalidade: (a) proteger os circuitos de condições adversas, tais como chuva, vento, sol etc.; (b) permitir o manuseio dos circuitos que

60

TÉCNICAS DE MANUTENÇÃO PREDITIVA

compõem o sistema; (c) servir de suporte aos vários componentes, incluindo a gravidade; (d) posicionar geometricamente a distribuição dos diversos componentes, assim como manter o distanciamento entre eles.

II.01.01.04 - Hierarquia de um Sistema - A hierarquia de uma montagem qualquer nada mais é que a descrição da organização utilizada no conjunto de elementos de um sistema, que vai do topo ao âmago das funções e das relações inter-estruturais. É comum a apresentação da hierarquia de montagens sob a forma de "árvore da montagem", onde cada raiz da árvore termina num componente. É importante que saibamos que a análise da confiabilidade é executada de maneira inversa, ou seja, a sequência parte inicialmente na confiabilidade do nível mais baixo, que é o componente (ou peça). Das confiabilidades individuais dos componentes atinge-se a confiabilidade do nível das sub-montagens, calcula-se a confiabilidade nessa sequência até atingir o nível superior de sistema, quando tem-se a confiabilidade pretendida.

II.01.01.05 - Operação Deficiente - O funcionamento de um sistema qualquer é considerado deficiente, ou "enguiço", quando existe uma ocorrência qualquer que leve o sistema a interromper a execução da missão que lhe é destinada, ou ainda quando um circuito deixa de executar sua função. Pode se tratar de interrupção completa da operação, caso em que é classificada como catastrófica, um desvio incontrolável do valor de um parâmetro crítico abaixo do limite especificado ou mesmo uma variação transitória que ultrapassa os valores·limite estabelecidos para a missão. O enguiço pode ser originado numa ou várias das causas seguintes:

    a) Componente malajustado ou apresentando falha,

    b) Machucadura física, devido a causa externa,

    c) Desalinhamento funcional ou conexão defeituosa entre componentes que operam em sucessão. Um desalinhamento é denominado funcional quando todos os componentes de um circuito particular estão operando dentro dos limites especificados e a enguiço ocorre. Normalmente tal tipo de enguiço é uma consequência do somatório das tolerâncias mínimas de vários componentes, demonstrando defeito na elaboração do projeto do circuito em tela.

IDÉIAS E CONCEITOS BÁSICOS DA MANUTENÇÃO 61

d) Interferência entre os sinais de controle da operação e sinais de origem externa.

e) Alteração substancial da fonte externa de energia, tais como variação excessiva da tensão da linha de alimentação.

II.01.01.06 - Falhas ou Faltas - Uma falha é qualquer enguiço num sistema ou circuito que permanece até que sejam tomadas providências corretivas. Quando um sistema arbitrário cumpre mais de uma missão independente, qualquer enguiço que interrompa a execução de uma das missões pelo sistema é considerado como uma falha, mesmo quando a outra ou outras missões continuem a ser executadas adequadamente. Do ponto de vista da análise da confiabilidade, as falhas são classificadas em **identificáveis** e **não-identificáveis**. A falha identificável é aquela que pode ser atribuída a um erro ou defeito de projeto ou de fabricação. Quando a falha ou enguiço é devida a degradação física de um componente ou item qualquer, devido ao tempo prolongado de uso em condições compatíveis com as de sua fabricação, a mesma ainda é identificável. A exposição de um item ou componente a um esforço ou tensão operacional ou ainda a uma tensão estrutural acima do limite especificado em projeto dá origem a uma falha **não-identificável**. São ainda consideradas falhas não-identificáveis aquelas devidas a erros do operador, manuseio inadequado ou manutenção insatisfatória. É importante observar que as falhas identificáveis são originadas em erros de projeto ou fabricação e, assim sendo, o fornecedor pode ser responsabilizado pelas mesmas, pelo menos durante o período denominado de garantia. Na análise da confiabilidade, somente as faas identificáveis são levadas em consideração, uma vez que as demais estão totalmente fora do controle ou conhecimento do projetista ou fabricante.

A origem de uma falha é localizada no componente de nível imediatamente inferior ao que pode ser isolado. A origem final consiste numa interconexão ou efeito cascata entre peças, componentes ou montagens cuja deterioração física ou destruição originou a falha ou ruptura.

II.01.01.07 - Maneiras ou Modos de Falhar - O modo ou a maneira de falhar nada mais é que o conjunto de condições sob o qual um dado siste-

TÉCNICAS DE MANUTENÇÃO PREDITIVA

ma ou circuito apresenta falta de desempenho em termos da missão ou função que deve executar. Em termos comparativos, a deterioração de uma peça ou componente do alternador de um veículo qualquer leva o alternador a apresentar falha através de um dos modos seguintes: i) ausência total de corrente na saída, constituindo um modo catastrófico; ii) redução apreciável da tensão de saída, constituindo um modo degradado de desempenho e iii) ausência total de corrente de saída, associada a um curto-circuito da bateria, destruindo-a e, possivelmente prejudicando outros componentes do circuito elétrico, constituindo um caso extremo de modo catastrófico. Atingindo-se o nível de montagem mais elevado, os modos passam a ser bem mais complexos, dependendo de qual a região na sequência de operação a missão falhou. No caso do automóvel, caso o alternador apresente falha de maneira catastrófica na sequência partida-percurso-parada, é possível que a bateria possua ainda carga suficiente para uma nova partida ou, talvez para operar as lanternas e fazer funcionar o pisca-alerta. Quando se trata de um modo de desempenho degradado pode dar origem as mesmas consequências e, no caso de modo catastrófico extremo, possivelmente a energia de reserva é totalmente consumida.

No caso habitual de manutenção corretiva, as diferenças entre os modos de falha é indiferente porque, em todos os casos, o alternador deverá ser retirado para reparo. Porém, o quanto o acumulador deverá ser re-carregado dependerá do modo da falha e qual a sequência observada na falha. No caso de modo catastrófico, a bateria não será re-carregada, devendo ser substituída e, além disso é possível que outros componentes do circuito elétrico tenham sido prejudicados.

Visando esclarecer a diferença existente entre modo de falhar e origem da falha, suponhamos que um veículo sofreu ruptura da mangueira do radiador. A origem da falha é a mangueira rompida e o modo de falhar **imediato** é o término do rompimento da mangueira sob a pressão do vapor devido a deterioração do material; como sintomas ter-se-á o aparecimento de vapor sob a tampa do cofre, água ou líquido de refrigeração sob o radiador depositando-se no solo. O elemento mais importante deste modo de falhar é a perda de líquido de refrigeração do circuito de resfriamento do motor e, caso não sejam tomadas providências imediatas, observar-se-á perda de potência e possivelmente estragos apreciáveis no próprio motor. É possível que outros componentes do circuito de resfriamento do motor apresentem os mesmos sintomas e os mesmos efeitos na operação do circuito, havendo em comum com todos eles o modo de falhar imediato, ou seja, a identificação da origem da falha e a maneira pela qual a falha se deu.

IDÉIAS E CONCEITOS BÁSICOS DA MANUTENÇÃO   **63**

Denomina-se de **defeito** ao mecanismo físico apresentado pela origem da falha. Tal mecanismo pode ser: envelhecimento do material, corrosão química, desgaste mecânico, deformação estrutural, ruptura etc., dependendo do caso e das circunstâncias. No caso exemplificado acima de um modo imediato de falhar, o mecanismo físico consistiu na disrupção estrutural da mangueira do radiador.

II.01.01.08 - Conceito de Vida Útil - O termo vida útil designa o tempo de vida durante o qual um dispositivo qualquer (peça, componente, máquina, equipamento, sistema, circuito, etc.) deve operar de maneira satisfatória, obedecendo as especificações do projeto e com ampla segurança, desde que sujeito a um processo de manutenção como indicado pelas instruções do fornecedor, sem ser submetido a condições ambientais ou esforços superiores aos limites especificados. A vida útil de um dispositivo teoricamente representa a predição que uma determinada proporção dos elementos produzidos operarão satisfatoriamente durante o período indicado. Tal proporção é indicada pelo mínimo admissível ou, em termos probabilísticos, é utilizado um limite inferior de confiança. É bastante comum associar a vida útil de um produto a uma garantia, caso em que a determinação da proporção mencionada anteriormente deve ser levada em consideração dado o custo de substituição ou reparo das unidades que apresentam falhas antes do período esperado.

II.01.01.09 - A Confiabilidade - Após a apresentação do material exposto, chegamos ao conceito de confiabilidade. Por confiabilidade entende-se a probabilidade de um produto (peça, equipamento, circuito, máquina, peça, sistema, componente, etc.) fabricado de conformidade com dado projeto operar durante um período especificado de tempo (eventualmente o tempo de vida útil) sem apresentar falhas identificáveis, desde que sujeito a manutenção de conformidade com as instruções do fabricante e que não tenha sofrido tensões superiores àquelas estipuladas por limites indicados pelo fornecedor, não tenha sido exposto a condições ambientais adversas de conformidade com os termos de fornecimento ou aquisição.

A confiabilidade é um atributo inerente ao projeto do produto e representa a capabilidade potencial que dificilmente será atingida em condições habituais, exceto quando fabricado exatamente conforme o projeto e operado e mantido exatamente nas condições prescritas pelo fornecedor.

64 TÉCNICAS DE MANUTENÇÃO PREDITIVA

II.01.01.10 - A Equação de Predição da Confiabilidade - Foram feitas várias definições visando evitar interpretações dúbias, definindo o conceito de confiabilidade em termos de probabilidade de desempenho satisfatório de um sistema qualquer destinado a atender a uma certa missão. Entretanto, o avaliar a confiabilidade de um determinado projeto em base a termos probabilísticos não constitue uma avaliação aceitável para o usuário. Isto porque uma predição probabilística nada mais é que a expressão da confiança relativa que o produto final apresenta e uma alta probabilidade de sucesso pode originar um "sentimento favorável" mas, em nenhuma hipótese, fornece linhas que guiem a elaboração de um projeto satisfatório. Nesse particular, os trabalhos de Pieruschka no desenvolvimento da bomba VI apresentam unidades de medida muito mais úteis e práticas. Em seus trabalhos, Pieruschka estabeleceu que a avaliação da confiabilidade de um item arbitrário, fosse um componente singelo, sistema complexo, circuito ou montagem é dada pela expressão

$$c = e^{-\lambda t}$$

II.01

onde C é a probabilidade do item executar a missão a que lhe foi confiada de maneira plenamente satisfatória; t a duração da missão e λ o gradiente de falhas que o componente apresenta durante o período t, admitido como constante. É esta expressão que constitue a base sobre a qual se apóia toda a metodologia da análise da confiabilidade.

Toda e qualquer peça ou componente apresenta uma determinada curva que descreve a razão ou o gradiente de falhas, curva essa que pode ser traçada a partir de dados levantados em laboratório ou a partir de registros de falhas em operação. Tal curva é característica de cada peça e é determinadas por três fatores importantes: a) O projeto do componente ou peça; b) o padrão de qualidade estabelecido e utilizado na fabricação da peça ou componente e c) as tensões que o componente está sujeito durante sua operação em serviço.

Devemos observar que quando estudamos as falhas de circuitos provenientes de determinadas origens, estamos realmente procurando as falhas físicas, que são características da peça em questão e o gradiente de falhas depende da intensidade das tensões operacionais e ambientais que a peça está sujeita. A variação pode se apresentar de duas maneiras ou formas distintas, podendo apresentar uma proporção linear ou uma proporção exponencial ou logarítmica. Um exemplo típico é o caso de rolamentos de esferas, nos quais o gradiente de falhas cresce linearmente

IDÉIAS E CONCEITOS BÁSICOS DA MANUTENÇÃO 65

com a rotação e exponencialmente com a carga radial. O importante é que a equação fundamental da confiabilidade aplica-se perfeitamente a ambas as variações, com resultados plenamente satisfatórios.

Existem, como é óbvio, outros tipos de variações do gradiente de falhas e, nesses casos, o gradiente permanece inalterado no nível randomico de defeitos, mesmo com tensão de intensidade crescente, até que a intensidade atinja um valor acima do qual o gradiente apresenta uma inclinação ascendente acentuada. Nos casos de tensões mecânicas em estruturas envolvendo tensão, compressão, torção e vibrações assim como choques, o gradiente varia desta maneira. Quando se trata de um circuito ou sistema, o gradiente de falhas não depende somente das tensões que cada componente é sujeito mas também de como tais peças são funcionalmente ligadas.

II.02 - O CONCEITO DE MANUTENABILIDADE

O conceito de manutenabilidade foi desenvolvido logo no início da Revolução Industrial, quando se procurava manter o maquinário trabalhando de qualquer maneira (como ocorre nos dias de hoje). A manutenção passou a ser estudada com seriedade somente após o término da Segunda Guerra, 1939/1946 e após a década dos sessenta passou a ser fortemente influenciada pelo aparecimento e desenvolvimento das tecnologias de ponta. A manutenabilidade iniciou-se como uma série de regras e linhas de ação, desenvolvidas em resposta as exigências dos mecânicos que executavam a manutenção dos produtos que haviam sido projetados e fabricados, depois de determinado período de operação. Posteriormente, alguns teóricos introduziram alguns conceitos e equações, visando aplicar as técnicas de confiabilidade neste novo campo. Normalmente podemos definir a manutenabilidade da maneira seguinte:

A **manutenabilidade** é o constituinte de um produto projetado com determinada finalidade, que garante a habilidade do produto de executar satisfatoriamente as funções para as quais foi destinado e que pode ser sustentada durante a sua vida útil com o mínimo de custo e trabalho.

É fácil imaginar que no início da industrialização, os projetistas de máquinas e equipamentos com experiência longa no assunto, desenvolveram algumas diretrizes visando facilitar a manutenção do produto quando o mesmo operasse por longo tempo, nem que tais diretrizes fossem baseadas em intuição exclusivamente. A industrialização desembocou na produção seriada e, com isso, os problemas de produção e produtividade passaram a ser muito mais importantes que os problemas de manutenabilidade.

66 TÉCNICAS DE MANUTENÇÃO PREDITIVA

Felizmente, vários estudos detalhados do problema mostraram que muitos dos procedimentos utilizados nos projetos facilitam, de uma forma ou outra, as operações de manutenção. Atualmente, muitos dos fundamentos da manutenabilidade descritos a seguir foram originados em problemas cuja solução visava exatamente aumentar a produtividade das máquinas que executam produção em massa.

II.02.01 - Padronização. Normalização - Para as nossas finalidades, a padronização ou normalização significa a produção de artigos, peças ou dispositivos (parafusos, rolamentos, sistemas de tubulação, conectores elétricos, fios, roscas de tubos, rodas, etc.) apresentando características aceitáveis no âmbito geral dos projetos, abrangendo configuração, dimensões e tolerâncias dimensionais, composição química dos materiais que constituem o componente, propriedades físicas, características de desempenho e outras características fundamentais. A padronização atinge os objetivos seguintes, facilitando não somente a fabricação mas também os problemas de manutenção:

a) Minimiza o número de diferentes peças ou componentes sobressalentes necessárias para a manutenção e que devem permanecer em estoque. Com isso, o capital investido em estoque é diminuído.

b) Garante a compatibilidade entre as peças ou componentes que devem ser ligados em tandem quando uma delas for substituída por apresentar defeito, facilitando a utilização de ferramentas também padronizadas, instrumentos e dispositivos de teste e ensaio, facilitando sobremaneira a manutenção.

II.02.02 - Modularização e Unidades Integradas - Aparentemente não existe diferença entre módulo e unidade integrada mas, para as nossas finalidades, é importante diferenciar ambos os conceitos. A modularização consiste na obediência das montagens ou sub-montagens a determinadas imposições dimensionais, baseadas em "blocos" individuais que permitem a montagem numa estrutura, mantendo dimensionamento adequado, forma, posicionamento adequado das interfaces, localização padronizada das conexões elétricas, tanto de entrada quanto de saída, visando, além de simplificar a manutenção, permitir a utilização de procedimentos padronizados de montagem e desmontagem. Trata-se, portanto, de um conceito geral e

IDÉIAS E CONCEITOS BÁSICOS DA MANUTENÇÃO

amplo, implicando tão somente em determinadas regras que devem ser obedecidas para possibilitar a erecção de uma "construção" a partir das unidades modulares.

Quando todos os componentes de um circuito qualquer destinado a executar uma determinada função estiverem localizados num módulo único, tem-se a **unidade integrada** que, segundo o conceito, é uma unidade removível e substituível como uma entidade independente. A unidade funcional integrada permite que o reparo, ou manutenção, seja executado de maneira expedita, levando o sistema a permanecer ocioso o tempo mínimo. Isto porque quando aparece defeito num circuito contido numa unidade integrada, os sintomas manifestam-se nesta unidade e a substituição de tal unidade elimina o defeito.

II.02.03 - Permutabilidade e Acessibilidade - Entende-se por intercambialidade ou permutabilidade a características dimensionais e tolerâncias funcionais das peças ou componentes fabricados ou montagens pré-executadas, que permitem a substituição de um item defeituoso em campo, sem necessidade de alterações físicas para conseguir a substituição. Além do mais, deve haver o mínimo de ajustes necessários para conseguir o funcionamento adequado do dispositivo substituído.

Na mesma linha de idéias, aparece o conceito de acessibilidade, que controla a disposição espacial de peças, montagens e componentes dentro de uma sub-montagem e montagem, de maneira tal que esses itens sejam facilmente acessíveis para substituição ou reparo no local onde estão posicionados. É fácil verificar que a acessibilidade é facilitada enormemente quando, no projeto ou na construção, são aplicadas portas com dobradiças de encaixe para permitir a retirada, painéis removíveis, semi-montagens deslizantes, estantes corrediças e outros dispositivos e massetes. Para as finalidades da análise da manutenabilidade, a acessibilidade abrange os dispositivos que facilitam a remoção e substituição de itens defeituosos, tais como conexões de encaixe rápido para as ligações elétricas, hidráulicas, pneumáticas etc. A acessibilidade relativa para ser avaliada deve levar em consideração as limitações físicas dos operadores e, além disso, da necessidade ou não da remoção de outros itens antes de ter acesso ao item que deve ser substituído.

II.02.04 - Dispositivos Indicadores. Isolamento do Defeito - Os equipamentos e máquinas construidos nas últimas décadas possuem vários instrumentos e dispositivos que indicam o funcionamento e as condições de

68 TÉCNICAS DE MANUTENÇÃO PREDITIVA

operação de diversos circuitos, principalmente nos casos onde um funcionamento inadequado é dificilmente percebido. Uma comparação grosseira é a dos indicadores colocados nos painéis dos automóveis, sob a forma de instrumentos ou lâmpadas indicadoras que mostram qual a temperatura, pressão do óleo, combustível disponível, operação do alternador, etc., que permitem a tomada de providências antes da ocorrência de situações que apresentem condições irreversíveis.

Quando uma falha ou defeito qualquer ocorre, é importantíssimo detetar tal falha e isolar o componente ou sub-montagem que apresenta defeito, para a substituição no próprio local ou eventualmente a execução do reparo sem a retirada da mesma, incluindo-se os casos onde deve ser fornecido outro componente. Normalmente são executados dispositivos e mesmo algumas ligeiras modificações em fase de projeto, visando facilitar o isolamento de dispositivos defeituosos. Um dos meios usuais consiste em tornar facilmente acessíveis vários terminais, onde as tensões podem ser verificadas sem dificuldade, constituindo os "pontos de teste" ou "pontos de verificação". Com tais medições é possível verificar, no momento, se algum componente está funcionando adequadamente ou não, devendo ser substituído em caso de anormalidade.

II.02.05 - Identificação dos Dispositivos - Como é de se esperar, os diversos componentes que constituem um circuito, assim como os próprios circuitos e peças devem ser identificados com clareza, para possibilitar a sua localização dentro de montagens e sub-montagens. Com isso, é possível executar a inspeção e manutenção de maneira facilitada. Inclusive, é comum o uso de um código de cores para identificar as conexões, sejam elétrica, pneumática, hidráulica ou mecânica.

É interessante observar que a prática adotada nos meios militares exigem a obediência a um sistema de identificação bastante rigoroso e detalhado, envolvendo o número de série identificando cada peça ou produto, a designação de referência que constitue uma designação complementar que posiciona os componentes substituíveis nos locais adequados da instalação, além de um código específico para os conectores machos e fêmeas para as diversas conexões existentes.

II.03 - DISPONIBILIDADE

Embora seja possível fazer o cálculo de custo da manutenção avaliando-se o tempo médio entre defeitos sucessivos e o tempo médio

IDÉIAS E CONCEITOS BÁSICOS DA MANUTENÇÃO

consumido para execução do reparo, é possível utilizar um outro método de verificação. A disponibilidade permite executar tal avaliação através de um único número por combinar as duas medições mencionadas numa unidade adimensional que apresenta grandes vantagens, principalmente no caso de um produto arbitrário que é utilizado em grandes quantidades. A disponibilidade de um produto é definida e calculada pela expressão

$$A = \frac{\text{tempo disponível para utilização}}{\text{tempo disponível} + \text{tempo ocioso}}$$

Observe-se que o tempo disponível é aquele durante o qual a máquina, produto ou equipamento está apto a operar sem problemas, estando, realmente, disponível para cumprir as funções que lhe são destinadas. O tempo ocioso é aquele durante o qual o dispositivo não apresenta condições de funcionamento, por estar sofrendo manutenção ou intervenção devido a operação inadequada.

Note-se que o conceito de disponibilidade consiste numa medida que indica a proporção do tempo total em relação ao tempo que o dispositivo está disponível ao cumprimento das funções para as quais foi destinado. Para ilustrar a utilização e aplicação prática do conceito, vejamos um exemplo bastante simples e comum.

Tomemos como exemplo uma agência de aluguel de automóveis, caso em que a demanda semanal é facilmente previsível; sabe-se que na agência que estamos considerando, os finais de semana apresentam solicitação de 90 veículos mas, durante os dias da semana, a necessidade é limitada a 70 carros. Além disso, o histórico da empresa mostra que a agência tem disponibilidade de tão somente 90% da frota em qualquer dia, permanecendo cerca de 10% sofrendo manutenção corretiva, já que é esta a proporção de veículos que são devolvidos à agência com defeitos não-programados. A agência apresenta uma disponibilidade de 90% dos veículos, como é óbvio e, além disso, o programa de manutenção preditiva não altera a disponibilidade nos momentos de pico por ser estabelecido justamente nas ocasiões de baixa demanda, ou seja, nos dias de semana. Por tal motivo, parece satisfatório admitir que a agência deve possuir 100 veículos para atender a demanda de 90 carros nos fins de semana, já que 10% deles estarão indisponíveis. Observe-se, no entanto, que a demanda de 90 veículos nos fins de semana é um dado experimental baseado em estatísticas do passado, sendo meramente um valor estatístico. Caso seja realizado um estudo dos registros do passado, utilizando as diferentes técnicas atuariais disponíveis, é possível que a agência obtenha um valor dife-

70 TÉCNICAS DE MANUTENÇÃO PREDITIVA

rente, com grande grau de confiabilidade, valor esse que informará a probabilidade de demanda nos fins de semana. Há, no entanto, outros fatores a considerar: no caso de estudos sofisticados e técnicas elaboradas, certamente não se chegará a um número muito diferente de 100 veículos para atender a uma demanda prevista sofisticadamente, possivelmente uns poucos veículos a mais. Porém, caso sejam mantidos somente os 100 veículos recomendados pelas considerações simples indicadas inicialmente, as perdas de faturamento que ocorrerão em casos de demanda superior aos 90 previstos, será certamente inferior aos custos envolvidos com a aquisição de mais carros e o conseqüente aumento dos custos de manutenção. Portanto, o número indicado inicialmente é plena e totalmente satisfatório para estabelecer o tamanho da frota, mantendo a agência operando dentro de condições economicamente satisfatórias.

II.04 - FUNDAMENTOS DA ANÁLISE DA CONFIABILIDADE/MANUTENÇÃO/DISPONIBILIDADE DE UM PRODUTO - NOÇÕES GERAIS

Quando consideramos as responsabilidades do autor de um projeto qualquer, seja de máquina, edifício, computador, etc., observamos, de imediato, que o mesmo não é o responsável por todos os componentes daquilo que projetou, assim como não pode ser responsabilizado pelas diversas montagens e sub-montagens existentes em seu projeto. Isto porque, todo e qualquer projetista ou fabricante utiliza, sempre que possível itens padronizados e fornecidos por uma pleiade de fabricantes que produzem única e exclusivamente itens padronizados, como parafusos, porcas, circuitos impressos, pregos, cimento, cal, areia, as diferentes ligas metálicas etc. Inclusive, quando se trata de itens especiais para um determinado projeto, é bastante comum que o fabricante procure, entre os vários fabricantes que podem inclusive ser concorrentes, a possibilidade de fornecimento externo, visando sempre diminuir os custos, a par da manutenção da confiabilidade. Esta moderna técnica de elaborar projetos através daquilo que é conhecido como "integração de sistemas" é a comum hoje em dia, uma vez que parte substancial do material utilizado em projetos e construções atuais nada mais são que montagens executadas a partir de itens encontradiços nas prateleiras dos diferentes fornecedores. Na realidade, o projetista executa tão somente as linhas gerais do projeto e, normalmente, o produto é tanto melhor quanto maior a porcentagem de produtos padronizados que são aplicados.

IDÉIAS E CONCEITOS BÁSICOS DA MANUTENÇÃO   **71**

O exemplo mais característico das técnicas de projeto via integração de sistema localiza-se nos projetistas de sistemas de comunicação, ficando os problemas relacionados com o projeto de componentes (transistores, circuitos integrados, capacitores, resistores, etc.) a cargo de outros projetistas, independentemente do tamanho dos itens que devem ser projetados. Evidentemente o projetista e responsável pelo desenvolvimento de circuitos eletrônicos procura sempre utilizar componentes e equipamentos disponíveis no mercado, embora em muitos casos haja necessidade de dispositivos especiais que devem ser desenvolvidos. Nesses casos, raramente o desenvolvimento é executado pelo projetista dos circuitos, mas sim por sub-contratados que possuem maior capacidade e possibilidade de desenvolver equipamentos, semi-montagens e dispositivos especiais que atendem as necessidades do projetista dos circuitos.

II.04.01 - Confiabilidade de Circuitos em Série - Quando verificamos a equação da confiabilidade, foi indicado um parâmetro λ que representa o gradiente de falhas que o componente apresenta durante o período t. Tal gradiente ou razão de falhas quando tomado em seu inverso, $1/\lambda$, é o denominado tempo médio entre falhas TMEF e é deste TMEF que os sistemas tem a sua confiabilidade descrita. Foi verificado, inclusive, que o procedimento utilizado para predizer a confiabilidade de um item ou produto qualquer obedece a seqüência seguinte:

i) Quando o artigo ou item qualquer, constituido por um número arbitrário de componentes funcionalmente interligados e um defeito em qualquer deles dá origem a defeito no conjunto, que fica impedido de exercer suas funções, é possível imaginar uma corrente, cada componentes ou item funcionando como elo da mesma. Evidentemente podemos representar tal corrente por um circuito elétrico. Exemplificando, o conjunto que forma a circulação de refrigerante para o dispositivo de resfriamento de um motor a explosão constitue o circuito de refrigeração; o conjunto embreagem, platô, câmbio, eixo cardã, diferencial e rodas constitue o circuito mecânico que transfere a energia mecânica do motor ao veículo, permitindo que o mesmo se movimente, etc.

ii) É possível estabelecer, para cada componente ou item do sistema um valor para o gradiente de falha que exprime, de forma quantitativa, uma característica física inerente que determina a vulnerabilidade do item sob as tensões funcionais e ambientais a que o mesmo estará sujeito.

iii) É possível calcular o gradiente de falha do sistema pela soma dos gradientes de todos os componentes. Evidentemente, o recíproco de tal gradiente será o TMEF do sistema.

Quando o envolvido nos problemas de manutenção possue experiência no assunto e conheça o equipamento que está sob sua responsabilidade, torna-se problema bastante simples a elaboração de um circuito para cada montagem, sub-montagem ou sistemas que constituem o equipamento sob manutenção. A figura II.01 ilustra um diagrama de blocos referente a um dispositivo arbitrário. É importante observar que, embora o traçado do circuito seja problema relativamente simples, a indicação do gradiente de falhas de cada componente é algo totalmente diferente. Na figura, em cada bloco está indicado o valor do gradiente correspondente a cada item que o mesmo representa, assim como as linhas indicam as interconexões dos itens que deve representar com precisão as relações funcionais entre eles. Quando isto é feito, o diagrama representa, realmente, as interconexões funcionais entre os componentes, podendo ser perfeitamente utilizado como um modelo de confiabilidade do sistema visando o cálculo e avaliação do TMEF e da confiabilidade do conjunto.

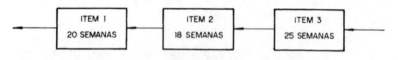

Figura II.01

Observe-se que o diagrama do blocos é análogo aos conhecidos circuitos elétricos utilizado para projetos e execuções de instalações elétricas em série. Trata-se de circuito em série de conformidade com a terminologia utilizada em Engenharia Elétrica e Eletrônica que, no caso, é também utilizada na Engenharia Mecânica, Hidráulica, Pneumática, Acústica, etc.

II.04.02 - Confiabilidade de Circuitos em Paralelo - Em muitos casos e em várias instalações, dispositivos, componente e montagens, sub-montagem e itens industriais a disposição dos componentes de um sistema é um tanto diferente daquela apresentada. Caso conectemos um componente arbitrário em paralelo com um dos componentes da Figura II.01 obteremos o

IDÉIAS E CONCEITOS BÁSICOS DA MANUTENÇÃO 73

circuito ilustrado abaixo. Tal circuito é análogo ao circuito elétrico em paralelo, bastante conhecido de todos. Trata-se de algo semelhante a ligação em paralelo de resistores, capacitores, etc., com a diferença que, no caso, estamos tratando de itens mecânicos, pneumáticos, hidráulicos, elétricos, etc. Visando exemplificar, suponhamos que se tenham duas resistências em paralelo ligadas entre dois itens de um circuito série, como ilustra a Figura II.02. Caso um dos resistores apresente falha, via se queimar, o circuito continuará a funcionar com um único resistor, embora de maneira precária, mas funcionara enquanto um dos resistores continuar a cumprir a sua função. Portanto, todo e qualquer circuito paralelo continuará operando enquanto um de seus componentes apresentar condições de operacionalidade, embora o sistema opere em condições precárias. Como um resistor do circuito paralelo apresenta um valor da resistência diferente da combinação paralela, o gradiente de falhas de um conjunto de componentes em paralelo não é igual ao gradiente de falhas tomado individualmente mas, em qualquer caso, a combinação apresenta um valor inferior ao valor individual de qualquer um dos membros que formam a combinação.

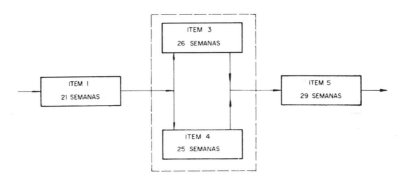

Figura II.02

Dada a inviabiliabilidade de entrarmos em detalhes quanto aos cálculos dos gradiente equivalente de falhas, nos vários casos que acabamos de verificar utilizando da equação fundamental da confiabilidade (II.01.01.10), vamos admitir que as expressões seguintes sejam corretas, devendo os interessados nos detalhes recorrer à literatura indicada, onde as justificativas são amplamente descritas. Quando se tem dois componentes ligados em paralelo, o TMEF é calculado pela expressão.

$$\frac{1}{\lambda_e} = \frac{1}{\lambda_1} + \frac{1}{\lambda_2} - \frac{1}{\lambda_1 + \lambda_2} \qquad \text{II.02}$$

74 TÉCNICAS DE MANUTENÇÃO PREDITIVA

onde λ_e é o gradiente de falhas para a combinação, λ_i os gradientes individuais dos componentes. Quando ambos os componentes apresentam gradientes iguais, a expressão da combinação de dois componentes em paralelo é reduzida a

$$TMEF_e = \frac{3}{2\lambda} = \frac{3}{2} \theta \qquad \text{II.03}$$

onde θ é o TMEF de um único dos componentes. No caso de termos três componentes operando em paralelo, obter-se-á a expressão

$$\frac{1}{\lambda_e} = \frac{1}{\lambda_1} + \frac{1}{\lambda_2} + \frac{1}{\lambda_3} - \frac{1}{\lambda_1 + \lambda_2} - \frac{1}{\lambda_1 + \lambda_3} - \frac{1}{\lambda_2 + \lambda_3} +$$

$$+ \frac{1}{\lambda_1 + \lambda_2 + \lambda_3} \qquad \text{II.04}$$

em caso os três componentes apresentem o mesmo gradiente de falhas,

$$TMEF_e = \frac{11}{6} \theta \qquad \text{II.05}$$

A expressão II.04 mostra que, à medida que o número de componentes em paralelo cresce, o cálculo passa a ser executado através de uma fórmula que se complica de maneira extraordinária, inviabilizando o cálculo habitual, a não ser quando todos os itens da combinação apresentem o mesmo gradiente de falhas. Neste caso, quando uma combinação de n elementos iguais for em paralelo, o TMEF equivalente é calculado de maneira simples através da expressão

$$TMEF_e = \sum_{i=1}^{n} \frac{1}{i \times \lambda} = \sum_{i=1}^{n} \frac{\theta}{i} \qquad \text{II.06}$$

As expressões acima mostram que o gradiente de falhas de uma combinação de componentes em paralelo é inferior aquele de um elemento singelo. Nessas condições, tudo leva a crer que é perfeitamente

IDÉIAS E CONCEITOS BÁSICOS DA MANUTENÇÃO 75

possível e tecnicamente justificável, aumentar a confiabilidade de um sistema qualquer que, por motivos diversos, possuam componentes mais fracos que os demais, através da colocação, em paralelo, de outros componentes. No caso, por componente fraco entendemos os que apresentam um gradiente de falhas mais elevado que os demais. Tal procedimento constitue o tecnicamente chamado aumento da confiabilidade por "redundância", procedimento sujeito a várias e severas restrições e limitações. Tomando como exemplo um caso bem conhecido, quando se tem dois resistores em paralelo, a resistência resultante é inferior à resistência individual de cada um dos componentes. Quando os resistores são diferentes, o resistor resultante da combinação em paralelo de dois será inferior a resistência do menor deles e, quando iguais, será à metade do valor da resistência de um dos resistores. No caso, então, o circuito continuará operando somente se for apto a operar com o resistor resultante apresentando uma resistência igual ao dobro do valor nominal de projeto. Do ponto de vista mecânico, podemos imaginar o caso simples de um motor que aciona um compressor através de seis correias em "V" que estão em paralelo. O rompimento de algumas delas permitirá que o conjunto continue operando até que sejam tomadas providências mas, observe-se que a operação é precária, oferecendo risco de ruptura e interrupção a qualquer instante.

O ponto mais importante que deve ser observado quando se utiliza a técnica de redundância para aumentar a confiabilidade de um sistema é que as vantagens oferecidas pela mesma impõe a substituição imediata de qualquer componente funcionando redundantemente que apresente defeito. Tal substituição é importante, principalmente no caso de circuitos elétricos que possuem resistência em paralelo. Geralmente o defeito leva o resistor ao circuito aberto. No entanto, pode acontecer que o defeito leve o resistor à situação de curto-circuito; neste caso, as conseqüências podem ser realmente catastróficas, o que mostra que a utilização da redundância nem sempre elimina possibilidades de falhas apreciavelmente desastrosas.

Pelo exposto, a técnica de redundância foi aplicada nos degraus inferiores da hierarquia do sistema, ou seja, estamos aplicando-a a componentes ou itens isolados, ou ainda a circuitos contidos em semi-montagens. Entretanto, a técnica pode ser aplicada em níveis hierárquicos bem mais elevados, atingindo inclusive o topo. Os interessados no assunto devem recorrer à literatura indicada, uma vez que não cabe no presente trabalho maiores detalhes sobre o assunto. A nossa finalidade é verificar os procedimentos técnicos de manutenção preditiva em instalações industriais, não cabendo estudo pormenorizado das teorias referentes ao caso, mas tão somente a apresentação de algumas idéias fundamentais.

76 TÉCNICAS DE MANUTENÇÃO PREDITIVA

II.04.03 - Aplicações Práticas de Técnica de Redundância - Vejamos como aplicar a técnica de redundância nos casos práticos correspondentes às atividades do dia-a-dia. De conformidade com as regulamentações e recomendações internacionais, os aeroportos que apresentam movimento de aeronaves de grande porte, aeroportos internacionais ou não, civis ou militares, devem possuir sistemas de radar que operem 24 horas, ininterruptamente. Normalmente é utilizada uma única antena, ou torre, que serve a dois canais independentes, A e B, como ilustra o diagrama de blocos da Figura II.03. Os diversos estudos de confiabilidade mostram que uma única antena é suficiente, uma vez que a sua confiabilidade é igual ou superior à confiabilidade equivalente dos dois canais em paralelo, sendo dispensável a utilização de uma segunda. Tais fatos são verificados através de relações matemáticas complexas, que mostram ser a confiabilidade ótima quando todos os itens de um circuito em série são iguais. Além do mais, o aumento da confiabilidade de um circuito série pela melhoria da confiabilidade de um componente qualquer em relação ao valor médio pela colocação de um segundo elemento em paralelo, visando a redundância, aparece a tendência a obedecer a lei da diminuição das vantagens, devendo ser descartada. Nos casos normais, como o sistema de radar deve operar durante as 24 horas do dia, cada um dos segmentos opera durante 12 horas permanecendo o outro na condição de stand-by, ou sofrendo manutenção, se for o caso. Além do mais, há um dispositivo automático que caso um dos segmentos apresente defeito, o outro começa imediatamente a operar, deixando o defeituoso livre para ser reparado. Com tal procedimento, a confiabilidade é total, satisfazendo as exigências aplicáveis ao caso.

Quando se trata de análise da confiabilidade, é extremamente importante lembrar que um defeito num dos segmentos não significa defeito no sistema de radar. Tal consideração é de importância primordial. A regra fundamental a ser utilizada na classificação de falhas ou defeitos consiste em avaliar o defeito em relação ao cumprimento ou não da missão que o sistema deve executar. No caso, o radar deve fornecer ininterruptamente um feixe de ondas eletromagnéticas pulsadas que indique, numa tela de tubo de raios catódicos, a existência ou não de aviões na região coberta pelo feixe. Caso a falha do segmento não leve o feixe a desaparecer ou diminuir abaixo do limite de tolerância estabelecido, não ocorreu falha no nível do sistema e a disponibilidade do próprio sistema não foi afetada ou reduzida. Caso contrário, se o reparo do segmento exigir um tempo considerável para ser executado, a confiabilidade do sistema terá sido reduzida ao nível de configuração não-redundante durante o reparo.

IDÉIAS E CONCEITOS BÁSICOS DA MANUTENÇÃO

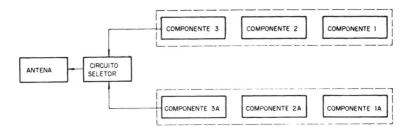

Figura II.03

Como já tivemos oportunidade de expor, o quanto de confiabilidade é um número cujo valor representa uma predição ou seja, a expectativa, calculada em base à probabilística, podendo ser aplicada somente durante o tempo durante o qual as tensões externas que afetam a confiabilidade permanecem supostamente estáveis. Tal predição atinge 100% somente no momento que dado período se inicia, porque o item sofrerá alterações internas em resposta àquelas tensões e aos vários agentes de degradação como desgaste e corrosão, que agem durante o período de tempo e que estão continuamente reduzindo a confiabilidade. A finalidade da manutenção, principalmente a preditiva, consiste em agir contra tal perda de confiabilidade.

Considerando que o sistema de radar não apresenta falha devido a defeito num dos segmentos porque existe um switch que desliga o segmento com defeito e liga o outro segmento, deixando o defeituoso pronto para ser reparado, aparece o problema do tempo finito exigido pelo switch para fazer o segundo canal entrar em operação. Há, então, necessidade de que as especificações indiquem, com clareza, qual é esse tempo máximo de interrupção que pode ser admitido sem que exista uma falha do sistema. Na eventualidade da resposta humana ser lenta ou errática para atender as necessidades do sistema, o projeto do sistema deverá incorporar dispositivos automáticos de deteção e substituição. Note-se que há limite no tempo que o switch transfere de um canal ao outro e tal limite impõe restrições ao projeto. De maneira análoga ao caso dos computadores, não pode haver falta de energia em tempo algum. Assim sendo, deve ser instalado um sistema de fornecimento de energia elétrica do tipo "no-break". O uso de sistemas Diesel-elétricos normalmente demandam cinco minutos para início de operação, inadequados na maioria dos casos de computadores e sistemas de radar. Neste último caso, o tempo máximo permitido não ultrapassa a um e meio/dois minutos e, no caso de computadores tempos ainda bem mais curtos.

78 TÉCNICAS DE MANUTENÇÃO PREDITIVA

Nas instalações industriais existem problemas semelhantes, que são solucionados através de procedimentos análogos aos descritos. Exemplificando, as indústrias petroquímicas utilizam gases produzidos em refinarias para processar e produzir os diversos plásticos e derivados utilizados no mundo moderno. O gás normalmente é levado da refinaria aos polos petroquímicos, distantes entre si desde algumas dezenas a algumas centenas de quilômetros, por meio de gasodutos. Os gasodutos são alimentados por compressores que operam vinte e quatro horas ininterruptamente. Normalmente são instalados dois compressores iguais, operando em paralelo, doze horas diárias cada um deles, em procedimento em tudo análogo ao descrito no sistema de radar.

Várias instalações industriais, principalmente aquelas que operam ininterruptamente, possuem sempre dois conjuntos em paralelo, visando uma confiabilidade máxima a par de disponibilidade durante as vinte e quatro horas do dia, já que uma parada qualquer representa prejuízos que podem eventualmente ultrapassar o valor de reposição de um dos equipamentos. Com isso, os problemas de operação e manutenção são bastante simplificados e a instalação passa a apresentar condições de confiabilidade, manutenabilidade e disponibilidade em valores extremamente elevados, com resultados altamente positivos tanto na eficiência quanto na produção e faturamento.

O estudo teórico/prático dos problemas de confiabilidade, manutenabilidade e a disponibilidade são bastante recentes, encontrando-se os primeiros estudos sérios a respeito no final da década dos cinqüenta e início da do sessenta. Inclusive, caso alguém procure trabalhos sobre confiabilidade antes de 1950 ficará surpreso ao verificar que não existiam trabalhos a respeito, mas tão somente algumas considerações probabilísticas feitas por professores de estatística e cálculo atuarial que eventualmente mostraram algum interesse a respeito. Os interessados em aprofundar seus conhecimentos do assunto devem recorrer a literatura indicada, onde são encontrados amplos detalhes e uma pleiade de exemplos de casos os mais diversos possíveis.

II.05 - PLANEJAMENTO E ANÁLISE DE FALHAS

A capabilidade do encarregado de desenvolver a manutenção preventiva e preditiva depende do balanceamento equilibrado entre a confiabilidade e a manutenabilidade, levando em consideração o risco do sistema e a disponibilidade de sobressalentes para reposição. A obtenção de

IDÉIAS E CONCEITOS BÁSICOS DA MANUTENÇÃO

tais condições é uma função do projeto de manutenção, que exige um estudo detalhado da "árvore de falhas", associado ao conhecimento dos modos de falhar e da criticalidade de cada um deles. É importante observar que tais procedimentos nada mais são que um prolongamento das técnicas de qualidade assegurada ou controle da qualidade segundo Jordan.

Uma ilustração prática das técnicas mencionadas foi desenvolvida por Johnston, que considerou um sistema de tubulações que constituiu um dispositivo naval auxiliar. O sistema auxiliar consiste num complexo de tubulações que, a partir de um tubo mestre apresenta vários ramos que possuem várias bombas (compressores) visando obter um certo grau de duplicação (redundância) do equipamento que dá origem ao fluxo na rede de tubulações. Um estudo detalhado dos efeitos e da criticalidade exige a definição de vários critérios de falhas mas, para um sistema de tubulações, é suficiente que nos baseemos num conceito um tanto vago como "qualquer acontecimento que leve um sub-sistema arbitrário passar a funcionar inadequadamente". Tal conceito, extremamente vago, engloba o excesso de vasamento numa junta ou junção qualquer, rompimento de um tubo, engripamento de uma válvula seja quando aberta ou quando fechada, etc. Com isso, tem-se uma base para preencher uma folha descrevendo os efeitos de uma falha ou defeito; tal falha deve possibilitar comentários sob os títulos seguintes:

i) Conexões entre os diversos sub-sistemas,
ii) Efeitos e conseqüências de falhas no sub-sistema na operação do sistema global,
iii) Efeitos em outros sistemas interligados das falhas de um sub-sistema,
iv) Modificações aconselhadas nos sub-sistemas para diminuir a interdependência.

Ainda segundo Jordan, as técnicas de qualidade assegurada recomendam seguir as regras seguintes como base para a análise de uma malha arbitrária de tubulações:

1) Todas as ramificações a partir da tubulação tronco devem possuir válvulas nas suas junções com o tronco, permitindo isolar completamente ambas as secões.
2) Todas as demais válvulas que podem isolar secções devem se situar nas junções que apresentam maior possibilidade de minimizar os efeitos de uma falha qualquer numa tubulação.

80 TÉCNICAS DE MANUTENÇÃO PREDITIVA

3) O gabarito ou modelo do fluxo devido ao isolamento de um sub-sistema que falhou deve ser analisado, e deverá ser feita uma verificação visando observar se não é ultrapassada alguma limitação específica ao fluxo.

4) Os equipamentos considerados essenciais devem ser alimentado a partir da tubulação tronco.

5) Quando alguns dos equipamentos essenciais são duplicados seja como reserva seja visando a redundância, pelo menos um deles deverá ter a alimentação e descarga totalmente independente.

6) Os equipamentos e dispositivos essenciais devem ter a sua alimentação e descarga total e completamente separadas dos equipamentos não-essenciais.

7) Os dispositivos não essenciais devem ter a sua alimentação e descarga agrupados em ramais formando redes visando minimizar as conexões ao tubo mestre.

O gráfico de fluxo indica o como executar a análise dos efeitos e da criticalidade dos diversos dispositivos. O estudo do gráfico e das diferentes maneiras e modos de falhar indicam ao projetista encarregado da elaboração do processo de manutenção a potencialidade de algumas áreas críticas. A análise dos modos de falhas é extremamente útil quando utilizada para avaliar o projeto de um sistema de controle automático ou de uma sub-montagem, constituida por um número apreciável de peças. Em ambos os casos, um componente pode falhar ou apresentar degradação através de vários modos. A análise, na maioria dos casos, avalia a criticalidade em base puramente qualitativa, utilizando a classificação dos modos como:

Classe 1: – Falha catastrófica,
Classe 2: – Falha Crítica,
Classe 3: – Falha Não-crítica,
Classe 4: – Inadequacidade.

Anderson desenvolveu um método mais refinado para avaliar a criticalidade, utilizando processos pseudo-quantitativos, procurando relacionar os termos qualitativos a valores aritméticos como, por exemplo, dando pontos até 4 para crítico e 0 para irrelevante, avaliando a vida útil com o número 8 para vida curta e 0 para vida muito longa, etc. Posteriormente Eisner procurou melhorar a classificação introduzindo uma "adivinhação quantitativa" da probabilidade relativa estabelecida numa escala que vai de extremamente improvável até altamente provável. Tais classifi-

IDÉIAS E CONCEITOS BÁSICOS DA MANUTENÇÃO 81

cações e métodos apresentam, até o momento, valor puramente especulativo, não encontrando aplicação alguma em casos práticos.

II.05.01 - Método da Árvore de Falhas - Já foi visto que há uma inter-relação íntima entre os diversos componentes existentes em qualquer montagem ou sub-montagem e, nessas condições, cada componente deve possuir individualmente uma confiabilidade elevada para que o sistema opere satisfatoriamente de maneira global. Existem duas classes de confiabilidade, independentes entre si:

Confiabilidade Inerente: - Trata-se da confiabilidade potencial máxima. Consiste no máximo inerente que pode ser atingido quando todos os componentes e peças forem produzidos, ajustados e operados de conformidade com o projeto. A mesma é uma função exclusiva do projeto.

Confiabilidade Atingível: - Trata-se da confiabilidade real na prática. É inferior a confiabilidade inerente, uma vez que inclue os erros e defeitos de fabricação e montagem, além das inadequacidades e imperfeições do projeto. A confiabilidade atingível é uma função exclusiva do **controle da qualidade.**

A árvore de falhas é um processo excelente para uso na manutenção, apresentando resultados altamente convenientes. Na elaboração da árvore, admite-se que existe um projeto adequado e avalia-se cada componente em função da falha que pode apresentar. Analisa-se, então, a interação entre as diferentes falhas, visando relacionar os efeitos no sistema. Um exemplo excelente foi fornecido por Green, através de uma árvore parcial relativo ao modo de falhar de um motor de explosão de um automóvel comum. A árvore está ilustrada na Figura II.04

Observe-se que o projeto deve estar completo, ou pelo menos substancialmente terminado antes que se possa elaborar uma árvore de falhas. Nessas condições, apareceu a conveniência de desenvolver um método de "análise de falhas potenciais" como um método de controlar a elaboração de um projeto arbitrário. A principal finalidade deste método é exatamente considerar todas as coisas que podem dar errado na fabricação, montagem, instalação e operação do dispositivo projetado e indicar as providências para evitá-los.

O mesmo Green recomenda o procedimento de revisão de projetos através de questionários elaborados por engenheiro ou grupo de engenheiros especializados em confiabilidade, devendo ser totalmente desvinculado do pessoal de projeto. A revisão apresenta as seguintes categorias:

a) Conceito de projeto
b) Seleção dos materiais
c) Fabricação
d) Retentores
e) Mancais e Rolamentos
f) Componentes rotativos
g) Vasos de pressão
h) Fontes de movimento
i) Fatores dimensionais
j) Desgaste
k) Acabamento superficial

l) Envelhecimento
m) Tensões
n) Efeitos térmicos
o) Ensaios
p) Condições ambientais
q) Considerações de Segurança
r) Instrumentação
s) Manutenção
t) Operação
u) Corrosão
v) Condições de salubridade

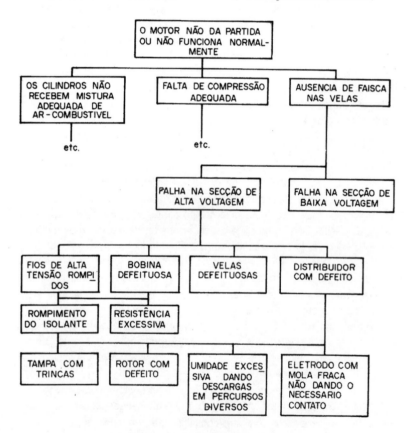

Figura IL04

IDÉIAS E CONCEITOS BÁSICOS DA MANUTENÇÃO 83

As categorias apresentam questionários onde são formuladas as perguntas que orientarão a elaboração da árvore de falhas. Tais perguntas podem ser, por exemplo, as seguintes:

d) Retentores

Identificar com clareza todos os retentores existentes no dispositivo. Para cada um deles, formular e responder as questões:–

1) Qual o tipo e modelo de retentor?
2) Quais as alternativas consideradas durante o processo de escolha?
3) Porque não foram utilizadas as alternativas existentes?
4) Quais os efeitos de desalinhamento no retentor?
5) Indicar com clareza a direção da carga
6) Quais os efeitos de um desbalanceamento?
7) De que modo é o retentor lubrificado?
8) Como é realizado o esfriamento do retentor?
9) Existe algum dispositivo ou proteção visando impedir a entrada de poeira, resíduos, etc. no retentor?
10) Quais os efeitos no caso de poeira, resíduos e sujeira atravessar o retentor?
11) Na eventualidade do ambiente apresentar riscos de incêndio, o lubrificante utilizado é a prova de fogo?
12) Quais os dispositivos de proteção do equipamento no caso de rompimento do retentor?

A elaboração e utilização de uma árvore de falhas permite analisar as falhas de sistemas bastante complexos de maneira bastante simplificada. Quando se está interessado no estudo de maneiras de falhar, ou modos de falhar e os efeitos de tais falhas, o método é extremamente útil como análise suplementar ao estudo feito. Em todos os casos, os diagramas que constituem as árvores de falhas é de utilidade ímpar no treino de pessoal que vai se dedicar à manutenção. A elaboração de um diagrama que constitue a árvore tem uma das duas finalidades:

a) Determinar os possíveis efeitos finais de uma falha que origine uma seqüência de eventos mutuamente excludentes.

b) Determinar as possíveis causas de falhas, única ou múltipla, de um dado efeito final na saída de um componente ou sistema qualquer.

Na segunda hipótese, chega-se ao resultado trabalhando em marcha-a-ré, partindo do evento indesejado e, no primeiro caso, trabalha-se para a frente, ou seja, parte-se da causa aos possíveis efeitos terminais.

De um modo geral podemos considerar a árvore de falhas como uma estrutura lógica, ou seja, um diagrama com os eventos posiciona-

84 TÉCNICAS DE MANUTENÇÃO PREDITIVA

dos de maneira lógica, que nada mais é que a representação lógica de uma série de eventos interrelacionados. Schrøder considera a árvore como um diagrama indicando os eventos interconectados por portões lógicos que determinam as relações entre os "eventos de entrada" e os "eventos de sáida". Então, uma árvore de falhas nada mais é que um diagrama lógico de eventos que descrevem as relações de causa-e-efeito das diferentes falhas. A Figura II.05 ilustra uma árvore de análise de falhas em rolamentos, publicada originalmente por Mathieson. Ao traçar o diagrama da árvore de falhas, normalmente parte-se da definição de um acontecimento ou evento indesejado, que pode ser a interrupção da produção de uma instalação inteira ou a interrupção de um sistema que a compõe. Verifica-se, então, as possíveis causas e se as definem, ligando-as ao evento em questão; o mesmo procedimento é repetido para cada uma das possíveis causas e das causas das causas, até que se tenha um detalhamento independente para cada causa, caso em que o evento é denominado "evento básico" segundo Eagle. Depois de desenhada a árvore, recomenda-se trabalhar em marcha-a-ré visando verificar se todas as causas possíveis e imagináveis foram levadas em consideração na análise dos diversos modos de falhar e seus efeitos. Tal processo permite, ainda, que sejam verificadas e identificadas combinações de causas que normalmente não são percebidas.

II.05.02 - Falha e Decisão de Reparo. Criticalidade Confiabilidade - Os sistemas mecânicos exibem uma variedade de maneiras ou modos de falhar que, por sua vez, dão origem a efeitos diferentes na operação global. Com isso, as medidas e providências no nível de componentes singelos e nas ações de manutenção são influenciadas de maneira aparentemente desconexas. As falhas crono-dependentes, geralmente originadas em desgaste, são consideradas sempre como do tipo gradual e podem ser preditas enquanto que as falhas abruptas não podem ser previstas a partir de observações anteriores.

De qualquer maneira, as falhas ou panes podem e são definidas em função dos efeitos que exercem, como:

i) Ausência total e completa da função que lhe compete,
ii) Ausência parcial da função que lhe compete.

De conformidade com o tipo, i) ou ii), a situação do reparo será necessário ou pode ser adiado. É possível, mediante uma análise da situação, estudar a reparabilidade ou não da falha. Um estudo de Mathieson e referente a um navio, mostra que existe vários fatores que determinam a

IDÉIAS E CONCEITOS BÁSICOS DA MANUTENÇÃO

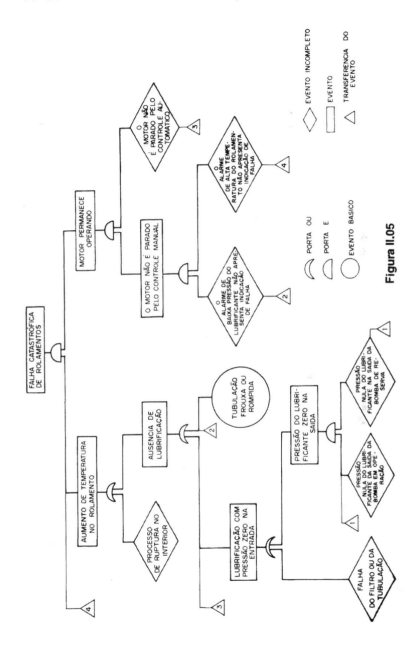

Figura II.05

reparabilidade, tais como disponibilidade de peças sobressalentes, qualificação do pessoal de manutenção, ferramentas disponíveis, dispositivos auxiliares, etc. Inclusive, o tempo que transcorre entre o acontecimento da falha e a intervenção visando o reparo é um fator de importância capital. O modelo lógico desta situação foi repesentado por Mathieson pelo diagrama da figura II.06.

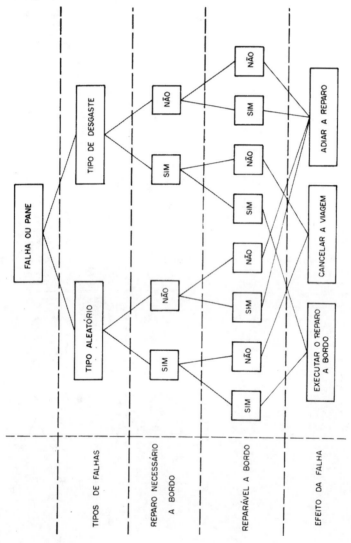

Figura II.06

IDÉIAS E CONCEITOS BÁSICOS DA MANUTENÇÃO **87**

Antes que se possa avaliar a confiabilidade de um sistema arbitrário, é altamente conveniente que sejam verificados quais os subsistemas que compõe o sistema e quais a importância crítica de cada um deles, visando ter uma idéia da criticalidade. A criticalidade nada mais é que uma medida da essencialidade ou criticalidade de um componente ou item qualquer em relação ao sistema como um todo, os efeitos da sua inconfiabilidade na segurança de funcionamento do sistema etc., conforme estudos detalhados desenvolvidos por Venton e Harvey. Para elaboração de uma análise da criticalidade, Bridges recomenda que se inicie com a elaboração de uma tabela que indique a dependência e inter-dependência dos diversos equipamentos. O mesmo Bridge publicou a tabela ilustrada na Figura II.07 e referente ao maquinário de uma embarcação genérica. Observa-se que a tabela, de maneira extremamente simplificada, indica todas as funções ou mesmo sistemas considerados e destinados ao desenvolvimento do estudo; a tabela indica o motor principal, o combustível, ar comprimido, geração e distribuição de energia elétrica, transmissão da energia mecânica, ventilação, equipamentos do convés, água salgada, sistema de direção, bombas de esgoto, lastro, controle e vapor existente numa traineira. Uma tabela como esta permite verificar, imediatamente, a interdependência existente entre os diversos sistemas.

DEPENDÊNCIA ENTRE OS DIVERSOS SISTEMAS

	(01)	(02)	(03)	(04)	(05)	(06)	(07)	(08)	(09)	(10)	(11)	(12)	(13)
(01) Motor Principal			C	C				C		C	C	C	
(02) Transmissão													
(03) Combustível				C									
(04) Ar Comprimido				C						C			
(05) Ger. Eletricida.			C	C						C	C		
(06) Sist. Direção				C									
(07) Maqui. Convés				C									C
(08) Água Salgada				C									
(09) Esgotos/Lastro				C									
(10) Ventilação				C									
(11) Exaustão													
(12) Controle				C									
(13) Vapor				C						C	C		

Figura II.07

TÉCNICAS DE MANUTENÇÃO PREDITIVA

Com a tabela terminada, passa-se então a estabelecer um "índice de criticalidade", visando determinar a criticalidade em cada fase da missão que deve ser executada. O critério é algo semi-subjetivo, indicando-se, por exemplo, o número 1 para pouca importância de um dado sistema e o número 10 para aqueles que são considerados essenciais. Como existem dados em quantidade irrisória, e a maioria deles referem-se a problemas bem específicos, há necessidade de estabelecer algum critério ou julgamento para a confiabilidade do sistema que se está estudando. Além do estabelecimento da confiabilidade julgada pelo critério que vier a ser estabelecido, é também importante fixar qual a ordem ou seqüência que melhor se adapta aos sub-sistemas que formam o sistema em pauta. É importante ter em mente que, a falta de valores publicados, o julgamento pode ser baseado num critério randômico ou procura-se estabelecer uma ordem sistemática à análise que se pretende, mesmo que tal ordem seja puramente subjetiva. A tabela da Figura II.07 constitue o primeiro passo para a solução do problema, tomado antes que a análise da confiabilidade dos itens individuais seja desenvolvida.

Um estudo desenvolvido e publicado por Stewart e Hensley apresenta um exemplo de como utilizar os dados de falhas ou panes num projeto qualquer. A avaliação tinha como objetivo determinar:

i) Descrição de todas as condições que dêem origem a falhas e que podem eventualmente conduzir a uma situação de risco.

ii) A capacidade de um sistema de proteção de alta integridade e confiabilidade visando evitar ou mesmo impedir a ocorrência de situações de alto risco.

iii) A probabilidade de permanência de uma situação de algum risco, comparando-a com a especificação desejada de 1 em 33000 anos.

Sempre que se utiliza de um sistema de proteção visando minimizar as condições de risco, aparece uma relação entre a probabilidade de falha do sistema, ou seja o tempo ocioso (ou morto) fracional a freqüência com que deve operar (demanda) e o gradiente do risco indesejado ocorrer. Esta relação é aplicável a cada condições de falha e é expressa analiticamente por:

$$\text{Gradiente de Risco} = \text{Gradiente de Demanda} \times \text{Tempo Ocioso Fracional (Probabilidade de Falha)}$$

IDÉIAS E CONCEITOS BÁSICOS DA MANUTENÇÃO 89

O gradiente da demanda, como o próprio nome o indica, é a probabilidade da ocorrência de uma situação de falha, ou seja, o gradiente de ocorrência provável da falha. Evidentemente, para que o processo funcione de maneira adequada, as condições de falha devem ser identificadas, assim como o seu comportamento transitório deve ser estudado com detalhe, utilizando-se de preferência um diagrama lógico análogo aos descritos anteriormente. Note-se que o dispositivo de proteção deve ser projetado dê tal forma que proteja o sistema de falhas eventuais, devendo ser avaliada com grande cuidado a efetividade desta função, uma vez que se trata da confiabilidade do sistema, apoiado nesta proteção. Isto apesar de geralmente se considerar a confiabilidade como uma função de componentes terminais, tais como resistores que entram em curto ou em circuito aberto, rolamentos em fase final de desgaste, etc. Na realidade, a confiabilidade de um sistema depende de vários outros fatores que incluem a resposta do sistema aos diferentes tipos de excitação, erros do operador, precisão dos componentes, qualidade do material sendo processado etc. Por tais motivos é que antes de calcular o valor numérico da confiabilidade um sistema há necessidade de verificar e demonstrar que o mesmo sistema está apto a operar de maneira plenamente satisfatória, numa situação normal de trabalho, devido a precisão e resposta que apresenta. Sem tal confirmação, é inviável a obtenção de um valor numérico que exprima a confiabilidade. Exemplificando, numa usina siderúrgica, a partir de uma coletânea ampla de dados referentes a interrupções oriundas de falhas, o diagrama lógico das falhas mostrou que, sem a menor dúvida, a principal causa dos riscos na instalação competia ao excesso de concentração de oxigênio. Com isso, fica evidente que a medida e controle da concentração de oxigênio é o parâmetro mais importante para o início do estudo visando diminuir os riscos de interrupções.

Como já foi informado, o volume de dados numéricos e mesmo casos práticos disponíveis é excessivamente baixo, praticamente inexistente. Visando explicar um método simples para uma análise expedita que inclui considerações em como a freqüência, conseqüências e possibilidade de ocorrência devem ser levadas em conta num sistema de propulsão acionado por uma turbina a gás, visando atingir a uma meta pré-determinada, Davies desenvolveu o raciocínio seguinte para um sistema de propulsão (naval, aeronáutico ou fixo):

Admite-se que a confiabilidade assuma o valor numérico de 99,9% para o sistema global. Com isso, estar-se-á aceitando um fato que implica em 0,1% de falhas para cada unidade em 1000 horas, com um período operacional de 4 horas. Então, a confiabilidade será

$$C = e^{-\lambda t}$$

$$= 1 - \lambda t + \frac{(\lambda t)^2}{1 \cdot 2} - \frac{(\lambda t)^3}{1 \cdot 2 \cdot 3} + \dots$$

desprezando-se os infinitésimos de segunda ordem, obter-se-á

$$C = 1 - \lambda t = 1 - 4\lambda = 0{,}999$$

e então,

$$\lambda = 0{,}00025 = 0{,}25/1000 \text{ h}$$
$$= 25 \cdot 10^{-5}/\text{h}$$

Este valor de λ representa o gradiente de falhas do sistema como um todo e, então,

Gradiente de Falha do Sistema de Propulsão = 0,25/1000 h
Tempo Médio entre Falhas = 4000 h

É óbvio que uma confiabilidade de 100% é praticamente inatingível, uma vez que somos forçados a admitir que todos os tipos de falhas e rupturas são possíveis, incluindo as catastróficas e aleatórias. Nas condições práticas, então, a função da Manutenção é limitar a freqüência de ocorrência de falhas dentro de valores aceitáveis e compatíveis com a instalação sendo operada.

Ainda o mesmo Davies executa uma análise simplificada considerando as variáveis freqüências de ocorrência, conseqüências e possibilidades de efetivação num sistema de propulsão que tem como alvo a obtenção da confiabilidade de 99,9% estabelecida anteriormente. O procedimento adotado por Davies foi o seguinte:

i) A meta de 99,9% de confiabilidade estabelecida para cada sistema de propulsão significa que é admitido um único atrazo em cada 1000 missões.

ii) Sabe-se que cada missão demanda um tempo de quatro horas e não mais

iii) Da expressão da confiabilidade, $e^{-\lambda t}$, o gradiente de falhas do sistema é de 25.10^{-5}/hora

IDÉIAS E CONCEITOS BÁSICOS DA MANUTENÇÃO   **91**

iv) Introduzir fatores de importância a cada um dos sub-sistemas, dando a cada um deles um peso correspondente aos riscos, ao custo e perda de tempo correspondente a recuperação da falha, considerando como 1 o valor máximo.

v) Cada sub-sistema deve ser completado com um "fator de complexidade", também com um peso atribuído a número total de componentes e atualidade do mesmo. Toma-se, então, o produto dos fatores de importância e de complexidade de cada sub-sistema para obter o fator combinado de ambos.

vi) O valor máximo para o gradiente de falhas admissível é dado pela relação:

$$\lambda_{max} = \frac{\text{Gradiente de Falhas do Sistema} \times \text{Fator Combinado}}{\text{Soma de todos os Fatores Combinados}}$$

A tabela da Figura II.08 ilustra uma aplicação prática desses princípios.

Sub-Sistema	Fator de Importância	Fator de Complexidade	Fator Combinado	Máximos Permissíveis	
				falhas/hora	TMEF horas
Motor Principal	1	24	24	0,04	25000
Sistema Lubrif.	3	2	6	0,01	100000
Comb. & Contro.	2	24	48	0,08	12500
Sist. Incêndio	2	15	30	0,05	20000
Acessórios Div.	2	6	12	0,02	50000
Eletricidade	3	2	6	0,01	100000
Entrada Variável	2	6	12	0,02	50000
Saída Variável	2	6	12	0,02	50000

Figura II.08

A tabela permite que se calcule o gradiente máximo permitido para falhas em cada 1000 horas para cada sub-sistema pela expressão:

$$K = \frac{0,25 \times \text{Fator Combinado}}{150}$$

92 TÉCNICAS DE MANUTENÇÃO PREDITIVA

Interessa calcular a relação existente entre o gradiente de falhas e o tempo médio entre falhas, TMEF. Neste particular, Lewis fornece um exemplo bastante ilustrativo, referente a verificação da confiabilidade de 100 componentes durante um período de 4000 horas, em base aos seguintes resultados:

Componente nº	1	1	4	5	3	86
Tempo que falhou (horas)	250	300	415	800	1200	Não apresentou falhas

Obtém-se os valores seguintes, a partir da tabela:

$$\text{Tempo de Vida Útil} = (250 \times 1) + (300 \times 1) + (415 \times 4) +$$
$$(800 \times 5) + (1200 \times 3) + (4000 \times 86)$$
$$= 352810 \text{ horas} \cdot \text{componentes}$$

$$\text{Total de Falhas} = 1 + 1 + 4 + 5 + 3$$
$$= 14$$

$$\text{TMEF} = \frac{353810}{14} = 25270 \text{ horas}$$

$$\text{Gradiente de Falhas} = \frac{1}{\text{TMEF}}$$

$$= \frac{1}{25270} = 3,957 \cdot 10^{-5}/h$$

$$= 3,957\%/1000 \text{ h}$$

Além do exemplo acima, Lewis apresenta vários outros cálculos semelhantes, versando sobre diferentes casos.

II.05.03 - Avaliação da Relação Predição de Falhas/Confiabilidade - É bastante possível avaliar a confiabilidade de um sistema arbitrário utilizando um modelo matemático ou um modelo lógico, visando avaliar preditivamente a confiabilidade de um dado projeto. Note-se que os gradiente de falhas

IDÉIAS E CONCEITOS BÁSICOS DA MANUTENÇÃO   **93**

atribuídos a cada sub-sistema ou mesmo sistema, componente ou montagem são baseados em relatórios de campo, experiência adquirida durante um período apreciável de tempo ou então obtido em Manuais do dispositivo em estudo. Nessas condições a predição da confiabilidade constitue um valor representativo de um dispositivo que apresentou serviço durante período longo.

A experiência mostra que a Lei de Pareto tem aplicabilidade adequada e substancial aos problemas de manutenção. Tal Lei diz que: "O número de diferentes problemas que respondem por 50% dos distúrbios ou falhas durante a operação permanece razoavelmente constante para um produto arbitrário". Nesse particular, a tabela da Figura II.09 ilustra os problemas que apareceram num grupo de quatro motores aeronáuticos diferentes.

Motor Tipo	Fabricação	nº de Problemas	% do total de distúrbios aleatórios
Dados de 1967			
AVON	1958	7	50,7
CONWAY	1960	12	56,8
DART	1953	10	51,4
SPEY	1964	14	53,7
Dados de 1968			
AVON	1958	7	52,8
CONWAY	1960	5	54,0
DART	1953	11	53,2
SPEY	1964	12	53,6
TOTAIS		78	426,3
VALORES MÉDIOS		9,75	53,3
9 Problemas respondem por 50% do total			

Figura II.09

Como é óbvio, os problemas vão se alterando com o correr do tempo e, concomitantemente, novos problemas começam a aparecer e os níveis de inconfiabilidade tendem a cair com o tempo. Em qualquer caso, observa-se, pela tabela, que nove dos piores problemas num motor qualquer respondem por cerca de metade de todos os distúrbios que afetam o mesmo motor e, além disso, a época de fabricação não exerce influência alguma, uma vez que tanto os motores velhos como os novos apresentam o mesmo comportamento, e embora os motores velhos apresentem menos problemas, os mesmos respondem ainda por 50% dos distúrbios. Torna-se então evidente que a avaliação da confiabilidade de operação tem a sua predição simplificada por corresponder a identificar as áreas de maiores distúrbios (nove no caso de motores aeronáuticos) descritas nos relatórios de campo. Nesse particular, um dos motores Rolls-Royce foi desenvolvido com acompanhamento direto e verificou-se que a ocorrência de distúrbios durante as fases de desenvolvimento se concentrou em nove áreas, descritas na tabela abaixo.

Problema	Número de Ocorrências
1 - Camisas de cilindro	27,2 %
2 - Palhetas de turbinas	25,6 %
3 - Guias dos Jatos	13,4 %
4 - Assento do rolamento externo	12,5 %
5 - Anéis do retentor do estator	5,7 %
6 - Estator e Guias de Fendas	5,4 %
7 - Palhetas do Rotor do Primeiro Estágio	5,1 %
8 - Vasamento de óleo na área da turbina	2,9 %
9 - Guias dos Jatos do Primeiro Estágio	2,2 %

Como ocorrência entende-se uma pane, mas em muitos casos, significa degradação que pode eventualmente originar uma ruptura caso não sejam tomadas providências. A porcentagem refere-se à porcentagem dos 9 problemas em relação ao total de problemas detetados.

Figura II.10

IDÉIAS E CONCEITOS BÁSICOS DA MANUTENÇÃO 95

A avaliação mais realística é aquela obtida mediante uma correlação entre a degradação de um componente que apresentou distúrbio aleatório e o exame detalhado das causas da falha. A experiência com turbinas aeronáuticas mostra historiamente que o pior distúrbio originado por palhetas de turbinas até o presente deu origem à retirada não programada de turbinas na razão de 0,098 a cada 1000 horas de serviço. Assumindo uma atitude pessimista, pode-se dizer que 25,6% dos distúrbios detectados no banco de teste correspondem a retirada não programada de 0,098 a cada 1000 horas de permanência em serviço; portanto, as retiradas não programadas durante a operação darão para 50% dos distúrbios o valor:

$$\frac{100}{25,6} \cdot 0,098 \ = \ 38/100 \ h$$

Ao investigar as causas dos distúrbios e falhas nas instalações industriais, o encarregado precisa ter constantemente uma atitude bastante cética em relação às evidências que são apresentadas. Isto porque em cada distúrbio envolvendo uma falha, "existem tantas explicações plausíveis quantos interesses envolvidos". Inclusive os registros policiais mostram que, quando seis testemunhas descrevem um acidente qualquer, tem-se a impressão clara que se trata de seis acidentes diferentes. É preciso considerar que os fatos e as causas reais de uma falha podem ser facilmente interpretadas de maneira incorreta ou por ignorância ou por pessoa que pretende proteger um colega, o que obriga a uma observação exageradamente crítica por parte de quem está investigando o problema. Por exemplo, um motor que contém óleo novo em seu carter e água limpa do radiador e que, apesar disso está engripado, deve ser observado não somente com cautela como com bastante desconfiança, já que há suspeita de algo bastante estranho. Tudo leva a crer que a situação foi "ajustada" para dificultar a investigação que pode corresponder a, digamos, indenização por estar dentro da garantia ou mesmo ocultar a atuação de algum funcionário relapso.

A investigação visando fazer um diagnóstico preciso tem como objetivo identificar a origem do distúrbio e indicar o como proceder para que o problema seja evitado no futuro. Nem sempre é suficiente informar que o rotor está desbalanceado; o responsável deve verificar qual a causa do desbalanceamento visando evitar a repetição do distúrbio, indicando as providências necessárias.

II.05.04 - Variação do Gradiente de Risco.

Considerações Práticas - Se traçarmos uma curva, indicando em abcissas o tempo e em ordenadas o gradiente de falhas, obteremos uma figura semelhante ao perfil de uma banheira, conhecida como "curva da banheira". Tal curva relaciona o gradiente de risco em função do tempo, indicando três regiões bem definidas:

(1) - Falhas precoces
(2) - Falhas randômicas (ou aleatórias)
(3) - Falhas crono-dependentes.

Nenhuma das expressões matemáticas que descrevem distribuições usuais apresentam uma variação como a curva da banheira, sejam tais expressões do tipo exponencial, log-normal, Weibull, valor-limite, normal, gaussiano, etc. É possível, no entanto, obter uma aproximação aceitável através da escolha criteriosa de uma função da densidade da probabilidade para cada um dos estágios indicados segundo o processo de Shooman. Segundo este autor, a equação seguinte

$$f(t) = \sum_{i=1}^{i=3} f_i(t) \cdot p_i \qquad \text{II.07}$$

onde p_i é probabilidade de uma falha determinada que ocorre no intervalo temporal i.

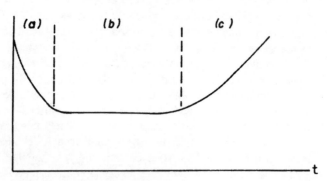

Figura II.11

O aspecto da curva da banheira, obviamente, é alterado pela execução de reparos ou substituição de itens que se desgastaram e tal alteração é refletida através da modificação da probabilidade matemática produzida pelas substituições. Se admitirmos que a substituição de um item

IDÉIAS E CONCEITOS BÁSICOS DA MANUTENÇÃO 97

é executada imediatamente e o novo item é exatamente idêntico ao retirado quando novo ou, em outras palavras, a manutenção faz com que sejam restabelecidas as propriedades originais do dispositivo, os momentos de substituição devido as rupturas darão origem a ações como as descritas na figura II.12 e os tempos serão dados por

$t_1 = \tau_1$

$t_2 = \tau_1 + \tau_2$

$t_3 = \tau_1 + \tau_2 + \tau_3$

...
...

$t_n = \tau_1 + \tau_2 + \tau_3 + \tau_4 + \ldots\ldots + \tau_n$

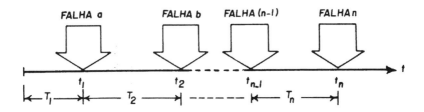

Figura II.12

O Shooman em seus trabalhos informa que, aplicando-se a teoria da distribuição de somas de variáveis randômicas segundo a álgebra da convolução, a função densidade no momento da n-ésima falha é dada pela integral de convolução múltipla,

$$f(t_n)(t) = h^{(n)}(t)$$

onde, observando-se ser $f(t_n)(t)dt$ a probabilidade que a falha n-ésima ocorra dentro do intervalo t, + dt obtém-se

$$m(t) dt = \sum_{M=1}^{\infty} f(t_n)(t) \qquad \text{II.08}$$

onde m(t) é a função densidade, no caso chamada de gradiente de substituição (ou de recuperação).

Barlow e Proschnan consideram o processo de recuperação ou renovação como assintótico e nesse caso m(t) tende a um valor constante à medida que os tempos de funcionamento normal tornam-se muito grandes, obtendo

$$\lim_{t \to \infty} m(t) = \frac{1}{TMEF}$$ II.09

A figura II.13 ilustra as conseqüências do processo de substituição no aspecto da curva da banheira. Este assunto foi discutido extensivamente por Krohn no que se refere a componentes eletrônicos. Observe-

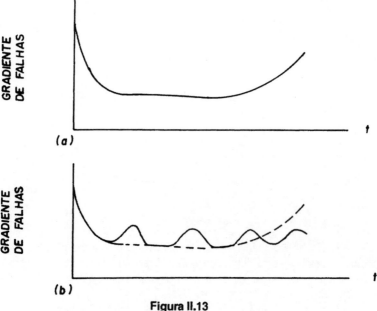

Figura II.13

se que quando a manutenção executa uma substituição constante não existe necessariamente um processo do tipo Poisson com distribuição exponencial. Isto porque a curva da banheira descrevendo o gradiente de risco é aplicável a sistemas bastante complexos que apresentam manutenabilidade dentro de regiões intermediárias de sua vida útil e, além disso, em tais regiões é admitida a existência de um gradiente de falhas constante.

Evidentemente existe um interesse enorme em relacionar as variações do gradiente de risco com as necessidades da manutenção preditiva, associada à criticalidade das decisões que precedem as falhas ca-

IDÉIAS E CONCEITOS BÁSICOS DA MANUTENÇÃO 99

tastróficas. Collacott apresentou várias considerações a respeito do assunto num trabalho sobre a transição entre a mortalidade precoce e as condições terminais de falha. As probabilidades de risco dos fatores que contribuem tanto para a mortalidade precoce quanto para as condições terminais estão ilustradas na Figura II.14 e II.15. Collacot combinou as curvas referentes aos efeitos cumulativos de ambos os efeitos, obtendo cur-

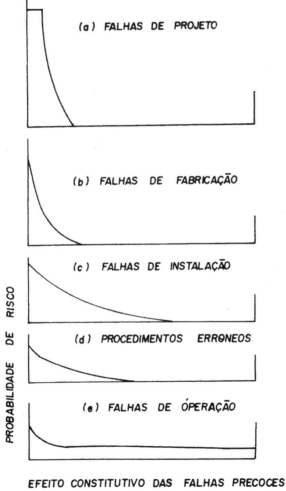

Figura II.14

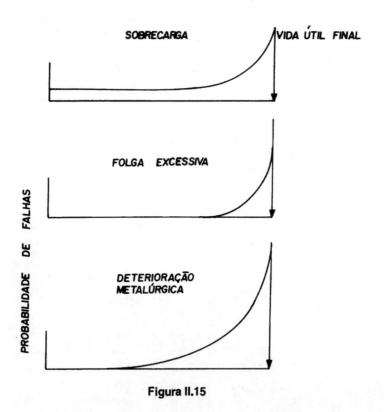

Figura II.15

vas relativas da probabilidade de risco para a vida inteira do dispositivo, que podem ser calculadas por uma equação do tipo

$$y = \frac{K_1}{(t)^M} + \frac{K_4}{(t_1 - t)^P}$$

$$= rK_4 \{ (xt_1)^{-M} + | t_1 (1 - x) |^{-P} \} \qquad \text{II.10}$$

onde é $\quad x = \dfrac{t}{t_1} \quad\quad t_1 = 1,0 \quad\quad K_1 = 1 \quad\quad r = \dfrac{K_1}{K_4}$

É então possível, através das relações acima, avaliar em que tempo o risco de falhas é mínimo e, partindo desse tempo, o potencial de falhas cresce até atingir a fase catastrófica de falha terminal.

IDÉIAS E CONCEITOS BÁSICOS DA MANUTENÇÃO **101**

II.06 - LEITURA RECOMENDADA

Amstadter, B.L. - Reliability Mathematics: Fundamentals, Practice, Procedures - McGraw-Hill, 1971

Anderson, B.G., M.G. Brown and L.N. Harris - The Role for Entropy and Information in Software Reliability - British Aerospace Corporation Report ST-30581 - April, 1986

Baker, R. and C. Scheper - Evaluation of Reliability Modeling Tool for Advanced Fault Tolerant Systems - NASA Contract Report NAS1-16489 - October, 1986

Barlow, R.E. and Proschan - Mathematical Theory of Reliability - Wiley & Sons, 1965

Bobbio, A. and K.S. Trivedi - An Aggregation Technique for the Transient Analysis of Stiff Markov Chains - IEE Trans. on Computers C-35 n° 9 - September, 1986

Bridges, D.C. - The Application of Reliability to the Design of Ship's Machinery - Trans. Inst. Mech. Engrgs 86 Part 6, 1974

Carter, A.D.S. - Mechanical Reliability - Wiley & Sons, 1972

Collacott, R.A. - Componente Life Concepts Related to a Theory for Whole-Life Expctancy - Quality Assurance - Institute of Quality Assurance - December, 1975

Collacott, R.A. - Mechanical Fault Diagnosis and Condition Monitoring Champman and Hall, 1977

Davies, A.E. - Principles and Practice of Aircraft Powerplant Maintenance - Trans. Inst. Mar. Engrs - 85, 1973

Doss, H.S., R. Freitag and F. Proschan - Estimating Jointly System and Component Reliability using a Mutual Censorship Approach - Report AFOSR 86-186 - February, 1986

Dugan, J.B., K.S. Trivedi, M.K. Smotherm and R.M. Geist - The Hybrid Automated Reliability Predictor - Journ. Guidance, Control and Dynamics of AIAA - 9 n° 3 - May/June, 1986

Eisner, R.L. - Reliability Considerations in Design Trade Studies - Proc, Ann. Symp Reliability - Washington, 1971

Goldman, A.S. and T.B. Slattery - Maintenability: A Major Element of System Effectiveness - Wiley, 1964

Green, J. - Systematic Design Review and Fault Tree Analysis - Conf. Safety & Failure Components - Inst. Mech. Engrs - 1969

Hajek, J. and V. Dupac - Probability in Science and Engineering - Academic Press, 1967

102 TÉCNICAS DE MANUTENÇÃO PREDITIVA

Henseley, G. - The Reliability Prediction of Mechanical Instrumentation Equipment for Process Control - RISO Report of Danish Atomic Energy Commission - February, 1970

Hoxha, S. - System Safety Procedures for Non-Development Item (NDI) Acquistions - U.S. Army Armament Research, Development and Engineering Center - ARDC Safety Office Report 07801-5001 April, 1987

Johnston, M.M. - Reliability Assurance: Genesis by Numbers - Marine Engineers Review - October, 1973

Jordan, W.E. - Failure Modes, Effects and Criticality Analysis - Proc. Ann. Reliability and Maintenability Symposium - San Francisco, 1972

Ju, F.D. - The Asperity and Material Parameters in Thermomechanical Cracking due to Moving Friction Load - University of New Mexico Report ME-136(86)ONR-233-3 - February, 1986

Ju, F.D. - Structure Dynamic Theories of Fracture Diagnosis - University of New Mexico Report MR-134 (85)AFOSR-993-2 - March, 1986

Katehakis, M.N. and C. Derman - On the Maintenance of Systems Composed of Higly Reliable Components - Document on Contract AFOSR-840136 and NSF Grant ECS-85-07671 - 1986

Lathrop, J.W. - Investigation of Accelerated Stress Factors and Failure/Degradation Mechanisms in Terrestrial Solar Cells - NASA Document DOE/JPL/95429-86/13 - 1986

Lewis, R. - An Introduction ot Reliability Engineering - McGraw-Hill, 1970

Lloyd, D. M. Lipow - Reliability: Management, Methods and Mathematics - Redondo Beach, 1977

Mathieson, Tor-Chr. - Reliability Engineering in Ship Plant Design-Repot IF/R.12 of Division of Internal Combustion Engines, University of Trondhein, 1973

Manz, B.J. - Reliability as a Function of Fatigue, Complexity and Redundancy: A Mathematical Analysis - Directorate of Aerospace Studies Report DAS-DR-85-7 - October, 1985

MIL - Military Standardization Handbook MIL-HDBK-217: - Reliability Prediction of Electronic Equipment - US Department of Defense Revision D, 1982

Moss, M.A. - Designing for Minimal Maintenance Expensa - Dekker, 1985

Pieruschka, E. - Principles of Reliability - Prentice-Hall, 1963

Sahner, R.A. and K.S. Trivedi - A Hierarchial Combinatorial-Markow Method of Solving Complex Reliability Models - Proc. Fall Joint Computer Conf. - Dallas, TX - November 2/6, 1986

Schrøder, R.J. - Fault Trees for Reliability Analysis - Proc. Ann. Symposium on Reliability - Los Angeles, 1970

IDÉIAS E CONCEITOS BÁSICOS DA MANUTENÇÃO

Stewart, R.M. and G. Henseley - High Integrity Protective Systems on Hazardous Chemical Plants - Report SRS/COLL/303/2 - UKAEA Systems Reliability Service - 1971

Venton, A.D.F. and B.F. Harvey - Reliability Assessment in Machinery System Design - Proc. Inst. Mech. Engrs. 1973

Walker, B.K., S.K. Chu and N.M. Wereley - Approximate Evaluation of Reliability via Perturbation analysis - Progress Report on Grant AFOSR-84-0160 - September, 1985

Wilson, R.W. - The Diagnosis of Engineering Failures - South African Mech. Engineer - November, 1972

III.00 - Investigação, Tipos e Ocorrência de Falhas

L. X. Nepomuceno

Dá o nome genérico de "falha" quando a aptidão de um item qualquer termina, não sendo mais exercida a função que lhe compete. A falha é também chamada de "pane", "quebra", "ruptura", "enguiço" e várias outras denominações, dependendo do hábito do operador. De maneira bastante geral, as falhas podem ser de três tipos, tendo em vista que a mesma nada mais é que o término da aptidão de um item qualquer, ou de um equipamento inteiro de exercer as funções para as quais foi instalado. Tais tipos são os seguintes:

a) Imposição do operador, que retira o equipamento do serviço de maneira deliberada, apesar do mesmo estar cumprindo satisfatoriamente as funções que lhe competem.

b) Falhas de desempenho, ligadas a uma diminuição da eficiência do equipamento.

c) Falhas catastróficas, que dão origem ao término abrupto da aptidão de um sistema qualquer de cumprir suas funções.

Observe-se que as falhas acima estão presentes em praticamente todas as instalações e atividades industriais. Não é de todo incomum o sucateamento de equipamentos que, aparentemente, estão operando e produzindo de maneira satisfatória. Nesses casos, o problema se reduz a um caso econômico. A produção, embora aparentemente satisfatória, é anti-econômica e, assim sendo, o equipamento deve ser considerado obsoleto e como tal sucateado.

III.01 - FALHAS DE COMPONENTES E DE SISTEMAS

Embora o assunto seja um tanto óbvio, o mesmo nem sempre é discutido com a amplidão adequada. Trata-se de o quanto de importância uma falha num componente genérico apresenta com relação a um sistema qualquer. A importância do assunto é ressaltada quando verificamos as conseqüências do rompimento de uma bomba numa máquina-ferramenta

INVESTIGAÇÃO, TIPOS E OCORRÊNCIA DE FALHAS 105

qualquer e as referentes quando a bomba estiver instalada numa aeronave, usina nuclear, nave espacial ou mesmo instalação petroquímica.

Muitas vezes, um equipamento acessório opera tão somente parte do tempo durante uma certa "missão". Exemplificando, suponhamos que um barco de pesca necessita da operação de dois eixo durante a execução da pescaria, operando um único deles na rota de cruzeiro. Caso apareça uma falha que é eliminada antes do início da execução da operação da pescaria, podemos dizer então que a missão foi cumprida. Caso contrário, no conceito de falha descrito acima, a missão fracassou dentro da nossa análise. Acreditamos que o critério adotado não corresponda aquilo que acontece na prática mas, para nossa análise, temos de adotar alguns princípios fundamentais ou a análise carecerá de sentido.

Temos de reconhecer que uma instalação ou um sistema qualquer apresenta uma falha ou pane devido a acontecimentos que normalmente não obedecem a uma seqüência lógica e, assim sendo, o planejamento é bastante complexo, exigindo uma série de dados aparentemente desconexos. Exemplificando, Collacott indica que, a planilha de planejamento de manutenção numa instalação nuclear envolve os passos seguintes:

a) Amplo conhecimento das características da instalação.

b) Estabelecimento dos limites de segurança de todas as operações e funções características da instalação.

c) Análise completa e detalhada dos métodos de operação, incluindo os estados de regime e transitórios.

d) Escolha e seleção rigorosa dos controles automáticos, levando em consideração as eventuais sobre-tensões.

e) Estudo e verificação detalhada dos sinais disponíveis, sejam eles elétricos ou não.

f) Ajuste adequado dos controles, levando em consideração as imprecisões da instrumentação disponível.

g) Projetar e verificar adequadamente as ligações e relés de travamento (interlock) e interrupção de componentes.

h) Levantamento completo dos sistemas de proteção, incluindo os relés de interrupção automática, relés de restrição da operação e sistemas auxiliares de proteção.

i) Estabelecer métodos de recuperação tendo por base as conseqüências e características do sistema de proteção existente.

j) Verificar, cuidadosamente, as causas que levam o sistema de proteção a operar.

106 TÉCNICAS DE MANUTENÇÃO PREDITIVA

Os dados estabelecidos por Collacott permitem aos interessados estabelecer uma planilha de manutenção numa instalação industrial genérica. Observe-se que um roteiro como o descrito acima facilita bastante as atividades de manutenção permitindo, de outro lado, um aprendizado e treinamento facilitado dos iniciantes nas técnicas de manutenção. É bastante comum, principalmente em nosso meio, que a manutenção seja restringida ao ato de "consertar máquinas". Entretanto, devemos considerar que existem outros fatores e outras atividades além do simples "consertar". Para a elaboração de um programa de manutenção preventiva que realmente forneça resultados economicamente interessantes, é preciso que nos baseemos em alguns conceitos genéricos e definições que são muitas vezes consideradas "teorias", para que exista uma filosofia que norteie as atividades dos envolvidos nas atividades de manutenção.

III.02 - CLASSIFICAÇÃO DAS FALHAS

Já vimos qual o conceito genérico de "falha" de um componente ou dispositivo qualquer. Como existem equipamentos, instrumentos, sistemas, conjuntos e instalações das mais variadas modalidades e tipos, o conceito de falha, ruptura, defeito ou outra denominação qualquer depende do enfoque que é dado, uma vez que o efeito do evento na perda de desempenho do dispositivo com falha na aptidão funcional da instalação de maneira global, pode se apresentar de inúmeras maneiras.

Observe-se que uma falha qualquer apresenta várias implicações, cujos aspectos podem ser viabilidade econômica, segurança, velocidade de produção, qualidade do produto final, aspectos casuais, complexidade do dispositivo que apresenta falha, etc. Dependendo de como ou de qual o enfoque que é tomado, ter-se-á uma classificação ou descrição da falha em questão. Observe-se que a classificação envolve várias denominações mas, em todos os casos, trata-se de uma "falha".

Do ponto de vista da Engenharia, as falhas são divididas em duas classes bem definidas:)

a) Falhas Permanentes - Tal tipo de falha permanece, inexistindo o desempenho adequado por se tratar de componente defeituoso, até que o defeito seja sanado pela substituição do componente.

b) Falhas Intermitentes - Tais falhas são as que mais transtornos causam. Tais falhas dão origem a uma ausência da

INVESTIGAÇÃO, TIPOS E OCORRÊNCIA DE FALHAS

função executada pelo componente ou dispositivo em tela durante um curto tempo, voltando a função a ser executada logo depois, permanecendo durante longo tempo. Nesses casos, é comum existir dificuldade em detetar qual o componente responsável pelo transtorno.

Quando se trata de falhas permanentes, existe a possibilidade de uma sub-divisão em dois tipos de falhas:

a-1) Falha global ou Ruptura: Quando aparece ausência total da função exercida pelo componente ou dispositivo.

a-2) Falha Parcial: Quando o componente ou dispositivo executa parte das funções que lhe competem, inexistindo outras, originando execução incompleta das funções necessárias.

Além das descrições acima, tanto as falhas permanentes quanto as intermitentes pode ser classificadas segundo a velocidade com que aparecem, podendo ser:

1) Falhas Evolutivas: Falhas que podem ser previstas ou preditas através de ensaios ou exames periódicos, permitindo que sejam tomadas providências antes de atingir a fase catastrófica.

2) Falhas Abruptas: São aquelas que não são aptas de predição ou previsão, acontecendo abruptamente independentemente de informação ou sinal prévio.

Observe-se que ambos os tipos descritos podem ser combinados dando origem a classificação seguinte:

1) Falhas Catastróficas, quando se trata de falhas abruptas e completas,

2) Falhas de Degradação, quando se trata de falhas evolutivas e parciais.

Estamos admitindo que é conhecida a diferença entre o rompimento ou ruptura de materiais quebradiços e dúteis. O primeiro apresenta ruptura abrupta e o segundo ruptura evolutiva.

Além do mais, a falha pode se apresentar e se desenvolver de maneiras diferentes, permitindo a classificação:

a) Desgaste - Tais falhas são originadas pelo uso normal de componentes que, devido ao uso, desgastam-se de conformidade com o que foi previsto durante a fase de projeto. Tais falhas podem ser preditas e evitadas mediante programa adequado de manutenção preditiva.

108 TÉCNICAS DE MANUTENÇÃO PREDITIVA

b) Uso Inadequado - Tal tipo de falha é bastante comum, e consiste em utilizar o componente ou dispositivo com um regime de trabalho que implica tensões superioes àquelas para as quais o mesmo foi projetado. O caso mais comum consiste em aumentar a rotação de bombas, visando maior fluxo. Como é natural, a mesma romper-se-á uma vez que não foi projetada para o regime que lhe foi imposto.

3) Debilidade Inerente - Tal tipo de falha é devida a inadequacidade do projeto ou da construção do componente, obrigando-o a operar sob tensões superiores àquela que o mesmo pode resistir.

Existem, ainda, dois grupos que abrangem todos os tipos de falhas, considerando os riscos envolvidos ou a probabilidade de acontecer:

a) Falhas de Risco: São assim chamadas as falhas dos tipos: a) Sistemas de Tração: Breques que falham; b) Sistemas de Proteção: Não executam a proteção quando necessário; c) Máquinas-ferramenta: falhas originando defeitos nos materiais ou machucando-o.

b) Falhas de Segurança: São falhas originadas nos dispositivos e sistemas instalados visando a segurança do equipamento. Podem ser: a) Sistemas de tração: falha originada pelo breque que é acionado quando desnecessário; b) Máquinas-ferramenta: Falha referente a não-operacionalidade quando necessária; c) Sistemas de Proteção: Falha originada pelo fato do sistema de proteção operar em ocasião desnecessária, interrompendo a produção de maneira injustificável.

III.03 – TIPOS DE FALHAS

Em 1972 Davis realizou um estudo sobre a confiabilidade de componentes e sistemas aeronáuticos e aeroespaciais dividindo as falhas em três tipos: a) Falhas Precoces; b) Falhas Randômicas e c) Falhas Crono-Dependentes. Verificaremos suscintamente os resultados apresentados por aquele autor.

a) As falhas precoces, ou seja, aquelas que aparecem logo após o início de operação de um dado equipamento, apresentam características marcantes. A Figura III.01 ilustra a situação real encontrada nos problemas de engenharia aeroespacial, onde as margens de tolerância entre tensão e a deformação são estabelecidas de maneira muito rígida. Como em toda as atividades, a qualidade de um componente qualquer deve estar distribuida entorno um valor estabelecido pelo projeto, permanecendo a totalidade da população distribuida dessa maneira. Entretanto, ocasionalmente aparece uma população de componentes "fracos", ou seja, que apresenta uma resistência inferior ao valor operacional estabelecido no projeto.

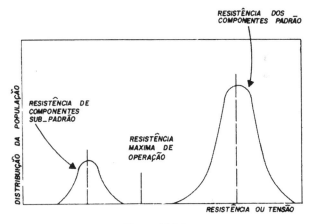

Figura III.01

Na figura é apresentado o vocábulo "resistência" de maneira bastante elástica, visando indicar tão somente a qualidade e nada mais. Este tipo de problema ou de falha é comum, ou pelo menos mais comum do que parece à primeira vista, e é originado quando um novo tipo de falha não é detetada pelo controle da qualidade ou quando os processos de montagem dão origem a uma construção inadequada. No caso de componentes eletrônicos, tais defeitos aparecem como queima de sub-montagens em painéis.

b) As falhas Randômicas aparecem nos casos onde as margens entre tensão e deformação são estabelecidas de tal maneira que permanecem muito próximas, como ilustra a Figura III.02. Este tipo de problema é típico da aeronáutica e da engenharia aeroespacial, onde aparece uma exigência entre desempenho e peso, criando uma situação de maxi-

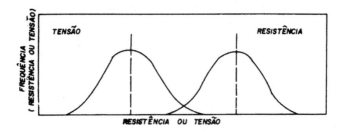

Figura III.02

mizar dois valores antagônicos. Nesses casos, aparece uma distribuição Gaussiana tal que um componente situada na faixa inferior de aceitabilidade pode ser sujeito a uma tensão superior ao seu limite, rompendo-se durante o uso. A situação pode ser alterada ou reduzindo o desvio padrão das curvas respectivas, ou seja, impondo limites mais rígidos no controle da qualidade e restringindo a faixa de operação do equipamento; ou então aumentando a separação das duas medianas, ou seja, aumentando a resistência e diminuindo a tensão.

c) Falhas Crono-Dependentes são aquelas que dependem do tempo que a peça está operando. Sabe-se que toda e qualquer peça, componente ou conjunto deve operar satisfatoriamente durante um certo tempo. Tal tempo de vida é calculado, e o projeto leva em consideração os fatores que influenciam o tempo de duração; o dispositivo em questão deve operar satisfatoriamente durante tal tempo. Após o tempo de vida útil, desaparece a segurança da operação, podendo o componente se romper a qualquer instante. A Figura III.03 ilustra duas curvas relacionadas com as falhas crono-dependentes. A curva A refere-se ao procedimento ortodoxo, no qual existe um tempo médio bem determinado, OM, entorno o qual se apresenta uma distribuição normal. O desvio standard envolve percentagens estabelecidas do total de maneira que a vida média é estabelecida permitindo um determinado número de falhas durante tal período. Caso utilizemos para o desvio padrão o valor 3 δ, ocorrerão 98% de casos positivos. Observe-se, no entanto, que é bastante

INVESTIGAÇÃO, TIPOS E OCORRÊNCIA DE FALHAS 111

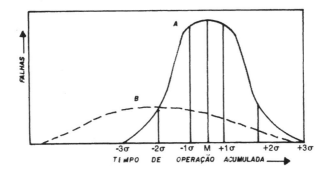

Figura II.03

comum encontrar na prática distribuições como as ilustrada na curva B. Trata-se, no caso, de falhas realmente cronodependentes mas, como a distribuição é muito ampla, o controle da falha torna-se inviável, além de bastante extravagante. Tal fato indica que os cálculos estatísticos devem necessariamente estar ligados a distribuições conhecidas antes de qualquer tomada de posição quanto ao tempo de vida útil do componente ou peça em consideração.

II.04 - INVESTIGAÇÃO DA ORIGEM DA FALHAS

Normalmente, as falhas são investigadas depois que ocorreram, o que permite acumular e catalogar uma série bastante grande de dados visando relacionar as causas com os efeitos. Principalmente na Aeronáutica, os estudos e verificações técnicas dos destroços das aeronaves acidentadas constituem fonte de dados e informações essenciais quanto as causas da falhas. Inclusive foi publicado em diversos países um "Manual of Aircraft Accident Investigation", cujas instruções devem ser rigorosamente obedecidas na investigação de todo e qualquer acidente aeronáutico. Tais manuais contêm várias considerações a respeito dos fatores causais e indica as bases para invetigações futuras, fornecendo ainda a interpretação de várias falhas estruturais. Quando consideramos os custos envolvidos nas falhas existentes na atualidade, é de estranhar a pouca atividade no assunto nas entidades não industriais quando se trata de estudar as falhas da engenharia. Inclusive as sociedades de certificação, como Lloyds Register of Shipping, Bureau Veritas, American Bureau of Shipping, CGS, etc.,

112 TÉCNICAS DE MANUTENÇÃO PREDITIVA

possuem um volume apreciável de experiência, conhecimentos e relatórios descrevendo uma série enorme de falhas, defeitos e erros tanto de fabricação quanto de montagem. Incompreensivelmente tais dados não são acessíveis àqueles envolvidos em problemas de manutenção, o que constitue, realmente, uma perda inestimável.

Em 1969 o Prof. Meyer da City University apresentou um trabalho importante, no qual são descritos vários procedimentos visando a investigação de falhas. O Prof. Meyer recomenda a obediência aos princípios seguintes:

a) Não destruir evidência alguma na investigação de uma falha, seja ela do tipo que for. É importante que não seja perturbado ou alterado o local da falha ou acidente; de modo especial, as superfícies fraturadas e suas proximidades não devem ser tocadas ou sujas sob hipótese alguma;

b) As causas reais do acidente ou ruptura serão determinadas com precisão e segurança tanto maior quanto mais cedo for iniciada a investigação.

c) Os fatores de evidência do acidente ou ruptura admitem interferência ou alteração somente depois que for executada uma documentação completa e confiável, que pode ser descrição ampla, relatórios, fotografias, réplicas, etc. Em todos os casos, as partes e peças que forem desmontadas devem ser identificadas individualmente com segurança, visando uma re-montagem correta. As peças que forem transportadas deverão ser empacotadas com cuidado, de modo a não apresentarem arranhões, riscos, roçamento entre elas ou deformação no transporte.

d) Evite sempre "chutar" ou chegar a conclusões simplistas. **Todos** os dados devem ser mantidos cuidadosamente e eliminar os não importantes somente depois de se certificar que são, realmente não-importantes. Confiar somente em desenhos esquemáticos satisfatórios, fotografias e anotações, nunca na memória. Uma origem deve ser estabelecida somente quando **todas** as demais possibilidades forem eliminadas e nunca quando parecer óbvia.

e) Nunca se concentrar no ponto de ruptura somente, descartando observações nas proximidades e no ambiente onde o acidente ou falha ocorreu. Depois de obter o máximo de informações e dados do ambiente e das proximidades do

INVESTIGAÇÃO, TIPOS E OCORRÊNCIA DE FALHAS 113

local de ruptura, aproxime-se da origem da fratura de maneira gradual e segura. É importante ter em mente que a origem e causa da falha ou acidente pode ser nada mais que
um gatilho acionado por outras falhas provenientes de outras causas. Os casos normais são sempre a consequência de uma cadeia de causas coincidentes e raramente referem-se a um único tópico.

f) É sempre importante procurar e reproduzir o histórico do
acidente através de evidências objetivas, entrevistas e fatores puramente objetivos. Relutar em aceitar opiniões ou
afirmações seja de quem fôr, inclusive as próprias. Isto porque a percepção humana, seus julgamentos e decisões
nem sempre são confiáveis, uma vez que dependem de
conceitos subconcientes.

III.04.01 - Falhas em Caldeiras e Vasos de Pressão - Hodgkin publicou,
em 1973 um estudo descrevendo detalhes de algumas falhas em caldeiras
tubulares da Babcok & Wilcox, como as seguintes:

a) Vasamento de gases da combustão pela caixa que envolve
a caldeira. Problema originado pela admissão de ar para
combustão em volta da caixa.

b) Depósitos grandes de mascarra que se uniam entre tubos
nas zonas de alta temperatura quando era utilizado combustíveis residuais, produzindo cinzas excessivamente ri-
cas em vanadio.

c) Áreas com tubos limpos nas regiões contendo mascarra
depositada, que falharam devido ao aumento da velocidade
do gás, implicando velocidades de transferência de calor
muito elevadas, originando tubulações com temperatura excessivamente elevada.

d) Estrago de tubos devido ao ataque das cinzas contendo
excesso de vanadio quando os mesmos estão a altas temperaturas.

e) Aquecedores de ar corroidos pelo ataque do enxofre contido em combustíveis inadequados.

f) Servo-sistemas hidráulicos utilizados para operar controles
automáticos contaminados e bloqueados. Tais servo-sistemas exigem uma filtragem rigorosa, para obter uma limpeza
tal que não existam partículas iguais ou superiores a 5 mi-
cra.

114 TÉCNICAS DE MANUTENÇÃO PREDITIVA

g) Perda do silício das tubulações devido ao material retirado dos revestimentos termo-isolantes pelos gases de combustão.

h) Entupimento superficial dos aquecedores de ar, exigindo maior potência dos ventiladores.

i) Presença de carbono e ferro na chama, associada,a uma combustão ineficiente.

j) Destruição completa do economizador pela inabilidade de queimar o óleo e controlar a combustão de maneira satisfatória quando a carga é pequena.

k) Sobreaquecimento devido a chama excessiva quando a carga é total, produzindo mascarra, fuligem e ferrugem.

l) Chama incidindo nas paredes da caldeira, fundindo o refratário do revestimento termo-isolante.

m) Instabilidade da chama, pela inaptidão de manter constante o calor fornecido.

n) Interrupção do fornecimento de água, devido a falha nas bombas que a impulsionam.

o) Incrustações no interior da tubulação, devido a presença de sólidos dissolvidos na água fornecida.

Admitimos que podem haver outras falhas em caldeiras mas, em qualquer caso, a descrição acima é bastante abrangente e os interessados em maiores detalhes devem consultar o trabalho original.

III.04.02 - Falhas em Aeronaves - Um estudo executado durante 20 anos por Redgate e apresentado em 1969, mostra uma série de dados interessantes, que são resumidos abaixo:

Nas estruturas foram determinados os fatores seguintes:

1 - Falhas estáticas - Difíceis de ocorrer, exceto nos casos onde a aeronave é sujeita a cargas elevadas (principalmente em tempestades) que excedem os valores máximos de projeto.

2 - Ruptura por fadiga. Foram examinadas 19 aeronaves e detetou-se trincas de fadiga nos locais seguintes:
Junções das longarinas frontais, parafuso inferior - Falha detetada em 05 aeronaves.

Trincas em ambas as asas - Detetadas em 03 aeronaves

INVESTIGAÇÃO, TIPOS E OCORRÊNCIA DE FALHAS 115

Trinca numa só asa - Detetada em 02 aeronaves
Junções biseladas com corrosão aleatória em várias aeronaves.

Excluindo-se as falhas e defeitos em pneumáticos, motores, turbinas, rodas e freios, Redgate verificou que haviam sido removidos e substituídos vários componentes, numa frota de 12 aviões VC-10 operados pela British Overseas Airways Corporation, substituição essa em tempo considerado muito curto, ou seja, substituições prematuras. Foi observado o seguinte:

Componentes existentes na aeronave, excetuando-se motores, turbinas, pneumáticos e sistema de breque: 1573
Número de componentes diferentes: 547
Número de substituições prematuras: 537
Número de diferentes substituições prematuras: 191

As oficinas forneceram uma tabela dos resultados observados com relação as mesmas aeronaves, durante um período de três meses: Tal tabela informa que houve:

84 Falhas de origem elétrica
48 Peças gastas ou com marcas
44 Retentores com ruptura
29 Rupturas mecânicas
22 Rolamentos com falhas, algumas por falta de lubrificante
21 Casos de erosão e estrição
14 Casos de contaminação
10 Erros de calibração
09 Casos de corrosão
07 Casos de erosão
04 Falhas de diafragmas e capsulas
43 Falhas por causas diversas.

Um estudo detalhado da tabela permitiu que se chegasse as conclusões seguintes, depois de discussão e exame das peças substituídas:

1) As falhas elétricas eram devido principalmente aos microswitches e originadas em:
   a) Ajuste incorreto, originando percursos excessivos ou insuficientes.

116 TÉCNICAS DE MANUTENÇÃO PREDITIVA

b) Umidade no vidro, produzindo condensação interna e consequente resistência de fuga.

c) Engripamento dos mergulhadores pelo inchaço dos mesmos originado pela absorção de umidade.

As bobinas e válvulas das bobinas apresentaram falhas como consequência de:

a) Fios da bobina enroscados.
b) Terminais inadequados no extremo dos fios.
c) Acúmulo de poeira no tunel da armadura.
d) Martelamento dos assentos das válvulas.

2) O desgaste e as marcas nos componentes apareceram como consequência de:
a) Materiais inadequados na fabricação da peça ou componente.
b) Tratamento inadequado das superfícies da peça ou componente.
c) Lubrificação não compatível com as necessidades.
d) Vibrações com amplitudes excessivas.
e) Mancais com áreas insuficientes

3) O estudo dos retentores que apresentaram vasamentos ou rupturas mostrou que a origem dos defeitos estava associada a uma ou mais das causas seguintes:
a) Mancais com suportes inadequados, fazendo com que os retentores sofressem carga excessiva. Tal causa é mais comum no caso de eixos deslizantes.
b) Contaminação do retentor por sujeiras originadas pelo desgaste do mancal, rolamento ou não.
c) Uso de retentores com configuração inadequada ou material insatisfatório associado a fixação inadequada.
d) Sobreaquecimento originando a desintegração do retentor.

4) As falhas observadas nos mancais (rolamentos ou casquilhos) foram atribuidas às causas seguintes:
a) Engripamento quando é usado lubrificante seco, como o disulfito de molibdênio, que apresenta pouca resistência à corrosão.
b) Diminuição da vida útil de rolamento selado e lubrificado pelo vasamento do lubrificante.

INVESTIGAÇÃO, TIPOS E OCORRÊNCIA DE FALHAS   117

c) Fechamento do mancal ou seu rompimento devido a temperaturas elevadas.

d) Entupimento dos orifícios de lubrificação, obrigando a operação a seco.

5) Erosão e estrição verificadas que são originadas ou pela cavitação e consequente erosão ou pela filtração inadequada do fluido utilizado.

6) O problema da contaminação é presente em praticamente todas as instalações e dispositivos existentes. No caso em pauta, a contaminação foi originada pelas causas:

a) Presença de contaminantes nos sistemas de controle não blindados, principalmente poeira e umidade.

b) Alteração dos elementos detetores de chama e do combustível nos tanques, quando tais detetores operam à capacitância, pela umidade presente.

c) Presença de poeira nos sistemas hidráulicos, dando como consequência um funcionamento insatisfatório.

d) Na grande maioria dos casos, o principal contaminante é a umidade, seja por impregnação ou condensação.

7) A corrosão é um problema grave em praticamente todos os materiais e peças. Todo e qualquer componente está sujeito à corrosão, de parafusos aos cascos de vasos de pressão e tubulações nas instalações externas à corrosão interna dos relés.

8) As falhas dos diafragmas e cápsulas são uma consequência de erros de fabricação, seja uma queda no controle de qualidade na instalação do fabricante, fabricação inadequada ou material de má qualidade.

III.04.03 - Fatores Humanos na Ocorrência de Acidentes - Toda e qualquer falha, ruptura ou acidente acontece por uma razão bem determinada. Embora possa existir "fatores aleatórios independentes da vontade humana" ou, como os americanos e ingleses chamam "Atos de Deus", tais afirmações não podem, em caso algum, ser utilizados como justificativa da inadequacidade dos materiais utilizados ou inépcia do homem responsável pela situação.

118 TÉCNICAS DE MANUTENÇÃO PREDITIVA

O fator humano ou "inaptidão humana" é um dado de extrema importância nos acidentes, incidentes e falhas, como é amplamente sabido e discutido principalmente pelas empresas de seguros ligadas aos automóveis e caminhões. A International Civil Aviation Authority, no seu documento 6920-An855/3 lista as consequências do fator humano nos acidentes aeronáuticos, conforme a tabela abaixo.

Tabela III.01

Conseqüencias	Causas (inerente ou temporária)
Erros de julgamento	Falta de experiência
Técnica insatisfatória	Reação inadequada
Desobediência às ordens	Estado físico
Falta de cuidado	Defeito físico
Negligência	Estado psicológico

Em 1974 Collacott publicou no Leicester Chronicle um trabalho intitulado "Suicide in the High Seas", onde informa que nas operações marítimas que implicam viagens longas e com tripulação limitada e que permanece isolada durante longo tempo, há necessidade de prestar muita atenção a fatores tais como interação grupal, falta de instruções, motivação incorreta, comunicação insuficiente, áreas de responsabilidade mal definidas, fastio, etc. Tais fatores são bastante importantes para o comportamento irracional que os grupos ocasionalmente apresentam.

III.05 - CAUSAS DAS FALHAS OU RUPTURAS

Existe um número apreciável de causas e origens das falhas mecânicas ou elétricas nas instalações industriais, todas elas bastante estudadas e discutidas pelos envolvidos no assunto. Quando se trata de falhas crono-dependentes, há ampla possibilidade de executar um diagnóstico precoce e, consequentemente, elaborar um programa de manutenção preditiva. De um modo geral, os defeitos podem ser classificados em dois grupos. No primeiro grupo ocorrem fraturas e, no segundo, não há ocorrência de fratura. Ambos os casos podem ser sub-classificados segundo as causas, como de origem química, mecânica ou térmica. Depois de tais classificações gerais, entra-se na classificação datalhada, podendo ser atribuida a corrosão, fadiga, ruptura mecânica, deformação etc., sendo possível uma sub-classificação ainda mais detalhada.

INVESTIGAÇÃO, TIPOS E OCORRÊNCIA DE FALHAS 119

Uma classificação geral de falhas em metais foi elaborada por George e está esquematizada na Figura III.04 e, para obter a extensão

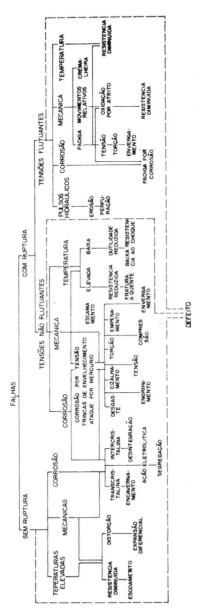

Figura III.04

120 TÉCNICAS DE MANUTENÇÃO PREDITIVA

desta classificação de maneira a englobar os plásticos, materiais compostos e vários outros materiais não-metálicos, haveria necessidade de incluir diversas instabilidades, além do empenamento, tais como: resistência dinâmica, falhas de soldagens e suas causas, deformação elástica, deformação plástica, falhas na união com colas, ar preso no interior dos materiais, instabilidade das colas e resinas, amolecimento devido a umidade, sobreaquecimento e fragilização dos materiais.

III.05.01 - Falhas Durante a Operação - Falhas de Serviço - Normalmente os defeitos mais comuns em máquinas são as fraturas, deformação excessiva e defeitos superficiais como a corrosão. Alguns defeitos de serviços estão descritos na tabela III.02. Observe-se que as causas das falhas são sempre descritas em termos amplos e gerais, sem entrar em detalhes. Nessas condições, o termo fadiga inclue os fenômenos de fragmentação e fadiga superficial, a corrosão inclúe a sulfidação e o efeitos de depósitos vários,

Tabela III.02

Causa	Componente
Corrosão	Mancais - Pás de Turbinas - Sistema Hidráulicos - Velas de Ignição
Contaminação	Sistemas Hidráulicos - Controladores do Passo de Hélices
Fadiga	Mancais - Engrenagens e Rolamentos da Transmissão de Helicópteros - Eixo-manivela - Pinos de Eixo-manivela - Pás de Turbinas - Polos de Alternadores
Sobreaquecimento	Mancais - Velas de Ignição
Sobre Tensão	Dentes de Engrenagens - Parafusos e Rebites
Contração	Mancais - Retentores
Desgaste	Mancais - Eixos - Engrenagens - Sistemas Hidráulicos - Assentos de Válvulas de Exaustão de Motores - Embreagens

INVESTIGAÇÃO, TIPOS E OCORRÊNCIA DE FALHAS **121**

Quando ocorre uma falha ou ruptura, principalmente nos casos de ruptura, é altamente conveniente que se obtenha uma macro e microfotografia da região rompida. Tais fotos poderão ser comparadas com as existentes no atlas fractográfico, E.J. Pohl: The Face of Metallic Fractures - Vols. I & 22 - Munchener Ruckversicherungs Gesellschaft. Tal comparação permite que seja estabelecida a determinação post-mortem das causas de ruptura.

III.05.02 - Fadiga - Normalmente a fadiga ocorre devido a uma acção cíclica da carga sendo aplicada, sendo bastante útil o estudo dos diagramas LxN publicados para vários materiais. O limite de fadiga de um material arbitrário é considerado como uma propriedade do material em si; é preciso considerar que as condições superficiais e a velocidade do crescimento da trinca são fatores de importância prática enorme e que são alterados fortemente pelas condições de operação.

Embora existam trincas que se iniciam pelo interior do material, tais casos referem-se a defeitos do material, que apresenta inclusões, incrustações ou bolhas em seu interior. Nos casos de fadiga, a trinca se inicia sempre na superfície. Serve como núcleo inicial para o trincamento uma irregularidade da superfície, corrosão ligeira que evolue, início da trinca entorno uma inclusão superficial dura ou outra irregularidade qualquer. O início leva à penetração da trinca no interior do material devido aos ciclos de tensão alternados até o rompimento total da peça ou componente. Os estudos realizados mostram que o desenvolvimento e a direção das micro-trincas que aparecem na superfície são uma função dos deslizamentos que se observam nos planos dentro da estrutura cristalina. As micro-fissuras permanecem como tais até o momento que uma delas apresenta dimensões tais que à medida que se abre e fecha devido aos ciclos alternados da tensão é suficiente para afetar um volume de material suficiente para manter um crescimento continuado. O processo de crescimento está intimamente associado a amplitude das tensões presentes no volume do material imediatamente na frente do canto ou ponta da trinca, permanecendo a direção do crescimento normal à direção da tensão cíclica máxima, independentemente de toda e qualquer orientação dos deslocamentos cristalinos. Quando tal situação é atingida, a micro-trinca passa a ser uma macro-trinca e o crescimento passa a ser executado numa velocidade muito maior que a da micro-trinca, propagando-se rapidamente pelo seio do material.

As trincas e fissuras de pequenas dimensões podem ser detetadas em praticamente todos os materiais através de ensaios não-destru-

122 TÉCNICAS DE MANUTENÇÃO PREDITIVA

tivos, detetando-se tais anomalias nos estágios iniciais. Como será visto mais tarde, tais micro-fissuras devem ser inspecionadas e controladas regularmente, determinando-se com isso a velocidade de crescimento, sendo possível utilizar o componente com o máximo de vida útil residual. A tabela III.03 indica as velocidades de crescimento de trincas em vários materiais metálicos, como determinadas por Frost e Marsh em 1970.

Tabela III.03

Material	Velocidade Relativa do Crescimento de trincas de fadiga
Aço Carbono	1
Aço de Baixa Liga	1
Cobre	4
Titânio	10
Alumínio	15
Liga 5% Mg 95% Al	50
Liga 5,5% Zn 95,5% Al	150

Geralmente as trincas de fadiga originam-se em regiões onde a forma geométrica sofre alteração apreciável, aparecendo uma concentração elevada de tensões. Raramente são devidas ao material e sim, na grande maioria dos casos, em erros de projeto ou usinagem inadequada. Existem técnicas matemáticas que permitem determinar a grandeza e amplitude de tais tensões, sendo o método dos elementos finitos excelente, existindo ainda a possibilidade de verificar tais tensões em modelos de plástico sujeitos a iluminação com luz polarizada.

As variações bruscas de secção constituem os assim chamados "concentradores de tensões" e as mesmas apresentam grande alteração na tendência ao aparecimento de trincas de fadiga. Os concentradores mais comuns são os seguintes, não constituindo uma listagem exaustiva:

a) Descarbonização: A perda de carbono a partir da superfície das ligas ferrosas devida a um aquecimento em atmosfera reativa originando uma redução da resistência à fadiga na zona afetada.

b) Entalhes: Toda e qualquer alteração numa secção provoca uma alteração na distribuição das tensões. Tais alterações podem ser assentos de chavetas, canais circunferenciais,

INVESTIGAÇÃO, TIPOS E OCORRÊNCIA DE FALHAS **123**

orifícios, alterações do contorno (eixos etc.) riscos, canais de roscas, etc. Observe-se que os materiais duros e aços de alta resistência são os mais sensíveis a tais alterações de tensões.

c) Corrosão: A corrosão dá origem a uma série de pequenas cavernas nas superfícies dos materiais, operando tais cavernas como entalhes concentradores de tensões. A acção da corrosão acelera a ruptura, uma vez que nos ciclos de tensão periódica positiva, as microfissuras são abertas, expondo o material ao ataque corrosivo.

d) Inclusões: Sabemos que os "materiais de engenharia" não são homogêneos, sendo os metais o exemplo mais característico da falta de homogenidade. Os metais contém, portanto, partículas "anômalas" e mesmo descontinuidades macroscópicas que operam como concentradores de tensões de segunda ordem.

e) Corrosão do Atrito: É bastante comum a fixação de duas peças através de parafusos, grampos, rebites, encaixe à pressão, etc. Quando o conjunto é sujeito a uma flexão alternativa, existe a produção de óxido na interface das duas superfícies. Tais óxidos dão origem a uma falha ou ruptura análoga à observada com a corrosão.

f) Tensões Internas: É comum encontrar-se tensões residuais internas nos materiais e a combinação de tais tensões internas com tensões cíclicas flutuantes dão como resultado o aparecimento de tensões localizadas elevadas, enfraquecendo o material. As tensões internas são originadas por tratamento térmico inadequado (incluindo revenido), estampagem, laminação, deformação a frio, soldagens não-normalizadas, soldagens tratadas termicamente etc.

g) Encaixes à Pressão: É comum o encaixe de peças sob pressão, sendo a colocação de um anel num eixo o exemplo típico. A colocação do colar ou anel sob pressão altera a distribuição das tensões. Tal fato reduz o limite de durabilidade, sendo comum reduzir pela metade a vida útil de um eixo liso pelo encaixe de um anel. É comum o aparecimento da trinca inicial durante a colocação do anel pela prensa, permanecendo a mesma não detetada.

Na grande maioria dos casos, possivelmente na totalidade, a superfície que sofreu ruptura devido à fadiga apresenta características bem determinadas, como:
1) Deformação permanente bastante reduzida.
2) As marcas de ruptura são alizadas pelo roçamento das superfícies;
3) É possível observar num microscópio e, em alguns casos, a olho nú, as marcas da ruptura indicando o desenvolvimento da trinca.
4) A direção de propagação da fratura é normal ao eixo principal da tensão.

Quando se observa uma trinca de fadiga, parece estranho o aspecto brilhante da região trincada. O brilho é devido aos estágios de crescimento da macro-trinca, aparecendo uma tensão e deformação plástica cíclica confinada a um volume relativamente pequeno de material imediatamente na frente da trinca. Não aparece o gargalo típico das rupturas estáticas. Na superfície trincada observam-se duas zonas distintas, a primeira aveludada e lisa que é a zona de fadiga e a segunda áspera e cristalina e que constitue a região de ruptura instantânea. A Figura III.05 ilustra um exemplo de ruptura devido ao aparecimento e evolução de uma trinca num eixo sujeito a variações cíclicas de tensão.

Figura III.05

INVESTIGAÇÃO, TIPOS E OCORRÊNCIA DE FALHAS   **125**

Quando existe a combinação da corrosão por roçamento (atrito) cujas fissuras operam como núcleo iniciais de trincamento por fadiga, limite de durabilidade e a vida útil do componente ficam seriamente comprometidos. O problema atinge proporções alarmantes na aeronáutica, principalmente nos aviões cujas longarinas são emendadas por parafusos cônicos (cravilhas), aparecendo uma certa movimentação e atrito entre o parafuso e a própria longarina.

Pelo exposto, as falhas devidas a fadiga se iniciam na superfície a partir de irregularidades superficiais na grande maioria dos casos. Entretanto, tais núcleos podem estar localizados ou posicionados em regiões sub-superficiais. As fontes mais comuns de tais falhas são:

a) Inclusões: A presença de descontinuidades num material arbitrário pode originar o aparecimento de concentradores de tensões. As investigações sobre os efeitos de tensões bi- e triaxiais sugerem que as tensões de cizalhamento sub-superficiais exercem papel importante em tais falhas. As inclusões obviamente tem um efeito pronunciado, principalmente se forem constituidas por materiais duros e de pouca dutilidade e posicionadas em regiões de tensões elevadas.

b) Cargas de Rolamento: Os rolamentos de bolas ou rolos operando com cargas normais, assim como o trilho de uma ponte rolante ou os trilhos sobre os quais passa um trem são exemplos típicos de tensões de cizalhamento flutuantes em função da operação. A Tabela III.04 indica as tensões observadas em casos particulares:

Tabela III.04

Tensões de Rolamento Típicas

Dispositivo	Diâmetro mm	Largura mm	Carga de Cizalhamento $N.cm^2.cm$	Profundidade micra
Rolamento de Bolas	6	–	$34 \cdot 10^6$	12,7
Trilho de Ponte Rolante	200	25	$2,6 \cdot 10^6$	105,5
Trilho de Estrada de Ferro	700	25	$6,4 \cdot 10^6$	617,0

126 TÉCNICAS DE MANUTENÇÃO PREDITIVA

Quando as trincas tem a sua origem em descontinuidades subsuperficiais, as falhas apresentam-se de maneira bem característica. Quando se trata de rolamentos (esferas ou rolos) o resultado final é uma falha conhecida como "acavernamento", "picaduras", "lascamento" ou "escamação"; quando se trata de trilhos, a falha se apresenta comumente na forma de "descascamento".

Existem várias causas para a fadiga produzida pela operação do componente, conhecida por fadiga devida à operação. Algumas operações tem a tendência a produzir a fadiga de maneira mais acentuada que outras mas, em qualquer caso, as tensões vibratórias são sempre a causa principal das falhas por fadiga, já que dão origem a uma tensão cíclica seguida de compressão também cíclica. Nas aeronaves existem fontes bem conhecidas de fadiga, como atmosfera turbulenta, pressurização da cabine, operação de aterrisagem e "take-off", impactos no trem de pouso, freio reverso, tensões térmicas, etc. No maquinário em geral as causas são múltiplas, como vibrações por desbalanceamento, encurvamento cíclico quando há movimentos alternados, encurvamento de eixos devido a desalinhamentos, desgastes diversos, encurvamento cíclico de parafusos devido ao movimento cíclico de componentes fundidos, torsões cíclicas em eixos diversos e mais várias causas que aparecem em praticamente todos os equipamentos e dispositivos industriais.

III.05.03 - Deformações Excessivas -Um componente arbitrário de equipamento ou máquina pode ser sujeito a cargas de um ou da combinação dos três tipos usuais, tais como os modos

    i) estático
    ii) dinâmico
    iii) repetitivo ou cíclico

As cargas que dão origem a uma deformação são aquelas cuja amplitude excede o limite elástico do material e, nesses casos, a falha pode ocorrer sem que haja ruptura ou fratura. De qualquer maneira, embora a fratura ocorra no caso geral, interessa-nos verificar a classificação das cargas como descrita acima.

As cargas que são aplicadas gradualmente dão origem a situação na qual todos os componentes estão em equilíbrio são as assim chamadas cargas estáticas. Ocorre uma carga estática em tempo curto quando a carga é aumentada de maneira lenta e continuada, até atingir o valor máximo estabelecido, mantida durante algum tempo nesse valor e retirada, sem ser reaplicada em número suficiente de vezes a ponto de introduzir

INVESTIGAÇÃO, TIPOS E OCORRÊNCIA DE FALHAS 127

a fadiga nos componentes. Observe-se que, no entanto, as cargas estáticas quando aplicadas durante tempos muito longos dão origem ao aparecimento de escoamento e/ou uma deformação do material. Esses últimos é que irão influenciar a vida útil do material e não a carga propriamente dita. As cargas aplicadas repetidamente, ou cargas cíclicas, são geralmente associadas à fadiga, já que a medida que a tensão é aplicada e removida, total ou parcialmente, aumentada ou alterada várias vezes em sucessão. Esta é a causa mais comum de fadiga.

Quando a carga é aplicada de maneira abrupta, na forma de impacto, tem-se o caso das cargas dinâmicas. Os impactos podem dar origem a carga dinâmicas e tensões da ordem de duas vezes superiores a aplicação da mesma carga estaticamente. Comumente os impactos são ligados a movimentação de um corpo que se choca com outro, de modo que são geradas tensões ou carga excepcionalmente elevadas, já que a energia cinética do impacto é transferida totalmente na forma de energia de tensão. É interessante observar que os materiais que apresentam ruptura dútil em condições de carga estática, quando a carga apresenta características de impacto rompe-se como frágil.

III.05.04 - Tensões Devidas à Carga. Machacaduras Diversas - As teorias de Herz a respeito das constantes elásticas no contacto entre superfícies curvas não estão relacionadas diretamente com as falhas de serviço que envolvem deformação plástica, produzindo marcação em ambas as superfícies de contacto. A análise das tensões como desenvolvida por Herz é ainda o melhor método que pode ser utilizado na engenharia, visando determinar a condição final de ruptura. Não entraremos em detalhes, devendo os interessados consultar a bibliografia indicada.

Quando duas superfícies deslizam entre sí, é comum o aparecimento de distorções, canais, cavernas e entalhes quando são aplicadas tensões excessivas. A Figura III.06 ilustra o que se passa quando duas peças são constituidas por materiais idênticos, com propriedades mecânicas similares de tal modo que as marcações serão congruentes. Quando os pares não coincidem, as respostas à deformação serão diferentes como é natural. Caso um dos materiais seja mais "mole" que o outro, tal material sofrerá deformação maior.

A Figura III.07 ilustra a deformação do orifício de um parafuso sujeito a forças laterais de 595 MN/m². A Figura mostra que a deformação tende a dar a idéia de um "sino", uma vez que a deformação tende a au-

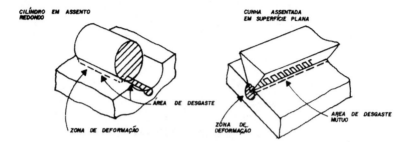

Figura III.06

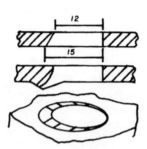

Figura III.07

mentar a espessura numa face do material, permanecendo a outra face sem alteração.

A Figura III.08 ilustra a ovalização do orifício de um parafuso devido a uma força ou carga de cizalhamento da ordem de 420 MN/m². Tal ovalização é comum em estruturas sujeitas a ventos e turbulência, sejam rebitadas ou aparafusadas.

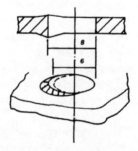

Figura III.08

A Figura III.09 ilustra o terminal de direção de um automóvel e a deformação ou machucadura que se observa depois de algum tempo de uso, devido a uma pressão na superfície interna da ordem de 832 MN/m². Deformações semelhantes são encontradas em vários dispositivos e conjuntos industriais.

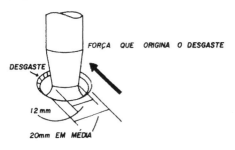

Figura III.09

Existem, ainda várias outras falhas, denominadas sob nomenclatura ligada ao processo que a origina. Verificaremos algumas delas. Existe um tipo de falha que ocorre ao longo de planos cristalográficos bem definidos. Basicamente, uma fratura de clivagem e apresenta uma superfície com grandes áreas relativamente lisas, acompanhadas de regiões com características diversas, tais como degraus de clivagem, marcas e línguas de clivagem, etc., que nada mais são que o resultado de perturbações no percurso da trinca. Sabemos que as rupturas dúteis são uma conseqüência de excesso de carga no material. As mesmas constituem uma conseqüência de um rompimento transgranular originado por um processo denominado "coalescência de micro-vasios". Em outras palavras, o metal vai se separando sob a carga aplicada sob a forma de várias descontinuidades como inclusões, separações inter-granulares e precipitados. À medida que a tensão aumenta, tais micro-vasios aumentam e coalescem, formando uma superfície fraturada contínua e constituida por uma série de micro depressões, conhecidas como "covas". Quando a fratura dútil é devida exclusivamente a tensões normais (compressão e tração) as covas são equiaxiais e aproximadamente circulares. Quando as tensões são de cizalhamento, as covas apresentam-se com a forma parabólica. Quando a tensão é exclusivamente de cizalhamento, as covas nas faces opostas apontam em direções opostas, enquanto que no caso de tensões exclusivamente de compressão ou tração os pares de covas apontam na mesma direção.

130 TÉCNICAS DE MANUTENÇÃO PREDITIVA

As cargas estáticas nada mais são que a aplicação de uma carga única, com amplitude suficiente para exceder a resistência máxima do material. A fratura apresenta a característica que implica uma deformação permanente da peça ou componente que se rompeu por ter a tensão ultrapassado o ponto de escoamento do material. Quando um componente qualquer é sujeito a uma carga conhecida por "tensão" (tração), aparece um "gargalo" e a superfície fraturada é constituida por planos metalográficos separados com uma inclinação de 45º em direção à carga. As duas partes de um componente que fraturou devido a tração apresentam-se como uma "chicara" e um "núcleo", com os cantos bizelados a 45º. Tal tipo de fratura apresenta-se sem sinais de roçamento em nenhuma das duas metades que se separaram.

No caso da compressão, a ruptura ocorre de duas maneiras distintas:

a) Denomina-se compressão de bloco quando a compressão ocorre em seções curtas que se separam em planos oblíquos como no caso da tensão, porém neste caso aparecem marcas de roçamento entre as partes separadas.

b) Quando as seções são longas, ocorre o chamado empenamento, aparecendo uma alteração da forma pelo envergamento ou dobramento do espécimem.

Os momentos e esforços de envergamento ou dobramento aplicados ao material são compensados pelos esforços de tensão e compressão que se desenvolvem no próprio material. Como conseqüência dessa combinação, as falhas por dobramento dos metais dá origem a uma fratura do tipo por tensão na superfície externa da dobradura e fratura tipo compressão na superfície interna.

As falhas de cizalhamento apresentam-se sob duas formas, como no caso da ruptura por compressão, ou seja, bloco e empenamento. No caso do cizalhamento de blocos, os dois pedaços da fratura deslizam entre si e as superfícies apresentar-se-ão lisas, com sinais de roçamento e polidas e marcadas (riscadas com sulcos) – a direção dos sulcos indica a direção da força de cizalhamento aplicada. O empenamento ocorre normalmente em chapas metálicas, normalmente de maneira diagonal de tal forma que a direção da onda em seus nodos ou ventres coincide com a tensão diagonal ao painel sujeito ao cizalhamento. Nos casos de peças fixadas por rebites ou parafusos e este se rompe por cizalhamento, o orifício se alonga e se abre parecendo uma Lua.

Existe uma forma de cizalhamento denominada torção e, no caso de ruptura por torção, as duas peças separadas apresentam de ma-

INVESTIGAÇÃO, TIPOS E OCORRÊNCIA DE FALHAS **131**

neira permanente sinais de torção na sua superfície. As superfícies fraturadas são sempre oblíquas em relação ao ângulo de torção.

III.05.05 - Desgaste - O desgaste entre duas peças ou componentes que apresentam movimento relativo constitue uma das maiores fontes de deterioração da vida útil de máquinas e dispositivos industriais. O desgaste é um processo que dá origem a machucaduras e diminuição das superfícies que se movimentam, dando resíduos que podem eventualmente produzir efeitos secundários diversos. O processo de desgaste envolve uma ou mais das atividades ou características seguintes:

a) Microcortes: Atividade devida a partículas abrasivas ou resíduos que retiram partículas micrométricas de material ou que produzem deformação superficial na forma de escoamento plástico.

b) Fadiga Superficial: Quando uma superfície qualquer é sujeita a deformações elásticas várias vezes repetidas em sucessão, devida a aplicação de uma força flutuante, aparece o fenômeno conhecido como "Fadiga Superficial" ou "Fadiga da Superfície".

c) Deformações Plásticas e Elasto-Plásticas: Tais deformações são aquelas que ocorrem em áreas determinadas da superfície como resultados de pressões locais Hertezianas elevadas, que aparecem como resultado do contato entre micro-asperezas quando as superfícies entram em contato.

d) Oxidação: A oxidação pode dar origem a formação de filmes de soluções sólidas e óxidos que são removidos ou retirados. Tal fenômeno de erosão/desgaste pode ser produzido por reações químicas diferentes desta.

e) Calor Local: Quando há transferência do calor produzido por atrito devido a uma combinação de pressão e velocidade elevadas, a temperatura local sobe, podendo inclusive atingir valores tais que produz a fusão das superfícies em contacto, não sendo incomum a soldagem das mesmas.

f) Interação Molecular: Quando duas superfícies são postas em contacto mediante pressão realmente elevada e com velocidade relativa bastante baixa, aparece uma soldagem a frio das duas superfícies mediante união de secções individuais, com a transferência de partículas de uma superfície a outra. Há o caldeamento a frio.

132 TÉCNICAS DE MANUTENÇÃO PREDITIVA

g) Efeito Rehbinder: Tal efeito é bem pouco conhecido e discutido pelos envolvidos em Manutenção e o mesmo consiste na absorção reversível, diminuindo a energia da superfície. No caso geral, o efeito apresenta-se com um efeito que consiste no "afrouxamento" da superfície, ou seja, a superfície se solta. A causa em geral é produzida pelo óleo lubrificante que enche as microcavidades superficiais, originando um aumento da pressão que produz machucaduras das camadas superficiais mais externas.

Como já foi dito, o processo envolve uma ou mais das causas descritas que podem ocorrer simultaneamente. Assim sendo, o desgaste é comumente classificado pelos efeitos de um conjunto de atividades, sendo comum a descrição seguinte:

1) Desgaste Abrasivo - Tal tipo de desgaste é aquele produzido por partículas abrasivas, normalmente duras, roçando na superfície de materiais moles. Na prática geral de engenharia, este é o tipo mais comum de desgaste mecânico. Este tipo de desgaste é minimizado através de filtragem do lubrificante e colocação de retentores que dêm uma vedação eficiente.

2) Desgaste por Fadiga (Acavernamento): Tal tipo de desgaste usualmente aparece como conseqüência de peças que apresentam deslocamento de rolamento entre si, ou seja, quando há atrito de rolamento que causa fadiga nas camadas superficiais. Quando existe um deslocamento relativo das superfícies é possível que apareça um desgaste devido à fadiga das micro-asperezas. Este tipo de desgaste dá origem a fragmentação da superfície com aparecimento de cavernas. Tal tipo de desgaste é normalmente lento.

3) Arranhaduras: Quando duas superfícies entram em contacto e as condições hidrodinâmicas não permitem que a lubrificação seja mantida entre as superfícies deslizantes, aparecem os arranhões, originando uma superfície ou região contendo arranhaduras ou arranhada. O processo é cumulativo e pode atingir uma situação catastrófica seja por engripamento no caso de rolamentos (mancais de casquilhos, rolamentos de bolas ou rolos) ou por desgaste excessivo por endurecimento mecânico no caso de cilíndros de

INVESTIGAÇÃO, TIPOS E OCORRÊNCIA DE FALHAS

pistões e anéis. O fenômeno é de elucidação difícil principalmente por se tratar de processo cumulativo que naturalmente apaga os vestígios dos estágios iniciais. No caso de engrenagens e rolamentos, é importantíssimo que os materiais em contacto sejam compatíveis entre si, que a lubrificação seja adequada e que as superfícies tenham um tratamento compatível com o pretendido. Observe-se que, visando diminuir a incidência de arranhaduras, é comum adicionar aditivos nos lubrificantes de engrenagens hipoidais lubrificadas com pressões extremamente elevadas, assim como o uso de aditivos anti-desgaste no carter contendo lubrificante de válvulas e comando de válvulas. Tais providências podem, realmente, diminuir apreciavelmente a incidência de arranhaduras mas, por outro lado, pode afetar apreciavelmente os materiais que constituem alguns materiais de casquilhos.

4) Corrosão-Mecânica (Oxidação): Quando a oxidação apresenta valores significantes, aparece o fenômeno da corrosão mecânica. A camada superficial do componente fraturado apresenta-se plasticamente deformada e saturada de oxigênio como resultado de cargas aplicadas repetitivamente, fazendo aflorar sub-camadas novas do material.)

5) Desgaste Molecular (Desgaste Adesivo ou Esfoladuras): Tal tipo de desgaste é caracterizado pelo desenvolvimento e aparecimento de junções metálicas localizadas associada à remoção de partículas das superfícies que deslizam entre sí. Este tipo de desgaste aparece quando existem pressões elevadas e geralmente apresentam um desenvolvimento muito rápido. Quando existe aquecimento considerável na zona de deslizamento entre a suprfícies, o desgaste passa a ser conhecido como "desgaste térmico", ocorrendo quando as velocidades relativas da superfícies são elevadas.

6) Desgate por Cavitação (Erosão): Tal tipo de corrosão, ou mais corretamente, erosão, aparece quando uma superfície ou componente contém um fluido cavitando e sofre os efeitos dos impactos das ondas de choque originadas pela própria cavitação. Quando a peça ou componente opera num fluxo de gás a alta temperatura, as superfícies são amolecidas e oxidadas, podendo ocorrer outros processos que dão origem a retirada de partículas de material que são levadas

134 TÉCNICAS DE MANUTENÇÃO PREDITIVA

pelo fluxo de gás, tendo-se a assim chamada erosão gasosa. As conseqüências deste tipo de desgaste são geralmente perda do encaixe entre partes ou o aparecimento de folgas excessivas, que permitem a entrada de materiais corrosivos ou abrasivos, que podem acelerar apreciavelmente o processo de desgaste, originando a fadiga superficial ou a corrão por tensão, conduzindo à ruptura em ambos os casos.

III.05.06 - Corrosão - A corrosão se desenvolve deteriorando a peça ou componente devido a um ataque eletroquímico ou erosão química num ambiente com condições adequadas e exige a presença de corpos anodicos em quantidade micro ou microscópica. A corrosão faz com que o material perca apreciavelmente a sua capacidade de suportar esforços e tensões pelo desprendimento do material oxidado e é preciso considerar que parte apreciável da corrosão ocorre durante a montàgem e erecção de instalações, quando todo o material fica exposto a umidade atmosférica durante períodos longos, propiciando a formação de ferrugem em espessuras razoavelmente grandes. Embora a maioria dos fornecedores e fabricantes utilizem pinturas e coberturas anti-oxidantes, é preciso lembrar que se as superfícies não forem previamente preparadas, é não somente possível mas bastante comum aplicar-se coberturas sobre uma superfície que já está enferrujada, o que é inútil, uma vez que o processo de corrosão continuará sob uma cobertura supostamente protetora, prosseguindo a corrosão sob a camada, podendo comprometer a peça inteira. Existem várias fontes de ataque corrosivo, que variam dos processos óbvios de ataque biológico de aimais marinhos, principalmente nos casos de navios e plataformas e corrosão oriunda dos efeitos das inhomogenidades metálicas na presença de eletrólitos fracos, como o depósito úmido devido a atmosfera industrial.

Após a erecção da instalação e o início de sua operação, a atividade corrosiva é comumente identificada com a classificação seguinte:

    i) Corrosão por tensão
    ii) Corrosão por Fadiga
    iii) Erosão de Cavitação

Vejamos o porque de tal classificação ou nomenclatura. A corrosão por tensão dá origem a rachaduras sob a ação de uma tensão contínua num ambiente corrosivo. A presença de tensão permanente é que dá origem ao nome adotado. Tal tipo de corrosão leva à fratura e as superfícies fraturadas são ásperas e as trincas mostram um percurso irregular, sendo transgranular ou intergranular, dependendo do material e do tipo de

INVESTIGAÇÃO, TIPOS E OCORRÊNCIA DE FALHAS 135

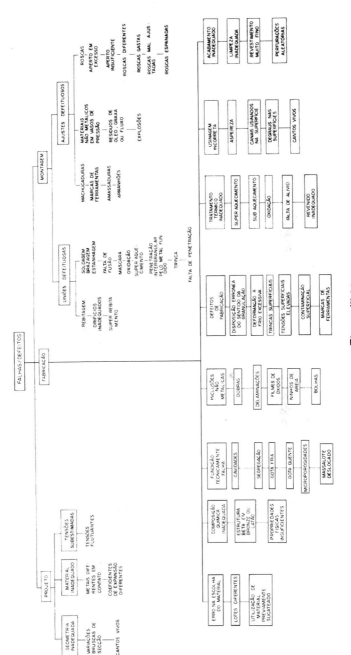

Figura III.09

136 TÉCNICAS DE MANUTENÇÃO PREDITIVA

agente corrosivo presente. A fadiga dá origem a um tipo de corrosão que, embora influenciada enormemente pela pesença de uma atmosfera corrosiva, a mesma é presente quando existe uma tensão flutuante (cíclica) com componente de tração. As trincas apresentam o aspecto de um "estuário" e penetram para o interior do material a partir da superfície, podendo atingir profundidades apreciáveis. As trincas são normais à direção da tração principal, com percursos que podem ser transgranular, irregular ou ramificado. No caso geral, tais trincas estão cheias com produtos da corrosão.

III.06 - FALHAS E DEFEITOS DEVIDOS AO PROJETO, FABRICAÇÃO OU MONTAGEM

Vimos até o presente os diversos defeitos e falhas que são originados na operação, falhas que podem ser crono-dependentes, precoces ou deteriorações diversas. Existe, no entanto uma série considerável de defeitos prematuros que são originados por deficiências do projeto, construção ou fabricação inaceitável ou montagem executada de maneira desleixada, tornando-a deficiente. Podemos descrever resumidamente tais defeitos prematuros da maneira seguinte:

Falhas de Projeto

Geometria Inadequada	Alterações Bruscas de Secção - Cantos Vivos
Material Inadequado	Materiais Dissimilares em Contacto
	Coeficientes de Expansão Diferentes
Sub-Avaliação de Tensões	Tensões Flutuantes ou Cíclicas Ignoradas na elaboração do Projeto

Falhas de Fabricação

Material Utilizado de Maneira Errônea	Corridas Misturadas - Substituição por Material Sucateado
Composição Química Inadequada	Estrutura Beta em Bronze e Latão - Propriedades Físicas Insuficientes
Fundição com Técnica Inadequada	Cavidades - Segregações - Gota Fria - Gota Quente - Microporosidades - Massalotes Deslocados - Contração
Inclusões Não-Metálicas	Dobras - Delaminações - Camadas de Óxidos - Presença de Bôlhas - Ninhos de Areia

INVESTIGAÇÃO, TIPOS E OCORRÊNCIA DE FALHAS 137

Defeitos de Fabricação	Granulação em Disposição Incorreta - Deformação a Frio Excessiva - Trincas e Fissuras Superficiais - Tensões Superficiais Elevavadas - Contaminação Superficial - Machucaduras de Ferramentas
Tratamento Térmico	Sobreaquecimento - Subaquecimento - Oxidação - Ausência de Alívio de Tensões - Revenido Inadequado
Usinagem Defeituosa	Aspereza - Presença de Canais nas Superfícies - Cantos Vivos - Presença de Degraus nas Superfícies
Acabamento Falho	Limpeza Inadequada ou Insuficiente - Coberturas Muito Finas - Fragilização por Hidrogêncio - Perfurações

Falhas de Montagem

Nas montagens, existem dois processos distintos, que dão origem a falhas também distintas.

a) Junções ou Uniões Defeituosas

Rebitagem	Execução Incorreta de Furos - Sobre Rebitagem
Soldagem	Estanhagem - Solda a Pontos - Falta de Fusão - Mascarra - Oxidação - Sobreaquecimento - Penetração Granular por Metal Fundido - Trincamento - Falta de Penetração

b) Ajustamentos e Uniões Defeituosas

Machucaduras	Marcas de Ferramentas
Materiais Não-Metálicos em Vasos de Pressão	Resíduos de Óleo, Graxa ou Fluxes - Explosões
Roscas Inadequadas	Aperto Excessivo - Aperto Insuficiente - Roscas Diferentes - Encaixes Tortos - Roscas Espanadas

A experiência mostra que a grande maioria das falhas precoces são originadas em itens secundários em todos os equipamentos, tais como bujões defeituosos, uniões rosqueadas, pequenas chaves elétricas (microswitches), junções de tubulações, retentores, etc. Nos dispositivos

138 TÉCNICAS DE MANUTENÇÃO PREDITIVA

mais complexos que utilizam a segurança de redundância múltipla, que pode ser ativa ou passiva, a confiabilidade não é aumentada devido a influência de falhas bastante comuns. A redundância chamada ativa é aquela onde todos os componentes do sistema estão operando a plena carga originando um alarme quando um deles falha. A redundância é passiva quando os componentes de reserva permanecem inoperantes, sendo levado a operar tanto por um sinal de falha como através de dispositivos automáticos acionados por uma mensagem indicando falha.

As falhas de fabricação de que dão origem a interrupções podem ser reduzidas através de um controle de qualidade que utilize métodos de ensaios tanto destrutivos quanto não-destrutivos, permitindo a colocação tão somente de peças e componentes confiáveis.

É inútil dizer que uma montagem incorreta constitue origem crítica de falhas, rupturas e defeitos. A incorreção pode se situar durante a erecção ou montagem ou após a realização de um reparo qualquer. Por tal motivo, principalmente durante a execução de serviços de manutenção, seja do tipo que for, é importante que o equipamento seja revisto e que tudo seja deixado em ordem. Alguns casos típicos de falhas devidas a montagem incorreta ou inadequada são os seguintes:

a) Durante a erecção de montagens constituidas por vigas ou cantoneiras de aço muitas vezes são aplicadas, à estrutura em erecção, cargas elevadas e próximas ao limite de ruptura, em alguns dos constituintes da estrutura. É suficiente um pequeno amento na carga heólica para que se tenha uma falha que resulta em colapso da estrutura montada ou semi-montada.

b) No acasalamento de duas superfícies adjacentes, que podem ser submontagens de uma máquina, as superfícies ficam ligeiramente desalinhadas durante o aparafusamento, de tal forma que os eixos e engrenagens que atravessam a interface passam a sofrer uma carga correspondente no mínimo ao peso da sub-montagem. Com isso, os eixos são envergados originando uma fratura precoce.

c) É bastante comum que os parafusos ou porcas que fixam componentes e peças se soltarem, com resultados desastrosos. O fato é devido a falta de aperto ou aperto inadequado ou ainda ao uso de parafusos ou porcas retirados de outras montagens e o exame detalhado mostrar roscas espanadas, gerando resultados catastróficos. Note-se que uma proporção elevada de defeitos são devidos a erros

INVESTIGAÇÃO, TIPOS E OCORRÊNCIA DE FALHAS

executados durante a manutenção e apresentam normalmente a mesma característica de defeitos precoces.

d) Há casos nos quais as palhetas dos bocais se rompem com relativamente poucas horas de serviço, da ordem de 1500/2000 horas. Tal ruptura dá origem a machucaduras sérias tanto no compressor quanto na turbina. Os casos encontrados mostraram, mediante exame detalhado, que o anel de fixação dos bocais foram montados de maneira incorreta, bloqueando o ar destinado ao resfriamento dos estágios onde o acidente se verificou. Em muitos casos, tal fixação incorreta pode dar origem a danificações numa série grande de palhetas.

Observa-se, portanto, a importância enorme de executar os serviços de manutenção com o necessário cuidado e senso de responsabilidade, procurando evitar que o reparo executado num componente qualquer dê origem a falhas que poderão originar estragos bem maiores que aqueles que foram corrigidos. Recomenda-se que, após o término de todos os serviços de manutenção, sejam da amplitude que forem, o equipamento seja revisto com o devido cuidado, principalmente com relação aos componentes ligados à região onde o reparo foi feito.

III.07 - VALORES NUMÉRICOS INDICADOS PELA PRÁTICA

Já tivemos oportunidade de informar quanto a enorme dificuldade existente para a obtenção de dados numéricos confiáveis e referentes a números obtidos na prática diária de manutenção. Normalmente tais dados não são publicados, permanecendo como "know-how" dos grupos que os conseguiram. Existem algumas publicações que indicam alguns valores numéricos mas, em praticamente todos os casos, referem-se a problemas reais limitados a uns poucos casos de interesse geral. Seja como for, os dados publicados a seguir foram obtidos de várias maneiras, geralmente ou de informações verbais ou de publicações esparsas que geralmente não são acessíveis aos envolvidos em manutenção. Isto porque, a grande maioria dos interessados operam nos departamento de Engenharia ou de Projetos, permanecendo as informações limitadas quase que exclusivamente a esses grupos. As diversas maneiras de conseguir informações são as seguintes:

i) Dados de campo, observados em componentes ou peças assemelhadas, observados durante o desenvolvimento do produto ou em ensaios operacionais.

140 TÉCNICAS DE MANUTENÇÃO PREDITIVA

ii) Valores observados em campo e referentes a partes ou componentes semelhantes e utilizados em grande variedade de aplicações.

iii) Valores obtidos em peças ou componentes assemelhados durante a operação normal dos mesmos.

iv) Valores obtidos em experimentos de laboratório em peças ou componentes operando em condições semelhantes à de operação normal.

Quando se trata de componentes mecânicos, os itens ii) e iii) são os únicos aplicáveis porque a análise dos dados colectados em campo mostram que a grande maioria das falhas não estão relacionadas diretamente com peças ou mesmo componentes, sejam dispositivos mecânicos ou eletrônicos. Nesse particular, é preciso levar em consideração os itens seguintes quando pretendermos aplicações obtidas em campo com componentes e partes consideradas assemelhadas ou semelhantes:

a) Os componentes semelhantes ou mesmo idênticos são utilizados comumente sob condições diferentes, principalmente no que diz respeito a cuidados e atenções com os mesmos. Além disso, os ambientes e as condições de manutenção são geralmente totalmente diversas.

b) A maioria das falhas ou panes são originadas pela interação entre duas ou mais peças, componentes e nível hierárquico no sistema.

c) Um componente ou peça arbitrária pode falhar de vários modos totalmente diferentes, como vimos, originando diferentes efeitos ou conseqüências no desempenho do sistema.

d) Dada a variedade de aplicações, um mesmo componente ou peça é sujeito as mais diversas exigências de operação, dada a variedade de alterações nos parâmetros.

e) Geralmente os componentes mecânicos apresentam-se em número por demais reduzido para permitir uma avaliação aceitável da confiabilidade.

f) Os diversos fatores que aparecem durante as fases de projeto, fabricação e instalação dão origem a uma variabilidade que toma o conceito se "assemelhado" ou "semelhante" por demais vago para ser aceito como confiável visando avaliação de confiabilidade.

g) É fato conhecido que os componentes mecânicos estão sujeitos a uma preocupação constante visando melhora-

INVESTIGAÇÃO, TIPOS E OCORRÊNCIA DE FALHAS   **141**

mento tanto a nível de projeto quanto de fabricação; observe-se que tais melhoramentos são, muitas vezes, originados nos dados de panes colectados visando obter uma predição satisfatória.

Os dados obtidos em campo são sempre acompanhados de uma série apreciável de imperfeições, originadas em causas comuns, como:

i) Coletânea de dados errônea ou incompleta seja devido a complexidade das possíveis causas, mecanismos bastante complexos, exigência de prazo, impedindo a elaboração de relatórios completos e adequados, pessoal treinado de maneira inadequada e responsável sem concições de orientar adequadamente.

ii) Incompatibilidade nas folhas de coleta de dados, geralmente devido as tentativas infrutíferas de satisfazer as exigências administrativas (estabelecidas normalmente por burocratas) e necessidade de compreensão de natureza técnica.

iii) Descrições incompletas dos componentes ou peças, definição e descrição inadequada da falha.

iv) Respostas ambíguas, omissão de informações que podem eventualmente comprometer pessoas responsáveis pela ocorrência da falha, tal como operação inadequada e mesmo ausência de manutenção.

v) Estabelecimento inconveniente dos períodos de operação do equipamento.

Em vista de tais imperfeições, Mathieson estudou o assunto com cuidado e observou alguns sistemas de coleta de dados relativos a várias falhas. Mathieson descreveu os procedimentos seguintes:

Na **União Soviética**, Zhenovak relacionou as falhas no sistema de propulsão de 42 navios soviéticos. Foram coletadas informações detalhadas das casas das máquinas, incluindo os acessórios. Foram consideradas somente as bombas, compressores de ar de partida, purificadores e trocadores de calor. Os dados foram analisados admitindo-se um processo de reparo (renovação) com tempo descrito por uma distribuição Gamma entre falhas,

$$f(t) = \lambda \; \frac{(\lambda t)^{k-1}}{(k-1)!} \; e^{-\lambda t}$$

onde o parâmetro k descreve tanto a distribuição normal ($k > 5$) quanto a exponencial ($k = 1$).

142 TÉCNICAS DE MANUTENÇÃO PREDITIVA

Na **República Federal Alemã - DBR,** a coleta de dados é executada pela Staal. Ingenieurschule em Flensburg e refere-se a 130 navios alemães. A partir de 1968 o sistema de coletânea de dados passou a ser implementado pela MAN em Ausburg, em todos os navios que possuiam o motor principal de sua fabricação.

Nos **Estados Unidos** Harrington, Coats e Farley publicaram uma série de dados relacionando as fontes de diversas falhas. O sub-sistema Maintenance Data Collection Subsystem (MDCS) constitue a maior parte do sistema 3-M System utilizado pela US Navy e encontra-se implementado em cerca de 950 navios. O sistema abrange todos os tipos de máquinas, desde máquinas e dispositivos de lavar até as turbinas principais.

Na **Suécia** a investigação iniciou-se com cerca de 10 navios e executada pela Swedish Shipbuilding Research Foundation, em Gothenburg. Observe-se que, em princípio, o número de navios considerados não permite a obtenção de dados confiáveis.

Na **Noruega** o Ship Technical Research Institute utilizou um sistema de coletânea de dados abrangendo um número apreciável de navios visando obter experiência nas diversas metodologias. Neste particular, o Det Norske Veritas implantou também um sistema de coleta de dados nos navios conhecidos pela sigla ED.

II.07.01 - Alguns dados Numéricos - Ablitt recorreu ao sistema SYRELL-Systems Reliability Service Data Bank, obtendo a indicação estatística seguinte:

Bombas de Alimentação de Caldeiras Navais

Tamanho	7000 HP	6000 HP
Pressão de Operação	2500 psi	2500 psi
Quantidade (População)	6	10
Tempo de Serviço	3 1/2 anos	5,1 anos
Gradiente de Falhas	6 falhas/bomba/ano	4 falhas/bomba/ano

Diodos Retificadores de Silício

Tempo de Operação	11300 horas
Tempo Médio de Operação	1980 horas
Nº de Peça (População)	1400

INVESTIGAÇÃO, TIPOS E OCORRÊNCIA DE FALHAS   143

Nº de Falhas	1
Itens x Tempo de Operação	$2,8 \cdot 10^6$ itens · hora
Gradiente de Falhas (de operação)	$0,357$ falhas/10^6 horas

Motores Elétricos Industriais

Modelo e tipo	Trifásicos, para acionar bombas. 26 HP 60 Hz
	380/440 V
População	12 unidades
Tempo Médio de Operação	2,28 anos
Número de amostras, cobrindo	
O tempo de Operação	27,4 itens · anos
Tempo médio de funcionamento	10 anos
Número de falhas	2
Gradiente de falhas-tempo operação	$8,33$ falhas/10^6 horas
Gradiente de falhas-limite superior	$30,1$ falhas/10^6 horas
Gradiente de falhas-limite inferior	$1,01$ falhas/10^6 horas
Faixa de confiança	95%
Distribuição das falhas	Poisson

Turbinas Industriais a Gás

Aplicação	Uso industrial generalizado
Faixa de potência (tamanho)	6400 HP
Ano de aquisição	1970
Gradiente de falha do controle de	
Combustível, por item	
Número de itens	3
Itens - Tempo de Operação	20 itens · anos
Número de falhas	2
Gradiente de falhas (valore médios)	
Gradiente em base tempo de operação	$11,4$ falhas/10^6 horas
Gradiente de falhas-limite inferior	$1,38$ falhas/10^6 horas
Gradiente de falhas-limite superior	$41,2$ falhas/10^6 horas
Faixa de Confiança	95%

Transistores de Silicio, tipo Planar PNP

Tempo de Operação	12600 horas
Tempo Médio de Operação	2160 horas
Número de itens	1088

TÉCNICAS DE MANUTENÇÃO PREDITIVA

Número de falhas	9
Itens · Tempo de Operação	$2,35 \cdot 10^6$ itens · hora
Gradiente de falhas em Operação	$3,82$ falhas/10^6 horas
Valor médio	$3,82$ falhas/10^6 horas
Limite inferior da confiabilidade	$1,75$ falhas/10^6 horas
Limite superior da confiabilidade	$7,28$ falhas/10^6 horas
Faixa de Confiança	95%
Distribuição das falhas	exponencial

Falhas em Componentes Mecânicos

Tubos de Bourdon	Vasamentos	$0,005$ falhas/10^5 horas
	Escoamentos	$0,02$
Diafragmas	Metálicos	$0,5$
	Elastômeros	$0,8$
Gaxetas	Vazamentos	$0,05$
Molas finas (capilares)	Rupturas	$0,01$
Prisioneiros	Afrouxamento	$0,05$
Foles metálicos (bellows)		$0,5$
Juntas	Tubulação	$0,05$
	Mecânicas	$0,02$
	Esferas	$0,1$
Parafusos, porcas, etc.	Afrouxamento ou ruptura	$0,002$
Anéis em O (O-Ring Seals)	Vazamentos	$0,02$
Tubulações	Fadiga ou Vazamentos	$0,02$
Vasos de Pressão	Pequenos	$0,3$
	Pequenos, alta qualidade	$0,03$
	Grandes, alta qualidade	$0,01$
Molas	Ruptura	$0,2$
Válvulas intermediárias	Vasamentos	$0,2$
Entupimento	$0,5$	

Sistema de Propulsão Aeronáuticos

Sub-sistema	Falhas/100 horas	TMEF - Horas
Acessórios do sistema	$0,02$	50000
Motor Básico (Principal)	$0,04$	25000
Sistema de Controle	$0,08$	12500

INVESTIGAÇÃO, TIPOS E OCORRÊNCIA DE FALHAS 145

Sistema Elétrico	0,01	100000
Sistema Anti-Incêndio	0,05	20000
Sistema de Combustível	0,08	12500
Sistema de Lubrificação	0,01	100000
Sistema Entrada Variável	0,02	50000
Sistema de Saída Variável	0,02	50000

Gradiente de Falhas em Componentes Eletrônicos

Componentes		Falhas/10^5 horas
Capacitores	Papel	0,1
	Filmes Plásticos	0,05
	Mica	0,03
	Polistireno	0,01
	Fita de Al Eletrolítico	0,02
	Fita de tântalo eletrolítico	0,05
Diodos	Gemanio (cont. puntif.)	0,05
	Silício - alta potência	0,02
	Silício - baixa potência	0,002
Potenciômetros	A fio - comuns	0,3
	A fio - precisão	0,6
Resistores	Carvão - alta estabilidade	0,05
	Material Composto	
	Grau 2	0,01
	Filme metálico	0,01
	Filme Óxido	0,005
Transistores	Germanio - alta potência	0,1
Silício - baixa potência	0,005	
Válvulas	Diodos	1,2
	Triodos	1,9
	Pentodos	2,3

Gradiente de Falhas em Componentes Elétricos

Componente		Falhas 10^5 horas
Painéis	Unidades Distribuidoras	0,02
Escovas	Máquinas rotativas	0,1
Barras ônibus		
Cabos	Inferiores a 1 KV/Km	0,1
	1 a 33 KV/Km	0,7

TÉCNICAS DE MANUTENÇÃO PREDITIVA

Chaves de Potência	Menos de 33 KV	0,2
	132 KV	0,4
	275 KV	0,7
Contatores	Baixa voltagem	0,2
	3,3 KV	0,4
Fusíveis	Baixa voltagem	0,02
Equipamento Rotativo	Alternadores	7,0
	Geradores	5,0
	Motores	2,0
	Tacômetros	0,5
Linhas aéreas	10 a 33 KV/Km	2,0
	132 a 275 KV/Km	0,5
Transformadores	Inferiores a 15 KV	0,06

Gradiente de Falhas em Instrumentos

Foi elaborado um estudo por Anyakora Engel e Lees procurando relacionar o gradiente de falhas em instrumentos utilizados em instalações de processamento químico assim como de sistemas de controle, em função da poluição ambiental. A principal finalidade do estudo foi estabelecer qual ou quais os melhores locais para instalar a sala de controle. Aqueles autores compararam os dados publicados com aqueles observados em três instalações, indicadas como A, B e C. As diferenças são as seguintes:

A instalações A produz produtos químicos orgânicos pesados, com alguns fluidos relativamente limpos (ar, vapor, água) enquanto que outros estão fortemente contaminados com produtos corrosivos ou aptos a produzir entupimentos. A instalação B produz produtos químicos também pesados, porém abrange uma planta que fabrica ácidos, outra planta de sinterização, fornos, tratamento de água. Esta instalação apresenta um ambiente com poluição bem mais severa que a planta A, uma vez que inclúe sólidos, movimentação de sólidos além de temperaturas elevadas. A instalação C apresenta condições semelhantes à instalação B, porém possue grande parte de instrumentos constituida por equipamentos destinados ao controle ao fluxo de combustível para forno, óleo e ar, e encontra-se instalada em sala bastante limpa e posicionada de maneira adjacente à sala de controle.

O estudo mostra, conforme tabela cima, que a agressividade do processo é fator de importância primária. Um ambiente com poluição severa aumenta o gradiente de falhas do instrumental por um fator da ordem de quatro.

INVESTIGAÇÃO, TIPOS E OCORRÊNCIA DE FALHAS

147

Instrumento	Dados Publicados	Instalação A	B	C
Válvula de Controle	0,25	0,57	2,27	0,127
Governadores	0,38	0,26	1,80	0,32
Transmissor Diferencial de Pressão	0,76	-	-	-
Transdutores de Pressão	-	0,97	2,20	-
Pares Termoelétricos	0,088	0,40	1,34	1,00
Medidores de Fluxo (fluidos)	0,68	1,90	1,68	1,22
Analisadores O_2	2,5	-	1,45	7,0
H_2O	-	-	8,00	-
CO_2	-	-	-	10,50
pH	-	17,1	-	4,27
Detetor de falha na chama	-	10,0	-	1,37
Dosador de Pressão	0,088	-	-	-
Switch de Pressão	0,14	0,30	1,00	-
Cilíndro de Potência	-	0,64	1,45	-
Suprimento de ar	-	0,046	0,11	0,046
Conexões Pneumáticas	-	0,014	0,014	-
Conexões Elétricas	-	0,024	0,062	-

Observe-se que, em algumas das tabelas apresentadas, é indicado o grau de confiança da mesma. Nesse particular, a confiança que pode ser atribuida aos dados de falhas depende da natureza e da origem da informação, do número de amostras ou população considerada e, principalmente, dos indivíduos que colheram os dados. O nível de confiança é dado pela expressão

$$R^N = 1,00 - C$$

onde R é a percentagem do número de elementos testados e que não apresentaram falhas; N o número de unidades testadas (população) e C o nível de confiança.

Então, quando se pretende uma confiabilidade de 95% e com um nível de confiança de também 95%, a população que deve ser testada e que não apresenta falhas é dada por

$$(0,95)^N = 1,00 - 0,95 = 0,05$$

$$N = \frac{\log(0,05)}{\log(0,95)} = 58,39$$

148 TÉCNICAS DE MANUTENÇÃO PREDITIVA

III.08 - LEITURA RECOMENDADA

Ablitt, J.F. - An Introduction to the SYREL Reliability Data Bank-Report SRS/GR/14 UKAEA Culchet, Warrington Lane - 1978

Albert, L. u I.L. Strandberg - Driftsstoerningar, Reparationer och Underhaell i Fartyg - Swedish Shipbuilding Research Foundation Report 48, 1966

Anyakora, S.N., F.P. Lees and G.F.M. Engel - Some Data on the Reliability of Instruments in the Chemical Plant Environment - The Chemical Engineer - November, 1971

Anderson, F.E. - Specifying Reliability for Shipboard Electric Rotating Equipment - Jour. Amer. Soc. Naval Engrs. n. 210, 1971

Bridges, D.C. - The Application of Reliability to the Design of Ship's Machinery - Trans. Inst. Mar. Engrs. 86 part 6, 1974

Collacott, R.A. - Engineers are Human - British Engineer - January, 1970

Collacott, R.A. - Mechanical Fault Diagnosis and Condition Monitoring - Chapman & Hall, 1977

Data fra Skip - Ship Technical Information from Institute of Norway - Report M85, 1967

Darragh Jr., J.T. and J.L. Haley Jr. - Manual of Aircraft Accident Investigation - HMSO Document 6920-An855/3 - International Civil Aviation Authority - O.C.A.A. Montreal, Canada, 1972

Davis, A.E. - Principles and Practice of Aircraft Powerplant Maintenance - Trans. Inst. Marine Engrgs. 85, 1983

Dolney, Linda Jo and R.J. DeHoff - Maintenance Information Management System (MIMS) - Strategic Maintenance Decision Support in Jones: - Condition Monitoring'84 - Swansea College, 1984

Failure Analysis Associates - Failure Analysis and Failure Prevention in Electric Power Systems - EPRI Project 217-1 - Report EPRI NP-280 - November, 1976

Frost, N.E. and K.J. Marsh - Designing to Prevent Fatigue Failure in Service - Proc. Inst. Mech. Engrgs. 184 Part 3B - 1970

George, C.W. - A Review of the Causes of Failure in Metals - Jour. Birmiminghan Matall. Soc. - 58, 310 - 1947

Green, A.E. - Reliability Prediction - Inter. Mech. Engineering Conference - London, 1969

Green, J. - Systematic Design Review and Fault Tree Analysis - Conf. on Safety & Failure Components - Inst. Mech. Engrs. 1969

Gussing, T. - EXACY: The International Systems for the Exchange of Information on Electronic Components - Electronic Components - December, 1972

INVESTIGAÇÃO, TIPOS E OCORRÊNCIA DE FALHAS **149**

Harrington, R.L., J.W. Coats and F.E. Farley: - Technischer Bericht der Forschungs-u. Erprobungsstele fuer Schiffsbetriebstechnik-Zuverlassigkeitstechnik in der Schiffahrt - Staatlich Ingeneurschule Flensburg, 1969

Katehakis, M.N. and C. Derman - On the Maintenance of Systems Composed of Highly Reliable Components - Document/Report on Contract AFOSR-840136 & NSF Grant ECS-85-07671 - 1986

Krohn, C.A. - Hazard versus Renewal Rate of Electronic Items - IEEE Trans. Reliability R-18 n. 2 - 1969

Lathrop, J.W. - Investigation of Accelerated Stress Factors and Failure/Degradation Mechanisms in Terrestrial Solar Cells - NASA Document DOE/JPL/95429-86/13 - September, 1986

Mathieson, Tor-Christiansen - Reliability Engineering in Ship Plant Design - Report IF/R.12 - University of Trondhein, 1973

Meyer, M.L. - Methodic Investigation of Failure - Safety & Failure of Components Conference - Inst. Mech. Engrs. London, 1969

Pollock, S.I. and E.T. Richards - Failure Rate Data (FARADA) Program Conducted by the U.S. Ordnance Laboratory - Proc. 3rd Reliability & Maintenance Conference - Corona, California, 1964

Redgate, C.B. - Components Failure - An Airliner's Experience - Safety & Failure of Components Conference, Inst. Mech. Engrs. London, 1969

Rémondière, A., Editor - 3rd International Conference on Reliability and Maintenability - ESA SO-179 - September, 1982

Stewart, R.M. and G. Henseley - High Integrity Protective Systems on Hazardous Chemical Plants - Report SRS/COLL/303/2 UKAEA Systems Reliability Services, 1971

Tamaki, H. - Failure Investigation of Ship Propulsion Plants - Japan Shipbuilding & Marine Engineering, n. 3 - 1968

Zhenovak, A.G. - The Degree of Reliability of Ship's Auxiliary Machinery in Service - Trans, Res. Inst. Merchant Marine USSR nº 112, 1969 - B.S.R.A. Translation 3340

IV.00 - Métodos e Processos de Manutenção, Processos de Medição

L. X. Nepomuceno

Como já foi dito várias vezes, a manutenção apareceu como consequência da Revolução Industrial, tendo seu desenvolvimento associado à evolução do parque industrial. É óbvio que há muitos anos existem programas de manutenção, dos mais diversos tipos, utilizando técnicas, métodos e processos os mais variados possíveis. Embora as instalações industriais tenham o máximo interesse em manter seu equipamento operando satisfatoriamente o tempo tão longo quanto possível, o desenvolvimento das técnicas e processos de manutenção é devido muito mais a algumas atividades restritas que ao meio industrial propriamente dito. Se, presentemente, as instalações industriais estão começando a prestar atenção aos problemas de manutenção, tal não acontecia até o início da conflagração mundial de 1939/1946.

No final do século passado e início do presente, foi a Marinha que investiu e macissamente em técnicas de manutenção, baseando-se no fato que um navio parado representa prejuízo apreciável. Visando manter os navios em condições de operar permanentemente, foram desenvolvidas técnicas específicas para a indústria marítima, sendo o desenvolvimento das técnicas magnéticas uma das consequências de tal esforço. Por outro lado, a Aeronáutica tinha e tem interesse primordial na segurança das aeronaves, constituindo uma das atividades onde o controle da qualidade e as técnicas de manutenção atinge limites dos mais altos da atualidade. As técnicas foram desenvolvidas e alteradas em base a experiência acumulada durante vários anos de atividades com acidentes e incidentes dos mais variados tipos.

Há vários anos atrás os programas de assistência técnica e manutenção, tanto na Marinha quanto na Aeronáutica, consistiam na substituição de peças após determinados períodos de uso, constituindo a denominada manutenção "clássica". Tal tipo de manutenção consiste em manter a lubrificação de maneira adequada, medir esporadicamente determinadas

MÉTODOS E PROCESSOS DE MANUTENÇÃO, PROCESSOS DE MEDIÇÃO 151

folgas entre componentes e substituir componentes de conformidade com critérios baseados em experiência passada ou em estatísticas de confiabilidade considerada "duvidosa" nos dias de hoje. Assim sendo, existia uma lista de componentes que deveriam ser substituidos após determinadas operações. Exemplificando, as medições informaram que, para um determinado tipo de aeronave, o trem de pouso (ou perna de força) recebia um impacto de A toneladas no momento da aterrisagem. Em base a tal valor, foi construído um dispositivo que aplicava ao trem de aterrisagem um impacto de mesmo valor, durante n vezes, sendo verificada a condição da peça. Suponhamos que, após 10000 aterrisagens simuladas o trem de aterrisagem de rompeu. As especificações estabeleceram, então, que os trens de pouso deveriam ser substituidos a cada 6000 aterrisagens. O mesmo processo foi utilizado para as junções de longarinas, motores, turbinas, asas, cilindros de freio, etc. Cada empresa de aviação deveria ter em estoque, um conjunto de peças que seriam utilizadas para substituir aquelas cujo número de aterrisagens ou número de horas de vôo atingissem os valores estabelecidos. Técnica análoga era utilizada na Marinha, visando sempre a segurança e a manutenção dos barcos em condições de operação a qualquer instante. Tal técnica é conhecida como "Manutenção Preventiva". Como é natural, as instalações industriais passaram a utilizar a mesma técnica, que é conhecida no meio industrial como "Parada da Fábrica" ou "Reforma Geral".

Com os desenvolvimentos observados nas técnicas e métodos de ensaios não-destrutivos, principalmente no final da década dos trinta e após o último conflito mundial, a manutenção passou por profunda alteração, principalmente a conhecida Manutenção Preventiva. A Aeronáutica, forças armadas e, principalmente, as companhias civís, verificaram que estavam substituindo peças que não apresentavam descontinuidades ou defeito algum, não sendo observado mesmo sinais de desgaste. Como as forças armadas investiram apreciavelmente no desenvolvimento de técnicas modernas de ensaios não-destrutivos, tais como líquidos penetrantes, ensaio ultra-sônicos, deformações e alterações nos campos elétricos e magnéticos devido a presença de descontinuidade, efeito Barkausen, ressonância magnética e outras técnicas e estavam aproveitando as vantagens de tais métodos, os mesmos passaram a constituir o dia-a-dia de praticamente todas as empresas. Tais técnicas mereceram a atenção dos fabricantes de aeronaves que, imediatamente as incorporaram em seus manuais de manutenção como procedimentos mandatórios. Com isso, as peças que eram substituidas em função do tempo de operação ou número de eventos, passaram a ser verificadas individualmente quanto ao seu "estado

152 TÉCNICAS DE MANUTENÇÃO PREDITIVA

real" e em base a tal estado real é que as providências passaram a ser tomadas. Observe-se que, como não poderia deixar de ser, aparecem peças que apresentam descontinuidades; um trem de aterrisagem apresenta uma fissura pequena em determinada região, uma longarina apresenta uma trinca entre a cravilha e o metal, etc. Tais descontinuidades apresentam um determinado significado que pode admitir a evolução da fissura até um valor que dependerá das especificações ou exigirá a substituição imediata. Em qualquer hipótese, cada peça é utilizada até o máximo de sua vida útil, tornando possível, através do monitoramento, prolongar a vida útil residual ao máximo. Tais procedimentos e tais técnicas constituem a denominada Manutenção Preditiva, uma vez que permite predizer, com elevada margem de segurança, até quando um componente resistirá aos esforços a que está sujeito, assim como qual será a época aproximada da sua substituição, quando as condições de trabalho não são alteradas de maneira marcante.

O importante na manutenção é a noção de confiabilidade no estado mecânico de uma máquina ou equipamento. Mecânico, de maneira geral, uma vez que existem máquinas cujo estado não é mecânico mas sim dependem de fatores não-mecânicos, como veremos a seguir. O estado de confiabilidade consiste em saber, previamente, se o conjunto de componentes da máquina permite quantificar, de maneira contínua, a capacidade do material de cada componente de cumprir a missão a que foi destinado. O diagnóstico consiste, então, em estabelecer uma série de parâmetros que apresentem uma correlação entre o valor determinado num dado instante, com o valor do mesmo grupo caso o equipamento apresentasse determinadas irregularidades ou "defeitos". O fundamento do método consiste em admitir que a existência de um defeito ou irregularidade dá origem a uma reação sobre determinados parâmetros, que podem ser medidos e verificados de maneira precisa. Tais parâmetros, que devem constituir a base da manutenção preditiva, dependerão do equipamento, cuja operação indicará o que deve ser medido, assim como os dispositivos disponíveis indicarão o como medir.

Exemplificando, caso se deseje manter em operação, dentro de margem de segurança satisfatória, um tanque de granulado ou líquido, o que interessa, no caso, é a espessura das paredes já que as mesmas sofrem os efeitos da corrosão, (o líquido contido no interior, desgastes devido ao granulado ou mesmo a corrosão atmosférica) e, eventualmente um controle periódico do estado das soldagens, já que existem os efeitos das tensões devidas a dilatação e contração térmica das paredes. Com isso, a medida de espessura executada dentro de determinados períodos diferentes poderá manter o depósito em condições de operação satisfatória. O

MÉTODOS E PROCESSOS DE MANUTENÇÃO, PROCESSOS DE MEDIÇÃO 153

procedimento de manutenção depende, então, da escolha criteriosa dos parâmetros que devem ser medidos. Várias degradações em dispositivos são determinados por medição e controle de parâmetros diversos. Por exemplo, um transformador elétrico tem a sua manutenção garantida através do controle do óleo isolante contido em seu interior. A análise desses óleos fornece informações preciosas e permite que sejam tomadas providências antes que ocorra uma parada com conseqüências desastrosas. De maneira análoga, o funcionamento normal de um motor Diesel é controlado pela medida da temperatura dos gases de entrada e de saída, associada à vasão de descarga, a temperatura na câmera de combustão, as variações de pressão no sistema de injeção, as vibrações de torção do eixo-manivela, etc.. A simples medida e controle de uma só dessas variáveis não dá resultados confiáveis no que diz respeito a manutenção satisfatória do dispositivo operando. Existem, pelo exposto, vários tipos de parâmetros e grandezas que devem ser controladas, dependendo do dispositivo e das finalidades pretendidas. Tais finalidades podem ser uma eficiência econômica satisfatória, um fator de segurança elevado (caso dos aviões e meios de transportes em geral) ou a proteção de vidas humanas, como no caso de guindastes, elevadores, monta-carga, etc..

Procuraremos apresentar, de maneira global e geral, quais os métodos mais adequados no ambiente industrial, visando sempre a manutenção do equipamento e maquinário em condições satisfatórias de operação e, concomitantemente, apresentar quais os elementos de um programa de Manutenção Preditiva denominada erroneamente por diversos autores de manutenção preventiva.

IV.10 - PROCESSOS E MÉTODOS DE MANUTENÇÃO

Dentro do problema que pretendemos estudar, qual seja a manutenção preditiva existem vários termos e conceitos que são utilizados constantemente e que devem ser definidos de maneira precisa, visando evitar dúvidas durante o desenvolvimento do próprio estudo. Há necessidade de distinguir, por exemplo, a diferença entre previsão e prevenção o que indica a necessidade de basear nosso estudo em definições rigorosas dos termos que serão utilizados. A prevenção significa a substituição de um componente que supõe-se no limiar de sua vida útil. A substituição é baseada em estatísticas de confiabilidade bastante duvidosa e é comum o aparecimento de ruptura no componente substituido. Já no caso da predição, o componente é substituido em base a dados numéricos originários da medição de parâmetros relativos ao próprio componente. A substituição é executada quando necessária, independentemente do tempo de uso. São dois princípios e duas filosofias diametralmente opostas.

A finalidade da manutenção de uma máquina ou dispositivo qualquer é, evidentemente, mantê-lo funcionando com desempenho satisfatório à medida que o tempo corre. É igualmente importante estabelecer o porque a manutenção é indispensável, indicando o objetivo da mesma. As razões podem ser puramente econômicas, que é o caso geral, sendo então importante verificar qual o custo de tal manutenção, o que implica num estudo cuidadoso do método a ser utilizado, visando evitar que o custo de manutenção supere as vantagens que a mesma pode oferecer. É importante saber, ao estabelecer o procedimento de manutenção preditiva, qual o custo da parada inesperada da máquina ou dispositivo que se pretende manter operando. As curvas da Figura IV.01 ilustram, de maneira esquemática, as relações entre os custos de paradas, manutenção e a importância do programa de manutenção.

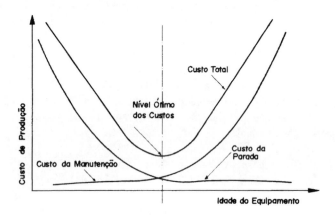

Figura IV.01

No gráfico não estão envolvidas várias considerações: economia de energia, segurança do pessoal que trabalha, economia de matéria prima ou de materiais, etc.. Com tais considerações, o gráfico simples ilustrado acima apresenta várias complicações que torna a sua elaboração bastante difícil, motivo pelo qual não entraremos em detalhes. Em qualquer caso, um estudo mesmo superficial dessas variáveis indica a necessidade

MÉTODOS E PROCESSOS DE MANUTENÇÃO, PROCESSOS DE MEDIÇÃO **155**

ou conveniência de estabelecer um programa de manutenção preditiva. É possível, e comum no meio industrial, estabelecer três níveis básicos dos processos de manutenção. Com isso, ficam diferenciados os níveis utilizados pelos construtores de equipamentos e pelos usuários dos mesmos.

Nível 1 - MANUTENÇÃO SIMPLESMENTE DO FUNCIONAMENTO

Este tipo de manutenção é o mínimo que se pode pretender, ou seja, devem ser tomadas as providências essenciais para que a máquina ou dispositivo funcione. Este é o tipo de manutenção exercido pelos motoristas de modo geral: verificar o nível de combustível, a pressão dos pneus, água no sistema de refrigeração, verificação do nível de óleo no motor, câmbio e diferencial, etc.. No caso dos motores estacionários, Diesel ou não, o mesmo para operar deve estar suprido de combustível, ar e estar com lubrificante adequado. Para tal não há necessidade de conhecimentos especializados do operador ou utilizador. O fornecedor é que determina qual o nível máximo e qual o mínimo de combustível, óleo de lubrificação, etc.. Em alguns casos especiais, o fornecedor entrega o equipamento com indicadores de pessão do óleo lubrificante, nível de combustível, temperatura do refrigerador, etc. mas, em qualquer caso, o usuário ou operador não necessita de conhecimentos especiais sobre o dispositivo, bastando noções superficiais. Inclusive os fornecedores entregam, junto com o equipamento, um livreto contendo as recomendações e providências necessárias para manter o mesmo operando, dispensando precauções especiais. Há, no entanto, operadores bastante negligentes, que não tomam providências alguma com os equipamentos, levando-os a apresentar uma vida útil bastante reduzida. Entre tais descuidos podemos citar: permitir que o dispositivo opere com falta de óleo ou com óleo já deteriorado ou poluido, falta de graxa, água de resfriamento insuficiente, lubrificação em períodos superiores ao recomendado, etc..

Nível II - MANUTENÇÃO PREVENTIVA PERIÓDICA
MÉTODO CLÁSSICO

Tal tipo de manutenção é conhecida como "parada para manutenção" ou "overhaul". Todos sabemos que as peças que se movimentam num dispositivo qualquer não apresentam o mesmo desgaste em função do tempo de funcionamento. Com isso, toda máquina exige que sejam

156　　　TÉCNICAS DE MANUTENÇÃO PREDITIVA

substituídos alguns componentes, enquanto que outros permanecem intactos. É fato sabido que um componente defeituoso dá origem ao fenômeno de "avalanche", ou seja, no momento que um deles apresenta uma irregularidade ou defeito, as conseqüências são levadas a outros componentes que passam a apresentar defeitos iguais ou diferentes, que os passam a outros elementos e, com isso, o dispositivo interiro sofre um processo de degradação rápida. Nessas condições, o dispositivo deve parar para sofrer uma "revisão" antes de atingir a fase catastrófica. No entanto, a parada traz conseqüências de natureza econômica bastante graves, com custos elevados.

Com a finalidade de diminuir os custos oriundos do desgaste desigual descrito acima, o encarregado de manutenção deve compatibilizar o programa de parada para manutenção geral com as necessidades ou programa de produção, o que nem sempre é fácil. Como uma interrupção de produção dá origem a custos elevados, o responsável pela manutenção decide sempre pela substituição de componentes perfeitos durante uma parada de manutenção, o que é traduzido por custos elevados e inúteis de manutenção. Tal procedimento de manutenção apresenta, entre outros os inconvenientes seguintes:

a) Necessidade de estoque apreciável de um número significante de componentes;

b) Necessidade de desmonte seguido de remontagem em períodos muito curtos, o que implica num evelhecimento prematuro do dispositivo, por motivos sobejamente conhecidos;

c) Ausência de qualquer garantia, ou segurança, que o equipamento não venha a sofrer uma pane ou uma parada inesperada no momento que for posto em funcionamento, ou num período curto a contar do início da operação (devido a desalinhamento, eixo torto,desbalanceamento, etc.).

Este tipo de manutenção não exige conhecimento algum com relação ao processo de desgaste ou deterioração do equipamento, permanecendo a dificuldade de estimar a vida útil de cada componente. Normalmente a avaliação da vida útil é baseada na experiência passada, principalmente nos dados estatísticos cobrindo paradas não programadas ou inesperadas. Com isso, é tabelado o período que cada componente deve ser substituído, sem base alguma em conhecimentos técnicos. Por tais motivos, esse método "clássico" apresenta resultados não somente sofri-

MÉTODOS E PROCESSOS DE MANUTENÇÃO, PROCESSOS DE MEDIÇÃO 157

veis mas altamente discutíveis. Entretanto, tal procedimento é o utilizado por grande parte dos estabelecimentos instalados em nosso parque industrial. É bastante comum a substituição de componentes perfeitos, assim como o aparecimento de defeitos em componentes que não foram substituídos por serem considerados sadios. O porque tais componentes são considerados sadios ou não é algo puramente subjetivo, uma vez que tratase de opinião pessoal e não baseada em medições de parâmetros ou dados numéricos. Na grande maioria das vezes a substituição é feita em base ao "feeling" do responsável ou ao "jeitão" que o componente apresenta. Diante de tais fatos, não é de admirar que o procedimento apresenta resultados sofríveis.

Nível III - MANUTENÇÃO EM BASE AO DIAGNÓSTICO DO ESTADO DO EQUIPAMENTO E/OU COMPONENTES

Devemos observar que, do ponto de vista econômico, o parar uma máquina ou equipamento, desmontá-lo para verificação se o mesmo apresenta condições de operar com desempenho amplamente satisfatório durante tempo considerado longo, é um procedimento totalmente inadmissível. Por outro lado, esperar que a máquina ou equipamento entre em pane para então repará-lo pode dar origem a um procedimento economicamente catastrófico. Então, ambas as atitudes não são compatíveis com a noção básica de segurança de operação.

Quando se consideram os problemas associados a segurança e confiabilidade de desempenho da máquina ou equipamento, produção e resultados economicamente satisfatórios, chegamos a conclusão que a solução ideal consiste em intervir no dispositivo, ou seja, providenciar uma manutenção eficaz que o mantenha com desempenho aceitável, num dado momento adequado. Tal momento adequado é estabelecido mediante um estudo cuidadoso e criterioso dos vários elementos que intervêm no processo de operação, visando detetar uma eventual falha antes que a mesma se manifeste com conseqüências deletérias. Portanto, o procedimento correto consiste em prever a falha em lugar de presumí-la ou de admiti-la como algo inesperado. Neste particular, a própria máquina ou equipamento fornece os elementos que permitem determinar o seu estado real, assm como de seus componentes, bastando que tais elementos sejam estudados e verificados com atenção. Tais considerações são importantíssimas no estabelecimento de um programa de manutenção preditiva realmente eficiente e economicamente vantajoso.

158   TÉCNICAS DE MANUTENÇÃO PREDITIVA

    De maneira esquemática e simplificada, a vida de um equipamento ou máquina pode ser representada graficamente por meio de dois diagramas, um diagrama de blocos e um gráfico relacionando os tempos de manutenção com o de operação ou funcionamento normal. Ambas as representações estão ilustradas a seguir através das Figuras IV.02.

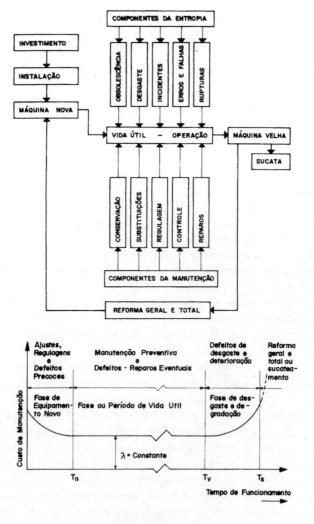

Figura IV.02

MÉTODOS E PROCESSOS DE MANUTENÇÃO, PROCESSOS DE MEDIÇÃO   159

Durante a operação e dentro da vida útil do equipamento, o mesmo emite informações constantemente, informações essas codificadas que fornecem dados seguros quanto ao estado real de cada componente, assim como do conjunto com um todo. A manutenção preditiva consiste, então, na coleta de dados com relação às variáveis de interesse, comparar tais dados em função do tempo de funcionamento e interpretar tais variações e informações visando intervir no momento adequado, evitando a pane ou parada inesperada, determinando para tal qual será o instante adequado. Como é natural, tal instante adequado é determinado em função de variáveis econômicas, associadas a segurança e confiabilidade de operação.

Este tipo de manutenção, ou seja, intervir no momento adequado, é a que tende a se estabelecer na atualidade, em todas as indústrias que possuem departamento suficientemente desenvolvido para manter a produção dentro de parâmetros econômicos evoluídos, sem deixar o fator social em segundo plano. A escolha e fixação dos parâmetros que determinam as informações necessárias a intervenção, assim como os procedimentos e meios técnicos para estabelecer tal tipo de manutenção constituem o objetivo do presente estudo.

Existe em operação no parque industrial uma variedade enorme de máquinas, equipamentos, conjuntos rotativos, alternativos, estáticos, assim como equipamentos acionados por motores elétricos, motores a explosão, turbinas com os mais diversos tipos de acoplamento e fixação. Por tal motivo, a manutenção preditiva deve ser estabelecida com extremo cuidado, havendo necessidade de ter-se à mão informações precisas sobre o funcionamento do equipamento, as condições ambientais em que o mesmo trabalha, o processo de envelhecimento de cada componente do mesmo, etc.. É ainda importante saber o "como" a máquina ou equipamento que se pretende manter pode sofrer prejuízos. Com tais dados é que é possível verificar quais os parâmetros, ou variáveis, que interessam à manutenção preditiva. Entre as variáveis usualmente utilizadas podemos citar:

a) Espessura do material
b) Temperatura de Operação
c) Vibração do equipamento: Deslocamento
   Velocidade
   Aceleração
   Fase
d) Contaminação do lubrificante

e) Particulado no lubrificante
f) Constante dielétrica e fator tang $\emptyset$
g) Fiação e cabeação – isolamento e estado do isolante
h) Análise do óleo isolante
i) Ventilação e/ou Aeração
j) Monitoramento de fissuras por fadiga (carga cíclica) e várias outras grandezas que, evidentemente dependem do caso.

O quadro da Figura IV.03 ilustra, de maneira esquemática e bastante simplificada, o que acabamos de expor. É importante observar que o esquema é simplificado uma vez que é possível haver vários graus

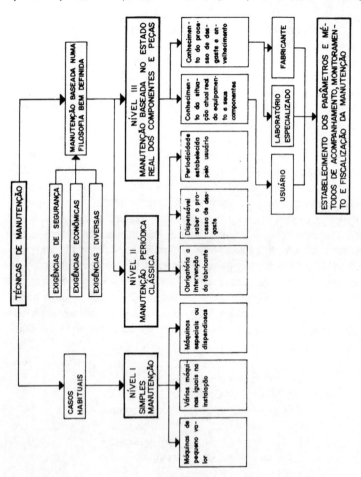

Figura IV.03

MÉTODOS E PROCESSOS DE MANUTENÇÃO, PROCESSOS DE MEDIÇÃO   **161**

entre os níveis I, II e III, dependendo do caso e do problema. Além disso, em caso algum é excluída a hipótese de uma parada esporádica ou programada, visando a execução de algumas providências pré-estabelecidas ou inesperadas. Tal parada inesperada pode ser oriunda de uma falha acidental, a que todo instrumento, máquina ou equipamento está sujeito ou a um alerta provocado por uma das variáveis mencionadas anteriormente, cujo valor se alterou de maneira significativa. É ainda necessário considerar que existem paradas obrigatórias para regulagem ou ajuste devido a substituição do material, troca de produto sendo fabricado, etc., embora tais paradas nada tenham em comum com a manutenção. Entretanto, tais paradas são aproveitadas para algumas verificações rotineiras. Na operação de aeronaves, existiam recomendações dos fabricantes que alguns componentes devem ser substituídos após determinado número de horas de operação ou após determinado número de aterrisagens ou decolagens. Como é natural, tais substituições eram executadas durante o período noturno, no qual normalmente a aeronave permanece inoperante, visando aproveitar ao máximo as potencialidades do equipamento.

O engº L. O. Mechin publicou um trabalho interessante sobre o assunto, que constitue uma análise da sistemática da manutenção preditiva, na revista Achats et Entretien, nº 265 – 1980. De maneira resumida, tal análise consiste na verificação de "como" e "quando" devem ser tomadas as providências. O caso ideal consiste em colecionar e registrar todos os dados desde a instalação do equipamento e acompanhar a variação de tais dados. Quando isso não é possível, pela ausência de dados numéricos iniciais, é possível executar uma análise detalhada da manutenção preditiva desejada, que é diferente da manutenção preventiva baseada em visitas e inspeções periódicas.

Deve ser observado que vários controles e providências exigem um desmonte parcial de alguns conjuntos ou secções do equipamento, sendo necessária uma parada para a sua execução. Tal caso é comum no transporte aéreo, quando são aproveitadas as paradas noturnas dos aviões, quando for o caso. No nosso estudo, os casos que exigem a parada do equipamento serão desconsiderados, assim como os processos que exigem a desmontagem, mesmo parcial.

O mais importante é exatamente o como proceder para estabelecer um programa de manutenção preditiva que forneça os melhores resultados, tanto do ponto de vista técnico quanto do de viabilidade econômica. Para tal, deverão ser escolhidos os parâmetros ou variáveis que interessam ao caso em particular. De posse de tais parâmetros, o programa é

162 TÉCNICAS DE MANUTENÇÃO PREDITIVA

estabelecido e posto a funcionar. É importante observar que o interessado terá seu trabalho enormemente facilitado se possuir os dados e valores numéricos dos parâmetros para o equipamento novo. Com isso, será possível o acompanhamento e diligenciamento da variação de tais parâmetros. Isto porque o valor da variável depende do equipamento e, na manutenção preditiva em base ao estado real dos componentes, o que interessa são as variações dos parâmetros e não seus valores absolutos. Tais valores absolutos são estabelecidos para equipamentos novos. Por tal motivo é que há interesse em conhecer os valores referentes ao equipamento novo e, após o início da operação, acompanhar e diligenciar as variações. Tais variações estão ligadas, obviamente, ao desgaste, desbalanceamento, vasamentos, corrosão, temperaturas extremas, falta de ventilações ou aeração, falta de água, lubrificação inadequada, etc., além do desgaste natural produzido pelo uso.

IV.20 - CONSIDERAÇÕES SOBRE A MANUTENÇÃO EM BASE AO DIAGNÓSTICO

Seria uma discussão longa, detalhada e totalmente desprovida de sentido tentar descrever todos os tipos de manutenção preditiva e os respectivos métodos, dada a grande variedade de máquinas, equipamentos, processos e procedimentos possíveis. Em qualquer hipótese, todo dispositivo fornece sinais de alteração, sob a forma de uma determinada energia que é dissipada de maneira tal que sempre pode ser avaliada e medida, ou seja, transformada num valor numérico. A variação de tal valor numérico, referente à energia dissipada é que serve de base ao processo de medida e conseqüente acompanhamento e diligenciamento do estado do componente ou máquina. Sempre que houver um desgaste, devido a uma causa qualquer, haverá uma variação dos parâmetros mensuráveis em suas características e a observação de tal variação permitirá que sejam tomadas as providências necessárias para evitar uma situação que dê origem a prejuízos de monta. A manutenção preditiva será tanto mais eficiente quanto mais rapidamente for detectada a variação, tornando possível prever, com uma antecedência satisfatória, quais as providências que devem ser tomadas para evitar uma parada ou pane não-programada com suas conseqüências no sistema produtivo. É então importantíssimo que o responsável pela manutenção esteja em condições de determinar qual ou quais os parâmetros que interessam ao caso particular, estabelecer quais os limites admissíveis para operação, implantar um método de medição, acompanhamento e diligenciamento e registrar adequadamente os valores

MÉTODOS E PROCESSOS DE MANUTENÇÃO, PROCESSOS DE MEDIÇÃO 163

observados e suas variações com o funcionamento do equipamento. Um dos casos mais comuns na indústria consiste no desbalanceamento. Um ventilador ou exaustor funcionando apresenta a deposição de partículas de poeira que se fixam nas pás. Como a deposição não é uniforme, com o correr do tempo uma das pás ou palhetas apresenta uma massa superior às demais. Com isso, aparece uma vibração que é percebida por todos os que se aproximaram do equipamento. Neste caso, a vibração é o parâmetro que interessa na monitoração e acompanhamento. Analogamente, uma das variáveis pode ser o barulho. Qualquer motorista conhece quando aparece um defeito no motor mediante o aparecimento de barulhos bem determinado, como "mancal fundido", "bomba de água engripada", "válvulas batendo", etc.. Entretanto, quando a irregularidade atinge um ponto tal que a mesma é detectada pelo barulho, o problema já é grave, exigindo uma parada imediata. De um modo geral, o estabelecimento de um programa de manutenção preditiva em base ao estado dos componentes exige as providências seguintes:

a) Verificação de quais componentes a operação do equipamento depende, fixando a observação máxima nos mesmos;

b) Verificar, junto ao fornecedor, quais os valores numéricos dos parâmetros que interessam à manutenção e referentes a equipamentos novos;

c) Determinação do procedimento de medição dos parâmetros que interessam à manutenção;

d) Fixação dos limites normal, alerta e perigoso para os valores numéricos dos parâmetros determinados. Utilizar os valores estabelecidos nas especificações internacionais, na ausência de dados experimentais.

e) Elaboração de um procedimento para registrar e tabelar todos os valores que forem medidos e referentes aos parâmetros determinados conforme b);

f) Determinação experimental ou empírica dos intervalos de tempo que devem transcorrer entre medições sucessivas.

O item (f) reveste-se de especial significado, uma vez que o responsável pela manutenção deve se assegurar que não haverá paradas não-programada devido ao rompimento de um componente qualquer durante o período entre observações sucessivas. Caso contrário, o programa de manutenção perde o sentido, já que sua finalidade precípua é evitar paradas inesperadas. É perfeitamente possível estabelecer, na fabricação de

164 TÉCNICAS DE MANUTENÇÃO PREDITIVA

uma máquina ou equipamento, quais as indicações que devem aparecer durante o funcionamento, assim como comprovar que tais irregularidades são oriundas da degradação ou desgaste de um componente, que pode ser caracterizado e determinado com bastante precisão. Pelo exposto, os métodos de acompanhamento e fiscalização estão envolvidos na escolha dos parâmetros ou variáveis a medir e observar. Evidentemente o método exigirá a escolha de um grupo ou classe de parâmetros e, dentro de cada classe, ou grupo, há necessidade de verificar qual a origem e quais as características importantes de tal parâmetro.

Como já foi informado, é inviável tabelar ou classificar todos os métodos e processos possíveis de obter um programa de manutenção preditiva eficiente e econômico. Em qualquer caso, existe um número bem determinado de grandezas (ou parâmetros) que constitue o grupo principal de variáveis e monitorar, sendo umas mais importantes que outras, dependendo do equipamento ou dispositivo a conservar em condições satisfatórias de operação. A Figura IV:04 indica resumidamente as variáveis principais e os equipamentos que as utilizam.

OBSERVAÇÃO PRÁTICA	MÁQUINAS ROTATIVAS	DISPOSITIVOS ESTÁTICOS	DISPOSITIVOS ELÉTRICOS	INSTRUMENTOS	ESTRUTURAS
ENSAIOS NÃO-DESTRUTIVOS	X	X	X		X
EXAME VISUAL	X	X	X		
MEDIDAS E ANÁLISE DE VIBRAÇÕES	X	X			X
MEDIDA DE TEMPERATURA OU PRESSÃO	X				
MEDIDA DO NÍVEL SONORO	X				
MEDIDA DA ESPESSURA - CORROSÃO	X	X			X
ANÁLISE QUÍMICA	X	X	X		
VERIFICAÇÃO DO LUBRIFICANTE	X		X		
DETEÇÃO DE VAZAMENTO DE FLUÍDOS	X	X			

Figura IV.04

MÉTODOS E PROCESSOS DE MANUTENÇÃO, PROCESSOS DE MEDIÇÃO **165**

Durante a nossa exposição, serão adicionadas algumas classes específicas de métodos e procedimentos válidos para casos particulares bem determinados e que poderão eventualmente ser utilizados para várias aplicações, dada a enorme gama e variedade de problemas que existem na tecnologia moderna. Tais métodos e processos poderão dar ocasionalmente, idéias aos encarregados do estabelecimento e operação do programa de manutenção preditiva para a solução de diversos problemas, não necessariamente ligados a manutenção de máquinas e equipamentos.

Existem defeitos e descontinuidades cuja evolução é lenta e algumas vezes conhecida, permitindo um cálculo da vida útil residual de um componente que apresenta descontinuidade (trincas de fadiga, fissuras, corrosão, etc.). Existem outros que aparecem e evoluem de maneira rápida, freqüentemente devido a ruptura de um componente cujo material apresentou uma fissura com evolução quase que imediata ao aparecimento do núcleo de descontinuidade. Não existe até o presente um processo ou método de manutenção preditiva apto a detetar tal tipo de descontinuidade ou defeitos em tempo hábil. Devido a isso, existem processos de acompanhamento, vigilância ou diligenciamento permanente, através do qual são mantidos sensores adequados nos pontos críticos. Tais sensores são atuados pela variável que interessa ao caso e, normalmente, estão acoplados à energização do equipamento, interrompendo seu funcionamento no momento que a falha se apresentar. Tais sistemas de "monitoramento" existem no mercado e podem ser instalados em conjuntos de grande responsabilidades e controlados de maneira altamente eficiente.

Passaremos agora a expôr os principais métodos utilizados no estabelecimento de um programa de manutenção preditiva, mediante a escolha das variáveis que devem ser observadas e monitoradas periodicamente.

IV.30 - VALORES NUMÉRICOS DOS PARÂMETROS E SUA OBTENÇÃO

Para que seja possível fazer um diagnóstico a respeito de um problema existente no equipamento ou num de seus componentes, há necessidade de se ter uma escala que permita diferenciar o quando a situação é adequada ou não. Tal escala, como é óbvio, deve expressar **valores numéricos.**

É, então, necessário e imprescindível que existam métodos e processos que permitam avaliar a situação de cada componente através de

166 TÉCNICAS DE MANUTENÇÃO PREDITIVA

números. O diagnóstico basear-se-á numa escala numérica, onde está estabelecido o grau de severidade de um dado componente, assim como tal severidade está progredindo. Já foi informado que a manutenção preditiva não é executada a valores únicos mas sim baseada totalmente na evolução dos valores numéricos. Sabendo-se qual o valor correspondente a ruptura e, sabendo qual o gradiente de variação do parâmetro, torna-se problema de solução relativamente fácil e segura fixar o quando a ruptura vai se dar. Com tais dados, a programação da manutenção torna-se algo possível e vantajoso.

A conversão do estado de funcionamento de um equipamento, máquina ou componente num valor numérico torna o diagnóstico seguro e permite uma ação satisfatória da manutenção, tornando-a uma atividade que "dá lucros", como já discutimos. Tal conversão de observações, digamos subjetivas, em valores numéricos é que podem e são manipulados de conformidade com as necessidades e interesse da manutenção. A conversão é realizada através de dispositivos que, normalmente, são constituidos por **transdutores**. Em linhas gerais, um transdutor é um dispositivo apto a converter uma forma de energia em outra, sem alteração da freqüência e sem perdas. Tal definição implica o caso ideal e, na prática, transdutor é todo e qualquer dispositivo que converte energia apresentada numa forma em energia em forma diferente e adequada às finalidades pretendidas pelo observador. Exemplificando, o dínamo é um transdutor simples, apto a converter energia mecânica (rotação de seu rotor) em energia elérica. O dínamo executa a conversão em sentido contrário, ou seja, aplicando-se energia elétrica em seus terminais obtem-se energia mecânica rotativa em seu eixo.

Podemos considerar, no caso geral, o transdutor como um tetrapolo, ilustrado esquematicamente na Figura IV.05. Se aplicarmos nos terminais elétricos uma tensão **e** e passar uma corrente **I**, aparecerá nos terminais mecânicos uma força **F** com uma velocidade **v**, sendo a conversão feita com o coeficiente Z_{em}. Analogamente, se aplicarmos nos terminais mecânicos uma força **F** com uma velocidade **v**, aparecerá nos terminais elétricos uma diferença de potencial **e** e circulando uma corrente **I** e, no caso, a conversão é executada com o coeficiente Z_{me}. Normalmente é sempre Z_{em} diferente de Z_{me} e o caso onde ambos os coeficientes estão mais próximos é quando se trata de transdutores de quartzo.

Existem transdutores dos mais variados tipos e, no nosso estudo serão transdutores tanto as células de carga quanto os termômetros, embora estes últimos não sejam considerados como tais. Tal consideração facilita bastante nossa exposição.

MÉTODOS E PROCESSOS DE MANUTENÇÃO, PROCESSOS DE MEDIÇÃO   167

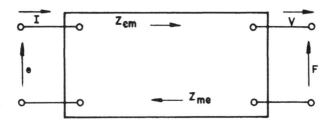

Figura IV.05

IV.30.01 - Células de Carga - As células de carga são dispositivos de bastante precisão e destinadas a converter uma força num sinal elétrico. Os sinais elétricos são normalmente processados, podendo ser utilizados para gravação, controle, registro ou simplesmente medida de pesos e ou forças arbitrárias. Tais células são construidas a partir da usinagem de aço de alta qualidade, tratadas térmica e superficialmente por processos bem determinados, após o que são vedadas hermeticamente. Com isso, são aptas a manter sua confiabilidade e desempenho em ambientes altamente poluidos.

Numa coluna de aço usinada no material descrito acima, são colados "strain-gauges" com curvas de resposta conhecidas e de repetibilidade altamente confiável. Os terminais dos "strain-gauges" são ligados a uma ponte de Wheatstone, tornando, com isso, possível determinar a relação carga versus deformação e, conseqüentemente, determinar qual a força ou qual a carga existente na ocasião da medição. A Figura IV.06, cortesia da Micro Cell Instrumentação Ltda., ilustra uma célula de carga.

Figura IV.06

Existe, por outro lado, ampla possibilidade de aplicar o mesmo princípio utilizado na construção de acelerômetros, qual seja, o efeito piezoelétrico e ferroelétrico. Existem células de carga operando em base ao efeito piezoelétrico, permitindo que a força aplicada seja indicada diretamente através de circuitos eletrônicos de correção e linearização. Tais células de carga piezoelétricas encontram amplo campo de aplicação, sendo forte concorrente das células que funcionam à base dos "strain-gauges". A Figura IV.07 ilustra a célula piezoelétrica produzida pela Bruel & Kjaer, existindo várias delas, cada uma delas operando em determinada faixa de forças.

Figura IV.07

Existem alguns tipos de células que medem forças específicas, como a pressão. Tais células são utilizadas para medir a pressão de fluidos e fornecem um sinal que é diretamente proporcional à deformação sofrida pelo elemento sensor. Com isso, as leituras podem ser executadas em locais distantes do ponto de medição de distâncias arbitrárias. A Figura IV.08 ilustra os medidores de pressão produzidos pela Micro-Cell, pela Metrix Instruments operando o primeiro através de "strain-gauges" e o segundo através de discos de cerâmica ferroelétrica.

Foram descritos dispositivos denominados células de carga que operam através de "strain-gauges" e através do efeito ferroelétrico. Resumidamente, as células operam em base aos princípios seguintes:

(i) A "strain-gauges" qe podem ser dos tipos fio chato enrolado formando um percurso em zig-zag ou enrolados como bobina.

MÉTODOS E PROCESSOS DE MANUTENÇÃO, PROCESSOS DE MEDIÇÃO   169

Figura IV.08

(ii) A base de cerâmicas ferroelétricas ou materiais que apresentam o efeito piezoelétrico, como quartzo, turmalina, etc. Usam-se discos ou cilíndros ou ainda por montagens especiais, nas quais o material é sujeito a esforços de torção e/ou cizalhamento.

(iii) A elementos semi-condutores, normalmente uma pequena fita de silício. Quando se trata de silício, a resposta é excelente. A relação entre a tensão e o módulo de Young é dada pela expressão

$$\frac{\Delta L}{L} = \frac{F}{E}$$

(E = módulo de Young, F = força aplicada). A variação da resistência que é determinada pela ponte de Wheaststone tem como fator mais importante a relação k = dR/R. No caso dos materiais metálicos utilzados normalmente nos "strain-gauges" o fator k varia entre 2,0 a 6,0. Quando se trata do silício tal fator k atinge valores da ordem de 200, o que mostra sua vantagem.

Na Aeronáutica moderna, as medidas de pressão de óleo, combustível, etc., são normalmente executadas através de medidores de pressão utilizando semi-condutores. A Figura IV.09 ilustra alguns de tais medidores produzidos pela Kulite Corporation.

Figura IV.09

IV.30.02 - Verificação do Vasamento em Tubulações e Vasos - Nas instalações industriais, é bastante comum o uso de vasos de pressão (caldeiras, autoclaves, reatores, etc.) assim como tubulações que transportam gases ou líquidos. Existe sempre presente o problemas de vasamentos, uma vez que não é viável a construção de tais dispositivos "à prova de vazamento", por motivos técnicos e econômicos. Porisso, há necessidade de verificar se há ou não vazamento de produtos, principalmente no caso de produtos venenosos, tais como gases ou líquidos utilizados comumente nos complexos químicos.

A verificação de vazamentos pode ser executada de várias maneiras, dependendo da precisão pretendida, ou exigida pela instalação ou especificações pertinentes ao caso. Nos casos mais simples e de menor responsabilidade, o sistema utilizado é praticamente aquele dos "borracheiros". No caso, o dispositivo é coberto com água, preferivelmente água com sabão, permanecendo uma camada de líquido em toda a superfície.

MÉTODOS E PROCESSOS DE MANUTENÇÃO, PROCESSOS DE MEDIÇÃO **171**

Aplicando-se pressão, caso exista algum vazamento, aparecerão bolhas de sabão, indicando o local onde há necessidade de reparo. Dentre os vários métodos em uso, descreveremos suscintamente os mais utilizados.

IV.30.02.01 - ***Método ou Teste Hidrostático*** - Este método é o mais comum e consiste em verificar se há vazamento simplesmente pela aplicação de pressão. Historicamente, a deteção de vazamentos, principalmente nas juntas soldadas, era feita mediante a introdução de gás sob pressão no interior do dispositivo e, mediante a aplicação de água com sabão cobre-se a superfície total da peça. Entretanto, dada a dureza acústica do ar que é muito baixa, existe o perigo eminente de explosão, com conseqüências imprevisíveis. Por tal motivo, o dispositivo é cheio com água, que pode ser água filtrada, água com corante para facilitar a identificação dos locais de vazamento etc. No caso, a pressão aplicada é normalmente entre uma vez e meia a duas vezes a pressão de trabalho. O processo pode, eventualmente, indicar alguns defeitos ou descontinuidades mas, normalmente, são detetados somente aqueles que apresentam grandes áreas, tais como trincas na região central de soldagens e perfurações passantes. Note-se que as trincas e fissuras pequenas podem não ser detetadas, o que torna o método de pouca confiabilidade.

Existem, no entanto, normas, regras e especificações para a execução dos testes hidrostásticos, documentos esses publicados pela ASME, ABNT, JIS, VDI, BIS, ASTM etc.

IV.30.02.02 - ***Métodos ou Teste Ultra-sônico*** - Toda vez que há vazamento de gás através de um orifício, são geradas freqüência de ondas mecânicas no ar em faixas que atingem valores da ordem de 50 KHz. O ultra-som gerado apresenta um aspecto de faixa bastante larga, centrada no entorno de 40 KHz, tornando fácil a sua deteção através de microfones especiais. O dispositivo em questão apresenta uma semelhança com os maçaricos de soldagem, onde a ponta constitue o microfone de ultra-sons. O método é utilizado para a deteção de vasamentos em sistemas operando tanto a pressão quanto a vácuo.

O detetor consiste num microfone a cerâmica, operando na faixa ultra-sônica e permite a deteção de vasamentos mesmo na presença de barulho de fundo de nível elevado, tratando-se de microfone altamente direcional.

O microfone tem a sua saída conectada a um sistema transistorizado que constitue um amplificador de vários estágios operando na faixa

172 TÉCNICAS DE MANUTENÇÃO PREDITIVA

de freqüências 40 ± 4 KHz. A saída pode ser indicada através de instrumento analógico, digital, ou mesmo através de um som audível produzido por heterodinização. Existem vários outros métodos, tais como o "farejador, teste com gás de refrigeração, a análise dispersiva infravermelho, etc. Não entraremos em maiores detalhes, devendo os interessados consultar a literatura indicada.

IV.30.30 - Medidas de Temperatura - As medidas de temperatura são bastante comuns nas instalações industriais, não somente para verificação como também para o processamento adequado do material sendo produzido. Os métodos, ou melhor, os termômetros podem ser dos mais variados tipos e operam de conformidade com determinados princípios físicos.

(i) O termômetro mais comum é o de mercúrio, constituido por um tubo capilar no interior do qual é colocado mercúrio. A calibração, na escala Celsius, é feita tomando o zero no ponto de congelamento da água e o 100 no ponto de ebulição. Tais termômetros tem uma faixa de temperatura bastante reduzida, uma vez que às temperaturas mais baixas o mercúrio se congela, tornando a leitura inviável. Quando a temperatura é baixa, o termômetro tem seu capilar cheio com álcool ou outros líquidos de ponto de solidificação bastante baixo. Tais termômetros operam em base à dilatação térmica de líquidos e/ou sólidos em função da temperatura, cuja resposta é bastante linear dispensando correções ou linearizações.

(ii) É conhecido fisicamente o fato das resistências dos materiais aumentarem com a temperatura. Assim sendo, um sinal elétrico que seja proporcional à temperatur de um ponto qualquer é analizável. Tem-se duas indicações possíveis:

a) Verificar a variação da temperatura do ponto em relação a uma temperatura fixa que é tomada como referência.
b) Determinação da velocidade de variação da temperatura.

Quando há um crescimento ou aumento da temperatura de maneira anormal, é tal medida da variação que deve ser tomada como representativa de uma irregularidade ou avaria. O diagnóstico deverá, então, ser feito por outros métodos.

MÉTODOS E PROCESSOS DE MANUTENÇÃO, PROCESSOS DE MEDIÇÃO 173

Este processo de medida da tempertura em função da variação da resistência de um dado material da sua temperatura exige que a tensão seja linearizada e indicada num sistema que permita a leitura direta dos valores procurados.

(iii) Pares termo-elétricos - É fenômeno físico conhecido há mais de um século que quando dois metais diferentes são soldados e as junções são mantidas em temperaturas diferentes, aparece uma força eletro-motriz e consequente cirgulação de corrente. O efeito é conhecido como **Efeito Seebeck** ou efeito termoelétrico e o par de junções é denominado par termoelétrico.

O valor da força eletro-motriz depende de ambos os metais utilizados e da diferença de temperatura entre os componentes do par mas, em qualquer hipótese, trata-se de uma parábola aproximadamente. Como a resposta é uma parábola, existe um ponto onde a resposta é máxima, i.é., a f.e.m. atinge seu valor máximo. Tal ponto é conhecido como **temperatura neutra**.

(iv) Pirômetros - Quando se pretende medir temperaturas superiores a 1000ºC, há necessidade de utilizar um termômetro denominado **pirômetro**. Os primeiros pirômetros eram constituidos por uma ocular contendo um fio de platina cruzando o campo de visão. Entre os terminais deste fio de platina passa uma corrente elétrica que pode ser variada através de um reostato. Apontando-se o pirômetro para a peça ou região cuja temperatura se pretende medir, aparecerá o vermelho da região e o fio de platina escuro no meio do campo visual. Varia-se então a corrente no fio de platina, corrente essa que é indicada num instrumento analógico ou digital, até que o fio de platina desapareça do campo visual. Quando tal se dá, a temperatura é lida diretamente na escala que indica a corrente, que foi previamente calibrada em graus centígrados. Existem outros dispositivos que operam de maneira análoga mas exigem que seja ajustado, no instrumento, a composição da liga metálica ou daquilo que se pretende medir, uma vez que a leitura em feita em função da frequência da radiação infra-vermelha que o corpo emite.

No Cap. V serão verificados os métodos, processos e termômetros destinados à medição e controle da temperatura e presão nas instalações industriais.

174 TÉCNICAS DE MANUTENÇÃO PREDITIVA

IV.30.40 - Medidas de Espessuras na Manutenção - A medida da espessura de equipamentos, máquinas, tubulações, navios, vasos de pressão, caldeiras, autoclaves, etc., constitue providência primordial na manutenção de tais equipamentos. No passado, há cerca de duas décadas e pouco, a medida era feita por um processo bastante inadequado mas, na ocasião, era o que se dispunha. Tal método consistia em executar um orifício na peça e, com paquímetros especiais, fazer a leitura. Os valores observados eram então marcados com giz ao lado do orifício. Depois disso feito, era passado um macho no orifício e colocado um parafuso que, em alguns casos era coberto com solda elétrica. Com o desenvolvimento de técnicas ultra-sônicas, principalmente a partir do final da década dos cinquenta, o processo de medição passou a ser o de ultra-sons pulsados; inicialmente a medição era executada através dos sinais apresentados em tela de tubo de Braun mas logo o processo foi aperfeiçoado, passando a apresentar os valores diretamente em unidades métricas ou imperiais. Quando estudarmos os ultra-sons verificaremos, com maiores detalhes, qual o processo de medição e como os resultados são apresentados.

Em algumas instalações, principalmente quando o trabalho é altamente perigoso seja por perigo de poluição seja por explosão, há necessidade de um monitoramento tempo integral da espessura, dada a corrosão constante e contínua. É possível realizar a medida da espessura através da medida da resistência elétrica por meio de ponte balanceada. Tal técnica de medida da espessura foi desenvolvida por Bovankovich em 1973 e o sistema é utilizado em várias instalações, incluindo tubulações de usinas nucleares.

IV.30.50 - Transdutores de Vibração - A medida das vibrações consiste simplesmente em transformar o sinal mecânico originado pelas vibrações num sinal mensurável por um dos métodos conhecidos e de uso comum, tais como métodos opticos, gráficos, analógicos ou digital. No Capítulo VI verificaremos, a título de recordação, alguns conceitos básicos de vibrações mecânicas; entretanto, sabemos que na vibração existem tres variáveis que interessam: deslocamento, velocidade e aceleração. Existem transdutores aptos a converter os sinais mecânicos associados à vibração em sinais elétricos. Tendo por base o fenômeno Físico utilizado para a conversão, é possível ter à disposição transdutores sensíveis ao deslocamento, à velocidade das partes móveis e a aceleração. Verificaremos suscintamente a operação de cada um deles.

IV.30.50.10 - Transdutores sensíveis ao deslocamento - Basicamente este tipo de transdutor opera como um transformador que tem a sua armadura constituída pelo material cujo deslocamento se pretende medir. A Figura IV.10 ilustra esquematicamente o transdutor. Aplicando-se uma corrente de alta frequência no primário aparecerá uma corrente no secundário, sendo o fluxo magnético fechado pela peça em vibração e que serve de armadura. Com a vibração desta última, a corrente do secundário será modulada pela vibração da armadura. A alta frequência aplicada funciona como portadora e é suficiente demodular para que se tenha o perfil da vibração. O processo é, evidentemente não-linear, o que exige um sistema de demodulação que linearize a resposta, permitindo obter uma proporcionalidade entre o deslocamento e o sinal elétrico obtido.

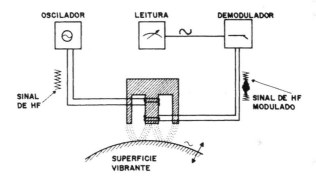

Figura IV.10

Este tipo de transdutor apresenta a vantagem de não ter contato com a superfície sendo verificada, opera em frequência extremamente baixas, inclusive DC, não possue partes móveis de modo que não apresenta desgaste. Entretanto, a faixa dinâmica é bastante limitada principalmente devido as variações nas propriedades magnéticas e elétricas da superfície sendo medida, além das irregularidades geométricas do eixo ou superfície sendo ensaiada. Como a faixa dinâmica é reduzida, a faixa de frequência é bastante limitada, já que os deslocamentos são extremamente pequenos às altas frequências. Tais transdutores normalmente operam em faixa de frequência entre DC e 200 Hz.

ções da superfície que se pretende ensaiar ou analisar. De um modo geral, este transdutor opera em base na Lei de Biot,

$$e = B \cdot \ell \cdot v$$

e são constituídos por uma bobina imersa num campo magnético e ancorada através de suportes de baixa resiliência. A Figura IV.11 ilustra um corte esquemático de um transdutor indutivo do tipo em pauta. As vibrações que são acopladas ao transdutor fazem com que o magneto se mova no interior da bobina, convertendo o movimento mecânico do equipamento em sinal elétrico. Como o sinal é proporcional a velocidade, tal transdutor é sensível à esta grandeza.

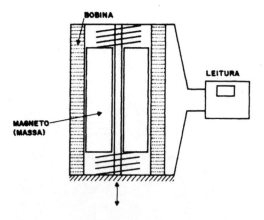

Figura IV.11

O transdutor eletrodinâmico apresenta baixa impedância, possibilita a leitura diretamente num voltímetro, permite que o sinal seja registrado diretamente num registrador elétrico, seja magnético ou gráfico. Observe-se, no entanto, que o mesmo apresenta sensitividade direcional, que pode dar origem a leituras falhas. Apresenta tamanho apreciável e opera acima de sua frequência de ressonância, motivo pelo qual o corte às baixas frequências é muito elevado. É um dispositivo delicado e apresenta desgaste pela existência de partes móveis, o corte às altas frequências é muito baixo, além de ser sensível aos campos magnéticos. Opera geralmente entre 10 e 1000 Hz. A faixa de frequências depende fortemente do método escolhido para fixar o transdutor no dispositivo sendo medido.

IV.3.50.30 - Transdutores sensíveis à Aceleração - Acelerômetros

Os acelerômetros constituem uma classe de transdutores cuja resposta é proporcional à aceleração, e representam o desenvolvimento presente no campo da medida e análise de vibrações. Tais tipos de transdutores são dispositivos constituídos por elementos ferroelétricos que apresentam uma diferença de potencial em suas extremidades quando comprimidos ou distendidos. Os mesmos são constituídos por cerâmicas orientadas, que apresentam o fenômeno da ferroeletricidade. A Figura IV.12 ilustra o corte esquemático de um acelerômetro e a Figura IV.13 um conjunto de acelerômetros comerciais. No corte esquemático, a massa Mm está ligada solidariamente ao elemento ativo X que por sua vez é solidário à carcassa C. Fixando-se o acelerômetro numa superfície em movimento, haverá um deslocamento provocado pela força motriz F, que dá origem ao movimento, O elemento ativo, sendo pressionado ou distendido, dará origem ao aparecimento de uma diferença de potencial e entre os eletrodos do próprio elemento. A expressão clássica da Mecânica

$$F = M_m \cdot a$$

associada a expressão que liga a deformação d do elemento ativo em função da força F e a diferença de potencial e gerada nos eletrodos,

$$e = K_1 \cdot d = k_2 \cdot F$$

permite escrever

$$e = k \cdot a$$

Então, a diferença de potencial e é proporcional à aceleração a.

Caso a força F seja alternativa, como a proveniente da vibração da superfície sobre a qual se apoia ou está fixado o acelerômetro, ter-se-á uma leitura que é diretamente proporcional à aceleração de tal superfície, pelo menos teoricamente.

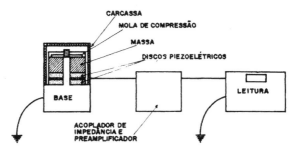

Figura IV.12

Figura IV.13

IV.30.50.40 - Características dos Transdutores e dos Métodos de Fixação - Como é amplamente sabido, quando se realizam medições, as mesmas são alteradas pelo fato do instrumento ou dispositivo de medição alterar aquilo que se pretende medir. Por tais motivos, na escolha de um transdutor, acelerômetro no caso, devem ser obedecidos e verificados os pontos seguintes, importantes na confiabilidade dos resultados que serão obtidos:

1 - O peso do transdutor deve se situar numa região da ordem de dez vezes menor que o peso do dispositivo ao qual será aplicado.. Tal providência tem por finalidade evitar que a massa do acelerômetro adicionado ao dispositivo sendo medido altere as freqüências de vibração deste último.

2 - Como será visto mais tarde, cada acelerômetro apresenta uma freqüência de ressonância própria. Por tal motivo, ao escolher o acelerômetro deve ser verificado, a priori, qual a faixa de freqüência que deve ser medida.

3 - Verificar qual a temperatura máxima de operação do acelerômetro e conferir tal valor com a temperatura da superfície onde o mesmo será acoplado. O aquecimento excessivo do acelerômetro dá como conseqüência a depolarização dos elementos ativos, inutilizando o transdutor. Verificare-

mos mais tarde quais os métodos práticos de manter os acelerômetros operando dentro de temperatura adequada, através de refrigeração com ar ou água.

4 - Verificar se a faixa dinâmica do acelerômetro é adequada às medições que se pretende. Existe uma variedade apreciável de acelerômetros, inclusive vários tipos à prova de choque, assim como tipos ultra-sensíveis para níveis de vibração muito baixos.

5 - Observar as condições ambientais e verificar se o conjunto pretendido pode operar em tais condições. Tais condições envolvem não somente a temperatura mas ainda a umidade relativa, barulho ambiente, tensões na superfície de apoio, radiações eletromagnéticas, campos magnéticos, etc.

A Figura IV.12 ilustra esquematicamente um acelerômetro em corte. Observa-se que há uma mola de compressão S e uma massa M_m acoplada a tal mola. Forma-se com isso um oscilador cuja freqüência de ressonância é determinada primordialmente por esses dois fatores (a resiliência das pastilhas ativas exercem também influência) e cada acelerômetro apresentará uma certa freqüência de ressonância f_r. A Figura IV.14 ilustra o comportamento de um acelerômetro genérico.

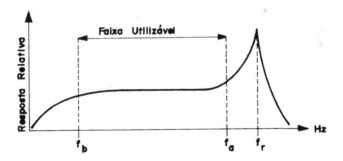

Figura IV.14

A freqüência inferior, indicada no gráfico como f_b, é estabelecida pelo sistema composto de cabo de conexão e pré-amplificador como elementos fundamentais, influindo ainda as condições ambientais. A freqüência máxima confiável, que limita a freqüência máxima de leitura que

180 TÉCNICAS DE MANUTENÇÃO PREDITIVA

possa ser considerada "fiel" é estabelecida pela freqüência de ressonância do acelerômetro, f_r. Tal limite superior de confiabilidade em freqüências, f_a, depende das características mecânicas do próprio acelerômetro e do sistema de montagem. O sistema de montagem exerce também uma influência marcante na resposta em freqüência, um vez que o mesmo não constitue parte integrante do dispositivo cuja aceleração se pretende medir. Existem vários tipos de montagem, cada um deles apresentando vantagens e limitações. A figura 40, originária de manuais de Bruel & Kjaer, ilustra a alteração que a montagem exerce na resposta útil do acelerômetro. Existem seis tipos de fixação ou montagem:

1 - A montagem ilustrada por 1 é a que apresenta os melhores resultados. Quando a superfície de apoio fôr rugosa, recomenda-se a aplicação de uma película de graxa de silicone entre as superfícies de contato e do acelerômetro, o que aumenta a rigidês do acoplamento. É importante observar que o estojo ou prisioneiro não deve Deve ser aparafusado totalmente na base do acelerômetro, porque o extremo poderá pressionar o final dos elementos ativos, e com isso alterar a sensitividade. O torque adequado para esta fixação é da ordem de 18 kpcm, recomendado pelas especificações tanto européias quanto americanas e japonesas.

2 - A montagem indicada por 2 consiste numa arruela de mica e estojo isolado, visando manter isolação elétrica entre o acelerômetro e a superfície. Como a mica é bastante rígida o acoplamento é satisfatório, mas em todos os casos a arruela deve ser tão fina quanto possível. O torque máximo recomendado é de 6 kpcm.

3 - Uma camada de cera dá também origem a um acoplamento satisfatório, como ilustra o gráfico indicado por 3. O inconveniente é que à medida que a temperatura sobre a cera amolece, destruindo o acoplamento.

4 - O acoplamento do tipo 4 é bastante adequado quando se quer uma boa montagem e há necessidade de retirar o acelerômetro de maneira esporádica.

5 - A montagem indicada por 5 é feita através de um imã permanente ou magneto. Este tipo de montagem é inadequado quando as acelerações apresentarem uma amplitude igual ou superior a 100 g para acelerômetros grandes e a 200 g no caso de acelerômetros pequenos. A temperatura máxima de operação se situa no entorno de 150ºC.

MÉTODOS E PROCESSOS DE MANUTENÇÃO, PROCESSOS DE MEDIÇÃO 181

6 - Este tipo de acoplamento ilustrado como 6 consiste no uso de extensões e a pressão de contato é totalmente manual. Este método pode ser conveniente para algumas aplicações mas a freqüência máxima admissível é de 1 KHz. Acima deste valor os resultados passam a ser inconfiáveis. Este processo é utilizado somente quando não há possibilidade de acoplamento rígido e direto.

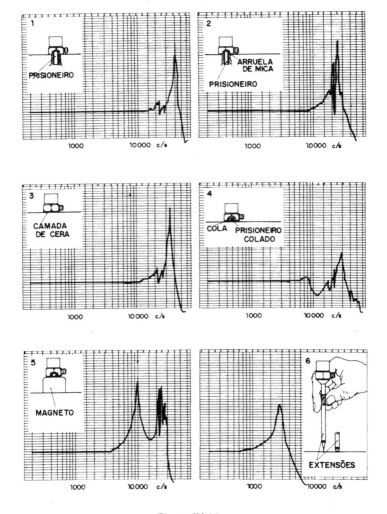

Figura IV.15

182 TÉCNICAS DE MANUTENÇÃO PREDITIVA

IV.30.50.50 - Estroboscopia - Quando se pretende posicionar as eventuais fontes de malfuncionamento, tais como desalinhamento, desgaste, eixo flambado, etc., o uso de um estroboscópio permite uma localização rápica e satisfatória. O estroboscópio nada mais é que um oscilador acoplado a um amplificador de potência apto a acender uma lâmpada de descarga gasosa por um tempo bastante curto, mantendo-a acendendo e apagando de conformidade com a frequência do oscilador.

Com o ajuste do oscilador, o estroboscópio permite que peças girantes ou com movimento alternativo sejam iluminadas intermitentemente, dando origem a um efeito óptico correspondente a diminuir a rotação ou mesmo dar a idéia de que o movimento parou. Exemplificando, um ventilador girando a 1800 cpm, parecerá parado se a frequência do estroboscópio for exatamente de 1800 rpm ou 30 Hz. Caso a lâmpada acenda 1799 cpm o ventilador parecerá como girando a 1 rpm e, a 1801 cpm para a lâmpada, o ventilador parecerá como girando a 1 rpm em sentido contrário.

A amplitude da vibração pode ser avaliada caso se trace uma linha bem fina na peça vibrante, já que o estroboscópio permitirá medir a distância da linha nos máximo e mínimo de vibração. Esta técnica, embora aparentemente primitiva, permite a confirmação da calibração dos calibradores de vibração. Tal técnica tem sido utilizada comumente pelos engenheiros automobilísticos para medir a vibração e movimentos anômalos de eixos-manivela.

IV.30.50.60 - Gravação Magnética de Sinais - Desde o desenvolvimento do gravador magnético por Werner e Braunmueller durante a conflagração 1939/1945, os desenvolvimentos tornaram tal dispositivo de importância enorme. Com os processos de gravação em FM, é possível gravar, em campo, sinais elétricos de frequências desde fração de Hertz a cerca de alguns MGHz, permitindo que tais sinais sejam analisados em laboratórios, sem necessidade de levar para o campo os instrumentos analisadores, normalmente grandes e delicados. Os sistemas modernos permitem a reprodução e análise com compressão ou expansão das escalas do tempo; existem sistemas para gravação multi-canais, com preservação das relações temporais e de fase de um número apreciável de sinais.

Existem e são de uso comum dois tipos de gravadores; o de gravação direta com bias de alta frequência e a frequência modulada. Este último é que permite as variantes descritas anteriormente, já que o de gravação direta permite tão somente a gravação em tempo real.

Note-se que a gravação direta para processamento subsequente visando simplesmente o espectro de cada sinal de maneira inde-

MÉTODOS E PROCESSOS DE MANUTENÇÃO, PROCESSOS DE MEDIÇÃO **183**

pendente e dentro da faixa de frequências entre 20 Hz e 10 kHz, apresenta vantagens econômicas elevadas. Caso as frequências sejam inferiores ou caso haja necessidade de processar os sinais onde as relações temporais e de fase sejam importantes, há necessidade de utilizar instrumentos que operem a FM para a obtenção de resultados confiáveis. Existem processos modernos e bastante desenvolvidos utilizando inclusive feixes de laser para verificação de vibrações pelo sistema de holografia, dispositivos para controle da poluição aérea, de líquidos e de sólidos, processos de telemetria e uma verdadeira parafernália de instrumentos, métodos e processos os mais variados possíveis. Como se trata de dispositivos destinados a aplicações específicas, abstemo-nos de descrevê-los. Os interessados devem recorrer aos fabricantes para a obtenção de informações e dados sobre tais dispositivos.

IV.30.40 - Significado dos Valores Fornecidos pela Medição - É sabido que toda vez que se executa uma medição qualquer, a própria medição altera o valor daquilo que estamos medindo. Exemplificando, ao medir a tensão nos terminais de uma pilha ou bateria, ligamos aos mesmos terminais os fios de um voltmetro. Tal voltmetro apresenta uma certa resistência interna, geralmente elevada, que retira alguma corrente da bateria sendo medida. Tal corrente pode ser bastante pequena, mas existe. Tal corrente, passando pela resistência interna da bateria, dará origem a uma leitura que corresponde a voltagem de circuito aberto menos a queda de tensão devido a corrente através da resistência interna. Logo, a leitura corresponde ao valor nas condições de medida, ou seja, é a tensão com a corrente através da resistência interna e não a tensão em "circuito aberto". Os mesmos inconvenientes aparecem quando se executam medições de toda espécie, embora seja comum a obediência a uma série de recomendações visando minimizar tais inconvenientes. Um caso comum é o da medição com micrômetros; os mesmos possuem uma catraca e, no momento que a catraca funciona, a medição, para ter valor, deve ser a lida neste momento. Caso de aumente a pressão, o material sendo medido será deformado e a medição passa a não ter sentido.

Embora pouco utilizado na manutenção mecânica em nosso meio, o osciloscópio é um dispositivo que fornece informações de grande valor. Um osciloscópio simples é um instrumento relativamente pouco dispendioso e fornece várias vantagens. Como o sinal de um acelerômetro é proporcional à aceleração, levando-se a saída do acelerômetro a um osciloscópio será possível visualizar a forma de onda do sinal mecânico e a sua amplitude. Suponhamos, então, que ligamos os terminais de um acelerômetro apoiado no topo do mancai de um eixo girando. A tela do tubo de raios catódicos mostrará uma réplica do sinal mecânico, que dependerá de alguns detalhes. A Figura IV.16 ilustra o caso simples de medida da aceleração e vibração com a fixação do transdutor no topo do mancai, no interior do qual um eixo gira livremente. Ter-se-ão os casos seguintes:

 I - Eixo girando normalmente, havendo transmissão excelente de energia.

 II - Eixo apresentando a irregularidade da freqüência de rotação que pode coincidir com uma freqüência própria do mancai.

 III - Sinal proveniente de não-linearidade produzida pela película do filme de óleo.

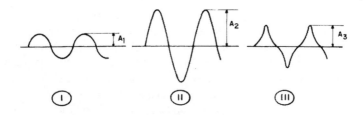

Figura IV.16

Na eventualidade de haver um desbalanceamento, com exclusão de todo e qualquer outro problema e que a transmissão do sinal ao transdutor é boa, o sinal obtido é perfeitamente senoidal como ilustra o caso I. Caso a freqüência de rotação coincida com uma das freqüências do mancai, haverá amplificação da vibração e a amplitude do sinal será maior, como ilustra a curva correspondente ao caso II. Quando a transmissão da vibração é feita através de um filme de óleo, como é o caso de mancais de bronze, o filme de óleo pode apresentar propriedades não lineares, sendo o sinal de aceleração captado completamente deformado como ilustra a figura correspondente ao caso III.

As curvas ilustradas anteriormente mostram de maneira clara que a medida das deformações ou da aceleração, velocidade ou deslocamento dos componentes em movimento é alterada de maneira sensível pelo elemento intermediário. Somente o meio intermediário pode conduzir a uma leitura que não corresponde à realidade, já que existe uma função de transferência entre a peça que pretendemos medir e o transdutor, função essa que é inevitável na grande maioria dos casos, pela impossibilidade de aplicar-se o transdutor diretamente ao componente cujo fenômeno interessa. De um modo esquemático, toda medida que se executa obedece o diagrama abaixo, e é importantíssimo conhecer com o máximo detalhe qual é a função de transferência em pauta. Por tal motivo, as medições não são **absolutas** mas sim **relativas** a um sinal pré-estabelecido. Na manutenção preditiva todas as medidas são executadas em base a uma série de medições comparativas. Existem alguns motivos para tal procedimento, como os seguintes:

Figura IV.17

a - Existe uma dificuldade extrema em conhecer, com a necessária precisão, a relação entre os esforços mecânicos em jogo e os resultados obtidos com as medições de vibração. Como há um elemento intermediário, é preciso que se conheça a função de transferência de tal elemento.

b - A configuração do funcionamento de uma máquina ou equipamento qualquer só pode ser adquirido se se souber com detalhes a função e operação de cada componente, para que as medições possam ser comparadas diretamente. Quando o procedimento for estatístico, a escolha dos pontos e períodos de medição devem ser compatíveis com o modo de funcionamento do próprio equipamento.

c - Devido aos itens **a** e **b**, a manutenção preditiva em base às vibrações é executada de maneira fundamentalmente comparativa.

IV.40 - LEITURA RECOMENDADA

A & Company - Dogensaka 2-Chome - Shibuya-ku Tokyo 150 - JAPAN
    Catálogos e Especificações de Accelerometros e Transdutores
Bentley-Nevada Corporation - Minden-Nevada USA - Catálogos e Especificações sobre Proximity Sensors and Transducers

TÉCNICAS DE MANUTENÇÃO PREDITIVA

Bovankovitch, C.F. - On-Line Corrosion Monitoring - Materials Performance 12, n° 06 - 1973

Braun, S., Editor: - Mechanical Signature Analysis - Theory and Application - Academic Press, 1986

Bruel & Kjaer - OK-2850 Naerum, Denmark - Piezoelectric Accelerometers and Vibrations Preamplifiers - B&K Publication OK-88-0694-11 - October, 1986

Clapis, A., Editor: - Conference on Vibration in Rotating Machinery - Cambridge, England - 1980

Collacott, R.A. - Fundamentals of Fault Diagnosis and Condition Monitoring - 84th Advanced Maintenance Technology and Diagnostic Techniques Convention - London, September, 1984

Coudray, P. et M. Guesdon: - Surveillance des Machines - Étude 15-J-041 Section 471 Rapport Partiel n° 09 - CETIM, 1982

Deville, J.P. et J.C. Lecoufle: - Surveillance des Machines - Synthese sur les Methods Classiques - Étude 15-J-041 Section 4/1 Rapport Partiel n° 01 - CETIM 1981

Gaillochet, M. - Surveillance des Machines - Étude 15-J-041 Rapport Partiel n° 02 Section 471 - CETIM 1980

Ganier, M., N. Oillier et A. Ricard: - Surveillance des Machines Cas de Réducteurs à Engrenages - Méthod d'Analyse de la Contamination des Lubrifiants - Étude 15-J-04.1 Section 535 Rapport Partiel n° 06 - CETIM 1981

General Radio Company - Waltham, Massachussetts 02254 USA - Catálogos, Especificações, Manuais de Instruções e Publicações Especiais sobre Transdutores

Harris, C.M. and C.R. Crede: - Shock and Vibration Handbook, 3 vols. 2nd Edition - McGraw-Hill Book Co., 1983

IRD Mechanalysis, Inc. - Columbus, Ohio 43229 USA - Catálogos, Especificações e dados sobre Transdutores e Sensores

ISAV - Workshop in On-Condition Monitoring Maintenance - Seminar at the Institute of Sound and Vibration of Southampton University - 1979

Jones, M.H., Editor: - Condition Monitoring 1984 - Proc. of the International Conference on Condition Monitoring - Swansea College - 10/13 April, 1984

Kawata, Tatsuo - Fourier Analysis in Probability Theory - Academic Press, 1972

Kent, L.D. and E.J. Cross - The Philosophy of Maintenance - 18-IATA-PPC Subcommittee Meeting - Copenhagen, 1973

MÉTODOS E PROCESSOS DE MANUTENÇÃO, PROCESSOS DE MEDIÇÃO   **187**

Krautkraemer Branson Co. - Lewistown, PA 17044 USA - Catálogos e Especificações. Publicações Especiais

McMaster, R.C. - Nondestructive Testing Handbook, 2 vols. Ronald Press, 1959

Metrix Instrument Company - Houston, Texas USA - Catálogos e Especificações. Publicações Especiais

Michael, R. and S. Barry: - Methods of Modern Mathematical Physics Vol. 2: Fourier Analysis, Self-Adjointness - Academic Press, 1980

PCB Piezotronics, Inc. - Depew, New York 14043-2495 USA - Catálogos e Especificações sobre Transdutores Piezoelétricos.

Rockland Scientific Corporation - Rockleigh, NJ 07647 USA - Catálogos e Especificações sobre Transdutores e Sensores

Scientific Atlanta/Dymac Division - San Diego Califomia USA - Catálogos e Especificações

Shives, T.R. and W.A. Willard, Editors:- Detection, Diagnosis and Prognosis - Proc. 22nd Meeting of Mechanical Failure Group ASME Anaheim CA April 23/25, 1975 - NASA Document PB-248-254

Staveley NDT Technologies, Inc. East Hartford, CT 06108 USA - Catálogos e Especificações sobre Transdutores e Sensores

Vibrometer, Inc. - Billerica, Massachussetts 01822-5058 USA - Catálogos e Especificações

Wavetek San Diego, Inc. - San Diego, CA 92138 USA - Catálogos e Especificações sobre Transdutores

Wilcoxon Research, Inc. Rockville Maryland 20850 USA - Piezo-Velocity Accelerometers Catalog and Specifications

Young, R.M. An Introduction to Nonharmonic Fourier Series - Academic Press, 1980

V.0 - Medida e Controle da Temperatura e Pressão na Manutenção

Álvaro Alderighi

V.01 - INTRODUÇÃO

A manutenção preditiva de um equipamento ou sistema, exige um monitoramento constante das condições de pressão e temperatura, principalmente por se tratar de processos industriais, em que a qualidade final do produto e sua uniformidade dependem de um controle rígido dessas condições, que admitem apenas diminutas variações. De igual modo, certas máquinas ou equipamentos industriais devem ser monitorados de forma permanente, estabelecendo-se um sistema de alarme visual ou sonoro, que alerte o operador da irregularidade presente podendo até, em alguns casos, promover automaticamente a parada da máquina ou interrupção do sistema antes do agravamento da situação.

Em grandes indústrias ou usinas de geração de energia elétrica, que operam com equipamentos de grande porte e custo muito elevado, é indispensável a instalação de painéis de controle e comando, com instrumentos indicadores das condições de operação desses equipamentos. Cada indicador do painel corresponde a um ponto estratégico do equipamento, tais como mancais, circuitos de lubrificação, partes que se movimentam causando atrito entre sí, filtros, etc. Os sensores térmicos ou de pressão, são instalados nesses pontos, enviando informações aos instrumentos do painel, através de tubos capilares ou condutores elétricos.

Em instalações automatizadas, dependendo do grau de sofisticação dessas instalações, dispositivos especiais promovem a correção de ocasionais desvios; através de transmissores de temperatura ou pressão, que detectam as variações da linha e enviam sinal proporcional pneumático ou elétrico a válvulas controladoras que se encarregam de corrigir o fluxo de um determinado fluido estabelecendo, assim, o equilíbrio da proporcionalidade.

MEDIDA E CONTROLE DA TEMPERATURA E PRESSÃO NA MANUTENÇÃO

O intuito deste capítulo é informar quais os instrumentos comumente usados para a medição e indicação imediata ou registrada durante certo intervalo de tempo, de pressão ou temperatura. Essa indicação pode ser no próprio local da montagem do instrumento ou a distância. No parágrafo seguinte trataremos dos diferentes tipos de medidores de pressão ou seja "manômetros" e sua correta aplicação.

V.02 - MANÔMETROS - TIPOS E APLICAÇÕES

São instrumentos destinados a medir uma pressão, isto é, uma determinada força aplicada sobre uma unidade padrão de superfície. O surgimento do manômetro mecânico deu-se no ano de 1832, quando Eugêne Bourdon descobriu o comportamento do tubo metálico que até hoje leva o seu nome. O tipo mais elementar de manômetro é o de tubo de vidro, que pode ter a forma de "U" ou ser um tubo reto, vertical, com uma das extremidades introduzida num recipiente contendo mercúrio ou um líquido mais pesado que o fluido a ser medido.

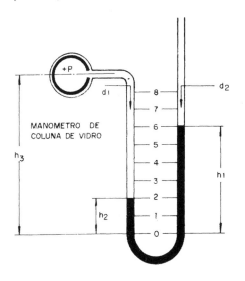

P = Pressão do processo (desconhecida)
d_1 = Densidade do fluido do processo à temperatura ambiente
d_2 = Densidade do fluido do manômetro
P_a = Pressão atmosférica no nível da haste aberta
$(h_1 - h_2)$ = Diferença de altura nas duas hastes
$(h_3 - h_2)$ = Altura da linha acima da haste esquerda
g = Aceleração da gravidade padrão (980,665 cm/s²)
g_c = Constante dimensional (indicada pelo fabricante)

ter-se-á

Figura V.01

$$P = P_a + \frac{g}{g_c} \cdot d_2 (h_1 - h_2) - \frac{g}{g_c} \cdot d_1 (h_3 - h_2)$$

190 TÉCNICAS DE MANUTENÇÃO PREDITIVA

V.02.01 - Manômetro com Sensor Elástico e Mostrador - Seu funcionamento baseia-se na deformação temporária de um elemento elástico que pode ser um tubo Bourdon, um fole, diafragma ou cápsula, ligado a uma tomada de pressão; ao receber pressão, o elemento se deforma produzindo um diminuto movimento e voltando ao formato original ao cessar a pressão. Esse movimento é aproveitado para mover um mecanismo, que através de alavancas e engrenagens faz girar um eixo em cuja extremidade acha-se acoplado um ponteiro; este descreve um percurso sobre um mostrador, normalmente circular, que contém gravada uma escala graduada, indicativa de uma unidade qualquer de pressão, em arco de 270º. Se a pressão aplicada for negativa (vácuo), a deformação do sensor dá-se em sentido contrário. Todo esse conjunto é encerrado numa caixa protetora, com visor frontal de vidro ou plástico transparente, geralmente acrílico.

V.02.02 - Tubo de Bourdon - Pode ser definido como elemento sensor elástico e constitui a parte mais importante, que juntamente com o soquete (que contém a rosca de conexão), forma o que se costuma denominar de **sistema** do manômetro

O tubo Bourdon é constituido de um tubo metálico com boas características de elasticidade, de secção transversal ovalada, porém, originariamente cilíndrica. Cortado num comprimento pré-determinado, tem uma das extremidades fechada e em seguida é curvado em forma "C" ou em espiral (este formato mais usado em pressões altas). A introdução de uma pressão na extremidade aberta, provoca uma deformação, obrigando-o a assumir a primitiva forma reta. Se a ponta aberta estiver presa, a extremidade fechada tende a deslocar-se alguns milímetros, deslocamento esse que será tanto maior quanto mais alta for a pressão. Esse deslocamento é aproveitado para, através do mecanismo, fazer o ponteiro girar sobre a escala do mostrador

Os manômetros de mostrador funcionam dentro de tolerâncias que vão desde 0,1 até 3% ou mais, do valor total da faixa.

De conformidade com suas características de fabricação, sua aplicação destina-se, especificamente a: pressões normais positivas, altas pressões, pressões negativas (vácuo), baixas pressões (coluna d'água) ou pressões diferenciais. Os manômetros de alta pressão, normalmente são utilizados em pressões hidráulicas; os de baixa pressão medem níveis de líquidos, tiragem de chaminés, etc., tendo sua escala graduada em termos de milímetros de coluna de água, polegadas de água, ou de mercúrio; os manômetros diferenciais destinam-se a medir, de forma direta, a diferença entre duas pressões como é o caso das pressões de entrada e saída de filtros, placas de orifício medidoras de vazão de fluido e outras aplicações semelhantes. Estes manômetros são apenas indicadores ou registradores de pressão não possuindo a propriedade de exercer controle de pressão, a não ser como auxiliares desse controle, quando equipados com contatos elétricos, cuja finalidade é ligar ou desligar sistemas de alarmes sonoros e/ou visuais de baixo consumo de corrente. Os manômetros registradores são, em princípio manômetros convencionais que têm acoplado um mecanismo de relógio, destinado a movimentar uma carta gráfica, sobre a qual, um ponteiro gravador com pena hidrográfica registra as variações ocorridas durante um determinado período. Este sistema apresenta a vantagem de registrar, de forma indelével os desvios verificados durante o período em que o sistema ficou desatendido.

V.02.03 - Leitura à Distância - Pode ser obtida de duas maneiras: instalando-se o manômetro em local distante da fonte de pressão ligando-o a esta por meio de um tubo capilar ou acoplando ao eixo do mecanismo um reostato alimentado por fonte externa de energia e ligando-o por condutores, a um voltímetro montado a distância, cujo mostrador acha-se graduado em termos de pressão.

V.02.04 - Limitações pela Agressividade da Linha - Um tubo Bourdon, um fole ou uma cápsula, não deve ter contato direto com o fluido da linha quando este for excessivamente viscoso, corrosivo, cristalizável ou facilmente congelável. Nestes casos, sua montagem na linha deverá ser através de um selo de diafragma, cujas partes molhadas (em contato direto

Figura V.02

com o fluido), deverão ser de material resistente à corrosão. Os fabricantes poderão orientar o usuário na escolha correta do material e do tipo de selo a ser aplicado em cada caso.

V.02.05 - Medida de Pressão de Nível - Para pressões muito baixas, como é o caso da medição de nível de líquidos, sensor de pressão, geralmente, deixa de ser o tubo Bourdon sendo este substituído por um fole ou cápsula. Os foles e cápsulas, normalmente são fabricados de latão, bronze ou inox e em virtude da sua sensibilidade e tipo de material também possuem limitações, como ocorre com os tubos Bourdon.

V.02.06 - Manômetros Eletrônicos Digitais - Até o momento temos tratado de manômetros analógicos convencionais, isto é, dotados de mostrador e ponteiro. Com o desenvolvimento da eletrônica tornou-se possível criar manômetros de alta precisão, usando como elemento sensor um diafragma ou um Bourdon, conjugado a um sistema eletrônico composto de emissores de luz (LEDs) e fotodiodos, que se encarregam de transformar as variações da pressão em sinais elétricos proporcionais a essas variações. A saída analógica gerada pelos fotodiodos é digitalizada e mostrada num display de LED ou LCD. Estes manômetros apresentam diversas vantagens sobre os manômetros convencionais, como ausência de fricção entre partes mecânicas, que geralmente induzem a erros; seu mostrador digital evita erros de leitura causados por paralaxe; oferecem alta resolução e precisão na determinação de pressões.

Figura V.03

MEDIDA E CONTROLE DA TEMPERATURA E PRESSÃO NA MANUTENÇÃO **193**

V.02.07 - Acessórios - Geralmente, sob condições anormais de operação, os manômetros precisam ser acoplados a algum dispositivo destinado a corrigir ou minimizar os efeitos dessas anormalidades. Citaremos, como exemplo, alguns casos:

1 - FLUIDO DA LINHA CORROSIVO, COM SUSPENSÃO, VISCOSO, CONGELÁVEL OU CRISTALIZÁVEL: em tais casos, o manômetro será acoplado a um selo de diafragma, que promove o isolamento entre o fluido e o interior do sensor de pressão.

2 - LINHA PULSANTE E/OU VIBRAÇÃO MECÂNICA: nestes casos, um amortecedor de pulsação proporciona uma quase total retificação dos ciclos de pulsação tornando possível a leitura e evitando o desgaste prematuro do mecanismo do instrumento. Como medida adicional de segurança, o manômetro será construido em caixa completamente estanque, levando em seu interior um enchimento de líquido, que poderá ser glicerina, óleo de silicone ou, em casos especiais, um halocarbono.

3 - TEMPERATURA EXCESSIVA DA LINHA: se o manômetro for acoplado diretamente a uma linha de alta temperatura, esta pode causar danos irreparáveis ao instrumento. O dispositivo de correção usado neste caso é o tubo-sifão, que consiste de um tubo metálico enrolado em forma de trombeta ou de bobina, que provoca sensível queda da temperatura do fluido até que o mesmo atinja o interior do instrumento ao qual ele foi acoplado.

4 - SOBREPRESSÃO: há linhas que estão sujeitas a subidas rápidas ou lentas de pressão, que ultrapassam o limite máximo permitido ao manômetro. Em tais casos, o manômetro é acoplado a um limitador de pressão, encarregado de bloquear a pressão da linha, toda vez que esta ameace ultrapassar um limite pré-estabelecido.

V.03 - CONTROLE DA PRESSÃO

Com a modernização das indústrias, os métodos de fabricação deixaram de ser manuais e empíricos, passando aos sofisticados métodos de automação, onde, por exigência da qualidade do produto final, devem funcionar sob estreitíssima faixa de tolerância de variações da pressão.

Qualquer desajuste do sistema poderá provocar a desuniformidade do produto final, comprometendo sua qualidade e, não raro, pondo a perder toda uma produção. Eventualmente, tais desajustes podem ocorrer durante a fase de processamento e devem ser prontamente corrigidos, no instante mesmo em que ocorrerem. Para tal, é necessário aplicar-se intrumentos que possam controlar a pressão e que sejam, ao mesmo tempo, sensíveis, rápidos e confiáveis.

V.04 - PRESSOSTATOS

São instrumentos capazes de manter a pressão dentro de estreitos limites pré-determinados, ligando ou desligando algum dispositivo corretor da pressão assim que os limites máximo e mínimo forem atingidos. Um pressostato é, em realidade, uma chave comutadora liga/desliga ou vice-versa, acionada por um sistema algo semelhante a um manômetro. Possui, igualmente, um sensor elástico, que ao receber pressão, produz um deslocamento acionando uma ampola de mercúrio ou uma micro-chave de capacidade até 20 A, que através de relés pode acionar bombas, queimadores, etc.

A instalação de um pressostato obedece às mesmas precauções e mesmos princípios que são seguidos para a instalação de manômetros.

Figura V.04

MEDIDA E CONTROLE DA TEMPERATURA E PRESSÃO NA MANUTENÇÃO **195**

V.05 - MEDIDA DA TEMPERATURA

As atuais escalas de temperatura têm sido inalteradas por um período de quase duzentos anos. Os instrumentos de medição da temperatura baseavam-se, antigamente, apenas na expansão térmica de gases e líquidos e na época atual ainda são largamente usados recebendo a denominação de "termômetros de sistema cheio".

Outros princípios de reação à temperatura têm sido também adotados com maior ou menor eficiência, dependendo de sua aplicação. São eles:

Coluna de mercúrio
Reação de bimetal
Termopares,
Termômetros de resistência
Pirômetros ópticos e de radiação
Termistores
Giz e tintas termo-sensíveis

Os termômetros de sistema-cheio são, em realidade, manômetros dotados de um dispositivo capaz de gerar determinada pressão interna ao receber determinada temperatura. Trata-se de um reservatório contendo um gás, ou líquido orgânico, ou mercúrio, ligado ao Bourdon através de um tubo capilar. Considerando-se o tipo de expansão que faz acionar o elemento elástico do instrumento, elas se dividem em: a) Expansão Manométrica (termômetros a gás e a vapor de líquido); b) Expansão Volumétrica (termômetros com sistema cheio de líquido ou de mercúrio).

VANTAGENS: os termômetros de sistema-cheio com gás ou líquido orgânico, apresentam as seguintes vantagens sobre os demais tipos, inclusive os de reação a mercúrio: baixo custo, facilidade de manutenção, maior velocidade de resposta, influência desprezível da temperatura ambiente sobre o capilar e por serem inócuos quando, no caso de ruptura acidental do bulbo o fluido do sistema de enchimento entrar em contato com processos alimentares ou peças de equipamentos.

DESVANTAGENS: sua escala de temperatura não é linear em virtude dos gases ou vapores de líquidos se expandirem de forma progressiva com o aumento de temperatura; além disso, sua faixa útil de medição vai de -40ºC até 150ºC (excetuam-se os de enchimento de gás de tecnologia recente, que podem medir temperaturas desde -60ºC até 650ºC de forma linear).

196 TÉCNICAS DE MANUTENÇÃO PREDITIVA

V.05.10 - Termômetros de Expansão de Mercúrio - Estes termômetros estão caindo gradativamente em desuso por apresentar grande número de inconvenientes, principalmente causados pela natureza deletéria do mercúrio que poderá entrar em contato acidental com o processo ou equipamento, podendo causar danos fatais às pessoas e danos materiais aos equipamentos atingidos.

O mercúrio, por ser um elemento de alta densidade, provoca erros de leitura quando o bulbo do termômetro é instalado em nível superior ou inferior ao do instrumento, tornando inevitável um reajuste de zeragem. Outro fator negativo reside no fato do mercúrio contido na extensão do capilar agir como coluna, expandindo ou contraindo de acordo com a temperatura do ambiente que ele atravessa. Esse erro é expresso em termos de porcentagem sobre o total da faixa, multiplicado por metro de capilar. Para contornar esse inconveniente, um segundo capilar é soldado ao lado do original, sem contudo penetrar o bulbo, em seguida ligado a um segundo sistema, igualmente cheio de mercúrio. O mercúrio contido nesse capilar de compensação reage somente à temperatura do ambiente e age em contraposição ao sistema de medição, anulando o efeito acima descrito. A escala do temômetro a expansão de mercúrio é linear e sua faixa de operação vai desde -60ºC até 65ºC.

V.05.20 - Termômetros Bimetálicos - Seu funcionamento baseia-se na deformação de uma tira composta de dois metais de diferentes coeficientes de dilatação, quando submetida a temperatura acima ou abaixo da temperatura ambiente. As lâminas metálicas, de natureza diferente, são soldadas ou caldeadas juntas formando o que se denomina bimetal; ao ser submetida a uma temperatura mais alta que a do ambiente, ele se deforma formando uma curvatura num sentido. Se o submetermos à baixa temperatura, ele se deforma no sentido contrário. Quando uma tira de bimetal é enrolada no formato helicoidal e uma das extremidades é presa, a extremidade livre terá um movimento de rotação toda vez que sentir mudanças na temperatura; esta rotação é usada para fazer girar o ponteiro que irá indicar a temperatura sobre uma escala circular, linear, gravada sobre o mostrador.

VANTAGENS: baixo custo de aquisição e operacional; faixas que vão desde -50ºC até 600ºC; são leves e de fácil instalação.

DESVANTAGENS: servem somente para local, não podendo servir de indicador remoto.

MEDIDA E CONTROLE DA TEMPERATURA E PRESSÃO NA MANUTENÇÃO 197

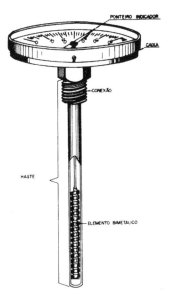

Figura V.05

V.06 - Sistemas Elétricos de Medição da Temperatura:

Sensores elétricos têm sido, por longo período, um método popular de medição de temperatura em indústrias metalúrgicas e geração de energia elétrica. Posteriormente, com o uso sempre crescente de dispositivos eletrônicos, essas aplicações se extenderam a outras áreas industriais. Os sistemas de medição por termopares e por resistência são os mais usados. Os termopares funcionam segundo o princípio da "termoeletricidade", descoberta por Seebeck em 1921. Esse princípio foi observado quando, ao se unirem as extremidades de dois fios metálicos de materiais diferentes, estes geravam uma força eletromotriz ao receberem temperatura diferente da ambiente. Elementarmente, um termopar consiste de dois fios de natureza diferente, tendo uma das extremidades soldada ou caldeada, destinada a "sentir" a temperatura, denominada "junta quente"; a outra extremidade dos dois fios denomina-se "junta de referência" e é ligada a um instrumento elétrico de medição. Os metais mais usados para compor um termopar são, de acordo com as características de aplicação: cobre/constantana, ferro/constantana; cromel/alumel; platina/platina-ródio. A força eletromotriz (fem) gerada na junta de medição, cresce conforme a temperatura cresce; dessa forma, um instrumento sensível capaz de medir a fem é ligado na junta de referência e seu mostrador é graduado em termos de

	TIPO	COD.	LIMITES DA TEMPER. °C		ALCANCE MÍNIMO APROXIMADO					ALCANCE MÁXIMO	MÁXIMA SOBRETEMPERATURA
			MIN.	MAX.	-73/93	93/260	260/532	38/1093	1093/1927		
TERMOPAR	COBRE/CONSTANTA	T	-185	345	121	93	127	—	—	(1)	593
	FERRO/CONSTANTA	J	-185	760	93	79	127	65	—	(1)	982
	CROMEL/ALUMEL	K	-185	1093	121	107	104	104	—	(1)	1204
	PLATINA/PLATINA/RÓDIO	R-S	0	1954	—	480	427	370	343	(1)	1705
BULBO DE RESISTÊNCIA	NÍQUEL	—	-195	315	15	15	15	—	—	(2)	345
	PLATINA	—	-250	899	49	49	49	49	—	(2)	982
	COBRE	—	-195	121	93	93	—	—	—	(2)	149

(1)- O ALCANCE MÁXIMO DEPENDE SOMENTE DOS LIMITES DE TEMPERATURA APLICADOS.

(2)- O ALCANCE MÁXIMO GERALMENTE DEPENDE DO INSTRUMENTO DE MEDIÇÃO, DENTRO DE LIMITES DE TEMPERATURAS LISTADOS. O USO DE SENSORES DE RESISTÊNCIA PARA TEMPERATURAS ACIMA DE 93°C, TENDE A ANULAR A CARACTERÍSTICA SUPERIOR DE PRECISÃO, FREQUENTEMENTE SELECIONADA PARA MEDIÇÃO POR RESISTÊNCIA.

OBS.: OS LIMITES DE TEMPERATURA ACIMA VARIAM DE ACORDO COM A CONSTRUÇÃO E TAMANHO DOS FIOS. TERMOPARES MENORES SÃO MAIS SENSÍVEIS MAS DETERIORAM MAIS RAPIDAMENTE A ALTAS TEMPERATURAS.

Figura V.06

MEDIDA E CONTROLE DA TEMPERATURA E PRESSÃO NA MANUTENÇÃO   199

temperatura. A relação temperatura/f.e.m. é mostrada no gráfico V.07 e expressa os tipos mais populares de termopar. O desvio dessa relação linear é de menos de 1%.

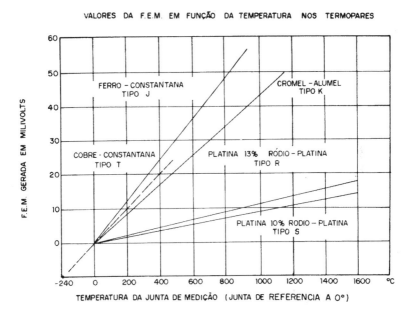

Figura V.07

Um termopar pode ser representado esquematicamente pela figura V. 08.

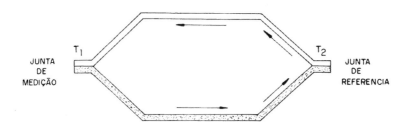

Figura V.08

A introdução de metais intermediários num circuito de termopar não afeta a f.e.m. do circuito uma vez que as juntas permaneçam à mesma temperatura original. A soma algébrica das f.e.m. num circuito, consistindo de qualquer número de metais diferentes é zero. Para um perfeito funcionamento, a junta de medição deve ter um bom contato entre os fios, podendo ser soldada ou caldeada.

JUNTA DE REFERÊNCIA: Para uma medição precisa é necessário que a temperatura na junta de medição seja constante ou, se for de caráter variável, deverá ter um sistema adequado de compensação a fim de evitar indicação errática no milivoltímetro. Quando usado em laboratório de teste ou aferição, a junta de referência deve estar colocada em local de temperatura constante, mantida artificialmente. Exemplo: num recipiente submetido a vácuo e contendo em seu interior gelo picado saturado com água.

A maioria dos termopares possui instrumento com compensação automática da junta de referência. Nesses instrumentos isso é obtido fazendo passar corrente através de um resistor, que mede as variações e fornece f.e.m. necessária, por meio da queda de voltagem produzida através dele.

Instalações industriais geralmente utilizam um termopar com cabeça de ligações, extensão de condutor necessária, à um instrumento, que pode ser indicador, registrador ou controlador com compensação interna de variação de temperatura (fig. abaixo). Os fios que conduzem a informação, geralmente são do mesmo material do termopar ou outros materiais capazes de gerar a mesma f.e.m. do termopar, como é o caso de termopares aplicáveis a temperaturas de até aproximadamente 200ºC.

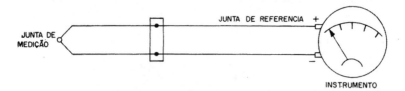

Figura V.09

V.06.10 - **Medição da Média das Temperaturas** - Para medir a média das temperaturas ao longo de uma linha de processo muito extensa, uma retorta ou vaso muito grande, usam-se diversos termopares instalados em locais estratégicos, ligando-se em paralelo, não importando o número deles.

MEDIDA E CONTROLE DA TEMPERATURA E PRESSÃO NA MANUTENÇÃO 201

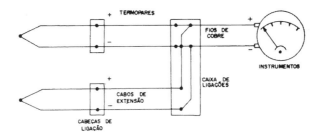

Figura V.10

A voltagem obtida é média ou seja a soma das voltagens desenvolvidas pelos termopares, dividida pelo número deles. Isso, porém, exige que as resistências de todos os termopares e dos fios de extensão sejam iguais.
Termopares não devem ser ligados à terra para evitar escoamento da f.e.m. gerada.

V.06.20 - Medida da Temperatura Diferencial - Para medir o diferencial de temperatura entre dois pontos usam-se dois termopares iguais ligados em paralelo com fio de extensão do mesmo material. As ligações são feitas de forma que cada f.e.m. desenvolvida se oponha à outra; assim, se a temperatura em ambos os termopares forem iguais o diferencial é igual a zero. Quando, porém, as f.e.m. forem diferentes, a f.e.m. gerada é igual à diferença entre elas.
Dependendo da forma em que os termopares operam às altas e baixas temperaturas com relação um ao outro, o instrumento pode ser adquirido com o zero milivolt no início ou no meio da escala.
As ligações entre os termopares e a caixa de conexões podem ser de cobre. O instrumento não deve ter compensação na junta de referência. A figura abaixo mostra o tipo de conexão a ser feita.

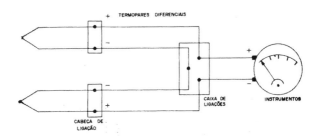

Figura V.11

202 TÉCNICAS DE MANUTENÇÃO PREDITIVA

Os termopares desenvolvem voltagem muito pequena medida em milésimos de volt, dentro de uma faixa de -11 a +75 mV dependendo do tipo de termopar e a temperatura de trabalho.

V.07 - MEDIDA DA TEMPERATURA POR RESISTÊNCIA

Baseia-se na mudança de condutividade elétrica com a mudança de temperatura. Um enrolamento de fio pode atuar como sensor de temperatura. Os metais mais usados para o enrolamento são níquel, platina e cobre. As resistências de platina são capazes de medir temperatura de até 810ºC porém, apresentam o inconveniente da falta de intercambialidade; no entanto, se um bulbo sensor de platina é ajustado de conformidade com a sua curva, pode ser intercambiável com outro bulbo calibrado de acordo com a mesma curva.

A temperatura sentida por um bulbo de resistência pode ser lida em diferentes tipos de instrumentos. Se a medição da temperatura é para ser usada em conjunto com um sistema de controle pneumático, o bulbo de resistência poderá ser ligado a um conversor resistência-para-pneumático encarregado de converter a temperatura medida por um elemento sensor de resistência, em sinal pneumático de saída de 3-15 psi, sinal este que é adequado para ser usado com muitos tipos de instrumentos receptores pneumáticos como controladores, registradores e vários instrumentos computarizados.

V.07.01 - Princípio de Medição - O bulbo de resistência é conectado a uma ponte de Wheatstone de medição e excitado por uma fonte de alimentação de corrente contínua regulada. A mudança de resistência do sensor causada pela mudança de temperatura ocasiona, na ponte, uma saída proporcional a temperatura medida.

V.08 - TERMISTORES

Tais itens são feitos de óxidos metálicos tratados termicamente e diferem dos resistores normais por possuirem um coeficiente de resistência de temperatura negativo, podendo, no entanto, substituir os sensores de resistência. A dificuldade reside em obter-se unidades que se adaptem às curvas de características desejadas dentro de limites aceitáveis de pressões; entretanto, isso muitas vezes é conseguido.

A vantagem oferecida pelos termistores sobre os bulbos de resistência é de proporcionar maiores mudanças de resistência para as mudanças de temperatura determinadas.

Como desvantagem, a sua precisão embora boa, é inferior àquela das resistências. Isso, provavelmente é a causa da sua limitada aplicação em instrumentação industrial de processo.

V.09 - PIRÔMETROS ÓPTICOS E A RADIAÇÃO

Estes dispositivos utilizam um sistema óptico que focaliza a energia radiada de um corpo sobre um sistema sensor. Dispositivos manuais desse tipo ainda são freqüentemente usados, nos quais, a emissão infravermelha ou de comprimento de onda visível é focalizada sobre um alvo e comparada com a saída luminosa de um filamento óptico calibrado. No sistema automático, a energia (normalmente a faixa de radiação infravermelha), é focalizada sobre uma série de arranjos de termopares. Essa "termopilha" produz uma saída de milivolts relacionada com a fonte de temperatura. Esses pirômetros são usados onde se deve medir altas temperaturas ou onde o contato com o objeto emissor de temperatura é impossível.

A precisão deste método é influenciada por fatores como reflexos, presença de gases no trajeto da radiação e emissões da superfície do corpo cuja temperatura está sendo medida.

Figura V.12

TÉCNICAS DE MANUTENÇÃO PREDITIVA

V.10 - TERMOGRAFIA

Este novo método de medir temperatura superficial usa materiais luminescentes. A distribuição da temperatura sobre a superfície é convertida em padrão de brilho (ou cores), que pode ser observado diretamente ou gravado fotograficamente.

V.11 - LÁPIS, TINTAS, PELOTAS SENSÍVEIS ÀS MUDANÇAS DE TEMPERATURA

Dois são os métodos usados: fusão e mudança de côr. Estes métodos usam composições especiais com características específicas para as faixas de temperatura a que se destinam.

Os lápis têm ponto de fusão calibrado; as tintas são feitas de material semelhante, em suspensão num veículo inerte, volátil e não-inflamável. Tanto os lápis como as tintas, cobrem uma faixa que vai de 45 até 1093ºC em 12 a 50 etapas. A peça sendo trabalhada é marcada com lápis ou tinta, antes da aplicação de calor; quando atingir seu ponto de fusão, a marca se funde.

As pelotas, que abrangem uma faixa de 45 até 1370ºC indicam a temperatura atingida por liquefação.

V.12 - MÉTODO DA MUDANÇA DE COLORAÇÃO

Deve ser observado que neste método o composto sensível é usado em forma de tinta. A temperatura é indicada pela mudança de coloração e como essa mudança é irreversível, ela permanece indicando a temperatura atingida, mesmo depois de esfriada. Algumas côres possuem múltiplos pontos de transição, fornecendo um quadro de distribuição de temperaturas sobre uma larga faixa. A transformação gradual dessas cores indica, ainda, os fatores tempo/temperatura.

V.13 - CONTROLE DA TEMPERATURA

Os termostatos são dispositivos controladores de temperatura semelhantes aos pressostatos e da mesma forma que os termômetros de sistema cheio (ver capítulo V.05) possuem um depósito contendo um líquido volátil, cujo vapor gera uma pressão interna ao receber temperatura. A pressão assim gerada provoca a movimentação de um sensor elástico (tu-

MEDIDA E CONTROLE DA TEMPERATURA E PRESSÃO NA MANUTENÇÃO **205**

bo Bourdon ou diafragma), que por sua vez aciona um ou mais microrruptores (também conhecidos como microchaves ou "micro-switches") ou um ou mais contatos de ampola de mercúrio. Ao decrescer a temperatura, a pressão gerada pelo sensor primário (bulbo), decresce invertendo o processo liga/desliga do microrruptor. Estes instrumentos possuem diferencial liga/desliga fixos, indicado na etiqueta, ou ajustáveis, e servem para manter a temperatura de um processo ou equipamento, dentro de limites pré-ajustados (set-point), operando eletricamente sobre o sistema produtor de calor.

V.14 - BIBLIOGRAFIA

Considini, D.M. - Process Instruments and Controls Handbook - McGraw-Hill Book Co. - 1957

Anderson, N.A. - Instrumentation for Process Measurement and Control - Chilton Company, 1972

VI.0 - Vibrações Mecânicas
Movimento Ondulatório

L.X. Nepomuceno

Na manutenção, a medida e monitoramento das vibrações das máquinas, equipamentos etc., constitue uma das atividades que melhores resultados apresenta. Há, no entanto, uma série grande de definições, conceitos e relações que devem ser entendidas com clareza, eliminando interpretações errôneas, com resultados imprevisíveis. Não existe a intenção de entrar em detalhes quanto aos problemas associados às vibrações; trataremos, por outro lado, de recordar algumas idéias e conceitos fundamentais e de interesse à manutenção, sem entrarmos em detalhes analíticos. Os interessados no assunto devem recorrer à literatura indicada, onde encontrarão ampla descrição dos detalhes envolvidos no estudo das vibrações, movimento ondulatório, propagação ondulatória etc.

Quando tomamos um veículo qualquer que percorre a trajetória AUPQB na figura VI.01, definimos a sua velocidade média como a relação entre a distância realmente percorrida AUPQB pelo tempo transcorrido da partida em A até a chegada em B. Observe-se que a velocidade em qualquer instante é obtida considerando-se um intervalo de tempo muito pequeno e a velocidade apresenta tão somente o valor de uma **grandeza**, sendo uma quantidade essencialmente **escalar**. Por outro lado, a **rapidez** é definida como a distância percorrida numa direção determinada, dividida pelo tempo transcorrido desde o ponto de partida ao ponto de chegada, pontos A e B na figura VI.01.

Figura VI.01

VIBRAÇÕES MECÂNICAS. MOVIMENTO ONDULATÓRIO 207

Então, a velocidade média de um veículo que vai de A para B na direção de A → B é igual ao comprimento da distância AB, separação entre os pontos de partida e chegada, dividido pelo tempo transcorrido para a execução do percurso A a B. AB é então o deslocamento do veículo que pode ou não coincidir com o trajeto de A a B. Então, podemos definir a rapidez como a **variação do deslocamento na unidade de tempo**. Trata-se, portanto, de uma quantidade que possue amplitude e direção, sendo grandeza **vetorial**.

A rapidez v de um corpo qualquer que é sujeito a um deslocamento pequeno s num tempo também pequeno δt, é dada pela expressão

$$v = \frac{\delta s}{\delta t}$$

e em linguagem de cálculo diferencial,

$$v = \lim_{t \to 0} \left(\frac{\delta s}{\delta t} \right) = \frac{ds}{dt}$$

sendo então a rapidez nada mais que o gradiente de variação do deslocamento.

Chamamos a atenção de um problema bastante comum na língua portuguesa que é, exatamente, o de não utilizar os termos que possue de maneira adequada. Há, como vimos, uma diferença enorme entre rapidez e velocidade, sendo a rapidez uma grandeza vetorial e a velocidade uma grandeza eminentemente escalar. Utilizamos, no entanto o vocábulo velocidade somente, esquecendo que existe um outro termo que deveria ser utilizado visando evitar dúvidas e definindo as diversas variáveis de maneira adequada. No inglês existem os termos velocity que corresponde à velocidade escalar e a speed, que nada mais é que a rapidez, grandeza vetorial. Em alemão tem-se a geschwindigkeit e schnelle. Por tal motivo, embora o português possua os termos adequados a cada caso, somos forçados a utilizar expressões velocidade escalar e velocidade vetorial, o que não deixa de ser lamentável.

Quando um corpo qualquer percorre distâncias iguais, na mesma linha reta, em tempos iguais, o movimento é denominado com velocidade constante ou movimento com velocidade uniforme. O movimento com velocidade uniforme é possível somente ao longo de uma reta; caso o

208   TÉCNICAS DE MANUTENÇÃO PREDITIVA

percurso seja circular, a direção do movimento varia constantemente e não pode possuir velocidade uniforme mas tão somente velocidade escalar constante. Seria, muito mais fácil dizer que, no movimento circular, a velocidade é uniforme mas a rapidez é variável.

Quando um corpo qualquer se movimenta e a sua velocidade varia, diz-se que o mesmo está executando um movimento acelerado. A aceleração é dada pela expressão

$$a = \frac{\text{variação da velocidade}}{\text{tempo para a variação}} = \frac{\delta v}{\delta t}$$

ou na notação do cálculo diferencial,

$$a = \lim_{t \to 0} \left(\frac{\delta v}{\delta t} \right) = \frac{dv}{dt}$$

Portanto, a aceleração nada mais é que o gradiente de variação da velocidade. Caso a variação da velocidade permaneça igual para tempos iguais, diz-se que o corpo está em movimento uniformemente acelerado. Interessa-nos verificar algumas relações que constituem equações referentes a um corpo genérico se movimentando ao longo de uma reta e com aceleração uniforme. Caso a velocidade do corpo aumente uniformemente de v_0 a v_1 no tempo t, a aceleração uniforme A será dada pela expressão

$$a = \frac{\text{variação da velocidade}}{\text{tempo para a variação}} = \frac{v_1 - v_0}{t}$$

ou $$v_1 = v_0 + at \qquad \text{(i)}$$

Se designarmos por s o deslocamento do corpo no tempo t, como a velocidade média é o deslocamento dividido pelo tempo, s/t, podemos escrever

$$\frac{s}{t} = \frac{v_1 + v_0}{2}$$

VIBRAÇÕES MECÂNICAS. MOVIMENTO ONDULATÓRIO 209

ou

$$s = \frac{1}{2}(v_1 + v_0)t$$

$$v_1 = v_0 + at$$

ter-se-á

$$s = \frac{1}{2}(v_0 + v_0 + at)t$$

ou

$$s = v_0 t + \frac{1}{2}at^2 \qquad (ii)$$

e, se substituirmos o valor de t na expressão (ii) pelo extraído da expressão (i) obteremos, finalmente,

$$v_1^2 = v_0^2 + 2as$$

que é a expressão utilizada usualmente para a determinação de uma das variáveis quando se conhece o valor de três delas.

VI.01 - MOVIMENTO CIRCULAR

Ao estudarmos os fenômenos da natureza, encontramos comumente corpos descrevendo um movimento tal que o percurso se não é rigorosamente circular está bem próximo dele. Basta verificar, o percurso descrito pelos astros e demais corpos celestes, as órbitas dos elétrons estudada na Física Atômica, etc. Do estudo do movimento retilíneo chega-se ao estudo do movimento circular com relativa facilidade.

Se considerarmos um corpo genérico que descreve um percurso sobre um círculo com percursos iguais em tempos iguais ter-se-á um movimento com velocidade constante porém com rapidez que não é constante, pela própria definição que demos à velocidade e à rapidez. Uma é escalar e a outra é vetorial. Como ilustração, vamos considerar a Figura

VI.02, que mostra uma esfera fixa no ponto P de um fio fazendo-se a mesma girar em torno o centro do círculo.

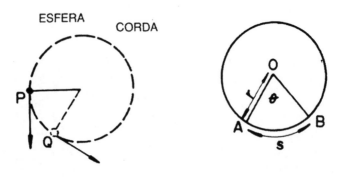

Figura VI.02   **Figura VI.03**

A rapidez, ou velocidade vetorial da esfera no ponto P dirige-se ao longo da tangente no próprio ponto P. No momento que a esfera atinge o ponto Q, esta velocidade vetorial será dirigida ao longo da tangente em Q, e assim sucessivamente. Caso a amplitude da velocidade permaneça constante, as velocidades escalares em P e em Q serão a mesmas, mas suas direções serão diferentes e, por conseguinte, as velocidades vetoriais são diferentes. Como uma variação da velocidade nada mais é que uma aceleração, qualquer objeto que se move uniformemente numa órbita circular ou num arco de círculo está executando um movimento acelerado.

Observe-se as diferenças que existem nas linguagens usuais e na Física. Na linguagem do dia-a-dia um corpo está acelerado quando sua velocidade aumenta continuamente mas, quando se trata de Física, a aceleração significa tão somente uma alteração na velocidade que, embora mantenha magnitude constante varia de direção.

VI.01.01 - Equações do Movimento Circular - Quando estamos calculando em Física ou na Engenharia, os ângulos são medidos em radianos e não em graus de arco ou ângulo. O radiano nada mais é que a medida do arco que subtende um ângulo em função do raio do círculo. Por definição, o radiano é dado pela expressão

$$\theta = \frac{s}{r}$$

VIBRAÇÕES MECÂNICAS. MOVIMENTO ONDULATÓRIO   **211**

onde s é o arco de círculo e r o raio do mesmo círculo. Caso s=r, ter-se-á 1 radiano. Portanto, um radiano é o ângulo subtendido pelo arco de comprimento igual ao raio do círculo. Quando o arco abrange o círculo inteiro, ter-se-á

$$\theta = 2\pi \text{ radianos} = 360°$$

portanto,

$$1 \text{ rad} = \frac{360}{2\pi} \cong 57°$$

Então, o comprimento s de um arco que subtende um ângulo de θ rad num círculo de raio r é dado pela expressão

$$s = \theta$$

Quando se tem um corpo descrevendo um movimento uniforme num percurso circular, podemos caracterizar a sua velocidade de duas maneiras: através da velocidade escalar ao longo da tangente em qualquer instante, ou seja, pela velocidade linear escalar ou então pela velocidade angular. A velocidade angular nada mais é que o ângulo varrido pelo raio que une o corpo ao centro do círculo, sendo medida em radianos por segundo (rad/s).

Como é óbvio, há grande interesse em relacionar as velocidades linear e angular, visando facilitar os cálculos. Vamos, então, considerar um corpo qualquer que executa um movimento uniforme de A para B no tempo t, de tal modo que o raio OA descreve o ângulo θ, conforme ilustra a Figura VI.03. A velocidade angular do corpo será dada pela expressão

$$\omega = \frac{\theta}{t}$$

Considerando que o arco de círculo AB apresenta um comprimento s e a velocidade do corpo, v, é constante, ter-se-á

$$v = \frac{s}{t}$$

Porém sabemos ser s=rθ onde r é o raio do círculo e então

$$v = \frac{r}{t}$$

e como a velocidade angular é o ângulo percorrido na unidade de tempo, ω=θ/t, podemos escrever

$$v = r\omega$$

Se considerarmos um corpo descrevendo um movimento circular e com uma velocidade v constante, é possível determinarmos a expressão da aceleração desse corpo. Caso o percurso seja no sentido de A para B na Figura VI.04 num intervalo de tempo dado por δt, ter-se-á que a distância é igual à velocidade multiplicada pelo tempo e então,

$$\text{Arco } AB = v\delta t$$

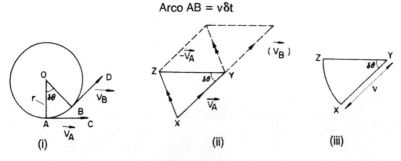

Figura VI.04

Pela definição de um ângulo medido em radianos, tem-se

$$\text{arco } AB = r\delta\theta = vt$$

$$\delta\theta = \frac{v\delta t}{r} \qquad (ii)$$

Os vetores $\vec{v}_A$ e $\vec{v}_B$ que partem tangencialmente de A e B representam as velocidades nesses dois pontos e a **variação** da velocidade entre A e B é obtida subtraindo-se $\vec{v}_A$ de v_B, ou seja,

VIBRAÇÕES MECÂNICAS. MOVIMENTO ONDULATÓRIO **213**

$$\text{variação da velocidade} = v_B - \vec{v}_A$$

Como

$$\vec{v}_B - v_A = \vec{v}_B + (-v_A)$$

para subtrair-se o vetor $\vec{v}_A$ do vetor $\vec{v}_B$ somamos os vetores $\vec{v}_B$ e $(-\vec{v}_A)$ conforme o conhecido paralelograma das forças ou paralelograma vetorial. Na Figura VI.04(ii) a reta XY representa o vetor $\vec{v}_B$ em grandeza v e direção DB. YZ representa $(-\vec{v}_A)$ em grandeza v e direção CA. A resultante indica a variação de velocidade segundo o vetor XZ. Como $(-\vec{v}_A)$ é normal a DA e $\vec{v}_B$ é normal a OB, tem-se que

$$\llcorner XYZ = \llcorner AOB = \delta\,\theta$$

Caso δt seja muito pequeno, infinitésimo, $\delta\,\theta$ será também infinitésimo e XZ terá, quando muito, o mesmo comprimento do arco XZ ilustrado na Figura VI.04(iii), que subtende o ângulo $\delta\,\theta$ no centro do círculo de raio r. O Arco XZ será igual a $\delta\,\theta$ e então

$$XZ = v\,\delta\,\theta$$

e substituindo-se $\delta\,\theta$ da expressão (ii) obtém-se

$$XZ = \frac{v^2}{r}\,\delta t$$

A amplitude da aceleração, a, entre os pontos A e B é dada pela relação

$$a = \frac{\text{variação da velocidade}}{\text{intervalo de tempo}} = \frac{XZ}{\delta t}$$

ou

$$a = \frac{v^2}{r}$$

Caso indiquemos por ω a velocidade angular do corpo, será

$$v = r\,\omega$$

214 TÉCNICAS DE MANUTENÇÃO PREDITIVA

e então

$$a = \omega^2 r$$

Note-se que a **direção** da aceleração é dirigida ao centro do círculo O; isto pode ser observado quando é δt infinitésimo tal que A e B tendem a coincidir; o vetor XZ é normal a $\vec{v_A}$ ou $\vec{v_B}$, ou seja, ao longo de AO ou BO. Por tal motivo diz-se que o corpo apresenta uma **aceleração centrípeta.**

VI.01.02 - Força Centrípeta - Como um corpo arbitrário se movendo numa trajetória circular está se acelerando, a primeira lei de Newton diz que deve haver uma força agindo sobre o mesmo para originar a aceleração. A exemplo da aceleração, tal força será dirigida ao centro do círculo e é denominada **força centrípeta.** É tal força que obriga os corpos a se desviarem do movimento em linha reta que seria o percurso natural se abandonados, sem a ação desta força centrípeta. O valor de F é dado pela segunda lei de Newton, ou seja,

$$F = ma = \frac{mv^2}{r}$$

Caso a velocidade angular seja ω, podemos escrever

$$F = m\omega^2 r$$

onde é m a massa do corpo e v a sua velocidade no percurso circular de raio r. Quando um corpo qualquer é fixado no extremo de uma corda e posto a girar, a força centrípeta é que o mantem girando numa órbita circular, força essa originada na tensão exercida na corda. Caso se aumente a velocidade de rotação do corpo, a força centrípeta aumentara e, quando atingir um valor muito alto, a corda se romperá, e o corpo parte em linha reta no ponto onde o rompimento se der, tomando a direção da tangente no ponto e ruptura.

VI.01.03 - Corpos Executando Movimentos Curvos - Quando um veículo qualquer executa uma trajetória tal que deve fazer uma curva com velocidade uniforme e num plano horizontal, a resultante das forças que agem no mesmo deve ser dirigida ao centro do percurso circular. Tal força aparece

VIBRAÇÕES MECÂNICAS. MOVIMENTO ONDULATÓRIO 215

na interação do veículo com o ar e com o solo, sendo uma força eminentemente centrípeta. O ar exerce uma força sobre o veículo em direção oposta à direção instantânea do movimento. A segunda força, que é bem mais importante, é a força de atrito exercida pelo solo nos pneumáticos do veículo. A força resultante é exatamente a força centrípeta.

Por tal motivo é que, nas estradas e pistas de alta velocidade, existe uma inclinação da pista e tal inclinação depende da superfície da estrada e dos pneumáticos. O importante é que exista uma força de atrito suficiente para impedir que o veículo derrape. Trata-se, então, de determinar qual o ângulo θ que a pista deve apresentar em relação a vertical. Na figura VI.05, decompondo N na vertical e horizontal obtemos,

$$N \text{ sen } \theta = \frac{mv^2}{r}$$

uma vez que N sen θ é exatamente a força centrípeta. Como o veículo permanece no mesmo plano horizontal e por tal motivo não possue aceleração vertical, podemos escrever

$$N \cos \theta = mg$$

e então

$$\text{tang } \theta = \frac{v^2}{gr}$$

Observa-se pelas equações acima que para um dado raio da curva, o ângulo de inclinação da pista é válido para uma dada velocidade.

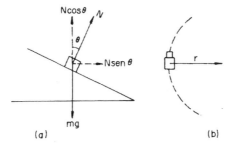

Figura VI.05

Quando um avião está realizando um vôo mantendo as asas na horizontal, aparece uma força que tende a levantar o aparelho, força essa em ângulo reto com a superfície das asas, equilibrando seu peso. Para

Figura VI.06

executar uma curva, os ailerons são acionados de tal modo que a aeronave se inclina, fornecendo a componente horizontal do empuxe para cima a força centrípeta necessária. O peso da aeronave tem oposição somente da componente vertical do empuxe, havendo necessidade de aumentar a velocidade para impedir perda de altura.

VI.01.04 - Exemplos Práticos de Movimento Circular - Há inúmeros exemplos práticos de movimento circular, de modo que uma simples descrição de pequena parte deles demandaria não somente longo tempo como inúmeras páginas. Por tal motivo, limitar-nos-emos a uns poucos exemplos de maior conhecimento no dia-a-dia.

VL01.04.01 - O Rotor Mágico - Nos parques de diversões, é comum encontrar um dispositivo chamado "Rotor Mágico". O mesmo é constituído por um cilindro com diâmetro interno da ordem de 4 metros, com as paredes verticais revestidas com uma lona espessa, existindo uma camada de material fôfo entre a lona e as paredes maciças do cilindro, constituindo um almofadado. No interior do rotor as pessoas permanecem em pé, com as costas apoiadas nas paredes almofadadas e o cilindro é posto a girar, aumentando gradativamente sua velocidade de rotação. Ao atingir uma determinada velocidade de rotação, o assoalho do cilindro é acionado para baixo. Quando tal se dá, as pessoas não acompanham o assoalho mas, pelo contrário, permanecem na posição inicial, como que "grudadas" às paredes almofadadas. A figura VI.07 ilustra as forças que intervem no processo.

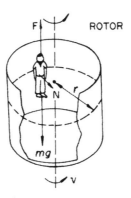

Figura VI.07

Admitamos que a pessoa em tela apresente uma massa **m**. A força normal à parede é N e se exerce sobre a pessoa, sendo esta a força centrípeta necessário a mantê-lo se movendo circularmente. Designando o raio do rotor por **r** e por **v** a velocidade da pessoa, teremos

$$N = \frac{mv^2}{r}$$

Como não existe movimento vertical da pessoa em relação às paredes do rotor, podemos designar por F a força de atrito que age na vertical, de baixo para cima, entre a pessoa e as paredes. Podemos escrever F = mg e se indicarmos por μ, o coeficiente de atrito entre a pessoa e a parede, será

$$F = \mu N$$

ou

$$\mu = \frac{mg}{N} = \frac{mg}{\frac{mv^2}{r}} = \frac{gr}{v^2}$$

Esta expressão indica qual deve ser o valor mínimo do coeficiente de atrito para que a pessoa não escorregue para baixo, sendo independente do peso da pessoa. Normalmente, um valor típico do coeficiente de atrito entre dois tecidos é da ordem de 0,4. Caso seja r = 2m a velocidade mínima deverá ser de 7m/s.

Existem, como é sabido, outros tipos de rotores utilizados na indústria, sendo assim chamados um número apreciável de peças rotativas. Em tais peças (rotores de motores elétricos, prensas, turbinas, etc.) é que aparece comumente o problema de balanceamento, visando diminuir as vibrações e, concomitantemente, aumentar a vida útil do equipamento. Voltaremos oportunamente ao assunto.

VI.01.04.02 - Balde Girante - É bastante conhecida a prática dos pilotos de aviões executarem a manobra denominada "looping the loop". Em tal manobra, o avião parte da posição normal de vôo e executa um círculo no plano vertical. Com isso, no topo do círculo, o piloto permanece de cabeça para baixo, sem cair de seu assento. É perfeitamente possível executar manobra assemelhada utilizando um balde contendo água. Para isso, basta fazê-lo girar no plano vertical com uma determinada velocidade de rotação, que a água permancerá aderida ao balde, não se derramando uma gota sequer. Analogamente, existem vários brinquedos que executam manobra análoga ao "looping the loop", bastando um veículo correr com determinada velocidade sobre trilhos que façam uma trajetória circular no plano vertical. Todos esses fenômenos apresentam a mesma explicação, que passamos a expor.

Vamos admitir que o balde está no topo do círculo, posição A, na Figura VI.08. Para que água não caia do balde, é necessário que o peso

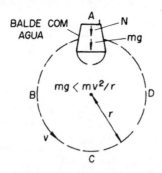

Figura VI.08

da água seja inferior à força dada pela aceleração mv^2/r, ou seja, é preciso que peso da água seja inferior à força centrípeta. Em fórmula,

$$mg < \frac{mv^2}{r}$$

Quando esta expressão é obedecida, a força N que age no fundo do balde em direção à água é que a mantém em percurso circular. Caso o balde gire com velocidade menor, mg será maior que mv^2/r e, nesse caso, a parte "não utilizada" do peso da água fará com que a mesma cáia.

VI.01.04.03 - Funcionamento das Centrífugas - Há várias décadas que o problema de separar sólidos de diferentes densidades, assim como líquidos, é solucionado através de dispositivos denominados centrífugas. Para exemplificar, suponhamos que no interior de dois tubos de ensaio, como ilustra a Figura VI.09, existam dois líquidos de densidades diferentes e que estão misturados. Quando o eixo sobre o qual os tubos estão fixados é posto a girar em alta velocidade executando um movimento circular no plano horizontal, o material menos denso tende a se dirigir ao centro do círculo, ou seja, ao centro de rotação.

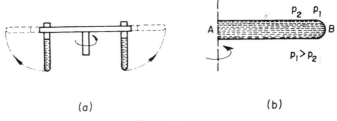

(a)　　　　　　　　　(b)

Figura VI.09

Interrompendo-se o movimento de rotação os tubos passam a ficar em posição vertical, permanecendo o material menos denso na superfície. Este processo é o utilizado para separar a nata do leite, visando a produção de creme.

A explicação para o fato consiste em observar que se um tubo na horizontal contendo líquido gira, a força exercida pelo fundo do tubo deve ser maior que aquela existente quando o tubo está em repouso; dessa maneira, o fundo pode fornecer a força centrípeta que age radialmente em direção ao centro de rotação. Na figura, a pressão do líquido em Y é maior que a em X e, assim sendo, existe um certo gradiente de pressão ao longo

220 TÉCNICAS DE MANUTENÇÃO PREDITIVA

do tubo. Note-se que, em qualquer porção do tubo, a diferença de forças fornece exatamente a força centrípeta necessária. Se trocarmos parte do líquido por outro material de menor densidade, líquido ou sólido, tal material mover-se-á em direção ao centro de rotação, já que a força existente é bastante intensa. Este processo de utilização de centrífugas para separação de materiais é de uso extensivo e intensivo na indústria. O processo de ultra-centrifugação é utilizada para separar a água pesada da água comum, separar os isótopos leve e pesado do Urânio, além de uma série enorme de outras aplicações industriais nas linhas de produção e em laboratórios de pesquisas e estudos.

VI.02 - O CONCEITO DE MOMENTO DE INÉRCIA

Na Mecânica, define-se o momento de um corpo de massa m que se move com velocidade v pelo produto dessas duas grandezas, ou seja,

$$M_L = m \cdot v$$

Caso uma força F agindo num corpo no tempo t altere sua velocidade de v_1 para v_2 teremos,

$$\text{Variação do Momento} = mv_2 - mv_1$$

$$\text{Gradiente de Variação do Momento} = \frac{m(v_2 - v_1)}{t}$$

A segunda Lei de Newton diz que "o gradiente do momento de um corpo é proporcional à força resultante e se apresenta na direção da força". Então, teremos

$$F \alpha \ \frac{m(v_2 - v_1)}{t}$$

Caso a aceleração do corpo seja a, teremos

$$a = \frac{v_2 - v_1}{t}$$

$$F \alpha \ ma$$

$$F = kma$$

VIBRAÇÕES MECÂNICAS. MOVIMENTO ONDULATÓRIO

Pelo sistema SI, a força é dada em Newtons, e então,

$$F = ma$$

O momento que definimos acima é o chamado **momento linear**, chamado por alguns de quantidade de movimento. Existe outro momento que é o **momento angular**. A variação do momento linear é a assim chamada força e a variação do momento angular nada mais é que o torque. Os exemplos dados e referentes a movimento circular, em todos eles, o "corpo" considerado como ente girante foi tido como um objeto puntiforme. Nessas condições, o corpo inteiro gira num círculo de mesmo raio, permitindo a dedução das diferentes equações que descrevem o movimento através de expressões matemáticas. Quando consideramos os corpos reais, os mesmos raramente podem ser considerados como "partículas" mas sim como um sistema de partículas ligadas ou conectadas entre si através de forças interatômicas não podendo ser admitida a hipótese que todas as partículas girem num mesmo círculo ou num círculo de mesmo raio. Assim sendo, torna-se evidente que o comportamento cinético do corpo vai depender de como a massa se distribui geometricamente.

É possível realizar um experimento simples e bastante ilustrativo, que mostra como a distribuição de massa altera o comportamento dinâmico e cinético de um corpo. Suponhamos alguém sentado numa cadeira giratória e que esteja dotada de movimento de rotação com velocidade escalar pequena e que a pessoa tenha em cada mão um peso relativamente elevado, conforme ilustra esquematicamente a Figura VI.10. Observar-se-á que a velocidade de rotação diminue se a pessoa extender os braços para fora; conversamente, a velocidade aumentará, girando mais depresssa, caso a pessoa encolha os braços, aproximando o peso de seu corpo. Portanto, a velocidade angular do sistema depende claramente da distribuição da massa em torno do eixo de rotação, aparecendo a necessidade de um novo conceito físico para exprimir tal propriedade.

Sabemos que todo corpo apresenta a propriedade denominada classicamente de **inércia** que representa a oposição que o corpo apresenta a toda alteração de seu estado cinético. É sabido da Física Experimental que qualquer corpo abandonado tende a permanecer no mesmo estado cinético, percorrendo em linha reta o movimento anterior, oferecendo resistência a qualquer alteração; se o corpo está em movimento, precisaremos aplicar uma força para alterar seu movimento, tanto em amplitude quanto em direção; caso esteja em repouso, precisaremos de uma força para pô-lo em movimento. Sabemos que é necessária uma força tanto maior quanto

Figura VI.10

mais "pesado" for o corpo. A inércia é, então uma propriedade física dos corpos, sendo a massa a medida física da inércia. Quando tratamos de movimentos circulares, a propriedade correspondente à inércia é o denominado "momento de inércia". Há uma certa dificuldade para alterar a velocidade angular de um corpo arbitrário em movimento rotativo sobre um eixo e tal dificuldade é tanto maior quanto maior for o momento de inércia do corpo. Verifica-se experimentalmente que é muito mais difcil alterar a velocidade de rotação de um volante que tenha a maior parte de sua massa concentrada na periferia (anéis) que um volante de mesma massa a diâmetro, porém com a massa distribuída uniformemente em toda a circunferência (disco). Isto porque o anel apresenta um momento de inércia muito maior que um disco uniforme de mesmo diâmetro. Por tal motivo é que a pessoa na cadeira giratória com os braços extendidos apresenta um momento de inércia muito maior que quando com os braços encolhidos. É importantíssimo observar que o momento de inércia refere-se a um eixo determinado. Trocando de eixo, o momento de inércia passa a ter valor completamente diferente.

Verificaremos agora o como medir o momento de inércia que leva em consideração a distribuição da massa do corpo em relação ao eixo de rotação. Tal distribuição apresenta no movimento circular o mesmo papel desempenhado pela massa (inércia) quando estudamos o movimento linear. Existe, como é natural, uma correspondência entre as variáveis do movimento retilíneo e as do movimento circular.

VI.02.01 - **Energia Cinética de um Corpo Girante** - Suponhamos um objeto arbitrário girando entorno um eixo centrado em O e com velocidade angular ω uniforme, como ilustra a Figura VI.11. Uma partícula arbitrária P_1 com massa m_1 a uma distância r_1 do centro O, descreve seu percurso circular e se v_1 é a sua velocidade linear em direção à tangente no percurso num dado instante, ter-se-á que

$$E_{c_{p_1}} = \frac{1}{2} m_1 v_1^2 = \frac{1}{2} m_1 r_1^2 \omega^2$$

Obviamente, a energia cinética do corpo todo será a soma das energias cinéticas das partículas que o compõem. Teremos, então,

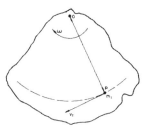

Figura VI.11

as massas m_1, m_2, m_3,...m_n distanciadas do centro O de r_1, r_1, r_2, r_3,...r_n. Entretanto, todas as partículas tem a mesma velocidade angular no caso de um corpo rígido e então, para a energia cinética do corpo todo,

$$E_c = \frac{1}{2} m_1 r_1^2 \omega^2 + \frac{1}{2} m_2 r_2^2 \omega^2 + \frac{1}{2} m_3 r_3^3 \omega^2 + ...$$

$$= \frac{1}{2} \omega^2 \sum_{i=1}^{n} m_i r_i^2$$

A quantidade $\Sigma m_i r^2_i$ depende não somente da massa mas também de sua distribuição em relação ao eixo de rotação e é tomada como a medida do momento de inércia entorno o eixo em tela, sendo designada classicamente por I. Tem-se, então, que

$$I = \Sigma m_i r_i^2$$

Nessas condições, a energia cinética do corpo pode ser expressa pela equação

$$E_C = \frac{1}{2} \, I \, \omega^2$$

observa-se imediatamente que esta expressão corresponde à expressão $1/2 \, mv^2$ que informa a energia cinética de um corpo de massa m quando em movimento retilíneo uniforme, onde a massa m é substituída pelo momento de inércia I e a velocidade linear v é substituída pela velocidade angular ω, havendo analogia perfeita entre ambos os fenômenos no que diz respeito às equações que os descreve. A unidade do momento de inércia é $kg.m^2$. O cálculo permite obter com facilidade os momentos de inércia de vários corpos. Uma barra uniforme de massa m e comprimento L girando entorno o eixo de seu centro apresenta $I=mL^2/12$. Entorno um eixo no seu extremo, $I=mL^2/3$, etc. Os interessados devem recorrer aos manuais de Engenharia onde as expressões para os corpos de forma geométrica definida estão descritas detalhadamente.

É importante observar que a expressão da energia cinética rotacional de um corpo não é forma nova de energia, mas tão somente a soma das energias cinéticas lineares de todas as partículas do corpo, apresentada de maneira prática e adequada aos cálculos envolvendo corpos rígidos em regime de movimento rotacional. Num volante, a massa é concentrada na periferia, formando um "anel", fornecendo um momento de inércia apreciável, consequentemente armazanando grande quantidade de energia cinética. Inclusive exitem vários automóveis de brinquedo que possuem um volante em seu mecanismo, permitindo que ao empuxo da mão o mesmo permaneça andando por percursos relativamente grandes. Existem, por outro lado alguns veículos elétricos que sobem montanhas e sem instalação elétrica na ferrovia; os mesmos possuem grandes volantes que são acionados pela energia elétrica das instalações das paradas. Com a energia armazenada nos volantes, os dínamos e motores dos mesmos permitem que elas atinjam com ampla segurança a estação seguinte, onde é dada uma nova carga de energia cinética rotacional a seu volante.

VI.02.02 - Conjugados. Trabalho Executado por um Conjugado - Quando estudamos a Mecânica, aparece o problema da força aplicada num corpo que está pivotado ou fixo num ponto qualquer que dá origem a uma alteração da rotação entorno o pivô. O efeito de "girar" altera o momento ou o torque da força, sendo tanto maior quanto maior for a amplitude da força e quanto maior for a distância entre o ponto de aplicação da força e o centro do pivô. Então, o momento ou torque de uma força entorno um ponto é medido pelo produto da força pela distância normal entre o ponto de aplicação e o centro de rotação. A unidade de medida é o Newton-metro, sendo positiva quando a rotação é no sentido horário e negativo em caso contrário.

Na Figura VI.12, o momento da força aplicada em P entorno o ponto O é dado por

$$M_O = P \cdot OA$$

e o momento da força Q entorno O é dado por

$$M_Q = Q \cdot OC$$

e o momento da componente Q cos θ entorno O será

$$M_{Q\cos\theta} = Q \cdot OC = Q\cos\theta \cdot OB$$

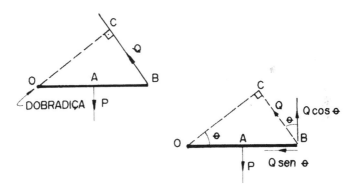

Figura VI.12

Um **conjugado** ou par conjugado consiste na aplicação de duas forças iguais e opostas, em direção paralela mas cujas linhas de atuação não coincidem. O conjugado apresenta sempre a tendência de alterar a rotação. Um exemplo corriqueiro de conjugado é uma torneira de água comum, quando se aplica um conjugado para abrir ou fechar a torneira. Na Figura VI.13 o momento ou torque do conjugado F-F entorno o ponto O é dado por

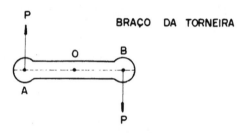

Figura VI.13

$$M_{FF_O} = F \cdot OB + F \cdot OA = F \cdot AB$$

Se quisermos calcular o trabalho executado pelo conjugado, sabe-se qual a energia que é transferida como conseqüência da ação do conjugado sobre um corpo dado. Vamos considerar o círculo ilustrado na Figura VI.14. O mesmo tem o raio r e agem tangencialmente as duas forças

CÍRCULO DO CONJUGADO

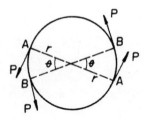

Figura VI.14

iguais e opostas F, originando uma rotação θ rad. Cada força executará o trabalho

$$W_F = F \cdot arco\ AB = F \cdot \theta$$

O conjugado executou, então, o trabalho

$$W_C = F \cdot r \cdot \theta + F \cdot r \cdot \theta = 2 \cdot F \cdot r \cdot \theta$$

Entretanto, o torque ou momento de um conjugado é dado pela expressão F.2r e então,

$$W_c = T \cdot \theta$$

Quando um conjugado de torque T entorno um (do eixo exerce sua ação sobre um corpo de momento de inércia I dand. origem a uma rotação θ entorno o mesmo eixo, a sua velocidade angular se altera de 0 a ω, ter-se-á então

$$W_C = T\theta = \frac{1}{2} I\omega^2$$

VI.02.03. - Conceito de Momento Angular - No momento linear tem-se o conceito de momento ou quantidade de movimento, dada pelo produto da massa pela velocidade; no movimento circular, ou rotacional, aparece o **momento angular** como uma grandeza bastante importante.

Vamos considerar um corpo rígido girando entorno um eixo cujo centro está em 0 e com uma velocidade angular ω num dado instante, conforme ilustra a Figura VI.15. Tomemos uma partícula indicada por A na

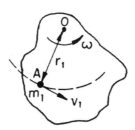

Figura VI.15

Figura, distante r_1 de O e com uma velocidade linear v_1. O momento linear de A será

$$M_p = m_1 v_1 = m_1 \omega r_1^2$$

já que $v_1 = \omega r_1$. O momento angular de A entorno o eixo O é também chamado **momento do momento** entorno O e é dado por

$$MA_p = r_1 m_1 \omega r_1$$

228 TÉCNICAS DE MANUTENÇÃO PREDITIVA

e, o momento angular do corpo rígido como um todo será dado pela expressão

$$MA_C = r_1 m_i r_i^2 = \omega \, \Sigma \, m_i \, r_i^2 = I\omega$$

onde I é o momento de inércia do corpo em relação ao eixo de centro O. Observe-se, então, que o momento angular é análogo ao momento linear, substituindo-se I por m e ω por v.

A segunda Lei de Newton é conhecida como aplicada ao movimento retilíneo mas a mesma pode ser aplicada igualmente ao movimento circular. A analogia, ou equivalência, é a seguinte

Movimento Linear	Movimento Rotacional

$$F = ma \qquad\qquad T = Ia$$

$$F = \frac{d\,(mv\,)}{dt} \qquad\qquad T = \frac{d\,(I\omega\,)}{dt}$$

A força é igual ao gradiente do momento linear

O torque é igual ao gradiente do momento angular

No movimento linear, a terceira Lei de Newton estabelece o princípio da conservação do momento. Analogamente, no movimento rotacional, podemos estabelecer a mesma Lei, dizendo que o momento angular total de um sistema permanece constante se não houver a ação de forças externas.

Este princípio é utilizado largamente por dançarinos, acrobatas, mergulhadores, patinadores e ainda por uma série de atividades menos populares.

VI.03 - VIBRAÇÕES MECÂNICAS, CONCEITOS BÁSICOS

As vibrações mecânicas constitue um grupo de fenômenos comuns nas atividades do dia-a-dia, sendo importantíssimo que os técnicos, Engenheiros e todos envolvidos ou não com ciências ditas exatas tenham idéias bem claras sobre o assunto. Entre os movimentos vibratórios tem-se os pêndulos, os instrumentos musicais, corpos em movimento e, inclusive, os átomos que constituem os sólidos e que vibram entorno posi-

VIBRAÇÕES MECÂNICAS. MOVIMENTO ONDULATÓRIO   229

ções fixas na rede cristalina. Além do mais, na indústria as vibrações ocorrem em turbinas, máquinas girantes e recíprocas, aviões, automóveis, etc. Existem alguns conceitos fundamentais sobre vibrações que devem ser entendidos de maneira clara, evitando interpretações dúbias e afirmações que não correspondem à realidade.

Uma vibração mecânica é o fenômeno observado quando uma partícula executa movimento entorno uma posição de equilíbrio. Existem várias maneiras de definir o movimento vibratório através de expressões matemáticas que podem ser bastante simples, assim como de alta complexidade. No nosso caso, interessa-nos de maneira fundamental os conceitos físicos envolvidos com as vibrações, utilizando um mínimo de ferramental matemático para que se possam executar cálculos para situações habituais, sem grandes complexidades.

Fisicamente, o fenômeno de vibração é o resultado da troca de energia entre dois "depósitos" de um mesmo sistema. Quando há a troca de energia cinética em energia potencial e vice-versa, aparece a vibração. Tal troca de energia cinética e potencial é observada em todos os tipos de vibrações, sendo as expressões matemáticas de todas elas semelhantes. Assim, tem-se:

Energia Mecânica

Energia Potencial $W_p = m \cdot g \cdot h$ (campo gravitacional)

Energia Potencial $W_p = \dfrac{1}{2} s \cdot x^2$ (mola)

Energia Cinética $W_c = \dfrac{1}{2} m \cdot v^2$ (massa com velocidade v)

Energia Elétrica/Magnética

Potencial $W_p = \dfrac{1}{2} C \cdot e^2$ (capacitor)

Cinética $W_c = \dfrac{1}{2} L \cdot i^2$ (indutor)

Energia Acústica

Potencial $\qquad W_p = \dfrac{1}{2} s \cdot x^2 \qquad$ (volume de ar comprimido ou distendido)

Cinética $\qquad W_c = \dfrac{1}{2} \rho \cdot V \cdot v^2$

Tomemos como exemplo o sistema massa/mola ilustrado na Figura VI.16. Se aplicarmos uma força e puxarmos a massa m para baixo e a soltarmos, a força elástica da mola puxará a massa para cima, acelerando-a em direção à posição de equilíbrio. A força de aceleração decresce a

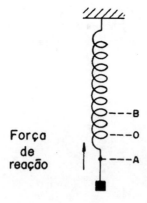

Figura VI.16

medida que a massa se aproxima do ponto O, decrescendo a aceleração, ja que a velocidade diminue. No ponto O, a força da mola é zero, mas a massa pela sua inércia ultrapassa o ponto de equilíbrio atingindo uma posição mais alta. Como a mola está agora comprimida, a força da mesma tenderá a acelerar a massa para baixo, em direção a O. A massa se acelera para baixo até que a força da mola a faça voltar para cima, repetindo-se o movimento até que a energia aplicada inicialmente seja consumida pelas perdas de atrito da massa m com o ar, perdas internas na mola e transformação da energia em calor.

VIBRAÇÕES MECÂNICAS. MOVIMENTO ONDULATÓRIO 231

Uma oscilação é considerada completa quando a massa m for de A a B e voltar a A. Ou ir de O para A, daí voltar para O e ir até B e voltar a O novamente e o tempo que a massa demora para executar uma oscilação completa é denominado período. Observe-se que quando o oscilador executa n ciclos completos na unidade de tempo, a sua freqüência será n. Em outras palavras,

$$f = \frac{1}{T}$$

Uma oscilação por segundo, ou seja, um ciclo por segundo constitue uma medida da freqüência, denominada Hertz. O deslocamento máximo da oscilação, OA ou OB na figura VI.16, é denominado de **amplitude** da oscilação. A Figura VI.17 ilustra alguns tipos simples e comuns de osciladores encontradiços no dia-a-dia.

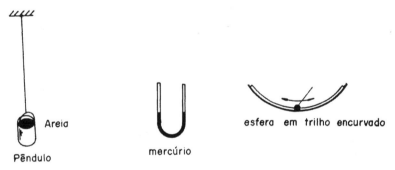

Pêndulo — Areia — mercúrio — esfera em trilho encurvado

Figura VI.17

Na Figura VI.18, vamos admitir que a massa puntiforme m se desloca sobre a reta AB, tendo como ponto de equilíbrio o ponto O. Vimos que, no movimento linear a aceleração é constante em amplitude e direção, no movimento circular a aceleração (centrípeta) é constante em amplitude mas apresenta direção variável. Quando se tem um movimento oscilatório, a aceleração, assim como a velocidade e o deslocamento, variam periodicamente tanto em amplitude quanto em direção.

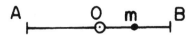

Figura VI.18

Visando deixar o fenômeno bem esclarecido, vamos considerar inicialmente os deslocamentos e as velocidades. Quando a massa m está à esquerda de O, o deslocamento é positivo; a velocidade é dirigida à esquerda quando m está se afastando de O porém à direita quando se move em direção a O, sendo nula nos pontos A e B. Quando m está à direita de O, o deslocamento é negativo e a velocidade também positiva ou negativa, dependendo de m se mover se afastando ou se aproximando de O. A variação da aceleração pode se observada considerando a massa oscilando numa mola. A amplitude da força da mola aumenta com o deslocamento mas sempre em direção ao ponto de equilíbrio. A aceleração resultante deve se comportar. da mesma maneira, aumentando com o deslocamento mas sempre em direção a O, qualquer que seja o deslocamento. A Figura VI.19 ilustra graficamente a relação entre as grandezas mencionadas.

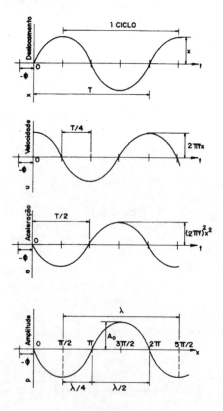

Figura VI.19

VIBRAÇÕES MECÂNICAS. MOVIMENTO ONDULATÓRIO **233**

Pelo exposto, a relação mais simples que se pode obter para a relação entre as amplitudes do deslocamento e da aceleração deve ser tal que a aceleração a da massa m é diretamente proporcional ao deslocamento e. Uma oscilação que obedeça a esta relação é denominada **movimento harmônico simples** ou simplesmente de **oscilação**. Então, o movimento harmônico simples ou a oscilação é definida da maneira seguinte: "caso a aceleração de um corpo seja diretamente proporcional a sua distância de um ponto fixo chamado referência e sempre dirigida em direção a este ponto, o movimento é uma oscilação". Em fórmula:

$$a = -k \cdot e$$

O sinal negativo indica que a aceleração, embora maior para deslocamentos maiores, está sempre em direção oposta ao deslocamento, como se observ nas curvas da Figura VI.19.

Nos casos práticos, existem inúmeros osciladores mecânicos que são dispositivos que dão origem a oscilações simples, principalmente às amplitudes pequenas ou então fornecem combinações de oscilações. É importante observar que todo e qualquer sistema que obedeça a Lei de Hook é apto a oferecer tal tipo de vibrações. A equação do movimento harmônico simples aparece em muitos problemas de Acústica, Óptica, Circuitos Elétricos e Física Atômica. Na notação do cálculo diferencial, tem-se

$$\frac{d^2e}{dt^2} = -k \cdot = \frac{dv}{dt} = a$$

É bastante comum a notação

$$e = E_0 \; \mathrm{sen} \,(\omega t + \varnothing)$$

$$v = \frac{de}{dt} = -E_0 \, \omega \cos (\omega t + \varnothing)$$

$$a = \frac{d^2e}{dt^2} = -E_0 \, \omega^2 \, \mathrm{sen} \,(\omega t + \varnothing)$$

onde é $\varnothing$ o ângulo da fase ilustrado na Figura VI.19. Procuraremos obter as fórmulas e equações do movimento harmônico simples sem recorrer ao cálculo mas tão somente a considerações geométricas.

VI.03.01 - Equações do Movimento Oscilatório - Na Figura VI.20, admitamos que o ponto P percorre a periferia do círculo de raio r com uma velocidade angular uniforme ω e a sua velocidade v na circunferência será constante e igual a ωr como é óbvio. À medida que P gira, a sua projeção no diâmetro BOA move-se de A até O até B e retorna a A passando antes por O, à medida que P completa um giro completo. Suponhamos que P e sua projeção N estejam na posição ilustrada na Figura no tempo t depois de

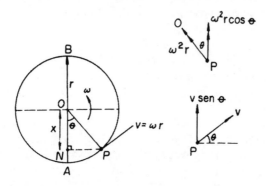

Figura VI.20

deixar A, com o raio OP fazendo um ângulo $\varnothing$ com OA sendo a distância ON igual a e. Verificaremos que, no caso descrito, a projeção N executa um movimento harmônico simples entorno o ponto de equilíbrio O.

pressão

i) **Deslocamento e** - O deslocamento e é dado pela expressão

$$e = r \cos \theta$$
$$= r \cos \omega t$$

ii) **Velocidade v** - A velocidade da projeção N é a componente da velocidade de P paralela a AB,

$$v_N = -v_p \sen \theta = -\omega r \sen \theta$$

VIBRAÇÕES MECÂNICAS. MOVIMENTO ONDULATÓRIO   235

Como sen θ é positivo para $0° < \theta < 180°$ ou seja para N se deslocando no sentido positivo e negativo quando $180° > \theta > 360°$, o sinal negativo indica que a velocidade é negativa quando em direção positiva. A variação da velocidade da projeção N em função do tempo para P partindo de A no tempo zero é dada por

$$v = -\omega\, r\, \text{sen}\, \omega t$$

e a variação da velocidade da projeção em função do deslocamento **e** é dada por diversas expressões, como as seguintes:

$$v = -\theta\, r\, \text{sen}\, \varnothing$$
$$= \pm \omega\, r\, \sqrt{1 - \cos^2 \varnothing}$$
$$= \pm\ \omega\, r\, \sqrt{1 - (e/r)^2}$$
$$= \pm \omega\, \sqrt{r^2 - e^2}$$

o que mostra que a velocidade da projeção é máxima para deslocamento nulo e dada por $\pm \omega r$ e igual a zero para e $= \pm r$

iii) **Aceleração a** - A aceleração de N é a componente da aceleração de P paralela a AB. A aceleração de P é $\omega^2 r$ ou v^2/r ao longo de OP e então a componente paralela a AB é $\omega^2 r \cos\theta$. A aceleração de N será então,

$$a = -\omega^2\, r\, \cos\theta$$

O sinal negativo indica matematicamente que a está sempre dirigida em direção a O. Ter-se-á

e então
$$e = r\, \cos\theta$$

$$a = -\omega^2 e$$

Como ω^2 é uma constante positiva a equação acima indica que a aceleração da projeção N em direção ao ponto de equilíbrio O é diretamente proporcional a sua distância de O. A projeção N executa então um movimento harmônico simples, oscilação, entorno o ponto O, à medida que o ponto P descreve a periferia do círculo com velocidade constante.

iv) **Arranjo Experimental** - A Figura VI.21 ilustra um arranjo experimental que permite observar o movimento harmônico simples que a projeção de um ponto de um círculo que gira em velocidade uniforme origina. A sombra da esfera apoiada no suporte fixo à superfície do disco girante em velocidade uniforme é projetada numa tela, permitindo que seja observado o movimento de tal sombra. Observar-se-á que o movimento é harmôbnico simples.

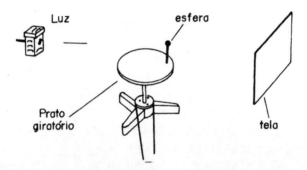

Figura VI.21

v) **Período e Freqüência** - O tempo que a projeção N leva para, partindo de A até B e voltar a A é o período do movimento harmônico simples. Em tempo igual o ponto P dá uma revolução completa no círculo de raio r e então,

$$T = \frac{\text{Perímetro do círculo}}{\text{Velocidade do ponto P}} = \frac{2\pi r}{v} = \frac{2\pi}{\omega}$$

já que $v = \omega r$. Para um movimento harmônico simples ω é constante e, assim sendo, T é também constante e independe do raio r que é a amplitude das oscilações. É importante observar que se a amplitude aumenta o ponto

VIBRAÇÕES MECÂNICAS. MOVIMENTO ONDULATÓRIO **237**

P terá maior velocidade mas o período constante independentemente da amplitude é denominado movimento **isócrono**. Quando a freqüência é única e constante o movimento é denominado **monocromático**. Essas propriedades são bastante importantes e são características de movimentos harmônicos simples.

VI.03.02.01 - Expressões para a Velocidade Angular

Partindo da equação $a = -\omega^2$ e podemos escrever, se ignorarmos os sinais,

$$\omega^2 = \frac{a}{e} = \frac{ma}{me} = \frac{\dfrac{ma}{e}}{m}$$

sendo m a massa do sistema. A força que dá origem a aceleração a no deslocamento e é ma e então ma/e é a força por unidade de deslocamento. Podemos escrever

$$\omega = \sqrt{\frac{\text{força por unidade de deslocamento}}{\text{massa do sistema oscilante}}}$$

O período T será dado por

$$T = \frac{2\pi}{\omega} = 2\pi \sqrt{\frac{\text{massa do sistema oscilante}}{\text{força por unidade de deslocamento}}}$$

A expressão acima mostra que o período T aumenta quando: a) a massa do sistema oscilante aumenta ou b) quando a força por unidade de deslocamento diminui. Em outras palavras, o período amenta com a massa e diminue com o fator de elasticidade. Como a freqüência é o inverso do período, observa-se que os sistemas leves oscilam em freqüências elevadas e os pesados em freqüências baixas.

A expressão das oscilações do movimento harmônico simples tem como equação fundamental a expressão

$$a = -(+k) \cdot e$$

A "constante positiva" é representada comumente pelo quadrado da freqüência de rotação angular, ω^2 uma vez que

$$T = \frac{2\pi}{\omega}$$

Como ω é a raiz quadrada de uma constante positiva, a mesma é a constante da equação que relaciona a aceleração ao deslocamento no movimento harmônico simples.

VI.03.03 - Oscilador Massa-e-Mola. Pendulo Simples - A Figura VI.22 ilustra um oscilado constituido por um conjunto formado pela massa m e pela mola de constante k. Trata-se de um pêndulo a massa e mola, mais conhecido como oscilador simples. A distensão da mola obedece a Lei de Hook, sendo a extensão diretamente proporcional à tensão aplicada. Uma massa m fixa no extremo da mola exerce uma certa tensão dirigida para baixo esticando a mola de uma certa distância ℓ. Indica-se por k a constante de mola. A constante de mola nada mais é do que a tensão necessária para produzir uma extensão unitária, sendo medida em $N.m^{-1}$. Então, a tensão é dada por $k\ell$ e então

$$mg = k\ell$$

Vamos supor então que a mola é esticada para baixo um pouco mais, até atingir a distância e, abaixo da posição de equilíbrio O, sendo tal tensão dirigida para baixo com o valor

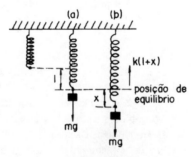

Figura VI.22

VIBRAÇÕES MECÂNICAS. MOVIMENTO ONDULATÓRIO

$$H = k (\ell + e)$$

que, pela Lei de Newton, é igual a tensão que a mola exerce dirigida para cima. A resultante dirigida para cima e na massa m é dada por

$$H = k (\ell + e) - mg$$
$$= k \ell + ke - k \ell$$
$$= ke$$

Soltando-se a massa, a mesma oscilará para cima e para baixo. Terá uma aceleração a no deslocamento e e, pela Segunda Lei de Newton,

$$- ke = ma$$

indicando o sinal negativo que no instante ilustrado a é dirigida para cima, sinal negativo na nossa convenção, enquanto que o deslocamento e é dirigido para baixo, ou seja, é positivo. Portanto

$$a = - \frac{k}{m} \, e = - \omega^2 e$$

onde é

$$\omega^2 = \frac{k}{m} = \text{Constante Positiva}$$

A constante é positiva uma vez que k e m são fixos. O movimento é, portanto, um movimento harmônico simples entorno a posição de equilíbrio, desde que seja obedecida a Lei de Hook. O período é dado pela expressão

$$T = \frac{2\pi}{\omega} \cdot 2\pi \sqrt{\frac{m}{k}}$$

Desta última expressão, deduzimos que

$$T^2 = \frac{4\pi^2 m}{k}$$

240   TÉCNICAS DE MANUTENÇÃO PREDITIVA

Se a massa m variar, determina-se o novo período ou novos períodos T, sendo possível traçar um gráfico de T^2 versus m. Tal gráfico é uma reta que não passa pela origem como as equações acima mostram. Tal resultado deriva do fato de desprezarmos a massa da mola na dedução das expressões acima. É, no entanto, perfeitamente possível determinar a massa efetiva da mola e o valor de g através de processos experimentais, como verificaremos a seguir:

Suponhamos que seja m_m a massa real de uma mola que faz parte de um sistema oscilatório massa-mola. Teremos

$$T = 2\pi \ \frac{m + m_m}{k}$$

e, com $mg = k\ell'$ substituindo m na equação acima e elevando ao quadrado obteremos

$$T^2 = \frac{4\pi^2}{k} \ (\ \frac{k\,\ell}{g} + M_m\ )$$

e então

$$\ell = \frac{g}{4\pi^2} \cdot T^2 - \frac{gm_m}{k}$$

Executando-se as seguintes medições: a) extensionamento estático e b) o período correspondente T utilizando diversas massas diferentes, é possível traçar um gráfico extensionamento versus T^2. Obter-se-á uma reta com gradiente dado por

$$G = \frac{g}{4\pi^2}$$

que intercepta o eixo ℓ fornecendo o valor de gm_m/k. Dessa maneira é possível determinar os valores de mm e de g. Vários estudos teóricos sugerem que a massa efetiva de uma mola é da ordem de um terço de sua massa.

O pendulo simples é normalmente considerado como um ponto material de massa m suspenso num fio inextensível de comprimento ℓ. Nos casos práticos, o pendulo simples é constituido por um corpo de massa m

VIBRAÇÕES MECÂNICAS. MOVIMENTO ONDULATÓRIO   241

suspenso por um fio de comprimento ℓ, de massa desprésível e inextensível dentro dos limites da experimentação. A Figura VI.23 ilustra um pendulo simples. Se afastarmos o peso A para um dos lados e o soltarmos, o

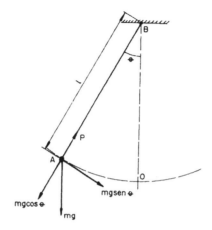

Figura VI.23

mesmo passa a oscilar de um lado para o outro num plano vertical e ao longo de um arco de círculo. Interessa-nos mostrar que o movimento executado é um movimento harmônico simples.

Suponhamos que num dado instante t_0 o peso está na posição A, sendo o arco OA = x e o ângulo OBA = 0. As forças que atuam no peso 1 são a reação do fio, P e o peso mg, a primeira no sentido do fio e a segunda de cima para baixo. Decompondo mg nas direções radia e tangencial no ponto A observa-se que a componente tangencial

$$F_T = mg \ sen \ \theta$$

é uma força não compensada que faz o peso tender a se movimentar em direção a O, já que a componente mg cos é equilibrada pela ação do fio P. Designando por **a** a aceleração do peso ao longo do arco em A e devido a força m · g · sen θ a equação de movimento do peso será

$$- mg \cdot sen \ \theta = ma$$

242 TÉCNICAS DE MANUTENÇÃO PREDITIVA

indicando o sinal negativo que a força é em direção a O, enquanto que o deslocamento x é medido ao longo do arco a partir de O e na direção oposta.

Quando as amplitudes são pequenas, ter-se-á que $sen| \theta \cong \theta |rad$ e então

$$- mg \cdot \theta - mg \cdot \frac{x}{\ell} = ma$$

$$a = \frac{g}{\ell} x = - \omega^2 x$$

uma vez que $\omega^2 = g/\ell$. Então, as oscilações do peso serão em movimento harmônico simples se as amplitudes forem pequenas, ou seja se θ < 10°. O período é dado pela expressão

$$T = \frac{2\pi}{\omega} = \frac{2\pi}{\sqrt{\dfrac{g}{\ell}}} = 2\pi \sqrt{\frac{\ell}{g}}$$

Então, o período T é independente da amplitude das oscilações e, num dado ponto da Terra onde g é constante, depende tão somente do comprimento ℓ do pendulo. É interessante observar que o período, e por conseguite a freqüência do pêndulo simples depende da gravidade, enquanto que o oscilador a massa-e-mola independe da gravidade, apresentando sempre o mesmo período. Por tal motivo é que os relógios possuem um oscilador massa-e-mola na forma de volante que distende e comprime uma mola espiralar, obtendo um período constante e independente de variações da aceleração da gravidade.

VI.03.04 - A Energia no Movimento Harmônico Simples - Nos casos que estudamos, as oscilações implicam numa troca de energia entre a cinética e a potencial, não executando o sistema trabalho algum. Como o sistema não possue elementos dissipativos, a energia é constante como verificaremos a seguir.

A energia cinética pode ser calculada da seguinte maneira: A velocidade de uma partícula P de massa m a uma distância x do ponto de equilíbrio O é dada por

VIBRAÇÕES MECÂNICAS. MOVIMENTO ONDULATÓRIO 243

$$v = +\omega\sqrt{r^2 - x^2}$$

conforme ilustra a Figura VI.24. A energia cinética será, então, dada por

$$W_C = \frac{1}{2} \cdot m \cdot \omega^2 (r^2 - x^2)$$

e é válida para o ponto x genérico.

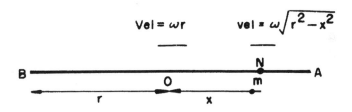

Figura VI.24

À medida que a partícula P se move de O em direção a A ou B, é executado um trabalho contra a força que tensiona a mola, tendendo-a fazer voltar a O. Assim, a partícula perde energia cinética e ganha energia potencial. Na posição x = O, a força na mola e destinada a retorná-la a posição de equilíbrio é nula; no deslocamento x, a força está

$$F_x = m\omega^2 x$$

já que a aceleração é $\omega^2 x$. Ter-se-á então que a força média em P se movendo para atingir o deslocamento x é dada pela expressão

$$F_{média} = \frac{1}{2} \cdot m \cdot \omega^2 \cdot x$$

e então o trabalho executado será

$$W = \frac{1}{2} \cdot m \cdot \omega^2 \cdot x \cdot x = \frac{1}{2} \cdot m \cdot \omega^2 \cdot x^2$$

e a energia potencial no deslocamento x será

$$W_{px} = \frac{1}{2} \cdot m \cdot \omega^2 \cdot x^2$$

A energia total no deslocamento x será então a soma das energia cinética e potencial, ou seja,

$$W_{Tx} = W_{cx} + W_{px}$$
$$= \frac{1}{2} \cdot m \cdot \omega^2 \cdot (r^2 - x^2) + \frac{1}{2} \cdot m \cdot \omega^2 \cdot x^2$$

$$\frac{1}{2} \cdot m \cdot \omega^2 \cdot r^2$$

Observe-se que esta energia é constante, independente do deslocamento x e é diretamente proporcional ao produto da massa, do quadrado da freqüência e do quadrado da amplitude. A Figura VI.25 ilustra a variação das energias potencial e cinética, assim como a energia total em função do deslocamento. Num pendulo simples toda a energia é cinética quando o peso passa pela origem e, no topo da oscilação, é totalmente potencial.

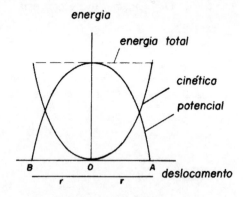

Figura VI.25

VIBRAÇÕES MECÂNICAS. MOVIMENTO ONDULATÓRIO   **245**

VI.03.05 - Oscilações Amortecidas - Sempre que colocarmos um sistema oscilatório a funcionar, as amplitudes tendem a cair com o tempo. No caso do pendulo, as amplitudes diminuem devido as perdas devidas ao atrito do peso e do fio com o ar. No caso do oscilador massa-e-mola, as perdas são não somente devido ao atrito com o ar mais ainda as perdas internas que observam na distensão e compressão da mola. Não são, então, movimentos harmônicos simples mas sim movimentos harmônicos ou oscilações amotecidas. Em ambos os casos a energia perdida é transferida ao ambiente que contem o oscilador, sendo transformada em calor.

Todos os sistemas mecânicos tem o seu comportamento ditado pela quantidade de amortecimento que possuem. Um oscilador constituido por um conjunto massa-e-mola apresenta amortecimento pequeno se oscilando no vácuo; caso oscile no ar, o amortecimento é maior e se imerso em líquido, o amortecimento pode eventualmente impedir completamente as oscilações. As oscilações sem amortecimento são denominadas comumente de **oscilações livres** e tem sua existência puramente teórica. Quando um sistema é amortecido ligeiramente as amplitudes descrescem lentamente. Quando o amortecimento é grande, pode não haver oscilação e o sistema, quando excitado retorna à posição de equilíbrio lentamente. Há o caso onde o retorno à posição zero apresenta o tempo mínimo sem que haja oscilação.

VI.03.05.01 - Casos Particulares de Oscilações Amortecidas - Não entraremos em detalhes com relação as deduções analíticas dos casos particulares de oscilações amortecidas, mas tão somente descreveremos suscintamente alguns casos de importância fundamental. O caso de oscilações livres apresenta interesse teórico e constitue o chamado caso oscilatório ideal. Um estudo detalhado mostra que, num sistema constituido por massa, mola e resistência de perdas R_m obtem-se a seguinte expressão para a velocidade da massa m:

$$v = C_1 \cdot e^{(-\delta + \beta)t} + C_2 \cdot e^{(-\delta - \beta)T}$$

sendo

$$\delta = \frac{R_m}{2m}$$

$$\beta = \sqrt{|\frac{R_m}{2m}|^2 - \frac{k}{m}} = \sqrt{\delta^2 - \frac{k}{m}}$$

TÉCNICAS DE MANUTENÇÃO PREDITIVA

Observa-se que a constante B pode ser real, imaginária pura, complexa ou nula, dependendo da relação entre os elementos concentrados m, R_m e k. Tem-se três casos bastante importantes.

a) Casos Super-Amotecido
É o caso correspondente à constante β' real. Para isso é necessário que

$$\left| \frac{R_m}{2m} \right|^2 > \frac{k}{m}$$

e a solução apresenta-se como

$$v = \frac{F_0}{m\beta} e^{-\delta t} \operatorname{senh} \beta t$$

O processo é essencialmente não oscilatório e é realizado fisicamente pela aplicação de grande dissipação no circuito mecânico, como obrigando a massa a se deslocar no seio de um líquido de alta viscosidade.

b) Caso Oscilatório
Este caso corresponde a um valor complexo de β. Quando β' é imaginário puro, não há dissipação e o sistema é oscilatório, sem radiação e sem perdas. Trata-se de caso teórico. Quando β é complexo, será

$$\left| \frac{R_m}{2m} \right|^2 < \frac{k}{m}$$

Podemos escrever a solução da equação geral neste caso como

$$v = \frac{F_0 \cdot e^{-\delta t}}{\omega\, m} \cdot \operatorname{sen} \omega t$$

e a velocidade do sistema é oscilatório e de freqüência angular dada por

VIBRAÇÕES MECÂNICAS. MOVIMENTO ONDULATÓRIO

$$\omega_a = \sqrt{\omega_0^2 - \delta^2}$$

O sistema sem amortecimento tem a sua freqüência diminuida de um valor que depende do amortecimento $|\delta|$. Tal amortecimento engloba não somente as perdas internas do sistema mas também as perdas devidas a radiação, seja eletromagnética, sonora ou mecânica.

c) Caso Amortecido Criticamente

Este caso é um dos mais importantes na prática e corresponde a B = O, ou seja,

$$\left| \frac{R_m}{2m} \right|^2 = \frac{k}{m}$$

A solução geral da equação do movimento, em termos de velocidade dada, é

$$v = \frac{F_0}{m} \cdot t \cdot e^{-\delta t}$$

A importância deste caso é que um sistema com tal amortecmento tem a massa de volta à posição de equilíbrio no tempo mais curto possível, sem que haja oscilação ou que a curva ultrapasse o eixo das abcissas (undershoot).

Comparativamente, o caso super-amortecido corresponde a excesso de perdas, porta que acionada por dispositivo automático demora muito tempo para fechar, veículo muito "duro", instrumento analógico cujo ponteiro demora muito tempo para atingir a leitura adequada, etc. Quando oscilatório, a porta permanece batendo até se fechar, um veículo permanece oscilando depois de passar sobre uma irregularidade da pista, o ponteiro do instrumento permanece oscilando entorno o valor da leitura antes de parar. Quando o dispositivo é amortecido criticamente, a volta ao zero é a mais rápida possível, sem oscilação; a porta se fecha em tempo satisfatoriamente curto, o veículo volta à posição normal de maneira satisfatória, o ponteiro dirige-se diretamente para o valor da leitura em tempo curto, etc.

A Figura VI.26 ilustra os gráficos do comportamento de sistemas com amortecimentos correspondentes aos casos estudados. As curvas são bastante claras, dispensando comentários suplementares.

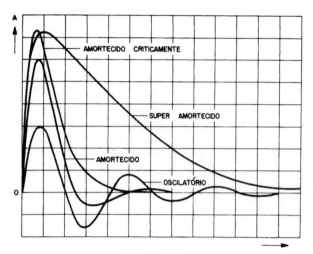

Figura VI.26

VI.03.05 - Oscilações Forçadas. Conceito Físico de Ressonância - Uma oscilação é dita "forçada" quando o sistema oscilatório é obrigado a oscilar pela aplicação de uma força alernativa qualquer. Visando exemplificar o assunto de maneira bastante clara e intuitiva, vamos considerar o pendulo de Barton, constituido por uma série de "pendulos" formados por fios de comprimentos diferentes, tendo como "massa" um pequeno cone de papel fixado por uma pequena argola como as utilizadas em cortinas. Os comprimentos dos fios variam comumente de 25 a 75 cm, sendo todos eles suspensos num outro fio que possue um outro pendulo formado por um peso e

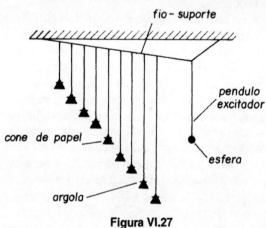

Figura VI.27

VIBRAÇÕES MECÂNICAS. MOVIMENTO ONDULATÓRIO

que funciona como excitador do pêndulo de Barton. A Figura VI.27 ilustra esquematicamente o pêndulo descrito.

O pêndulo excitador quando afastado de sua posição de equilíbrio para um dos lados e largado, passará a oscilar num plano normal ao fio que o sustenta e aos outros pêndulos de papel. O movimento tende a desaparecer depois de algum tempo e todos os pêndulos oscilarão com aproximadamente a mesma freqüência. Tal tipo de comportamento é denominado **oscilações forçadas**, observando-se que os pêndulos todos vibram aproximadamente na mesma freqüência, porém com amplitudes diferentes.

O pêndulo de papel cujo comprimento seja igual ao do pêndulo excitador apresentará a amplitude maior que a dos demais. Isto poque a sua freqüência natural de oscilação coincide com a freqüência da fonte de excitação, a do pêndulo excitador no caso. Este é um exemplo típico da **ressonância**. Quando há a ressonância, o excitador transfere energia ao segundo sistema com muito maior facilidade. A Figura VI.28 ilustra uma fotografia das oscilações do conjunto de pêndulos que constituem o pêndulo de Barton. Observa-se, com clareza, qual o pêndulo que entra em ressonância com a força de excitação.

Figura VI.28

250 TÉCNICAS DE MANUTENÇÃO PREDITIVA

Se observarmos o pêndulo de Barton com cuidado, verificaremos que o pendulo que entra em ressonância está sempre um quarto de período atrazado em relação ao pendulo excitador, ou seja, existe uma diferença de fase igual a $\pi/2$ ($90°$). Os pendulos mais curtos oscilam quase que na mesma fase do excitador e os mais longos que o excitador oscilam com uma defasagem de quase meio período π ($180°$).

Visando tornar claro alguns fenômenos que ocorrem em máquinas, componentes de máquinas e equipamentos e mesmo dispositivos comuns nas instalações industriais, vejamos algumas considerações sobre as oscilações forçadas. Suponhamos que no sistema oscilador massa-e-mola com um elemento dissipador em paralelo aplicamos uma fonte f de força alternativa de freqüência angular ω_1, tendo o sistema uma freqüência natural ω_0. É possível montar a equação do sistema oscilatório, observando-se que a solução geral consiste em duas oscilações:

$$ v = \frac{F_0}{m\beta} e^{j\omega t} + e^{-\omega t} Ce^{j}(\omega_{at} + \theta) $$

i) Uma oscilação harmônica, de amplitude constante e cuja freqüência coincide com a da força alternativa de excitação.

ii) Uma oscilação com amplitude decrescente e cuja freqüência é igual a freqüência natural do sistema linear amortecido e constituido pelos elementos m, k e R_m como verificamos anteriormente,

$$ \omega_1 = \sqrt{\omega_0^2 - \delta^2} $$

Observa-se, pela equação acima, que o expoente negativo faz com que a segunda oscilação desapareça com o tempo, dependendo do valor do amortecimento . Por tal motivo, esta solução ou oscilação é denominada **transitória,** enquanto que a oscilação que permanece é a oscilação estacionária, de regime ou permanente. A Figura VI.29 ilustra graficamente o comportamento descrito.

Interessa-nos primordialmente o aspecto prático do problema que estamos estudando. É importante observar que as amplitudes das oscilações depende do amortecimento do sistema. O amortecimento é uma grandeza diferente da resistência de atrito, ou fricção, uma vez que é dado pela relação entre a resistência de atrito e o dobro da massa do sistema, indicado por δ. Quando excitamos um conjunto constituido por massa-mola-perdas com uma fonte de freqüência variáve e fazemos a freqüência varia de 0 a um valor x, observar-se-á que quando a freqüência de excitação coincide com a freqüência natural de oscilação do sistema a amplitude

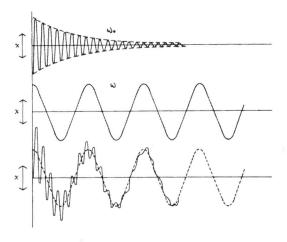

Figura VI.29

torna-se máxima, sendo seu valor estabelecido pelo amortecimento do sistema. A Figura VI.30 ilustra graficamente o comportamento da amplitude da oscilação em função da freqüência de excitação.

No caso mais geral de oscilações forçadas, tem-se uma força de excitação que age constante e continuamente sobre um conjunto de osciladores acoplados entre si, ou seja, age num sistema mecânico tão complexo quanto se queira. Tal sistema apresentará, como é natural, uma série de osciladores simples, cada um deles com sua freqüência natural e, além disso, o sistema como um todo apresentará uma certa freqüência de ressonância própria, respondendo de diversas maneiras à força de excitação. É possível executar um estudo analítico do problema, mas não entraremos em tais detalhes.

VI.03.06 - **Alguns Conceitos Úteis no Estudo das Vibrações** - Existem vários conceitos utilizados comumente na eletro-eletrônica que são amplamente aplicáveis aos sistemas mecânicos, com justificativas mais que plausíveis, sendo interessante a sua introdução.

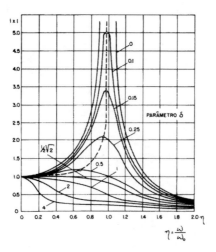

Figura VI.30

A largura de faixa de um sistema é definida como o número de Hertz compreendido entre os pontos de meia potência na resposta em freqüência do sistema. Assim, uma variação de $\Delta f/2$ faz com que as grandezas lineares caiam a cerca de $1/\sqrt{2}$ de seu valor na freqüência de ressonância ω_0. O fator de qualidade, designado universalmente por Q, é definido como a relação entre a freqüência de ressonância e a largura de faixa de um sistema sendo um número puro,

$$Q = \frac{f_0}{\Delta f}$$

A Figura VI.31 ilustra graficamente a variação da amplitude da velocidade em função da freqüência, assim como indica as grandezas que acabamos de definir.

É importante observar que, num circuito genérico, seja ele mecânico, elétrico, hidráulico ou outro qualquer, a dissipação depende tão somente dos elementos dissipativos. Entretanto, o amortecimento depende da relação entre os valores dos elementos dissipativos e dos elementos reativos, no caso a massa, dependendo ainda desta relação o fator de qualidade,

VIBRAÇÕES MECÂNICAS. MOVIMENTO ONDULATÓRIO

$$\delta = \frac{R_m}{2m}$$

$$Q = \frac{\omega_0 m}{R_m} = \frac{\omega_0}{2\delta}$$

Caso o amortecimento não seja muito grande, $\delta < < 1$, podemos escrever

$$f = \frac{\omega_0}{Q} = \frac{R_m}{m} = 2\delta$$

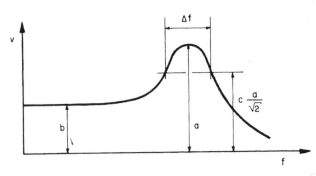

Figura VI.31

Em número apreciável de aplicações, é utilizado um dado descritivo do amortecimento do sistema denominado **decremento logarítmico**, definido como o logarítmo natural da relação de duas amplitudes sucessivas de um fenômeno vibratório qualquer,

$$\Lambda = \ln \frac{A_n}{A_{n+1}} = 2{,}3 \log \frac{A_n}{A_{n+1}}$$

Observa-se, pelo exposto, que é possível obter uma série de respostas a uma força periódica, dependendo das características do sistema. A Figura VI.32 ilustra as relações que se obtem entre a largura de faixa, fator de qualidade e amplitude das oscilações, com o amortecimento existente nos vários casos. No primeiro caso, o Q é infinitamente grande, a amplitude também é infinitamente grande, a largura de faixa é nula e o circuito não apresenta amortecimento. Trata-se, como é óbvio, de um caso puramente ideal. No segundo caso, o Q é relativamente elevado, as amplitudes são grandes e constituidas por senoides amortecidas, a largura de faixa é reduzida; tais osciladores constituem os "osciladores" ou "tanques" comuns em transmissores eletrônicos, instrumentos musicais e dispositivos assemelhados. O último caso representa um sistema bastante desejável em Acústica. Trata-se de um sistema de Q bastante reduzido, largura de faixa bastante ampla e as amplitudes são constituidas por senoides fortemente amortecidas apresentando amortecimento elevado.

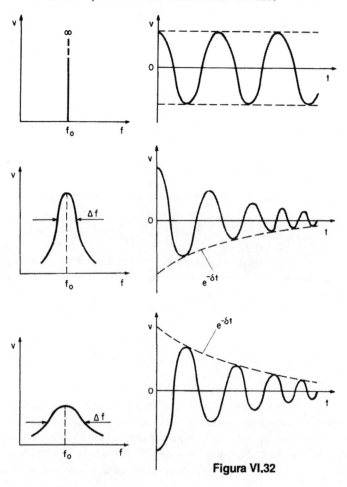

Figura VI.32

VIBRAÇÕES MECÂNICAS. MOVIMENTO ONDULATÓRIO 255

É então, possível construir sistemas oscilatórios com vasta gama de propriedades e características. Quando se pretende um sistema destinado ao controle ou amplificação de freqüência, há necessidade de um Q elevado e, assim sendo, procura-se diminuir ao máximo os elementos dissipativos. Quando se quer cobrir ampla faixa de freqüências, como os filtros para barulho, silenciadores para automóveis, peças rotativas ou painéis de máquinas etc., procura-se construir um sistema com a largura de faixa tão grande quanto possível, para o que há necessidade de baixo Q, o que exige grande quantidade de dissipação.

Contra a crença geral, os sistemas mecânicos apresentam um Q muito elevado e, conseqüentemente um decremento logarítmico mais baixo que aquele apresentado pelos sistemas elétricos. Tanto é assim que a freqüência dos transmissores de rádio e televisão, relógios etc., são controlados por um cristal, que é um oscilador puramente mecânico. O decremento logarítmico mínimo que é possível obter num sistema elétrico normal não ultrapassa o valor 10^{-3}. Um cristal destinado ao controle da freqüência de um transmissor de rádio ou televisão, encapsulado no vácuo e mantido a uma temperatura constante, apresenta um descremento da ordem de 10^{-8}, praticamente inviável num sistema constituido por elementos puramente elétricos.

VI.03.07 - Vibrações de Chapas - Os elementos constitutivos de máquinas e que consistem em barras longas, apresentam sua freqüência natural fundamental correspondendo ao seu comprimento. Quando mais longa a barra, menor a freqüência. Trata-se de vibração semelhante a que ocorre nos pianos, pedaços de trilho pendurados e que são utilizados para informar o início ou o térmíno do príodo de trabalho das equipes prestando serviços em campo aberto ou em construções, etc. Quando mais curta a barra, ou corda, mais elevada a freqüência ou mais agudo o som. Nas máquinas existem várias chapas que são utilizadas como coberturas, destinadas à proteção não somente do equipamento mas também dos operadores, uma vez que isolam os elementos em movimento, tornando difícil introduzir a mão ou o braço que poderia ser atingido por uma das peças móveis. O estudo das vibrações das chapas é bastante complexo, exigindo desenvolvimentos matemáticos de bastante complexidade, utilizando procedimentos de matemática avançada, tais como processos de Rayleigh ou Ritz, envolvendo equações diferenciais parciais. Não entraremos em detalhes sobre o assunto. Para nosso estudo, é suficiente observar que, conforme a fixação, as chapas oscilarão com freqüências e respostas diversas, como ilustram as figuras correspondentes aos vários casos, na Figura VI.33.

TÉCNICAS DE MANUTENÇÃO PREDITIVA

RESSONÂNCIAS DE CHAPAS COM VÁRIAS FIXAÇÕES — QUADRADAS

(a)

	1º MODO	2º MODO	3º MODO	4º MODO	5º MODO
$\omega_n/\sqrt{Dg/\rho a^4}$	3,494	6,547	21,44	27,46	31,17
LINHAS NODAIS					
$\omega_n/\sqrt{Dg/\rho a^4}$	35,99	73,41	108,27	131,64	132,25
LINHAS NODAIS	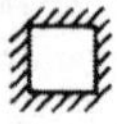	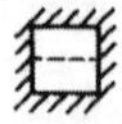	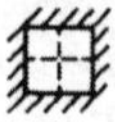		
$\omega_n/\sqrt{Dg/\rho a^4}$	6,958	24,08	26,80	48,05	63,14
LINHAS NODAIS					

RESSONÂNCIAS DE CHAPAS FIXAS NUM BORDO — RETANGULARES

(b)

MODO \ a/b	1/2	1	2	5
1º MODO 	3,508	3,494	3,472	3,450
2º MODO 	5,372	8,547	14,930	34,730
3º MODO 	21,96	21,44	21,61	21,52
4º MODO 	10,26	27,46	94,49	563,9
5º MODO 	24,85	31,17	48,71	105,9

$\omega_n = 2\pi f_n$

ρ = DENSIDADE

$D = \dfrac{Eh^3}{12(1-\mu^2)}$

h = ESPESSURA DA CHAPA

a = COMPRIMENTO DA CHAPA

Figura VI.33

VI.04 - MOVIMENTOS ONDULATÓRIOS

Os movimentos conhecidos como ondulatórios, comumente tratados como "ondas", constituem um estudo que abrange uma vasta gama de fenômenos físicos, constituindo um dos conceitos básicos fundamentais da Física atual. É, então, importantíssimo que todos os envolvidos com problemas técnicos tenham um conhecimento bem claro do comportamento deste tipo de fenômeno. Basicamente, como vimos, os movimentos oscilatórios se passam ao longo de uma reta, como os sistemas massa-mola, pêndulo, etc. Se associarmos o fenômeno que é devido a alteração de uma única variável, geralmente x, ao conceito de velocidade de propagação, teremos o conceito de **onda**.

Uma onda é denominada **progressiva** quando a mesma consiste numa perturbação que se move da fonte ao meio que a envolveu. Com isso, ter-se-á uma transferência de energia de um ponto a outro. Tem-se dois tipos de ondas mecânicas progressivas: **transversais** e **longitudinais**. Quando a perturbação se processa no sentido normal ao sentido de propagação da própria perturbação, a onda é do tipo transversal. Quando a perturbação tem o mesmo sentido do sentido de sua propagação, a onda é do tipo longitudinal. A figura VI.34 ilustra esquematicamente o processo que se observa nos dois tipos de ondas, que são os tipos fundamentais. Tais tipos são **puros**, ou seja, ou é somente transversal ou somente longitudinal, sendo comportamentos fundamentais ou primários. Embora não pretendamos entrar em maiores detalhes, é importante saber que existem vários outros tipos de ondas não tão puras, que são as ondas suprficiais, ondas de Rayleigh, ondas de Lamb, etc., cada uma delas constituida pela combinaço de movimentos ondulatórios de mesma freqüência e dos tipos longitudinal e transversal.

De um modo geral, os movimentos ondulatórios podem ser mecânicos ou eletromagnéticos. Embora não possamos entrar em grandes detalhes, verificaremos algumas características fundamentais dos dois tipos de movimento ondulatório.

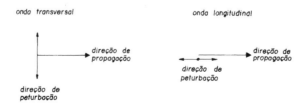

Figura VI.34

As ondas **mecânicas** são produzidas por uma perturbação num meio material e são transmitidas pelas partículas do próprio meio ao oscilarem entorno da sua posição de equilíbrio. Tais ondas podem ser observadas em molas, cordas esticadas, ondas sonoras etc. Muitas das propriedades das ondas mecânicas podem ser observadas facilmente por meio de um tanque qualquer contendo água. No caso, note-se que o movimento das partículas da água não consiste simplesmente num movimento de subir e descer, mas sim são movimento elíticos ou circulares na direção da propagação da onda nas compressões e em sentido contrário nos ventres ou rarefações.

As ondas eletromagnéticas consistem em perturbações na forma de variação de campos elétricos e magnéticos, sendo dispensável a presença de um meio material. Pelo contrário, as ondas eletromagnéticas se propagam muito melhor no vácuo que em qualquer outro meio. Como exemplos de tal tipo de ondas temos a luz, os raios X, sinais de rádios ou televisão, etc.

A Figura VI.35 ilustra os dois tipos fundamentais de ondas mecânicas que se processam numa mola de grande comprimento em espiral dependendo o tipo de onda do modo de excitação aplicado.

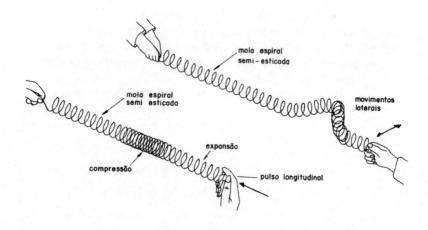

Figura VI.35

VIBRAÇÕES MECÂNICAS. MOVIMENTO ONDULATÓRIO

VI.04.01 - Descrição Elementar das Ondas Mecânicas - Podemos descrever o movimento ondulatório ou as ondas de várias maneiras: descrição analítica, descrição gráfica da variação do movimento das partículas, descrição do comprimento de onda com a correspondente freqüência e velocidade, indicação das frentes de ondas ou dos raios ou outra maneira qualquer.

i) **Descrição gráfica ou Representação Gráfica** - A figura VI.36 ilustra um gráfico relacionando o deslocamento versus distância de uma onda mecânica transversal. Tal representação informa o deslocamento y das partículas vibratórias do meio material a diferentes distâncias x a partir da fonte e *num dado instante*. Os pontos indicam as posições das partículas no instante considerado e a curva indica o deslocamento em função da distância.

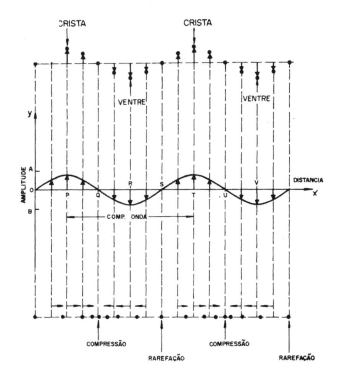

Figura VI.36

260 TÉCNICAS DE MANUTENÇÃO PREDITIVA

É possível representar de maneira análoga uma onda longitudinal, como a ilustrada na parte inferior da Figura VI.36. No caso, y e x estarão na mesma direção da onda, porém no gráfico estarão em ângulo reto entre si. O gráfico, na realidade, está representando uma onda longitudinal como se a mesma fosse transversal. É interessante observar que, no caso de ondas transversais, tem-se as cristas e ventres e no caso de ondas longitudinais tem-se *compressões* e *rarefações*. As regiões com densidade de partículas elevada constituem a regiões de compressão e as de pequena densidade de partículas de regiões de rarefação. É importante saber que tanto as rarefações quanto as compressões caminham junto com a perturbação no sentido de propagação das ondas, enquanto que as partículas permanecem oscilando entorno a sua posição de equilíbrio que é a posição na ausência da perturbação.

O deslocamento máximo que a partícula atinje em seu movimento é denominado *amplitude da onda*, indicada por OA ou OB na Figura VI.36. O *comprimento de onda*, λ, é a distância entre dois pontos consecutivos que apresentem a mesma amplitude e mesma fase. No caso de uma onda transversal é a distância entre duas cristas ou dois ventres sucessivos. Quando se trata de ondas longitudinais, o comprimento de onda é a distância entre duas compressões ou rarefações consecutivas. É possível representar graficamente o gráfico do deslocamento versus distância referente a uma única partícula e verifical como tal deslocamento varia com o tempo. Caso se trate de um movimento harmônico simples, obter-se-á uma senoide.

ii) **Comprimento de Onda, Freqüência e Velocidade de Propagação** - Se admitirmos que uma fonte vibratória qualquer execute f vibrações por segundo, as partículas do meio vibrarão com a mesma freqüência. Em outras palavras, a freqüência de uma onda é igual à freqüência da fonte excitadora. Com isto, cada vez que a fonte executa um ciclo completo de vibração, é produzida uma onda que se propaga ao meio a uma distância λ a partir da fonte. Se a fonte permanece continuamente vibrando na freqüência f, serão produzidas f ondas por unidade de tempo e a onda em questão progride uma distância f λ por unidade de tempo. Designando por c a velocidade de propagação da perturbação, ter-se-á:

$$c = f\lambda$$

VIBRAÇÕES MECÂNICAS. MOVIMENTO ONDULATÓRIO 261

Esta expressão fundamental é válida para todos os tipos de movimentos ondulatórios, sejam eles mecânicos, eletromagnéticos ou qualquer outro tipo.

iii) **Representação das Frentes de Ondas e dos Raios da Vibração** - A frente de onda é a superfície, ou eventualmente linha, sobre a qual a perturbação apresenta a mesma fase e amplitude em todos os pontos. Em outras palavras, é o lugar geométrico da perturbação isofásica e isomagnitude. Quando a fonte dá origem a uma excitação periódica senoidal, a mesma produzirá uma sucessão de frentes de onda iguais entre si. Num plano, uma fonte puntiforme S origina frentes de ondas circulares sobre o plano; caso a fonte esteja num volume dado, as frentes de onda serão esféricas e com o centro no centro da fonte S. Este é o caso das ondas sonóras. Analogamente, uma linha dá origem, num plano, a frentes de onda retas no plano ou, se num volume, frentes de ondas cilíndricas, como ilustra a Figura VI.37. É importante observar que à grandes distâncias as frentes de onda tendem a se tornar frentes planas. Isto porque, à medida que nos afastamos da fonte, o raio aumenta e, para uma distância indefinidamente grande, teremos retas e as frentes de onda serão planas, independentemente do tipo de onda que a fonte emite.

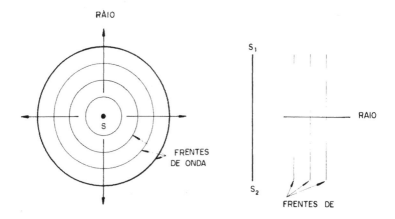

Figura VI.37

Uma reta qualquer normal à superfície da frente de onda é denominado *raio da vibração*. Este último conceito é utilizado largamente em Acústica e em Óptica, sendo seu uso pouco comum em outros tipos de movimentos vibratórios.

VI.04.02 - O Princípio ou Construção de Huygens - Sabendo-se a posição de uma frente de onda num dado tempo ou instante t_0 é possível determinar qual a nova posição através de uma construção estabelecida por Huygens, conhecida comumente como **Princípio de Huygens**. O mesmo princípio permite explicar, de maneira geométrica, os fenômenos de reflexão, refração e dispersão do movimento ondulatório. O princípio de Huygens é o seguinte: "Todo e qualquer ponto situado numa frente de onda pode ser considerado como uma fonte secundária de ondas esféricas que se propagam com a mesma velocidade; a nova frente de onda será constituída pela envoltória das ondas secundárias no tempo t". A Figura VI.38 ilustra uma construção bastante simples para mostrar graficamente a construção de Huygens. No caso, tem-se:

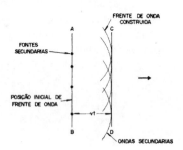

Figura VI.38

como frente de onda e reta (ou plano) indicado por AB se propagando da esquerda para a direita. As frentes de onda no tempo t será a reta (ou plano) constituída pela tangente às esferas de raio ct com os centros em cada ponto de AB. Como a perturbação está se propagando da esquerda para a direita, não existem as ondas esféricas secundárias que indicariam uma propagação à esquerda, uma vez que nessa direção a amplitude é nula.

i) **Refração** - Suponhamos uma frente de onda AB incidindo na interface entre dois meios 1 e 2, cujas velocidades de propagação são c_1 e c_2, como inidica Figura VI.39. No tempo t, a nova posição da frente de onda será tal que, como B percorreu a distância $BB'=c_1 t$ e atinge B' num ponto determinado pelo traçado de uma onda secundária com centro em A e raio $AA'=c_2 t$, a tangente A'B' traçada a partir de B' a esta

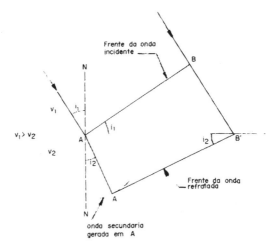

Figura VI.39

onda secundária constitui a nova frente de onda e o raio AA', que é normal à frente de onda será o raio refratado. Caso $c_2 > c_1$ o raio refratado inclina-se em direção à normal no meio 2. Quando $c_1 < c_2$ a refração do raio é tal que o mesmo se inclina em direção oposta à normal.

Geometricamente tem-se que nos triângulos BAB' e A'AB;

$$\frac{\operatorname{sen} i_1}{\operatorname{sen} i_2} = \frac{\operatorname{sen} CAN}{\operatorname{sen} A'AN'} = \frac{\operatorname{sen} BAB'}{\operatorname{sen} A'B'A}$$

$$= \frac{BB'/AB'}{AA'/AB'} = \frac{BB'}{AA'} = \frac{c_1 t}{c_2 t} = \frac{c_1}{c_2}$$

Como c_1 e c_2 são constantes dos meios considerados para uma freqüência ou comprimento de onda, podemos escrever:

$$\frac{\operatorname{sen} i_1}{\operatorname{sen} i_2} = \text{Constante}$$

Esta expressão nada mais é que a Lei de Snellius conhecida da Óptica. A mesma é válida para ondas eletromagnéticas, mecânicas, sonoras, ondas nos líquidos e qualquer movimento ondulatório. A constante acima é denominado *índice de refração* $_1n_2$ para as ondas que propagam do meio 1 ao meio 2. O índice de refração é comumente definido pela expressão:

$$_1n_2 = \frac{c_1}{c_2} = \frac{\operatorname{sen} i_1}{\operatorname{sen} i_2} = \frac{n_1}{n_2}$$

onde n_1 e n_2 são os índices de refração absolutos dos meios 1 e 2.

Com o princípio de Huygens, torna-se bastante fácil explicar os fenômenos de refração da luz, do som e do ultra-som, que pode dar origem a problemas de bastante gravidade quando se está executando inspeções, sempre que a onda passe de um meio a outro meio onde a velocidade de propagação é diferente.

ii) **Reflexão** - A reflexão é fenômeno bastante conhecido, principalmente em Acústica, pela existência do eco, a reverberação em ambientes fechados, etc. Visando uma explanação geométrica do fenômeno, vamos considerar uma frente de onda AB que incide sob o ângulo *i* numa superfície A, como ilustra a Figura VI.40.

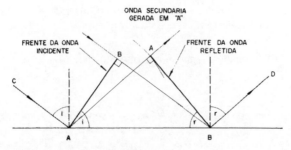

Figura VI.40

VIBRAÇÕES MECÂNICAS. MOVIMENTO ONDULATÓRIO **265**

Para achar a frente de onda depois da incidência na superfície refletora, no momento em que B está se refletindo em B', basta traçar uma onda esférica com centro em A e rao BB'; como a tangente B'A' a partir de B' é a nova frente de onda, esta será a frente da onda refletida. Observando-se os triângulos AA'B e ABB' ter-se-á:

$$AA'B' = ABB' = \frac{\pi}{2}$$

como o lado AB' é comum, tem-se que, pela própria construção,

$$AA' = BB'$$

sendo os triângulos congruentes: Logo,

$$\iota BAB' = \iota A'B'A$$

estes dois ângulos são formado pelas frentes de onda incidente e refletida com a superfície refletora. Nessas condições, os raios incidente e refletido, CA e B'D estão em ângulo reto com as frentes de onda assim como normais às superfície. Então, os ângulos de incidência, **i**, e de reflexão, **r**, são iguais,

$$< i = < r$$

Esta é a lei da reflexão que nada mais é que um caso particular da Lei de Snellius quando a superfície é "opaca".

iii) **Dispersão** - Existem vários fenômenos vibratórios onde a velocidade de propagação depende da freqüência do movimento vibratório, ou seja, são propagações **dispersivas**. Nesses casos, o princípio de Huygens continua válido, mas a refração vai depender da freqüência do movimento vibratórios. A Figura VI.41 ilustra um caso de uma vibração constituída pelas freqüências f_1 e f_2 incidir obliquamente num meio 2 onde as velocidades dependem da freqüência (meio dispersivo),o que não ocorre no meio 1. Seja então a velocidade de propagação v_1 a de f_1 no meio 1 maior que v_2, velocidade de propagação no meio 2; nesse caso, a freqüência f_2 sofrerá um desvio maior que f_1, ocorrendo a

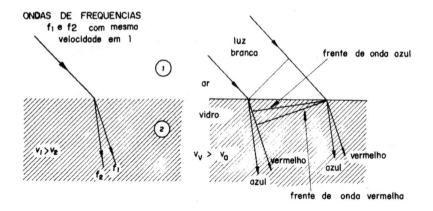

Figura VI.41

dispersão. O meio 1 é denominado **não-dispersivo** e o meio 2 é um meio denominado **dispersivo**. No caso da luz tem-se o fenômeno do aparecimento das diversas cores que compõem a luz branca, devido ao efeito da dispersão. Como a luz vermelha tem uma velocidade maior que a luz azul quando no vidro, caso um fixe de luz branca incida do ar (meio não dispersivo) no vidro obliquamente (meio dispersível), a frente de onda azul é refratada mais que a luz vermelha, devido ao fenômeno de dispersão.

VI.04.03 - O Princípio da Superposição - Existe um problema de natureza eminentemente prática que apresenta grande interesse, qual seja, o que ocorre quando dua ondas ou duas vibrações se sobrepõem? Qual o comportamento da colisão de dois pulsos vibratórios? A resposta é encontrada nos tratados de Acústica, Física Ondulatória, etc., de maneira clara e elegante, porém utilizando técnicas analíticas de alguma complexidade, o que não nos interessa. Vamos tentar expor e compreender o fenômeno utilizando fatos puramente experimentais, como, por exemplo, fazendo dois pulsos ou duas excitações unitárias aplicadas numa mola de grande comprimento, como ilustrado esquematicamente na Figura VI.42, se superporem.

Na Figura VI.42, o desenho (a) mostra dois pulsos transversais de perfis ligeiramente diferentes se aproximando em sentidos opostos. No

VIBRAÇÕES MECÂNICAS. MOVIMENTO ONDULATÓRIO 267

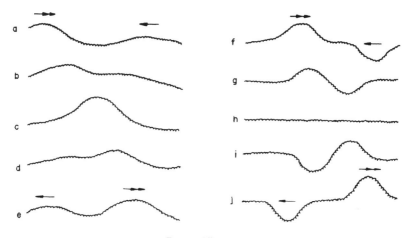

Figura VI.42

momento que se cruzam, ou seja, que se superpõem, desenho (c), o deslocamento da mola é, obviamente, igual a soma de ambos os deslocamentos individuais. Depois do cruzamento, cada pulso continua seu percurso como se nada tivesse acontecido, mantendo cada um deles seu perfil inicial como ilustra o desenho (e). Quando os pulsos apresentam oposição de fase, desenhos (a) e (i) eles se cancelam, como mostra a Figura. Da experiência conclue-se que os pulsos ou ondas quando colidem, passam um pelo outro de maneira tal que não são afetados, ao contrário das partículas que sofrem o efeito da incidência. Com isso, é possível estabelecer o **Princípio de Superposição**, como: "quando duas ondas (ou pulsos) se cruzam, o deslocamento total é a soma vetorial dos deslocamentos individuais devido a cada pulso no ponto de colisão". Tal princípio explica, de maneira bastante compreensível muitos fenômenos existentes nos fenômenos vibratórios e ondulatórios. Se tomarmos dua ondas (a) e (b) de amplitudes e freqüências diferentes e as fizermos coincidir, a onda resultante é obtida pela adição dos deslocamentos. Observar que (c) é a resultante da ondas (b) que possue metade da amplitude de (a) e uma freqüência três vezes superior. Como é natural, o perfil da resultante é totalmente diferente do perfil da ondas que a constitue.

É importante saber que o princípio da superposição é que permite a análise espectral de uma forma de onda arbitrária, através da análie de Fourier, valendo a análise para uma vibração arbitrária. Voltaremos posteriormente ao assunto, quando estudarmos a análise espectral da vibrações.

268	TÉCNICAS DE MANUTENÇÃO PREDITIVA

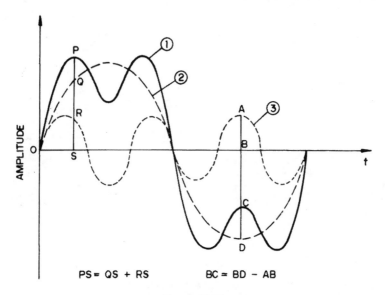

PS = QS + RS   BC = BD - AB

Figura VI.43

VI.04.04 - Interferência entre Movimentos Ondulatórios - Quando temos duas ou mais fontes operando de maneira coerente, as onda produzidas ao se cruzarem serão superpostas, havendo então reforço da ondas em alguns pontos e cancelamento total em outros, obtendo-se uma figura denominada **figura de interferência** ou **sistema de franjas**.

É importante observar que as fontes são denominadas coerentes quando oscilam na mesma freqüência e, para um cancelamento por ocasião da superposição das ondas, é necessário que as amplitudes sejam iguais. Caso a diferença de fase entre duas fontes não seja constante, pode acontecer que existam pontos onde se observa um reforço num instante e cancelamento em outro, não sendo viável obter uma figura "estável". Normalmente, a fontes coerentes são obtidas a partir de uma fonte única, tomando-se duas ou mais derivações.

A interferência entre ondas mecânicas pode ser observada com bastante facilidade, sendo suficiente fixar dois mergulhadores numa haste, mergulhá-los num tanque contendo água e observar o que se passa quando se excita a haste com um movimento vibratório. Serão produzidas ondas esféricas que, ao se propagar, encontrarão outras ondas esféricas de mesma freqüência (coerentes), interferindo ambos os movimentos ondulatórios. Na superfície da água serão formadas as franjas de interferência.

Com o intuito de explicar o como a interferência se processa, vamos observar a Figura VI.44. Sobre a reta AB tem-se o lugar geométricos dos pontos equidistantes de ambas as fontes S_1 e S_2 e nos mesmos as vibrações serão isofásicas, ou seja as cristas de S_1 e S_2 coincidirão, passando-se o mesmo com os ventres. Ocorre, então, uma superposição isofásica, havendo reforço das amplitudes tanto dos ventres quanto das cristas. Os pontos que se encontram sobre a reta CD estão mais próximos de S_1 que de S_2 de uma distância de meio comprimento de onda, ou seja, o ventre de S_1 (ou crista) se superpõe à crista de S_2 (ou ventre), havendo uma interferência destrutiva. Sobre a reta EF a diferença da distâncias entre S_1 e S_2 é igual a um comprimento de onda, sendo uma linha de reforços, ou interferência construtiva. A linha GH é uma linha de interferência destrutiva, já que a diferença de percurso às duas fontes é de meio comprimento de onda. As linhas onde há cancelamento da vibrações são dedais ou **linhas das cristas**. Pelo exposto, verifica-se que a separação entre as linhas nodais e da cristas aumenta com o aumento da distância entre o ponto e as fontes, com a diminuição da separação entre as fontes e com a diminuição da freqüência da vibração, que corresponde a um aumento do comprimento de onda.

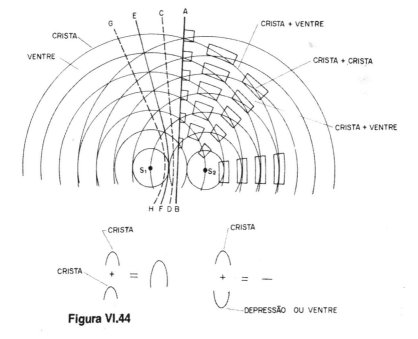

Figura VI.44

VI.04.05 - O Fenômeno da Difração - Ao estudar os fenômenos da Óptica Ondulatória, foi observado que quando um feixe luminoso atravessa um orifício de diâmetro bastante reduzido, da ordem do comprimento de onda da radiação luminosa, assim como encontra um obstáculo opaco no seu percurso e com dimensões da mesma ordem, aparece um espalhamento das ondas, constituindo o fenômeno da **difração**. Interessa-nos a difração dos movimentos vibratórios mecânicos e não os eletromagnéticos.

Os fenômenos de difração no caso de movimentos ondulatórios mecânicos são observados com bastante facilidade e segurança fazendo-se uma fonte vibratória excitar a água de um tanque. Colocando-se um obstáculo que contenha um orifício que separe o tanque em duas partes e excitando-se a onda num dos lados, observar-se-ão os fenômenos de difração. Quando se altera a freqüência vibratória de excitação, está se alterando o comprimento de onda que se propaga na superfície da água. A relação entre tal comprimento de onda e a largura do orifício é que vai determinar o aspecto da figuras de difração.

Quando o comprimento de onda é muito menor que as dimensões do orifício, as ondas se propagam de maneira praticamene inalterada, não exercendo o obstáculo influência alguma. A propagação é em linha reta, propagando-se a maior parte da energia vibratória na mesma direção da onda incidente. Quando a relação entre o diâmetro do orifício é menor, as ondas que atravessam o mesmo apresentam o aspecto de radiação circular funcionando a abertura como uma fonte de ondas esféricas, circulares no caso do tanque. Há uma difração apreciável e a energia da onda difratada é distribuída de maneira praticamente uniforme num ângulo de π/rad. As observações feitas no tanque mostram que os efeitos da difração são tanto maiores quanto mais se aproxima da unidade a relação entre a largura do orifício e o comprimento de onda do movimento oscilatório. A Figura VI.45 ilustra esquematicamente o fenômeno descrito.

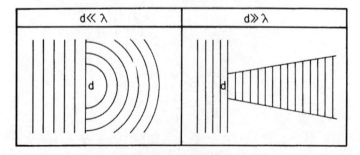

Figura VI.45

VIBRAÇÕES MECÂNICAS. MOVIMENTO ONDULATÓRIO 271

O princípio de Huygens permite determinar, a priori, as posições futuras das frentes de onda. Para tal, basta substituir a frente de onda por fonte puntiformes, procedendo-se de maneira análoga ao utilizado nos problemas de reflexão e refração. Não entraremos em maiores detalhes.

VI.04.06 - Ondas Estacionárias - Se tomarmos uma mola bastante comprida e excitarmos um extremo livre, mantendo o outro extremo fixado num suporte rígido, teremos a propagação de uma onda transversal progressiva. Ao atingir o extremo fixo, a onda será refletida e percorrerá o caminho inverso, dirigindo-se ao extremo de excitação, volta ao extremo fixo, observa-se outra reflexão e assim sucessivamente. No caso tem-se duas ondas progressivas de mesma freqüência e praticamente mesma amplitude que percorrem a mola em sentidos opostos. Caso a freqüência de excitação seja diminuida gradativamente, observar-se-á que, em certas freqüências, formam-se amplitudes bastante grandes na mola, cujo número pode ser um, dois ou mais ventres. No caso, foi estabelecida a formação de **ondas estacionárias**. O nome deriva do fato que, ao observar o fenômeno, não é percebido o movimento das duas ondas que se propagam em sentidos contrários, mas tão somente um movimento oscilatório no qual tem-se regiões de grande atividade, com amplitudes apreciáveis e regiões puntiformes onde não é observado movimento algum.

O experimento de Melde permite visualizar o processo. Tal experimento consiste em pegar um fio de borracha com diâmetro da ordem de 3 mm e comprimento 0,5 m e esticá-lo até 1,0 m, com um dos extremos fixos e o outro excitado por um vibrador de freqüência variável, que excita o fio no sentido transversal. Fazendo variar a freqüência do excitador, são estabelecidas ondas estacionárias apresentando um, dois ou mais ventres, como ilustra a Figura VI.46. Se se dispuzer de um estroboscópio, é possível iluminar a corda e verificar que, quando a freqüência é adequada, o estroboscópio permitirá visualizar o movimento da corda quando da formação de ondas estacionárias. No nosso caso, é importante observar que, nas ondas estacionárias:

a) Existem pontos, indicados por N na Figura VI.47, onde o deslocamento é praticamente nulo na maior parte do tempo.

b) As oscilações num ventre estão sempre em oposição de fase com as vibrações no ventre contiguo.

c) Em cada ventre, as partículas que constituem o fio oscilam na mesma fase, porém com amplitudes diferentes, de tal modo que todos os pontos atingem a amplitude máxima no

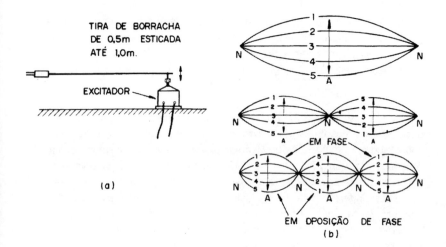

Figura VI.46

mesmo instante. Os pontos de amplitude máxima são deminado **ventres**.

d) Sempre a freqüência de vibrações das partículas em ambas as ondas é a mesma e o comprimento de onda da onda estacionária é igual a dua vezes a distância entre dois nós ou dois ventres sucessivos. É igual ao comprimento de onda de qualquer da ondas progressivas que formam a onda estacionária.

As ondas estacionárias são, então, o resultado da superposição de duas ondas de mesma amplitude e freqüência que percorrem progressivamente o espaço em direções opostas. Vamos procurar explicar fisicamente o processo de formação de ondas estacionárias. Pela Figura VI.47, as linhas quebradas e pontilhadas constitue o gráfico distância-deslocamento de duas ondas em intervalos de tempos iguais e sucessivos; a resultante da interferência ou superposição dessa duas ondas está representada por linhas cheias. Mediante a observação dessa Figura, é possível entender o que se passa para formar os ventres ilustrados na Figura VI.46.

Nas experiências descritas, obtém-se um trem de ondas através da reflexão do trem emitido no final da corda ou mola e, quando no tempo que a onda ou pulso demora para percorrer toda a mola ou corda e voltar o vibrador emitir uma segunda onda, esta onda reforçará a que está chegando. O mesmo processo é válido quando o vibrador emitir exata-

VIBRAÇÕES MECÂNICAS. MOVIMENTO ONDULATÓRIO 273

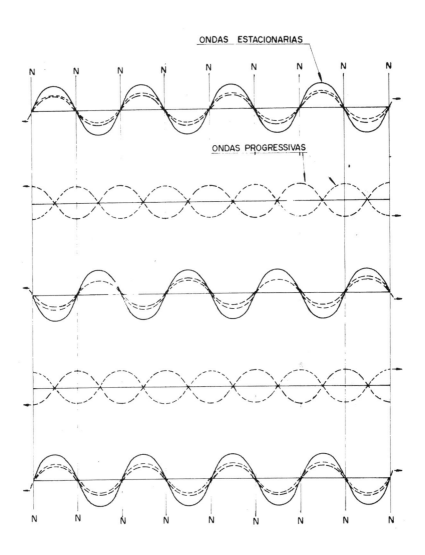

Figura VI.47

274 TÉCNICAS DE MANUTENÇÃO PREDITIVA

mente duas, três ou qualquer número inteiro de ondas no mesmo tempo que a onda demanda para terminar seu retorno na mola ou corda. A amplitude da ondas somam-se, uma vez que as mesmas retornam em fase com a fonte (vibrador no caso), observando-se um caso típico de ressonância. Com isso, o acoplamento entre a fonte e o meio é melhorado, dando origem a uma "emissão estimulada"; caso a onda estacionária apresente um ventre na freqüência f, um excitador de freqüência 2f dará origem a dois ventres, e assim sucessivamente. No caso, 2f será a segunda harmônica, 3f a terceira harmônica, etc.

É então, possível afirmar que a corda esticada ou mola possue um número de freqüências naturais e, quando um excitador introduz um sinal próximo a uma dessas freqüências, aparecerá uma ressonância e como conseqüência o aparecimento de amplitudes de valores elevados na freqüência em pauta. É interessante observar que uma corda esticada possue um número elevado de freqüências naturais, enquanto que o oscilador massa-e-mola possue uma única. Um estudo mais detalhado do problema explica o porque de tal disparidade aparente. No caso massa-e-mola, a propriedade **mola** está toda contida num **elemento concentrado**, assim como a propriedade massa está toda concentrada num segundo elemento concentrado também. Tais elementos concentrados constitue uma aproximação dos casos reais, visando facilitar o estudo dos diversos circuitos (elétrico, mecânico, sonoro, hidráulico, etc.) por simplificar enormemente o tratamento matemático. No caso da corda ou mola esticada, os elementos não são mais concentrados mas sim **distribuídos**, já que cada elemento tanto da corda quanto da mola apresentam a características e propriedade de **massa** e de **mola**.

É importante saber que as ressonâncias descritas e produzidas por ondas estacionárias ocorrem unicamente em sistemas limitados, ou seja, que possuem "fronteiras" ou "limites" que limitam o percurso das ondas. As ondas progressivas quando refletidas pelas fronteirs interferirão com as ondas progressivas se dirigindo à fronteira e as ondas estacionárias precisarão se adaptar no sistema em que estão, ou seja, apresentar nós nos extremos da corda ou mola. Em caso contrário, a figura das ondas etacionárias é inviável de acontecer. Há uma diferença batante importante entre as ondas estacionárias e a ondas progressivas, no que diz respeito a energia. Nas ondas estacionárias, é armazenado um valor apreciável de energia em pontos localizados, permanecendo ligados à própria onda estacionária, não havendo transmissão de energia. Quando o ambiente é "ilimitado", sem "fronteiras" ou o "campo livre", as ondas são todas elas progressivas e viajam percorrendo o meio sem restrições.

VIBRAÇÕES MECÂNICAS. MOVIMENTO ONDULATÓRIO

As ondas estacionárias constituem uma característica muito importante em vários problemas e em muitos casos de engenharia. As mesmas estão presentes em qualquer instrumento musical operando a cordas, coluna de ar (órgão) etc. Na indústria, elas são importantíssimas em turbinas, hélices, carrosserias de veículos, asas de aeronaves, coberturas de máquinas etc., e em praticamente todos os corpos que possuem limites. Os desenhos da Figura VI.48 ilustram alguns processos para a obtenção de ondas estacionárias. Com um estroboscópio, é possível observar tais fenômenos com maior facilidade:

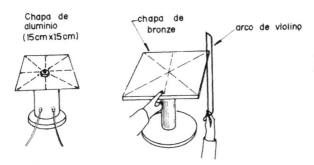

Figura VI.48

VI.04.07 - Batimentos - Os batimentos são percebidos com maior facilidade quando se trata de sons e o mesmo consiste na interação entre dois sons de mesma amplitude e freqüências ligeiramente diferentes. Quando tal se dá, ouve-se um som cuja laudenés aumenta e diminue periodicamente. No caso de vibrações, o fenômeno é o mesmo e cobre a faixa de freqüências infra-audio e ultra-sônica.

A produção dos batimentos pode ser explicada através do princípio da superposição. A Figura VI.49 ilustra os gráficos deslocamento versus tempo para dois trens de ondas originários de duas fontes de freqüências praticamente as mesmas. Num instante A as ondas produzidas por ambas as fontes superpõem-se em fase, dando origem a uma amplitude reforçada. A diferença de fase aumenta progressivamente até que um ventre de uma da fontes coincida com o nó da outra, ou vice-versa. Como a superposição é agora em oposição de fase, a amplitude tende a zero, como o ponto B. Mais tarde as ondas estarão novamente em fase, reforçando a amplitude, tornando a ficar em oposição de fase e assim sucessivamente.

Interessa verificar qual a freqüência do batimento e verificaremos que a mesma é igual à diferença entre as freqüências componentes.

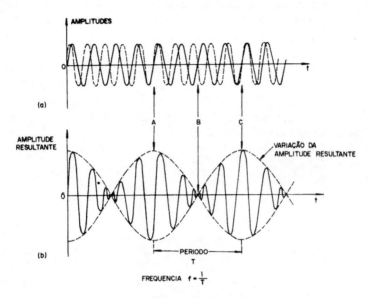

Figura VI.49

Admitamos que o período do batimento seja T e que uma das freqüências componentes seja f_1 e a outra f_2. er-se-á

$$n^\underline{o} \text{ de } T_1 \quad \text{em } T \quad T = f_1 T$$

$$n^\underline{o} \text{ de } T_2 \quad \text{em } T \quad T = f_2 T$$

Então, podemos escrever

$$f_1 T - f_2 T = 1$$

$$f_1 - f_2 = \frac{1}{T}$$

Como T é o período do batimento, a sua freqüência será

$$f = \frac{1}{T} = f_1 - F_2$$

VIBRAÇÕES MECÂNICAS. MOVIMENTO ONDULATÓRIO   **277**

VI.05 - BALANCEAMENTO ESTÁTICO E DINÂMICO. NOÇÕES FUNDAMENTAIS

Pela definição da ISO, o balanceamento é o processo pelo qual a distribuição da massa de um rotor é corrigida de modo que as vibrações, assim como os esforços nos mancais não ultrapasse os valores limite estabelecidos para a peça em questão.

As exigências que a indústria moderna impõe às máquinas rotativas e equipamentos de produção, como motores elétricos, geradores, compressores, turbinas, exaustores, ventiladors, etc., devem ser satisfeitas apezar do aumento da velocidade de rotação. Inclusive tais exigências são cada vez mais rigorosas quanto aos níveis de vibração, que são cada vez menores. É preciso considerar que quando se trata de rotores operando em altas velocidades, da ordem de algumas dezena de milhares de revoluções por minuto, os problemas de Engenharia são realmente desafiadores, exigindo a solução de problemas de material, problemas estruturais, projeto de mancais, procedimentos de balanceamento etc., visando uma operação estável do conjunto inteiro.

VI.05.01 - Balanceamento Perfeito - Vamos admitir que um corpo rígido esteja girando em velocidade uniforme entorno um de seus eixos inerciais principais. Se as forças que dão origem a rotação forem irrelevantes, o eixo girará entorno o eixo sem a presença de agitações, coincidindo o eixo principal com uma reta fixa no espaço. Se colocarmos mancais concêntricos nos dois extremos do corpo, exatamente onde o eixo se encontra, estes mancais também não apresentarão agitações ou vibrações. Se admitirmos que não há ação dinâmica da elasticidade do rotor e do lubrificante nos mancais, tem-se um caso de rotor balanceado perfeitamente. Para tal, é necessário que o rotor seja **rígido** e apoiado da maneira descrita; os mancais não exercem força alguma a não ser a necessária para suportar o peso do rotor. Tais condições sendo satisfeitas, a distância radial entre o centro de gravidade do rotor e a linha de centro dos mancais é nula e o **balanceamento é perfeito.**

VI.05.02 - Balanceamento Estático de Rotores Rígidos - Como os rotores rígidos compreendem uma parte substancial e possivelmente a maior parte dos problemas de balanceamento na indústria, as técnicas utilizadas para obter tal balanceamento é de importância capital. Isto porque a maior parte dos rotores fabricados e instalados na indústria são rígidos e, por tal

278 TÉCNICAS DE MANUTENÇÃO PREDITIVA

razão, as máquinas de balancear existentes são destinadas ao balanceamento de tal tipo de rotores.

Para facilitar a compreensão do que se passa, vamos admitir que a linha que une os centros dos mancais não coincide com a linha que constitue o eixo principal. Tal suposição é perfeitamente válida, uma vez que na prática, mesmo com as tolerâncias mais rígidas os mancais nunca são concentricos com o eixo principal do rotor. Se fizermos dois orifícios concentricos e colocarmos mancais neles e obrigarmos o rotor a girar entorno o eixo dos mancais, aparecerá uma força variável em cada mancal. Observa-se imediatamente que o centro de gravidade do rotor, que está posicionado no eixo principal, não se situa sobre o eixo de rotação que é o eixo dos mancais. Segue-se que há uma força radial agindo sobre o rotor, devido a aceleração centrífuga, e dada por

$$F = m \cdot \epsilon \cdot \omega \qquad \text{(a)}$$

onde m é a massa do rotor, E a excentricidade e ω a freqüência angular. A excentricidade é a distância entre o eixo de rotação e o eixo sobre o qual se posiciona o centro de gravidade, medida radialmente. Como o rotor foi considerado rígido, não existe distorção, a força acima é equilibrada pelas forças de reação dos dois mancais, cuja soma é igual ao peso do rotor e de sentido contrário. Este é o caso prático e o problema consiste em obter um rotor balanceado a partir do rotor descrito.

É possível dar uma translação no centro de gravidade dirigindo-o ao eixo de rotação de duas maneiras distintas. Teoricamente o processo mais adequado consiste em alterar o eixo dos suportes dos mancais de tal maneira que passe a coincidir com o eixo de gravidade do rotor. Entretanto, tal procedimento é dificílimo de ser conseguido na prática. O processo em uso consiste em alterar a massa do rotor pela adição ou subtração de material, de modo a deslocar o centro de gravidade, operando-se tal processo no plano longitudinal que inclue o eixo de rotação e o centro de gravidade. Pela expressão (a) observa-se que, se for satisfeita a relação

$$m'r = m \cdot \epsilon$$

não existirá força radial alguma agindo sobre o rotor. Nesta expressão m' é a massa adicionada ou retirada à distância r. Pode, no caso, existir um conjugado mas não há força agindo. Este processo de balancear fazendo com que haja "coincidência entre o centro de gravidade do rotor e o eixo de

VIBRAÇÕES MECÂNICAS. MOVIMENTO ONDULATÓRIO **279**

rotação é denominado **balanceamento estático**". Trata-se de balanceamento num único plano e todo rotor balanceado dessa maneira permanece em qualquer posição quando apoiado em mancais e sujeito à ação da gravidade somente.

VI.05.03 - Balanceamento Dinâmico de Rotores Rígidos - Quando se tem um rotor balanceado estaticamente, os eixos de rotação e eixo inercial principal não coincidem, pois tem em comum tão somente o centro de gravidade, não se conseguindo um balanceamento perfeito nem satisfatório. Todo e qualquer balanceamento para se aproximar do "perfeito" deve fazer com que o eixo principal gire entorno o centro de gravidade no plano longitudinal delimitado e caracterizado pelos eixos de rotação e principal. Isto pode ser conseguido ou pela alteração dos suportes dos mancais, impraticável como foi visto, ou pela adição ou subtração de massa no plano caracterizado pelo eixo de inércia principal e o eixo de rotação. É preciso considerar que a adição ou subtração de massa embora dê origem a rotação do eixo principal em relação ao eixo de rotação, a operação destroe o balanceamento estático já estabelecido. Portanto, há necessidade de introduzir um conjugado no plano longitudinal do rotor. Comumente consegue-se isto pela adição ou subtração de duas massas iguais, uma em cada lado do eixo principl para não alterar o balanceamento estático e uma em cada um dos dois planos radiais para produzir o efeito rotatório necessário. Do ponto de vista teórico, não tem importância quais dois planos radiais são escolhidos, uma vez que o mesmo efeito rotatório pode ser conseguido com massas adequadas, independentemente da localização axial dos dois planos. Nos casos práticos, os planos são escolhidos de tal forma a estarem separados por distâncias tão grandes quanto possvel, visando diminuir a quantidade de massa necessária.

O processo descrito consiste em "trazer o eixo principal de inércia do rotor a coincidir com o eixo de rotação, denominado de balanceamento dinâmico". Tal balanceamento é também conhecido como **balanceamento em dois planos**. Pelo exposto, observa-se que um rotor qualquer balanceado dinamicamente está balanceado estaticamente; o inverso, no entanto, não é verdadeiro.

V.05.04 - Balanceamento de Rotores Flexíveis - De maneira geral, um rotor é dito flexível quando a "sua velocidade de rotação é maior ou igual a 75% da sua freqüência natural mais baixa quando vibrando transversalmente". Existem três grupos de rotores considerados flexíveis:

280 TÉCNICAS DE MANUTENÇÃO PREDITIVA

i) Rotores Semi-Flexíveis que nada mais são que rotores flexíveis que foram balanceados em rotação inferior aquela onde são observadas flexões apreciáveis do rotor.

ii) Rotores Flexíveis que apresentam componentes flexíveis per si ou então são suportados de maneira flexível. Tais rotores são ocasionalmente denominados "rotores mecanicamente instáveis".

iii) Rotores que exigem de técnicas de balanceamento modal, sendo também conhecidos como "rotores de eixo flexível".

A rotação de operação e a rotação de balanceamento devem ser selecionadas o mais baixo possível que o equipamento permita. Na maioria dos casos, a rotação de balanceamento é bem inferior à rotação de regime do dispositivo. Quando o balanceamento residual deve ser muito pequeno, os rotores devem ser balanceados em seus rolamentos de operação, o que é perfeitamente possível pelo uso das máquinas de balancear modernas.

VI.05.05 - Balanceamento de Rotores com Eixo Flexível - Tomemos um disco singelo girando entorno um eixo vertical de peso despresível e admitamos que o disco seja totalmente rígido e que os mancais e suportes sejam infinitamente rígidos, com o que o sistema não perde energia. Se o disco está em repouso e se for **d** a distância entre o centro geométrico e o centro de gravidade do disco, o ponto indicado por A na Figura VI.50 será o ponto de equilíbrio, ou centro de equilíbrio, definido como o ponto no plano radial que passa pelo centro de gravidade e intercepta o eixo de rotação na posição de repouso estático. Se o disco se puser a girar, aparecerá uma força centrífuga que age no centro de gravidade, fazendo-o tender a dirigir-se para fora e tal força é equilibrada pela rigidez do eixo. Em qualquer velocidade de rotação, deve haver equilíbrio entre as forças centrífugas e de elasticidade do eixo, ou seja, deve ser a todo instante obedecida a equação

$$M_m \, (d + x) \, \omega^2 = s \cdot x$$

onde x representa a deflexão dinâmica do eixo, ou seja, a distância radial entre o centro de equilíbrio e o eixo do mancal.

Observe-se que o desbalanceamento dá origem a uma vibração bem determinada, cuja velocidade angular coincide com a freqüência angular de rotação do rotor, como é óbvio. A Figura VI.50 ilustra a força cen-

VIBRAÇÕES MECÂNICAS. MOVIMENTO ONDULATÓRIO 281

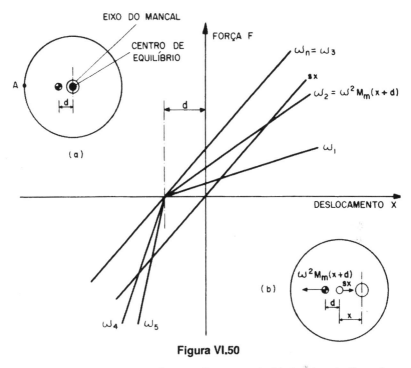

Figura VI.50

trífuga para uma série arbitrária das diversas velocidades de rotação, pelas velocidades angulares ω_i, sendo sempre $\omega_i < \omega_{i+1}$. O ponto de intersecção das retas representando as duas forças indica a posição de equilíbrio do rotor para uma dada velocidade angular. No caso ideal, à medida que a velocidade de rotação cresce, o ponto de equilíbrio percorre a reta kx acompanhando-a. Ao atingir uma velocidade ω_{cl}, as retas não mais se encontram, tornando-se paralelas. Nessas condições, não há possibilidade de equilíbrio, sendo a condição denominada de **velocidade crítica** ou ainda **rotação crítica**. Note-se que a rotação crítica nada mais é que uma freqüência de ressonância do sistema, devendo ser tratada e considerada como tal.

Se a velocidade angular for maior que a ω_{cl}, as retas tornam a se enconrar porém no lado negativo do plano cartesiano e, à medida que ω aumenta a linha descrita pela condição de equilíbrio tem a sua inclinação também aumentada até que a deflexão x se aproxima do valor δ, tendendo o rotor a girar entorno o centro de gravidade. O processo através do qual o rotor tende a girar entorno seu centro de gravidade após a rotação crítica mais baixa é denominado **centragem de massa**. É possível calcular as rotações críticas de um rotor, desde que se saiba as propriedades elásticas e de amortecimento do material que o constitue. Se considerarmos o caso ideal da Figura VI.50 com o disco centrado no eixo que, por sua vez apresenta secçao reta uniforme, a rotação crítica é dada pela expressão

$$\omega_n = \sqrt{\frac{48 \cdot E \cdot I \cdot g}{W \cdot \ell^3}}$$

onde é ω_n = primeira rotação crítica, E = módulo de elasticidade do material, I = momento de inércia transversal da secção reta, g = aceleração da gravidade, W = peso do disco e ℓ = distância entre mancais. Esta expressão considera que somente o eixo é elástico, desprezando os efeitos dinâmicos dos mancais e seus apoios. A Figura VI.51 ilustra os modos de ressonância de um rotor em função da relação entre as elasticidades dos mancais e do rotor.

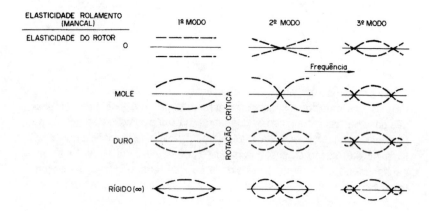

Figura VI.51

VI.05.06 - Causas de Desbalanceamento - O desbalanceamento é um problema que aparece sempre em toda peça girante, em grau maior ou menor. Como exste o problema de dilatação térmica, um eixo e seu mancal devem ter, necessariamente, um pequeno ajuste, ou folga, destinado à lubrificação. Com isso, os centros das duas peças dificilmentes coincidirão, havendo sempre uma pequena diferença. Tal desbalanceamento aparecerá sempre, mesmo utilizando-se materiaisperfeitamente homogêneos e usina-

VIBRAÇÕES MECÂNICAS. MOVIMENTO ONDULATÓRIO **283**

gens com precisão e rigor tão grande quanto se queira. Nos casos usuais, existem várias causas para que o desbalanceamento se apresente. As causas mais comuns são as seguintes:

a) Gradientes térmicos, originando desbalanceamento em rotores de turbinas principalmente a vapor.

b) Desalinhamento dos mancais. Neste caso, aparentemente se trata de desbalanceamento mas, na verdade, o problema é de desalinhamento. As freqüências e direções de vibrações de ambos os casos são diferentes, como veremos oportunamente.

c) Dissimetria, comum devido ao deslocamento dos massalotes nas fundições, superfícies ásperas nos forjados, configuração assimétrica, etc.

d) Distorções devido a velocidade operacional inadequada, como envergamento das pás de ventiladores e exaustores devido a uma rotação acima daquela para a qual foi projetado, etc.

e) Inhomogeneidade do material comum devido a presença de bolhas nas barras dos rotores bobinados, inclusões e incrustações, em forjados e fundidos, inclusão de escória em laminados, variações na estrutura cristalina devido a variações na densidade do material base.

f) Excentricidade, comum quando os suportes não são concentricos ou circulares, usinagem deficiente ou inadequada do rotor, etc.

g) Desbalanceamento hidráulico ou hidrodinâmico, originado por cavitação ou turbulência.

A maior parte dos desbalanceamentos encontrados são originados nos processos de fabricação. Por exemplo, as porções de peças fundidas ou forjadas que devem se ajustar o fazem de maneira inadequada, pela inviabilidade de fazê-las concentricas e simétricas em relação ao eixo de rotação. Tal fato introduz desbalanceamento apreciável. São também responsáveis por desbalanceamento algumas tolerâncias e especificações de fabricação que permitem alguma excentricidade em relação ao eixo de rotação. Como há necessidade de algumas tolerâncias para a montagem economicamente fatível de vários elementos de rotores, as mesmas em vários casos permitem um deslocamento radial de alguns componentes da montagem, o que pode introduzir desbalanceamento.

284 TÉCNICAS DE MANUTENÇÃO PREDIT'VA

VI.05.07 - Qualidade do Balanceamento Dinâmico - Um critério que aparentemente parece excelente visando classificar a qualidade do balanceamento consiste em verificar o quanto de vibração o dispositivo apresenta quando funcionando normalmente. Embora o processo pareça satisfatório, o mesmo é inviável, uma vez que existem vários outros fatores que nada tem a haver com o desbalanceamento e que dão origem a vibrações, tais como assimetria dos rolamentos, desalinhamento, efeitos hidro é aerodinâmicos, eixo torto, etc. Além do mais, as medições executadas no assento ou caixa dos rolamentos incluem vibrações que não mantêm relação alguma com o desbalanceamento, tais como vibrações dos rolamentos (de rolos ou de esferas), de engrenagens, etc.

Até o final da década de 50, as especificações e recomendações quanto as vibrações eram bastante limitadas, concentrando-se a maoria delas em motores elásticos e turbinas de grande porte. Tais recomendações foram estabelecidas em base a um volume apreviável de dados colecionados e compilados durante alguns anos. No passado não muito longínquo havim curvas e tabelas indicando os limites de vibrações para vários tipos de máquinas, com classificações de natureza mais subjetiva que técnica.

Um dos primeiros trabalhos visando padronizar e classificar o nível de qualidade de motores elétricos foi desenvolvido pelo Prof. Gruetzmacher, com a finalidade de estabelecer um critério para o nível de qualidade de motores elétricos em função do nível de vibrações. Tal critério foi apresentado e 1958 na reunião plenária da ISO e IEC em Stockholm. Posteriormente tal trabalho foi adaptado e é hoje uma das especificações ISO.

Hoje em dia a qualidade do balanceamento depende fundamentalmente do tipo de equipamento que está sendo considerado. As exigências impostas sobre o maquinário moderno levou a elaboração de uma classificação das máquinas segundo os níveis aceitáveis de vibração, níveis esses estabelecidos mediante experiência e acumulação de dados há várias décadas.

Existem várias normas e especificações que apresentam os valores máximos do **desbalanceamento residual** aceitável para cada tipo de equipamento. Isto porque verificou-se ser muito mais viável, do ponto de vista prático, estabelecer os valores máximos aceitáveis que impor níveis mínimos. Nesse particular deve ser utilizada, quando se trata de desbalanceamento, a tabela e as especificações estabelecidas pela recomendação ISO R-1940: Balance Quality of Rotating Rigid Bodies. Esta recomendação estabelece os valores do desbalanceamento residual e do deslocamento docentro de gravidade de rotores em função da sua rotação, indi-

VIBRAÇÕES MECÂNICAS. MOVIMENTO ONDULATÓRIO **285**

cando os níveis de vibração de cada tipo em função de seu valor de G que varia de G = 0,4 a G = 630. Como é de se esperar, quanto maior a peça maior o desbalanceamento residual permissível ou aceitável. É então conveniente associar o desbalanceamento residual U com a massa do rotor, m. Com isso, um dado desbalanceamento e = U/m equivale a um deslocamento do centro de gravidade quando o mesmo coincide com o plano de desbalanceamento estático. Voltaremos posteriormente a esta especificação.

VI.05.08 - Tabelas e Curvas de Classificação de Vibrações em Máquinas. Especificações Válidas em Ambito Universal - A Figura VI.52 ilustra uma antiga classificação da qualidade de um dispositivo em função do nível de vibração. Observe-se que a classificação é puramente subjetiva, classificando as máquinas de extremamente lisa a muito irregular. Há um relacionamento entre a rotação do rotor e a amplitude do eslocamento e a qualidade é tomada em função do nível de vibração da velocidade vibratória, como mostram as retas. Tal gráfico foi abandonado há vários anos mas o mesmo é ainda encontrado e utilizado por várias pessoas. Uma especificação bastante utilizada em nosso meio é a VDI 2056: Beurteilungsmassstaebe fuer mechanische Schwingungen von Maschinen. Esta especificação classifica o maquinário em seis grupos:

Grupo K - Máquinas pequeas instaladas de tal modo que estão fixadas. Potência da ordem de 15 kW

Grupo M - Máquinas de tamanho médio, particularmente motores elétricos entre 15 e 75 kW fixados de maneira convencional. Também máquinas de instalações industrais, acionadas por motores de até cerca de 300 kW com base convencional.

Grupo G - Máquinas grandes, suportadas em fundações rígidas, com massas girantes elevadas.

Grupo T - Máquinas rotativas de elevada potência, suportadas em fundações leves, como turbocompressores e turbomáquinas.

Grupo D - Máquinas em fundações pesadas e rígidas e com massas distribuidas de maneira não uniforme.

Grupo S - Máquinas especiais que operam de maneira desbalanceada, ou em movimentos não circulares, como peneiras, máquinas de ensaios dinâmicos, vibradores, compactadores, etc.

A Figura VI.53 ilustra a tabela publicada na especificação em questão, observando-se que estão descritos tão somente os quatro primei-

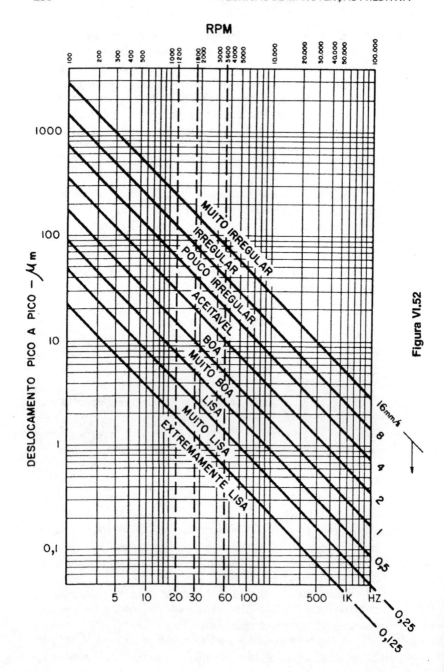

Figura VI.52

Tabelle 2. Schwingstärkestufen und Beurteilungsbeispiele für Kleinmaschinen (Gruppe K), mittlere Maschinen (Gruppe M), Großmaschinen (Gruppe G) und Turbomaschinen (Gruppe T, gem. Definitionen auf S. 11)

Schwingstärke-Stufen		Äquivalente Amplituden an den Stufengrenzen		Beispiele der Beurteilungsstufen für einzelne Maschinengruppen [*]			
Stufen-Bezeichng.	Effektive Schnelle v_{eff} in mm/s an den Stufengrenzen	Äquivalente Schnelle-Amplitude $\hat{v}_{äqu}$ in mm/s	Zu 50 Hz gehörige äquivalente Wegamplitude $\hat{s}_{50äqu}$ in μm	Gruppe K	Gruppe M	Gruppe G	Gruppe T
0,28							
	— 0,28 —	— 0,4 —	— 1,25 —	gut			
0,45							
	— 0,45 —	— 0,63 —	— 2 —		gut		
0,71							
	— 0,71 —	— 1,0 —	— 3,15 —	brauchbar		gut	
1,12							
	— 1,12 —	— 1,6 —	— 5 —		brauchbar		gut
1,8							
	— 1,8 —	— 2,5 —	— 8 —	noch zulässig		brauchbar	
2,8							
	— 2,8 —	— 4,0 —	— 12,5 —		noch zulässig		brauchbar
4,5							
	— 4,5 —	— 6,3 —	— 20 —	unzulässig		noch zulässig	
7,1							
	— 7,1 —	— 10 —	— 31,5 —		unzulässig		noch zulässig
11,2							
	— 11,2 —	— 16 —	— 50 —			unzulässig	
18							
	— 18 —	— 25 —	— 80 —				unzulässig
28							
	— 28 —	— 40 —	— 125 —				
45							
	— 45 —	— 63 —	— 200 —				
71							

[*] unter besonderer Berücksichtigung von Abschn. 1, Gesichtspunkt 3

Figura VI.53

ros grupos. A Figura VI.54 ilustra a curva relacionando os valores aceitáveis para os níveis de vibração de cada grupo. É interessante observar que as especificações estabelecem os níveis em função da velocidade vibratória e, ao passar de um nível ao seguinte, a velocidade é multiplicada pelo

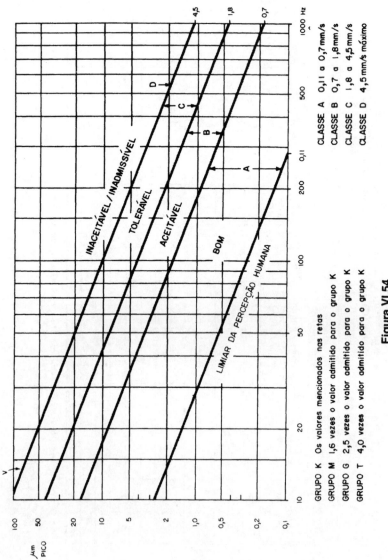

Figura VI.54

VIBRAÇÕES MECÂNICAS. MOVIMENTO ONDULATÓRIO

fator 2,5 que corresponde a um aumento de 8 dB no nível vibratório. Posteriormente voltaremos ao assunto, quando cuiarmos de medidas nas escalas em dB.

Foi publicada pela ISO a recomendação R-2373: Mechanical vibration of certain rotating electrical machinery with shaft heights between 80 and 400 mm - Measurement and evaluation of the vibration severity, que é um melhoramento e continuação dos trabalhos de Gruetzmacher. A tabela da Figura VI.55 é estabelecida por esta recomendação.

TABLE - Recommendad limits of vibration severlty (for guidance purposes only)

Quality grade	Speed	Maximum rms-values of the vibration velocity for the shaft haight H, In mm*					
		80 < H < 132		132 < H < 225		225 < H < 400	
	rev/min	mm/s	In/s	mm/s	In/s	mm/s	In/s
N (normal)	600 to 3600	1,8	0,071	2,8	0,110	4,5	0,177
R (reduced)	600 to 1800 > 1800 to 3600	0,71 1,12	0,028 0,044	1,12 1,8	0,044 0,071	1,8 2,8	0,071 0,110
S (special)	600 to 1800 > 1800 to 3600	0,45 0,71	0,018 0,028	0,71 1,12	0,028 0,044	1,12 1,8	0,044 0,071

* A single set of values, such as those applicable to the 132 to 225 mm shaft helght, may be used if by experience to be required.

Figura VI.55

É também bastante conhecida e utilizada a especificação ISO de número R-2373: "Mechanical vibration of machines with operating speeds from 10 to 220 rev/s - Basis for specifying evaluation standards". Esta especificação trata dos níveis de vibração para freqüências entre 10 e 1000 Hz, levando em conta as seguintes considerações gerais:

i) As características da máquina ou equipamento

ii) As tensões devidas a vibrações na máquina, como rolamentos e mancais, peças da mesma máquina acopladas entre si, suportes, assoalhos, etc.

iii) A necessidade de manter em condições de operação uma máquina que pode eventualmente ser prejudicada pelo mal funcionamento de componentes como deflexão excessiva do rotor ao passar por uma das ressonâncias, afrouxa-

iv) Características e especificações do equipamento de medida ou medida e análise de vibrações.

ou medida e análise de vibrações.

v) O estado físico e mental do operador.

290 TÉCNICAS DE MANUTENÇÃO PREDITIVA

vi) Os efeitos das vibrações do equipamento no meio ambiente, tais como efeito nos instrumentos operando nas adjacências, máquinas de precisão nas proximidades, etc. A tabela da Figura VI.56 ilustra os valores estabelecidos por esta especificação.

Observe-se que as tabelas apresentadas e referentes às especificações VDI-2056, ISO-2372 coincidem com as especificações de ouros paises, tais como BSI-4675, AFNOR-90.300, ANSI 52.5-1962 etc. A única diferença é que nas especificações da VDI, o nível classificado como D nas demais, é considerado inadmissível (unzulaessig).

Ranges of vibration severity		Examples of quality judgement for separate classes of machines			
Range classification	Rms velocity y (in mm/s) at the range limits	Class I	Class II	Class III	Class IV
0.28	0.28				
0.45	0.45	A			
0.71	0.71				
1.12	1.12		A		
1.8	1.8	B		A	
2.8	2.8		B		A
4.5	4.5	C		B	
7.1	7.1		C		B
11.2	11.2	D		C	
18	18		D		C
28	28			D	
45	45				D
71					

Figura VI.56

No nosso caso, interessa-nos simplesmente o como executar os procedimentos que apresentam melhores resultados na Manutenção Preditiva. As especificações mais convenientes para o nosso caso são os valores e a classificação contida na recomendação ISO de número R-1940: – "Balance Quality of Rotating Rigid Bodies". Esta recomendação foi traduzida pela ABNT, existindo em português a mesma norma com o número NBR-8000/83. Esta norma, assim como a de número NBR-8007: Balanceamento, Terminologia, é elemento indispensável a todos aqueles envolvidos em problemas de manutenção, onde o balanceamento ocupa posição de destaque. A Figura VI.57 ilustra as curvas indicativas do desbalanceamento residual permissível para os diferentes graus de classificação em G em função da rotação do rotor.

VIBRAÇÕES MECÂNICAS. MOVIMENTO ONDULATÓRIO 291

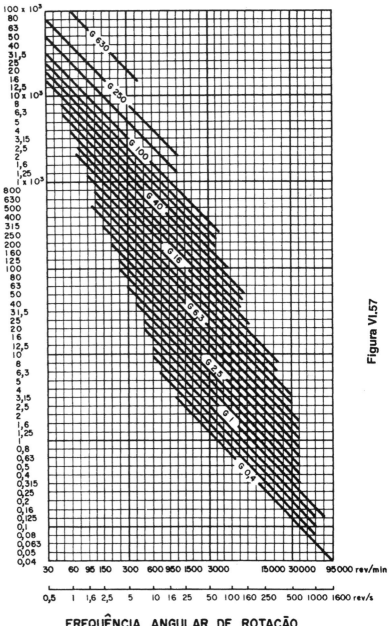

Figura VI.57

VI.06 - LEITURA RECOMENDADA

ANSI - Balance Quality of Rotating Rigid Bodies - Specifications ANSI 52.19
ANSI - Recommendation for Specifying the Performance of Vibrating Machines - ANSI S2.5
BSI - Mechanical Performance Vibration - BS-4999 Part 50
BSI - Recommendations for a Basis for Comparative Evaluation of Vibrating Machines - BSI-4675
Calpis, A. et al - Conference on Vibration of Rotating Machines - Cambridge, UK, 1980
Collacott, R.A. - Mechanical Fault Diagnosis and Condition Monitoring - UKM Publications 1977
Duncan, T. - Physics: A Textbook for Advanced Level Students - John Murray, 1982
Gondhalekar, V. and R. Holmes - Rotordynamic Instability Problems in High-Performance Turbomachinery - NASA Document CP-2338 1984
Harris, C.M. and C.E. Crede:. - Shock and Vibration Handbook - Three Volumes, Ist Edition - McGraw-Hill, 1961
Den Hartog, J.P. - Mechanical Vibrations - 4th Edition - McGraw-Hill 1956
ISO - Mechanical Vibration of Machines with Operating Speds Between 10 to 200 rev/s - Basis for Specifying Evaluation Standards ISO 4-2372
ISO - Mechanical Vibration of Certain Electrical Machinery with Shaft Heights Between 80 and 400 mm - Measurements and Evaluation of Vibration Severity - ISO 4-2373
ISO - Mechanical Vibration of Large Rotating Machines with Speeds Between 10 to 200 rev/s - ISO 4-3945
ISO - Balance Quality of Rotating Rigid Bodies - Specification ISO - 4 - 1940
ISO - Rotating Machines Specifications - ISO Specification R-50(411)
Kirk, R.G. and R.J. Gunter: - Effect of Support Flexibility and Damping on the Dynamic Response of a Single Mass Flexible Rotor in Elastic Bearings - NASA Dodument CR-2083, 1972
Ragul'skis, K.M., Editor: Cybernetic Diagnostics of Mechanical Systems with Vibro-Acoustic Phenomena - All-Union Symposium 1972: Kibernetischeskaya protsessam - Kaunas, KPI Pressa, 1972. NASA Translation NASW-2841, 1972
Schweitzer, G. - Dynamic of Rotors - Springer Verlag, 1975

VIBRAÇÕES MECÂNICAS. MOVIMENTO ONDULATÓRIO **293**

Timoshenko, S. - Vibration Problems in Engineering, 3rd Edition van Nostrand, 1955

VDI - Beuerteilungsmassstaebe fuer Auswuchsuztand rotierender starrer Koerper - VDI-2059 Entwurf

DIN - Schwingugstaerke von rotierenden elektrischen Maschinen der Baugroessen 80 bis 315 Messverfahren und Grenzwerte - DIN 45665

VDI - Beuerteilungsmassstable fuer mechanischer Schwingungen von Maschinen - VDI-2056

VDI - Wellenschwingungen von Turbosetzen - VDI-2059

VII.0 - Noções sobre Processamento e Análise de Sinais de Interesse à Manutenção

L. X. Nepomuceno

Quando estudamos os métodos, processos e técnicas de medição das variáveis de interesse à Manutenção (IV.30.40), verificamos que quando os terminais de um acelerômetro são ligados a um osciloscópio, observar-se-á a variação temporal do fenômeno mecânico. É então possível, transformar o sinal mecânico num sinal elétrico correspondente e, através de dispositivos adequados, processar tal sinal observando-o por processos visuais, processos analógicos ou digitais, dependendo dos dispositivos que se dispõe.

Comumente o transdutor apresenta os sinais na forma de uma corrente alternada, constituida por diversas amplitudes diferentes, freqüências diversas e relações de fase variável entre os diversos componentes da mistura.

É óbvio que quando se obtém tal mistura complexa de sinais, há necessidade de separar e analisar detalhadamente cada uma das componentes da mistura. Isto porque somente mediante uma análise será possível determinar uma série enorme de características muito importantes dos sinais mecânicos. Tais características é que permitirão a elaboração de diagnósticos seguros, assessorando a elaboração e execução de um programa de manutenção preditiva plenamente satisfatóro.

Observe-se que a análise e processamento de dados é executado há várias décadas, visando exatamente interpretar os sinais provenientes das vibrações. Hoje em dia vários processos de monitoramento obrigam a adoção de técnicas assemelhadas para interpretar e processar os sinais provenientes de vários outros parâmetros. No presente estudo, verificaremos tão somente a análise de sinais provenientes de variáveis mecânicas, tais como análise e condicionamento via séries de Fourier, conceitos fundamentais de sinais de multi-freqüências e multi-hamônicos, conversão de sinais analógicos em digitais, Transformada Rápida de Fourier, Transformada Digital de Fourier, idéias sobre correlação, correlação

NOÇÕES SOBRE PROCESSAMENTO E ANÁLISE À MANUTENÇÃO **295**

cruzada e autocorrelação, noções sobre espctro, autoespectro, espectro cruzado e função de coerência. Não entraremos em detalhes, devendo os interessados em maiores esclarecimentos recorrer à literatura indicada.

VII.01 - SINAIS MECÂNICOS DE ALGUNS TIPOS DE EQUIPAMENTOS

O sinal mecânico proveniente das vibrações de um eixo girando num mancal quando convertido em sinal elétrico e observado na tela de um osciloscópio já foi visto no IV.30.40. O mesmo tipo de sinal seria possivelmente observado se, em lugar de um acelerômetro captássemos o sinal acústico através de um microfone. Os sinais captados tanto por acelerômetros quanto por microfones apresentam normalmente a mesma complexidade e formas assemelhadas. No caso, interessa simplificar os sinais, visando convertê-lo nas suas componentes harmônicas e, muitas vezes, digitalizá-lo para processá-lo em computador. Com isso, o processamento permitirá a identificação de cada parâmetro, assim como quantificar sua importância.

A Figura VII.01, bastante conhecida e publicada pela B&K, ilustra alguns casos típicos e comuns. As vibrações de um equipamento ou máquina qualquer não são simples mas normalmente apresentam um conjunto de vibrações com diversos componentes em freqüência, cada uma delas originada num determinado componente. No início do nosso estudo, verificamos a relação que existe entre as várias irregularidades e as freqüências de vibrações em função da rotação do equipamento ou componente. A Figura VII.01, mostra, de maneira bem simplificada quais são, realmente, os sinais mecânicos apresentados por alguns dispositivos mecânicos. São ilustrados os casos seguintes:

a) Motor Elétrico girando livremente. A vibração que o mesmo apresenta é constituída por uma senoide, cuja freqüência coincide com a rotação do motor. Estamos admitindo que o motor gira em mancais de bronze e sem atrito, assim como não existe hélice de ventilação. Espectro monocromático.

b) Dois motores girando com velocidades na relação 1:3. Aparecerão duas freqüências, uma o triplo da outra e a freqüência resultante apresenta o aspecto ilustrado. Ambos os motores apresentam as mesmas características descritas em **a**. Espectro constituído por duas componentes, com amplitude proporcionais à vibração isolada de cada motor.

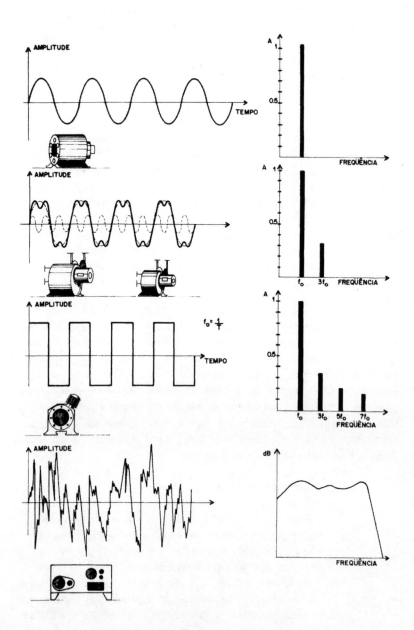

Figura VII.01

NOÇÕES SOBRE PROCESSAMENTO E ANÁLISE À MANUTENÇÃO 297

c) Compressor a pistão comum. A forma de onda é a ilustrada e o espectro é constituído por várias harmônicas de ordem ímpar. Com amplitudes decrescentes.

d) Máquina genérica. A vibração apresenta um aspecto como o ilustrado na figura e o espectro apresenta-se como praticamente contínuo. Tal espectro é desenvolvido pela integral de Fourier, como será visto oportunamente.

Os espectros ilustrados mostram componentes individuais totalmente separados das demais, ou seja, as freqüências são separadas Hertz por Hertz, não havendo proximidade entre as componentes. Cabe uma pergunta muito importante: Qual deve ser a separação entre os componentes de uma vibração genérica? Até que extensão devem ser separados os sinais provenientes das diferentes vibrações que constituem o nível global da vibração sendo observada? Tais questões têm uma única resposta possível: depende. Caso se trate de um equipamento simples como um motor elétrico ou ventilador, geralmente a medida do nível global é suficiente para detetar a irregularidade, uma vez que as componentes de interesse são muito poucas, geralmente ligadas à rotação do eixo. Caso se trate de um compressor, há necessidade de uma análise mais detalhada: um dispositivo que contenha conjunto de engrenagens, rolamentos de esferas e de rolos, pistões e outros componentes que executam movimento alternativos etc., exigem uma análise muito mais precisa. No caso de equipamentos acoplados em tandem, como um motor acoplado a um variador de velocidade, que está acoplado a um sistema de engrenagens (redutor ou multiplicador) que por sua vez está acoplado a um equipamento como soprador, laminador, etc., a análise deverá ser, evidentemente, muito mais precisa, havendo necessidade de muito maior resolução entre as diversas componentes do espectro. Dada a complexidade do assunto e as várias possibilidades existentes para executar a análise, convém que recordemos algumas noções elementares que constituem os fundamentos da análise dos sinais provenientes das vibrações.

Observa-se, imediatamente, que há uma correspondência biunívoca entre as componentes que compõe a vibração, em amplitude, freqüência e fase e o aspecto da variação temporal do fenômeno. Tal correspondência é ressaltada pelos exemplos ilustrados esquematicamente na Figura VII.02.

A variação temporal é normalmente observada em osciloscópios e, quando é feita a decomposição nas diversas componentes, em amplitude, freqüência e fase, tem-se uma figura denominada "espectro". Co-

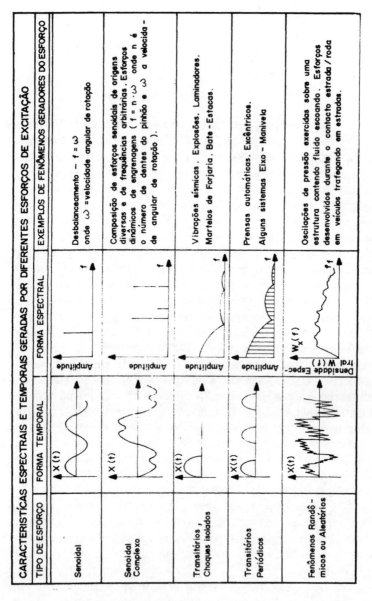

Figura VII.02

mumente o espectro refere-se a apresentação das componentes em freqüência, com as respectivas amplitudes de cada componente, assim como indicação da relação de fases. Entretanto, pode existir outras apresentações, tais como espectro de densidade espectral também chamado de autoespectro, espectro cruzado etc. Oportunamente alguns desses tipos serão descritos.

Na manutenção preditiva, é importantíssimo que as componentes sejam descritas separadamente em amplitude, freqüência e fase, visando a identificação da origem da vibração, como será visto com algum detalhe no item XI. O estudo e análise dos sinais é feito através das séries de Fourier, constituindo um estudo tópico conhecido como Análise de Fourier.

VII.02 - ANÁLISE DE FOURIER

Um sinal analógico arbitrário nada mais é que um conjunto de variações de amplitudes complexas que variam com o tempo, conforme ilustra a Figura VII.03. Como pode ser visto, uma observação do sinal não fornece informações que indiquem alguma coisa, mesmo nos casos de equipamento bastante conhecido. É verdade que, para um operador que possua conhecimentos amplos e completos do equipamento e seus sinais analógicos, uma alteração apresenta significado imediatamente interpretado pelo mesmo. Tais casos, no entanto, são raros e não devem ser levados em consideração. Com a utilização das séries de Fourier, é perfeitamente possível transformar o sinal analógico ilustrado numa soma de funções senoidais ou cosenoidais. As componentes harmônicas constituem os coeficientes de Fourier, que são obtidos matematicamente a partir de um conjunto complexo de componentes harmônicas que podem eventualmente serem processadas, visando a sua aplicação em computadores operando com a Transformada Rápida de Fourier.

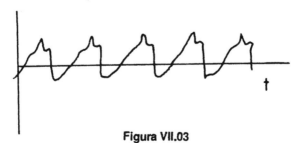

Figura VII.03

300 TÉCNICAS DE MANUTENÇÃO PREDITIVA

VII.02.01 - Análise Harmônica Via Séries de Fourier - Quando temos uma superposição de n funções periódicas, obtém-se uma função do tipo

$$A = S(x) = a_g + \sum_{i=1}^{n} (a_i \cos ix + b_i \sin ix)$$

Esta função contém $(2n+1)$ constantes arbitrárias, a_i, b_i e a_o. O problema consiste em verificar se essas constantes podem ser escolhidas de tal maneira que no interior do intervalo $-\pi \times \pi$ a soma $S(x)$ se aproxima da função $f(X)$ que descreve o fenômeno em observação e se, em caso positivo, como determiná-las. Na realidade, nossa pergunta é se dada uma função $f(x)$, a mesma pode ser expressa por uma série infinita

$$f(x) = a_g + \sum_{i=1}^{n} (a_i \cos ix + b \sin ix)$$

Caso esta expansão seja possível e que a série converja uniformemente no intervalo $-\pi \leqslant X \leqslant \pi$, obteremos imediatamente uma relação simples entre a função $f(x)$ e os coeficientes a $1/2$ a_g, a_i e b_i. Verificamos a seguir a conveniência da notação adotada de fazer $a = \frac{1}{2}/a.a_g$. Admitindo a possibilidade da expansão podemos multiplicá-la por cos ix e integrar termo-por-termo, matematicamente permissível dada a convergência uniforme. Como existem as relações de ortogonalidade,

$$\int_{-\pi}^{+\pi} \text{sen } mx \text{ sen } nx = \begin{cases} 0 \text{ quando } m \neq n \\ \pi \text{ quando } m = n \neq 0 \end{cases}$$

$$\int_{-\pi}^{+\pi} \text{sen } mx \cos nx \ dx = 0$$

$$\int_{-\pi}^{+\pi} \cos mx \cos nx \ dx = \begin{cases} 0 \text{ quando } m \neq n \\ \pi \text{ quando } m = n \neq 0 \end{cases}$$

NOÇÕES SOBRE PROCESSAMENTO E ANÁLISE À MANUTENÇÃO	**301**

obtem-se, imediatamente

$$a_i = \frac{1}{\pi} \int_{-\pi}^{+\pi} f(x) \cos ix \, dx$$

para os coeficientes a_i. De maneira análoga, se multiplicarmos por sen ix e integrarmos termo-por-termo, obteremos,

$$b_i = \frac{1}{\pi} \int_{-\pi}^{+\pi} f(x) \sin ix \, dx$$

As fórmulas, ou expressões acima indicam uma seqüência definida dos coeficientes a_i e b_i, denominados **Coeficientes de Fourier**, à toda função $f(x)$ que seja definida e contínua dentro do intervalo $-\pi \leqslant X \leqslant \pi$, ou que apresente um número finito de descontinuidades. Caso se tenha a função $f(x)$, podemos utilizar as quantidades a_i e b_i para formar a soma parcial de Fourier

$$S_n(x) = \frac{1}{2} a_0 + \sum_{i=1}^{n} (a_i \cos ix + b_i \sin ix)$$

Podemos, ainda, formalmente escrever a **Série Infinita de Fourier** e o único problema que se apresenta consiste em distinguir as classes de funções simples $f(x)$ para as quais a série de Fourier realmente converge e representa a função $f(x)$.

VII.02.02 - Considerações Preliminares - Assumimos que a nossa função hipotética $f(x)$ tenha um período de 2π e que seja definida no interior do intervalo $-\pi \leqslant x < \pi$. Fora de tal intervalo, à direita ou esquerda, a mesma pode ser expandida periodicamente ad infinitum. Lembrando que quando uma função é simétrica em relação ao eixo y, ou seja, quando $x = a$ e $x = a$ dão o mesmo valor para a função, i.é.,

$$f(-x) = f(x)$$

esta função é denominada **função par**. Se, por outro lado, a curva for simétrica em relação à origem, ou seja, se

$$f(-x) = -f(x)$$

diz-se que se trata de uma **função ímpar**

Se a função f(x) for par, então é claro que f(x) sen ix é ímpar e f(x) cos ix é par, de tal modo que ter-se-á:

$$b_i = \frac{1}{\pi} \int_{-\pi}^{+\pi} f(x)\, \text{sen}\, ix\, dx = 0$$

$$a_i = \frac{2}{\pi} \int_{-\pi}^{+\pi} f(x)\, \cos ix\, dx$$

e obtem-se uma **série em cosenos**. Na eventualidade de ser f(x) uma função ímpar, será

$$a_i = \frac{1}{\pi} \int_{-\pi}^{+\pi} f(x)\, \cos ix\, dx = 0$$

$$b_i = \frac{2}{\pi} \int_{-\pi}^{+\pi} f(x)\, \text{sen}\, ix\, dx$$

obtendo-se uma série em senos.

VII.02.03 - Alguns Exemplos Práticos de Aplicações - Existe um número apreciável de variações temporais de dispositivos e mecanismos que operam periodicamente, seja através de máquinas rotativas ou de dispositivos alternativos, como compressores, prensas etc. Procuraremos desenvolver exemplos ilustrando a aplicação das séries de Fourier na análise de tais movimentos vibratórios, sempre que for o caso. É importante observar que existem raros casos de análise de tais problemas na literatura aberta, que normalmente apresenta casos de alguma complexidade e se referem normalmente a máquinas e dispositivos especiais bem específicos. Procuraremos apresentar exemplos tão gerais quanto possível.

VII.02.03.01 - Análise dos Sinais Provenientes de Compressores - Vamos considerar um compressor alternativo, cuja variação temporal da vibração se apresenta como o ilustrado na Figura VII.01 caso c. A Figura VII.04 ilustra a função f(x) procurada.

NOÇÕES SOBRE PROCESSAMENTO E ANÁLISE À MANUTENÇÃO 303

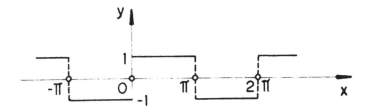

Figura VII.04

Tal função é definida pelas equações

$$f(x) = \begin{cases} -1 & \text{no intervalo } -\pi < x < 0, \\ 0 & \text{para } x = 0 \\ +1 & \text{no intervalo } 0 < x < \pi. \end{cases}$$

é uma função ímpar. Logo, $a_i = 0$ e então,

$$b_i = \frac{2}{\pi} \int_{-\pi}^{+p} f(x) \operatorname{sen} ix \, dx = \begin{cases} 0 & \text{se i for par} \\ \dfrac{4}{i\pi} & \text{se i for ímpar} \end{cases}$$

obtendo-se a série de Fourier para esta função,

$$f(x) = \frac{4}{\pi} \left(\frac{\operatorname{sen} x}{1} + \frac{\operatorname{sen} 3x}{3} + \frac{\operatorname{sen} 5x}{5} + \ldots + \frac{\operatorname{sen}(2n+1)x}{(2n+1)} \right)$$

e o espectro apresentar-se-á como com osto pela freqüências ímpares, com amplitudes decrescentes, como ilustra o caso c da Figura VII.01. Neste caso, quando $x = \pi/2$ obtém-se a série de Gregory, como veremos mais tarde.

VII.02.03.02 - Mecanismos com Variação Tipo Dente de Serra - Alguns mecanismos operam num processo que é descrito normalmente como "dente de serra". Um caso prático é aproximadamente o martelo de forjaria, prensa que eleva um peso uniformemente e o larga a uma determinada altura, caindo o mesmo rapidamente. Tal tipo de comportamento constitue uma função ímpar, definida pelas equações.

$$f(x) = \begin{cases} x \text{ no intervalo } -\pi < X < \pi \\ 0 \text{ para } x = \pm i\pi \quad \text{(inteiro)} \end{cases}$$

e os coeficientes b_i são obtidos pela integração por partes da expressão que os define, obtendo-se a série

$$f(x) = 2 \left(\frac{\text{sen } x}{1} + \frac{\text{sen } 2x}{2} + \frac{\text{sen } 3x}{3} + ... + \frac{\text{sen } ix}{i} \right)$$

Se puzermos = $\pi/2$ obter-se-á a série de Gregory, também chamada Série de Leibnitz, utilizada para cálculo de π. Pelo visto, a série não é contínua mas sim altera seu valor de π nos pontos x = k para k = (2n ± 1) como ilustra a Figua VII.05. A Figura VII.06 ilustra a variação do aspecto da função obtida de conformidade com o aumento do número de componentes harmônicos e observa-se, claramente, que à medida que o número de componentes sobe, mais a função f(x) é aproximada pela série de Fourier. A Figura VII.06 ilustra, na parte inferior, o espectro em freqüência deste sinal que contém múltiplas harmônicas, observando-se que as amplitudes caem à medida que a freqüência aumenta.

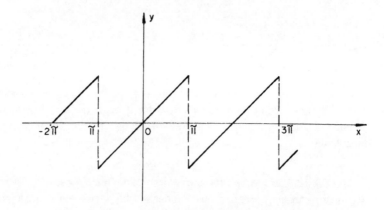

Figura VII.05

NOÇÕES SOBRE PROCESSAMENTO E ANÁLISE À MANUTENÇÃO 305

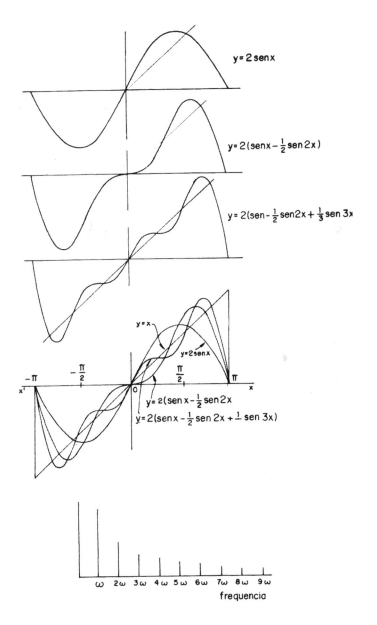

Figura VII.06

VII.02.03.03 - Superposição de duas Vibrações Senoidais - Vamos verificar, com algum detalhe, a soma de duas vibrações senoidais, descritas esquematicamente no exemplo (b) da Figura VII.01. Trata-se de verificar qual a variação temporal e qual o espectro resultante da soma de duas freqüências f_1 e $f_2 = 3f_1$. A Figura VII.07 ilustra a variação temporal que se observa. Do ponto de vista matemático, o problema consiste simplesmente

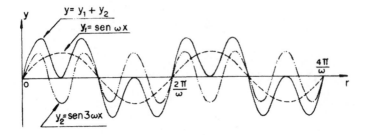

Figura VII.07

em verificar o movimento em relação à posição inicial de um ponto em função do tempo de uma dada função que é a soma de funções senoidais. Na realidade, praticamente todos os movimentos vibratórios podem ser aproximados pela superposição de vibrações senoidais, por mais complexos que sejam. Devemos prestar atenção que assumimos que as freqüências circulares e portanto os períodos de duas vibrações senoidais com a mesma freqüência circular dá origem a uma terceira vibração senoidal com a mesma freqüência, embora com amplitude e fases diferentes. Interessa-nos, no caso presente, verificar as conseqüências da mistura de duas vibrações senoidais com freqüências circulares ω_1 e ω_2. Verificaremos que existem dois casos fundamentais diferentes, dependendo das duas freqüências apresentarem entre si uma relação racional ou não, ou seja, se ambas são ou não inconmensuráveis. No nosso caso, $\omega_2 = 2\omega_1$ e o período da segunda vibração deverá ser a metade do período da primeira

$$\frac{2\pi}{2\omega_1} = T_2 = \frac{T_1}{2}$$

e necessitamos não somente do período T_2 mas também do dobro do período T_1 já que a função se repete após tais dois períodos, além da função superposta ter o período T_1. No caso, a segunda vibração, cuja freqüência

NOÇÕES SOBRE PROCESSAMENTO E ANÁLISE À MANUTENÇÃO **307**

circular é o dobro da primeira e com o período igual à metade, é denominada **primeira harmônica** da primeira vibração, que é denominada **fundamental.** Analogamente, caso seja introduzida a freqüência angular ω_3 = $3\omega_1$ referente a uma terceira componente, a função da vibração sen $3\omega_1$ x repetir-se-á necessariamente com o período $2\pi/\omega_1 = T_1$. Esta será a **segunda harmônica** da vibração inicial. Podemos considerar as harmônicas até de ordem (n-1) com freqüências circulares $\omega_i = i\omega_1$ com os deslocamentos de fase que existirem. Entretanto, cada uma de tais harmônicas repetir-se-á depois do período

$$T_1 = \frac{2\pi}{\omega_1}$$

Logo, é claro que cada vez que obtivermos uma função através da superposição de um número arbitrário de vibrações, cada uma delas será uma harmônica da freqüência circular fundamental, sendo individualmente uma função periódica com período $2\pi/\omega_1 = T_1$. Através da superposição de várias vibrações com freqüências circulares que variam entre aquela da fundamental até a harmônica de ordem (n-1) obtem-se uma função periódica que se apresenta sob a forma

$$S(x) = a + \sum_{i=1}^{n} (a_i \cos i\omega x + b_i \operatorname{sen} i\omega x)$$

como sabemos. Observe-se que, como esta função contém (2n+1) constantes arbitrárias, podemos dar origem a curvas bastante complicadas e que, normalmente, nada tem de semelhante com as curvas senoidais que a originaram.

O termo "harmônica" e "harmônico" foi originado na Acústica, onde quando uma determinada freqüência de freqüência circular corresponde a uma nota, então as harmônicas primeira, segunda, etc. corresponderão a uma seqüência de harmônicas da fundamental, ou seja, uma oitava, duas, tres etc. oitavas acima ou abaixo. No caso geral, a soma de freqüências circulares comensuráveis dá origem a "sons harmônicos". Entretanto, a superposição de duas ou mais freqüências circulares inconmensuráveis representa um fenômeno intrinsicamente diferente, não sendo mais um processo periódico. Não podemos entrar em detalhes sobre o problema mas tais funções que apresentam uma característica aproximadamente periódica são denominada "funções quasi-periódicas".

VII.02.03. - Análise de um Sinal Arbitrário - Voltando ao sinal arbitrário ilustrado na Figura VII.03, podemos tentar analisá-lo através de uma Série de Fourier como a seguinte:

$$S(x) = \frac{1}{2} a_0 + a_1 \operatorname{sen}(\omega + \theta_1) + a_2 \operatorname{sen}(2\omega + 2\theta_2) +$$

$$+ a_3 (\operatorname{sen}(3\omega + 3\theta_3) + \dots + a_n \operatorname{sen}(n\omega + n\theta)$$

cujos termos são:

$a_1 \operatorname{sen}(\omega + \theta_1)$	(harmônico)
$a_2 \operatorname{sen}(3\omega + 3\theta_2)$	(oitava ou segundo harmônico)
$a_3 \operatorname{sen}(3\omega + 3\theta_3)$	(segunda oitava ou terceiro harmônico)
....	....

Considerando a expressão clássica do seno da soma dos ângulos,

$$a_k \operatorname{sen}(k\,\omega t + \theta k) = a_k \cos\theta \cdot \operatorname{sen}\omega + a_k \operatorname{sen}\theta \cdot \cos k\omega$$

obter-se-á

e substituindo a $= a_k \cos\theta\, k$ e b $= a_k \operatorname{sen}\theta\, k$

$$a_k \operatorname{sen}(k\omega t + k\theta_k) = a \operatorname{sen} k\omega t + b \cos k\omega t$$

e a série de Fourier se apresenta sob a forma

$$x = a_0 + b_1 \cos\omega + b_2 \cos 2\omega + \dots + {}_n \cos\omega$$
$$+ a_1 \operatorname{sen}\omega + a_2 \operatorname{sen} 2\omega + \dots + a_n \operatorname{sen}\omega$$

ou na forma já exposta,

$$S_n(x) = \frac{1}{2} a_0 + \sum_{i=1}^{n} (a_i \cos i\omega + b_i \operatorname{sen} i\omega x)$$

NOÇÕES SOBRE PROCESSAMENTO E ANÁLISE À MANUTENÇÃO

Cada um dos termos ou coeficientes de Fourier $a_i \cos i\omega$ representa um movimento harmônico com amplitude a_i e periodicidade $i\omega$. Como, para qualquer ângulo arbitrário $\varnothing$ é sempre sen $(\varnothing + /2) = \cos \varnothing$, há sempre uma defasagem de $\pi/2$ (90°) entre os termos seno e coseno. Se admitirmos a existência de uma constante $A = \sqrt{a^2 + b^2}$ torna-se evidente que, em termos de freqüência e constantes harmônicas, qualquer sinal que contenha muito harmônicos pode ser expresso sempre em termos de uma soma de freqüências, como ilustra a parte inferior da Figura VII.06. Com relação a esta figura, observa-se como é feita a aproximação à reta y=x através de uma série de Fourier, como vimos em detalhe no VII.03.02.02. A Figura VII.08 ilustra o desenvolvimento e obtenção do sinal arbitrário da Figura VII.03 via Séries de Fourier.

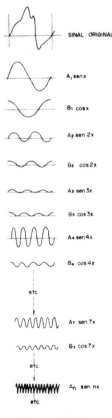

Figura VII.08

VII.03 - SINAIS MULTI-FREQÜÊNCIA OU MULTI-HARMÔNICO. ESPECTROS EM FREQÜÊNCIA

Já vimos que praticamente todos os sinais periódicos são constituídos por uma mistura bastante complexa de freqüências diferentes, de tal modo que quando as separamos aparecem as harmônicas separadas, compreendendo mistura de tons fundamentais, overtons etc., detetando-se, por exemplo, as componentes

$$\omega_1 \quad 2\omega_1 \quad 3\omega_1 \quad 4\omega_1 \ldots \ldots$$
$$\omega_2 \quad 2\omega_2 \quad 3\omega_2 \quad 4\omega_2 \ldots \ldots$$
$$\ldots \ldots \ldots \ldots \ldots \ldots \ldots \ldots$$
$$\omega_n \quad 2\omega_n \quad 3\omega_n \quad 4\omega_n \ldots \ldots$$

Levando-se tais freqüências utilizando constantes adequadas a cada uma delas, obter-se-á um gráfico como o ilustrado na Figura VII.09, parte superior. Nos casos práticos, considerando a multiplicidade e complexidade das freqüências presentes, além das diferentes inércias que todo sistema possui, os instrumentos apresentam o espectro através de uma envoltória, como ilustra a parte inferior da mesma figura. Observe-se que os picos indicados pelos números 1, 2, 3, 4 e 5 revelam a presença de harmônicos com freqüências discretas, não relacionadas harmonicamente.

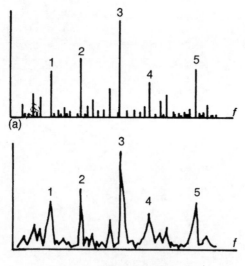

Figura VII.09

Dada a penetração enorme dos sistemas de computadores nas atividades industriais, tornou-se altamente conveniente desenvolver programas de computador para a obtenção dos coeficientes de Fourier na análise de sinais multi-freqüência e multi-harmônicos. Nesse caso, os coeficientes de Fourier indicados nas equações anteriores por a_i e b_i passam a ser expressos em função par de integrais de Fourier. Tais integrais são contínuas e os limites de integração são menos e mais infinito, inadequados às aplicações práticas. O desenvolvimento da aplicação da transformada de Fourier é devido ao trabalho de Cooley e Tukey em 1965, complementado pelos trabalhos de Randall da B&K que permitiu o seu uso em computadores. Observe-se que uma das principais aplicações da transformada de Fourier é a solução de problemas que exigem a análise de sinais como o ilustrado na Figura VII.10, que verificaremos suscintamente.

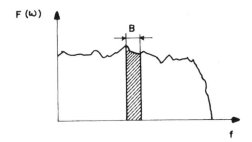

Figura VII.10

Suponhamos que um equipamento qualquer apresente um sinal, que quando analisado dê origem a um espectro como o ilustrado na Figura VII.10, tratando-se de um sinal randômico ou estocástico. O espectro não se concentra em freqüências discretas mas é distribuído continuamente como ilustra o gráfico. Neste caso, a análise num dado momento refere-se tão somente a um trecho do fenômeno e não ao fenômeno inteiro. Tal tipo de fenômeno é estudado através da probabilística. Mais especificamente, podemos operar com um valor médio num intervalo de tempo dado, devendo ser obedecida, com a máxima proximidade, uma equação do tipo

$$T = \frac{1}{T_a} \int_0^{T_a} x(t) \cdot dt$$

onde x(t) é a função cuja média é tomada no tempo T_a. O processo lógico seria a integração contínua mas, por outro lado, é possível realizar e obter a

312 TÉCNICAS DE MANUTENÇÃO PREDITIVA

média pela integração de amostras extraídas em intervalos de tempo corretos. Com tal procedimento, não é perdida informação alguma e obtem-se o mesmo resultado que seria obtido com uma integração contínua. Em qualquer hipótese, a base da análise em freqüência pela integral de Fourier apoia-se no par de integrais,

$$F(\omega) = \int_{-\infty}^{+\infty} f(t) \cdot e^{-j\omega t} dt \qquad (1)$$

$$f(t) = \int_{-\infty}^{+\infty} F(\omega) \cdot e^{j\omega t} dt \qquad (2)$$

A interpretação da primeira permite concluir que para uma função do tempo $f(t)$, a componente complexa de freqüência $F(\omega)$ pode ser obtida correlacionando $f(t)$ sobre toda sua duração com o vetor unitário girante $e^{-\omega t}$ (velocidade angular de rotação ω); a segunda permite concluir que $f(t)$ pode ser readquirida somando-se (possivelmente em número infinito) o número de vetores rotativos que, no tempo $t=0$, sejam iguais a $F(\omega)$ e que girem à velocidade angular ω. No caso, o que interessa é a determinação das amplitudes de distribuição de energia em função da freqüência, sendo a fase parâmetro de importância secundária. Nesses casos, a relação entre as duas integrais é conhecida como relação de Parseval ou como relações Wiener-Khinchin dependendo do autor. Tal relação

$$\int_{-\infty}^{+\infty} |f(t)|^2 dt = \int_{-\infty}^{+\infty} |F(\omega)|^2 d\omega$$

indica que a energia total pode ser obtida pela integração de todas as freqüências ou então pela integração durante o tempo todo e, além disso, que a densidade de energia à feqüência angular ω é dada por $|F(\omega)|^2$, onde $F(\omega)$ é a componente complexa definida pela primeira das relações indicadas anteriormente.

O conjunto de equações acima formam a base para calcular o espectro via FFT, uma vez que permite calcular a função DFT (Discrete Fourier Transform) que nada mais é que uma aproximação discreta e finita da transformada de Fourier. As relações para a transformação direta e inversa são as seguintes:

NOÇÕES SOBRE PROCESSAMENTO E ANÁLISE À MANUTENÇÃO 313

$$F(\omega) = \frac{1}{N} \sum_{n=0}^{N-1} f(t) \cdot e^{-j\frac{2\pi kn}{N}} \qquad (4)$$

$$F(\omega) = \sum_{n=1}^{N-1} f(t) \cdot e^{j\frac{2\pi kn}{N}} \qquad (5)$$

As duas relações acima formam o par necessário à Transformação de Fourier Discreta. Dadas N amostras da forma de onda, a primeira relação extrae N amostras do espectro e, dadas N amostras do espectro, a segunda relação fornece N amostras da forma de onda. Portanto, o problema de digitação da transformada de Fourier é um processo perfeitamente viável. Maiores detalhes sobre a transformada de Fourier e suas aplicações na Manutenção Preditiva estão descritos no Apêndice B, onde são apresentadas as justificativas matemáticas do processo.

A transformada rápida de Fourier é exatamente um prolongamento do conceito matemático da análise de sinais periódicos. Trata-se de uma ferramenta matemática e nada mais e não é a única técnica disponível nem resolve todos os problemas. Existe à disposição dos interessados vários dispositivos aptos a fornecer um espectro em tempo real, conhecidos por executarem a "conversão da freqüência no domínio do tempo", assim como alguns deles operando no tempo complexo. Existem os analisadores seguintes:

a) Filtro Fixo: Este tipo de filtro é o mais elementar e o mesmo consiste numa série de filtros contíguos que cobrem toda a faixa de freqüência de interesse do caso. Um detetor qualquer, analógico ou digital indica a saída de cada filtro que são substituídos de maneira discreta, sendo um filtro que analisa os sinais em série, ou seja uma faixa depois da outra. Tais filtros são utilizados em análises de faixas largas, como faixas de oitavas e faixas de terças.

b) Filtro de Varredura: Consiste em filtros eletrônicos com uma freqüência central variável que varre a faixa de freqüência a ser analisada. Existem dois tipos importantes: i) faixa de passagem constante e absoluta e operando por heterodinização e ii) filtros de largura de faixa percentual.

314 TÉCNICAS DE MANUTENÇÃO PREDITIVA

c) Análise em Tempo Real: Tal tipo de análise exige do instrumento uma análise tão rápida que os resultados são fornecidos praticamente de maneira instantânea. São utilizados, nesta análise, os métodos i) análise analógica em paralelo, quando o sinal é enviado a todos os filtros simultaneamente, ii) compressão no tempo, iii) filtros digitais e iv) pela transformada rápida de Fourier (FFT).

d) Análise Analógica em Paralelo: Este analisador possue uma série de filtros, cada um deles com um detetor individual de tal modo que as amplitudes de todos os filtros são apresentadas simultaneamente.

e) Análise de Alta Velocidade: Esta técnica consiste em gravar os sinais num registrador digital de eventos e lançado no analisador a uma velocidade muito superior.

f) Compressão no Tempo: A técnica é assemelhada à na análise de sinais em alta velocidade exceto o registro na memória digital, que no caso é processado durante o mesmo tempo que é executado o play-back e a análise da freqüência por heterodinização.

g) Filtros Digitais: Tais filtros são semelhantes aos filtros analógicos no que se refere matematicamente a conversão dos sinais analógicos, num algorítimo numérico que é levado à entrada de um conversor analógico/digital que o processa.

h) Transformada Rápida de Fourier (FFT): Estes analisadores operam com o algorítimo recém descrito, calcula a transformada discreta de Fourier de maneira altamente eficiente. Tais instrumentos permitem a transformação de maneira muito rápida em qualquer direção entre os domínios do tempo e da freqüência, mantendo rigorosamente as relações de fase.

VII.03.01 - Correlação, Correlação Cruzada e Autocorrelação - A correlação nada mais é que uma medida de similaridade entre duas formas de onda, sendo essencialmente uma função do deslocamento temporal entre ambas. Quando ambas as formas de onda são separadas e distintas, o processo é denominado correlação cruzada. A autocorrelação relaciona a comparação das formas de onda propriamente ditas. As técnicas de correlação são aplicadas para a localização e posicionamento das diversas fontes de excitação. Alguns casos típicos são os seguintes:

a) Localização de fontes de barulho pela determinação da direçaõ da fonte sonora;
b) Separação do barulho aerodinâmico devido a turbulência nos contornos (boundary layer noise) daquele radiado pelos reatores a jato;
c) Medição das perdas de transmissão de painéis;
d) Fluxo de energia nas estruturas;
e) Verificação das condições operacionais de engrenagens através de técnicas de correlação.
f) Determinação das curvas de som radiado através das curvas obtidas com a medida e análise das vibrações de superfícies radiadoras.

Um exemplo da aplicação f) consiste em utilizar a técnica de correlação cruzada para verificar problemas num automóvel. Na Figura VII.11, o problema consiste em determinar a origem do barulho que atinge os ouvidos no motorista. A figura está bastante simplificada, uma vez que estão ilustradas tão somente duas origens, quando na realidade existem várias outras. O gráfico (b) mostra a correlação cruzada do barulho, medido com microfone, com as vibrações do eixo dianteiro. O eixo trazeiro não apresenta correlação, não contribuindo para produzir tal barulho.

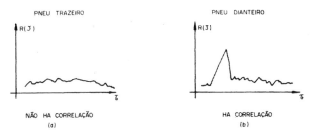

Figura VII.11

316 TÉCNICAS DE MANUTENÇÃO PREDITIVA

VII.03.02 - Espectro de Sinais, Autoespectro e Espectro Cruzado - O espectro cruzado nada mais é que a transformada de Fourier da correlação cruzada, exprimindo a similaridade em função da freqüência; trata-se, portanto, de um método de medir a similaridade entre dois sinais arbitrários no domínio da freqüência, conforme definição de Lange. Quando temos duas séries temporais e queremos verificar qual a função de densidade espectral a partir da transformada de Fourier, haverá necessidade de executar uma multiplicação de conjugados. Obter-se-á o produto amplitude • diferença dos dois sinais. Por outro lado, observe-se que a transformada de Fourier da função de correlação cruzada dá origem ao espectro cruzado dos dois sinais, contendo exclusivamente as freqüências presentes em ambos.

VII.04 - VIBRAÇÕES MECÂNICAS DE MÁQUINAS E EQUIPAMENTOS ATIVOS

No final da década dos sessenta, Weichbrodt da General Electric realizou um estudo sobre a "assinatura" de diversos componentes e conjuntos de máquinas, tais como motores de combustão interna, válvulas para fluidos, rolamentos de bolas e de roletes, bombas, compressores, etc. que são sistemas ativos aptos a produzir assinaturas completas quando em operação. Weichbrodt dividiu os sistemas ativos em três grupos principais:

i) Maquinário cíclico - motores e transmissões;
ii) Geradores de som através de fluxo - bombas, caldeiras;
iii) Maquinário operando a Transitórios - prensas, chaves elétricas, martelos.

O som ou a vibração originado nos sistemas cíclicos apresentam temporalmente um aspecto que se repete dentro de um dado intervalo, sendo sinal estacionário e constante. Este tipo de sinal é o utilizado comumente para a elaboração de manutenção preventiva com monitoramento permanente. Quando se trata de compressores ou motores de combustão interna (explosão ou Diesel), os sinais que são registrados e produzidos são acompanhados de um sinal de fundo (barulho de fundo) de amplitude considerável, incluindo-se os sinais de engrenagens, rolamentos etc. Na eventualidade de um dos pistões apresentar machucaduras ou mesmo trinca de fadiga nas pistas dos rolamentos, aparece alguma alteração no sinal mas tal alteração é inviável de ser detetada através da medida do nível global do sinal. Isto porque o nível do barulho de fundo torna praticamente im-

NOÇÕES SOBRE PROCESSAMENTO E ANÁLISE À MANUTENÇÃO 317

possível detetar pequenas alterações de grande importância à manutenção, embora irrelevante em relação ao nível global de vibração. Por tal motivo, o monitoramento deverá ser executado através de um método seletivo qualquer que selecione tais alterações inferiores ao barulho de fundo, indicando com clareza qual a região do sinal que é alterada pela existência de eventos que podem originar problemas. Note-se que as medições em nível global, embora adotadas por praticamente todas as normas e especificações em vigor, não constitue um método satisfatório para verificar a qualidade de um equipamento ou monitorar as condições de trabalho de maquinário. A técnica iniciou-se com os trabalhos de Luebcke, da Siemens, que procurou estabelecer um critério de classificação da qualidade de motores elétricos em função de níveis de vibração. O desenvolvimento de tais estudos, a partir do final da década dos cinquenta deu origem a especificações válidas atualmente em âmbito internacional. Como uma vibração é essencialmente um parâmetro vetorial, possue além da amplitude três direções ortogonais, sendo de importância fundamental saber as amplitudes em cada direção ao se analisar o sinal global presente no equipamento. Em todos os casos, é importante observar que a escolha dos pontos de aplicação dos dispositivos de medida e análise das vibrações, constitue o fator criticamente fundamental para o sucesso de um programa destinado a análise ou monitoramento de vibrações de máquinas. A escolha de um ponto inadequado não retirará, do sinal global, a componente ou componentes que representam, realmente, as condições do maquinário. Nesse caso, nenhuma análise, por mais completa e complexa que seja indicará as condições do dispositivo.

Normalmente os mancais constituem pontos obrigatórios de medida e análise de vibrações. Isto porque é exatamente em tais regiões que se localizam as cargas dinâmicas e forças maiores existentes no maquinário. Além do mais, os mancais constituem componentes considerados críticos em praticamente todas as máquinas e dispositivos. Veremos no XI que as medições devem ser executadas com o transdutor fixado nas capas de todos os mancais sejam de desgaste, esferas, roletes ou agulhas e, quando tal fixação for inviável, o transdutor deve ser fixado o mais próximo possível de tal região, visando diminuir ao máximo a impedância mecânica entre o mancal e o ponto de aplicação do transdutor. A obtenção da assinatura completa da vibração de um equipamento qualquer exige a medição e análise em três eixos ortogonais, em cada ponto e com o equipamento operando normalmente. Entretanto, nos casos usuais, apenas duas medições e análise nas direções axial e radial permitem obter praticamente todas as informações que se precisam. É interessante observar que os vários componentes de um dispositivo qualquer vibram em freqüências pró-

318 TÉCNICAS DE MANUTENÇÃO PREDITIVA

prias, constituindo um ou vários grupos de freqüências discretas que constituem o sinal global. Os vários tipos de malfuncionamento dão origem, como é óbvio, a uma variação de tais freqüências discretas e o conjunto de todas elas dá origem a uma forma de onda devido às vibrações bastante complexa em qualquer um dos pontos de aplicação do transdutor. Se analisarmos o sinal global adequadamente, podemos reduzir um número apreciável dessas freqüências discretas e o sinal é reduzido a um gráfico amplitude versus freqüência denominado "assinatura" (signature) da máquina. No caso ideal, o comprador de um dispositivo qualquer deve exigir, no seu pedido, que o equipamento venha acompanhado de sua assinatura, descrevendo as condições de levantamento das vibrações. Com isso, será possível monitorar e acompanhar a evolução das vibrações a partir do ponto zero.

Quando se observa com detalhes a assinatura de uma máquina qualquer, observaremos que existem várias freqüências inviáveis de ser identificada com uma origem específica de suas vibrações, inexistindo componente algum que ativamente a produza. Um estudo um pouco acurado mostra que algumas das freqüências são originadas por ressonância de alguns componentes que são excitados ou pelas vibrações de operação da máquina ou pelos transitórios inerentes à operação, transitórios esse que, apezar de periódicos, não são senoidais. O sinal global contém as freqüências existentes e uma freqüência que corresponde ao período fundamental de vibração, assim como várias outras componentes que podem ser harmônicas das freqüências mencionadas, freqüências combinadas não linearmente com sinais originados nas diversas freqüências discretas. Este processo não linear é denominado "modulação" e gera freqüências iguais à soma e à diferença das freqüências que se combinam, aparecendo as "faixas laterais" (side bands). Entretanto, o fato de ser geralmente inviável relacionar cada freqüência que aparece na assinatura da máquina a uma origem específica ou fonte não é motivo de desespero. Interessa tão somente considerar as freqüências que podem ser assinaladas a uma determinada fonte ou origem, observando e acompanhando cuidadosamente as variações que ocorrerem em tais freqüências.

Na medida das vibrações, IV, descrevemos transdutores sensíveis à velocidade, aceleração e deslocamento. Existem um consenso geral que:

a) A severidade das vibrações às baixas freqüências é proporcional ao deslocamento das partes móveis.

b) A severidade na faixa de freqüências médias é proporcional à velocidade das partes móveis.

NOÇÕES SOBRE PROCESSAMENTO E ANÁLISE À MANUTENÇÃO 319

c) As altas freqüências, a severidade das vibrações é proporcional à aceleração das partes móveis.

Existe, é verdade, muito pouco consenso quanto às freqüências que originam a passagem (cross-over) de baixas para médias e para altas. Mas, em todos os casos de manutenção, a faixa de freqüências de maior interesse se situa nas médias, indicando a velocidade como o melhor parâmetro. Além do mais, como os perigos de falhas são intuitivamente ligados à carga dinâmica, a velocidade é escolhida por dar, exatamente, a proporcionalidade entre a energia fornecida e a energia cinética dissipada dinamicamente.

VII.05 - LEITURA RECOMENDADA

Betts, J.A. - Signal Processing, Modulation and Noise - McGraw Hill, 1965

Blackman, R.B. and J.W. Tukey: - The Measurement of Power Spectra-Dover Publications, 1958

Braun, S., Editor - Mechanical Signature Analysis - Theory and Application - Academic Press. 1986

Collacott, R.A. - Mechanical Fault Diagnosis and Condition Monitoring - UKM Publications Ltd., 1992

Cooley, J.W. and J.W. Tukey - An Algorithm for the Machine Calculation of Complex Fourier Series - Mathematics and Computer 19, 297/01 - April, 1965

Courant, R. - Differential and Integral Calculus - Blackie and Son, 1953

Kawata, T. - Fourier Analysis in Probability Theory - Academic Press, 1972

Kent, L.D. and E.J. Cross - The Philosophy of Maintenance - 18-IATA-PPC Subcommittee Meeting - Copenhagen, 1973

Lange, F.H. - Correlation Techniques - Ilife Technology Press, 1967

Mechael, R. and S. Barry - Methods of Modern Mathematical Physics - Vol. 2 Fourier Analysis, Self-Adjoitness - Academic Press 1980

Randall, R.B.: - Frequency Analysis of Stationary, Non-Stationary and Transient Signals - Bruel & Kjaer Application Note 14-165

Shives, T.R. and W.A. Willard - Detection, Diagnosis and Prognosis - Proc. 22nd Meeting of Mechanical Failure Group - Anaheim, april 22/25, 1975 - NASA Document PB-248-254

Sloane, E.A. - Measurement of Transfer Function and Impedance - General Radio Experimenter vol. 44 nos 7/9 - July/September, 1970

Tatge, R.B. - Acoustic Techniques for Machinery Diagnosis - Jour. Acoust. Soc. America 44, 1969

Weichbrodt, B. - Mechanical Signature Analysis: A New Tool for Product Assurance in Early Fault Detection - General Electric Report 68-C-197 - 1968

Young, R.M. - An Introduction to Nonharmonic Fourier Series - Academic Press, 1980

VIII.O - Medições Periódicas Visando a Manutenção Preditiva

L. X. Nepomuceno

Quando estudamos as vibrações mecânicas (Cap. VI) verificamos que existem várias especificações (ISO, ANSI, BSI, DIN, VDI, JIS, etc.) que classificam o nível de qualidade de máquinas e equipamentos em função do nível global de vibrações. Normalmente tais especificações se baseiam no valor rms da velocidade; quando as freqüências são muito baixas, como é o caso de engrenagens e sistemas de engrenagens, é comum a especificação se referir ao deslocamento; e quando se trata de freqüências muito elevadas, como é o caso de alguns tipos de rolamentos, é comum a especificação se referir à aceleração. Verificaremos o porque dessas diferenças adiante. O que nos interessa é que existe um método ou processo de manutenção preditiva utilizando tão somente o nível global do movimento vibratório.

VIII.10 - MEDIÇÕES PERIÓDICAS. PROCEDIMENTOS USUAIS

Este método consiste na medição dos níveis globais de vibração, medições essas que são executadas dentro de determinados períodos de operação da máquina ou equipamento. Com este procedimento, o responsável pela manutenção fica sabendo qual é a evolução das vibrações, assim como em que níveis devem ser tomadas providências, visando sanar eventuais irregularidades. Isto porque a velocidade da alteração do nível vibratório é fator fundamental para evitar situações catastróficas. O período entre medições depende de vários fatores, tais como o regime de funcionamento da máquina, a sua carga se constante ou aleatória, tipo de equipamento, e mais uma série de detalhes com que deve ser verificado caso a caso. A Figura VIII.01 um gráfico com periodicidade referente a estabelecida para um equipamento destinado a fabricação de papel, com regime de funcionamento de 24 horas diárias, produção uniforme e constante.

322 TÉCNICAS DE MANUTENÇÃO PREDITIVA

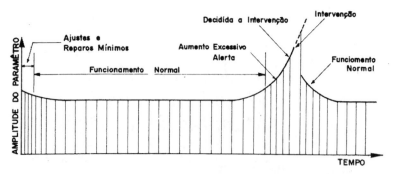

Figura VIII.01

No gráfico, as medições foram estabelecidas como mensais. No momento que apareceu a irregularidade ou avaria, o prazo foi reduzido para duas semanas; ao atingir o valor crítico, foi programada a intervenção, que no caso correspondia à substituição de um rolamento e o balanceamento de um cilindro. Após a intervenção, o equipamento voltou a funcionar dentro do limite de normalidade, como ilustra o gráfico.

O gráfico permite que sejam estabelecidas três fases bastante distintas:

a) O período de funcionamento indicado como **início de Operação** refere-se àquele no qual são feitas as observações mais minuciosas possíveis, visando verificar se o equipamento, supostamente novo, não apresenta vícios ou eventuais defeitos de fabricação, montagem, alinhamento ou ajuste.

b) O período ou fase indicada como de **funcionamento normal**, corresponde à fase de operação na qual foi verificado que o equipamento não apresenta vícios nem defeitos de fabricação, montagem ou ajuste, podendo funcionar normalmente. Por tal motivo, os períodos de medição são mais espaçados. É bastante difícil definir uma duração para o período entre medições de modo geral, dado o grande número de parâmetros envolvidos, mas em qualquer caso o realmente importante é a evolução do nível de vibração. O período correto e adequado a cada máquina é estabelecido pela experiência, inexistindo recomendações específicas.

MEDIÇÕES PERIÓDICAS VISANDO A MANUTENÇÃO PREDITIVA 323

c) No momento que aparece uma anomalia ou irregularidade, as medições passam a ser executadas em períodos menores, visando controlar o que se passa, assim como ter dados concretos para estabelecer a parada antes de atingir a situação catastrófica. A intervenção deve ser estabelecida ou decidida, dentro de um programa que não introduza prejuízos a produção. A intervenção terá seu momento determinado pela experiência do responsável pela manutenção, que obviamente deve conhecer o equipamento em seus mínimos detalhes para estar em condições de programar, com segurança, o momento da parada para a execução das providências necessárias.

A manutenção preventiva deve possuir um plano de registro dos dados observados, plano esse que deve visar primordialmente um mínimo de prejuízo à produção durante a execução das providências que se tornarem necessárias. Após a intervenção, o nível vibratório deve voltar ao estado normal. Geralmente, após a execução das providências, as medições são executadas em períodos mais curtos que o habitual, com o que é possível prevenir-se contra qualquer irregularidade ou descuido originário da própria intervenção. Após um certo tempo, o espaçamento entre medições volta ao período normal.

É bastante comum o uso de fichas, cada uma referente a uma determinada máquina ou equipamento. Em tal ficha, são esquematizadas os pontos de medição que são, como já exposto anteriormente marcados no próprio equipamento. Durante as medições, os valores observados são lançados nas próprias fichas, o que permite ao encarregado observar se os mesmos estão aumentando em velocidade de maneira natural, ou se apresentam alterações substanciais. Embora seja possível o uso de registradores gráficos, tais dispositivos serão vistos posteriormente. Na fase que estamos estudando, ou seja a manutenção preventiva pela medida do nível global de vibração, tais registradores não são utilizados de um modo geral.

Dependendo do tipo de equipamento e da freqüência de interesse, é medido o deslocamento, a velocidade ou a aceleração. Há uma diferença na sensitividade e precisão da medida dessas grandezas, como já foi visto anteriormente e será re-examinada adiante. Em base à grandeza que é observada, as fichas devem ser marcadas de maneira adequada, ou o valor da grandeza ou o seu nível em dB, referido a um zero pré-estabelecido. A Figura VII.02 ilustra uma ficha "clássica" desenvolvida pela METRIX INSTRUMENT Co.

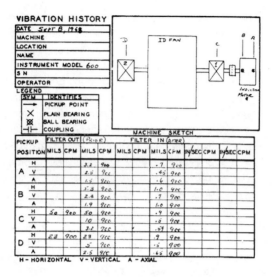

Figura VIII.02

A ficha da Figura VIII.03, desenvolvida pela IRD MECHANALYSIS, apresenta as anotações em termos de velocidade. Além da tabela, a ficha permite que seja traçado um gráfico ilustrando a variação da grandeza

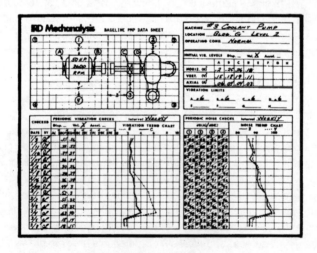

Figura VIII.03

em função do tempo. Embora tal gráfico seja bastante rudimentar, o mesmo permite que um observador desavisado perceba imediatamente a existência de uma anomalia na evolução da vibração, permitindo por outro lado que sejam tomadas providências com maior velocidade que aquela através de tabelas. Dependendo do caso, da engenhosidade e das necessidades do serviço, podem ser desenvolvidas e elaboradas fichas que atendam, com alta eficiência, os diferentes casos que se apresentam no estabelecimento do programa de manutenção preventiva pelas vibrações. O importante, em todos os casos, é que as medições sejam feitas para a máquina e/ou equipamento operando em condições idênticas, ou seja, com o mesmo número de rotações por minuto, mesmo material, mesma tensão de alimentação elétrica, etc. Com isso, os valores podem ser utilizados para observações sequenciais comparativas. A Figura VIII.04 ilustra uma ficha desenvolvida para o caso onde tais dados são importantes e que, por tal motivo, os mesmos são explicitados de maneira clara e concisa. Trata-se de

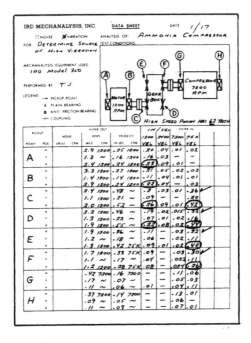

Figura VIII.04

ficha bastante útil no registro de dados referentes a compressor de grande porte acionado por motor elétrico girando a 1200 rpm, tendo como elemento intermediário uma caixa de engrenagens e a manutenção exige observações em todos os mancais que constituem o conjunto. Os dados registrados são o deslocamento e a velocidade, nos eixos horizontal, vertical e axial, com ou sem o filtro de altas freqüências introduzindo no instrumento de medição.

Uma ficha bastante simples, sugerida pela BRUEL & KJAER, está ilustrada na Figura VIII.05. Tal ficha, a exemplo das outras apresentadas, referem-se única e exclusivamente à manutenção preditiva pelo

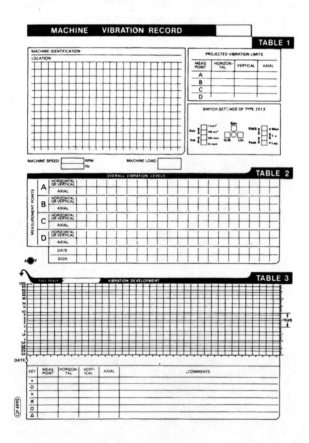

Figura VIII.05

acompanhamento do nível global de vibração. A ficha, embora simples, possue um local reservado às observações, onde o inspetor ou operador poderá indicar detalhes não relacionados com as vibrações (parafusos soltos, solda trincada, contra-porca ausente, etc.) e mesmo sugerir à manutenção providências que, a seu critério, são importantes ou convenientes.

VIII.20 - INSTRUMENTOS PARA A MEDIDA DO NÍVEL GLOBAL DAS VIBRAÇÕES

Tais instrumentos são bastante simples, normalmente constituídos pelo conjunto transdutor-sistema eletrônico amplificador-instrumento de leitura. Via de regra, o instrumento de leitura é o mostrador, com escala, indicando diretamente o valor da grandeza medida ou em decibels. Vejamos alguns detalhes sobre os transdutores, complementando o que foi informado anteriormente (Vide IV). Já foi visto que, às freqüências baixas mede-se facilmente o deslocamento, com alguma dificuldade a velocidade e com grande dificuldade a aceleração. À medida que a freqüência aumenta, torna-se cada vez mais difícil medir o deslocamento, permanecendo a medida da velocidade com a mesma confiabilidade e aumenta a facilidade de medir a aceleração. Às altas freqüências, é praticamente inconfiável a medida do deslocamento, sendo a medida da velocidade difícil e facílima a medida da aceleração. Os gráficos da Figura VIII.06 ilustram esquematicamente a sensitividade dos transdutores em função da freqüência da vibração.

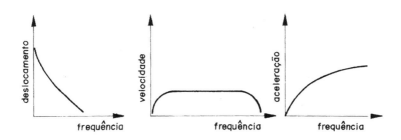

Figura VIII.06

Uma observação ligeira nas especificações mencionadas em VI.05.08 mostra que a especificação refere-se a valores de **velocidade**.

Os gráficos ilustram o porque da escolha da velocidade, uma vez que a sensitividade abrange uma faixa maior de freqüência, e além disso a velocidade está intimamente ligada à energia cinética das partes ou componentes em movimento, permitindo que se tenha uma idéia das perdas energéticas envolvidas. A Figura VIII.07 fornece uma idéia clara do porque existem tais variações na medição. Observa-se que, quando é utilizado um acelerômetro para a medição e circuito integrador para obtenção do deslocamento, processo utilizado hoje em dia, a medida do deslocamento apresenta uma queda de 12 dB/oitava (40 dB/Década), a velocidade apresenta uma queda de 6 dB/oitava (20 dB Década) e a aceleração um espectro plano. Às baixas freqüências, aparece uma distorção e um corte na leitura devido as limitações do instrumental de medida e as limitações no circuito integrador.

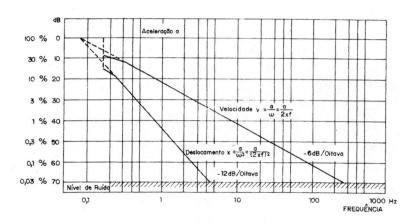

Figura VIII.07

As especificações verificadas anteriormente referem-se em valores das grandezas em unidades lineares, como velocidade rms em mm/s, deslocamento em μm e aceleração em m/s^2. No entanto, os graus de severidade são separados logaritmicamente, ou seja, 0,71 - 1,8 - 4,5 - 11,2 mm/s etc., mostrando que a severidade é indicada por graus separados logaritmicamente entre si. No caso de manutenção preditiva por vibrações, convém que a medida seja apresentada numa escala também loga-

MEDIÇÕES PERIÓDICAS VISANDO A MANUTENÇÃO PREDITIVA   329

rítmica. No caso, é utilizada internacionalmente a escala em decibels de Velocidade, VdB, definida pela expressão:

$$Vdb = 20 \log \frac{v}{v_{ref}}$$

Os medidores de vibração para medida do nível global, que serão vistos adiante, apresentam normalmente uma escala e o atenuador calibrado em VdB. Como se trata de uma medida **relativa** a um nível de referência, os dados são considerados a partir da referência estabelecida. Em qualquer caso, um nível de 100 dB corresponde a 100 dB acima da referência, ou seja, é 10^5 vezes o nível de referência. Caso o nível de referência, O dB = 1, o nível 100 dB será uma grandeza igual a cem mil vezes o valor de referência. Uma observação ligeira na classificação dos graus de severidade de vibração mostra que, entre cada grau de severidade existe um espaçamento de 8 dB. A Figura VIII.08, que constitue parte das especificações VDI 2056, permite a transformação da escala linear em mm/s na escala logarítmica em decibels VdB.

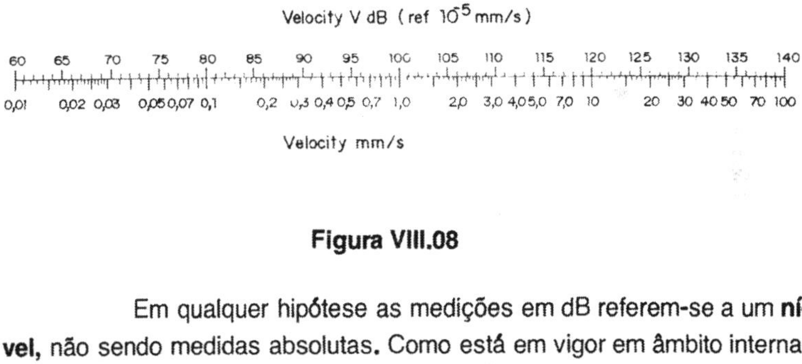

Velocity V dB (ref 10^{-5} mm/s)

60	65	70	75	80	85	90	95	100	105	110	115	120	125	130	135	140

0,01   0,02 0,03   0,05 0,07 0,1   0,2   0,3 0,4 0,5 0,7 1,0   2,0   3,0 4,0 5,0 7,0 10   20   30 40 50 70 100

Velocity mm/s

Figura VIII.08

Em qualquer hipótese as medições em dB referem-se a um **nível**, não sendo medidas absolutas. Como está em vigor em âmbito internacional o sistema SI, indicamos a seguir os níveis de referência correspondentes a 0 dB

Nível de Força	$F_0 = 1$ micro Newton $= 1 \, \mu N = 10^{-6} \, N$
Nível de Energia	$E_0 = 1$ pico Joule $= 10^{-12}$ Joules
Nível de Aceleração	$a_0 = 10$ micrometros/s^2 $= 10^{-5}$ m/s^2
Nível de Velocidade	$v_0 = 10$ nanometros/s $= 10^{-8}$ m/s
Nível de Deslocamento	$d_0 = 10$ picometros $= 10^{-11}$ m

330 TÉCNICAS DE MANUTENÇÃO PREDITIVA

Estes são os níveis de referência estabelecidos em todas as especificações e recomendações válidas em âmbito regional e internacional, sendo os únicos que devem ser adotados. Dada a facilidade com que as tabelas em dB e os valores absolutos são calculados em base ao nível de referência, reproduzimos a seguir uma tabela resumida para as relações. Observe-se que a tabela é válida para **amplitudes**, dadas pela expressão acima. Os níveis em dB, fundamentalmente foram definidos em termos de potência, definidos como Bels, segundo a expressão

$$n \, \text{Bels} = \log \frac{P_x}{P_{ref}}$$

A escala mostrou-se excessivamente grande e, visando simplificar as contas, passou-se a adotar o decibel, ou seja, uma divisão igual a um décimo do Bel, com o que dez decibels seriam iguais a um Bel, i.é.

$$n \, \text{decibels} = n \, \text{dB} = 10 \log \frac{P_x}{P_{ref}}$$

Como as potências ou energias são expressas por relações quadráticas de amplitude, por exemplo

$$P_{elétrica} = I^2 R = \frac{E^2}{R} = V.I.$$

$$P_{acústica} = \frac{p^2}{pc}$$

$$P_{mecânica} = \frac{1}{2} M \cdot v^2 = \frac{1}{2} s \cdot x^2 \qquad (s = \text{rigidez da mola})$$

é então no caso geral,

$$n \, \text{dB} = 10 \log \frac{A_x^2}{A_{ref}^2} = 10 \cdot 2 \cdot \log \frac{A_x}{A_{ref}} = 20 \log \frac{A_x}{A_{ref}}$$

A tabela refere-se a relação em dB de amplitude, ou seja, de relação entre grandezas lineares e não de relação entre as grandezas qua-

MEDIÇÕES PERIÓDICAS VISANDO A MANUTENÇÃO PREDITIVA **331**

dráticas (potências). Nessas últimas a relação é totalmente diferente. A tabela cobre os valores até 20 dB. Caso o valor seja maior que 20 dB, basta ao valor dado subtrair tantos 20 dB quantos forem necessários, observando-se que cada vez que se subtrai 20 dB estamos dividindo por 10 a grandeza linear. Por exemplo,

$$33,5 \text{ dB} = 33,5 - 20 = 13,5 \text{ dB}$$
$$\text{relação} = 4,732$$

Como foi subtraído 20 dB, a grandeza linear foi dividida por 10. Então, o valor obtido com o valor 13,5 dB deve ser multiplicado por 10 e obtem-se

$$33,5 \text{ dB} = 33,5 - 20 = 13,5 \text{ dB}$$
$$4,732 \cdot 10 = 47,32$$

Logo, a grandeza linear procurada tem seu valor igual a 47,32 vezes o valor da grandeza na referência 0 dB. Multiplicando-se o valor de referência por 47,32 obter-se-á o valor procurado da grandeza em tela.

dB	.0	.1	.2	.3	.4	.5	.6	.7	.8	.9
0	1.000	1.012	1.023	1.035	1.047	1.059	1.072	1.084	1.096	1.109
1	1.122	1.135	1.148	1.161	1.175	1.189	1.202	1.216	1.230	1.245
2	1.256	1.274	1.288	1.303	1.318	1.334	1.349	1.365	1.380	1.396
3	1.413	1.429	1.445	1.462	1.479	1.496	1.514	1.531	1.549	1.567
4	1.585	1.603	1.622	1.641	1.660	1.679	1.698	1.718	1.738	1.758
5	1.778	1.799	1.820	1.841	1.862	1.884	1.905	1.928	1.950	1.972
6	1.995	2.018	2.042	2.065	2.089	2.113	2.138	2.163	2.188	2.213
7	2.239	2.265	2.291	2.317	2.344	2.371	2.399	2.427	2.455	2.483
8	2.512	2.541	2.570	2.600	2.630	2.661	2.692	2.723	2.754	2.786
9	2.818	2.851	2.884	2.917	2.951	2.985	3.020	3.065	3.090	3.126
10	3.167	3.199	3.236	3.273	3.311	3.350	3.388	3.428	3.467	3.508
11	3.548	3.589	3.631	3.673	3.715	3.753	3.802	3.846	3.890	3.936
12	3.981	4.027	4.074	4.121	4.169	4.217	4.266	4.315	4.365	4.416
13	4.467	4.419	4.571	4.624	4.677	4.732	4.786	4.842	4.895	4.955
14	5.012	5.070	5.129	5.188	5.248	5.309	5.370	5.433	5.495	5.559
15	5.623	5.689	5.754	5.821	5.888	5.957	6.026	6.095	6.166	6.237
16	6.310	6.383	6.457	6.531	6.607	6.683	6.761	6.839	6.918	6.998
17	7.079	7.161	7.244	7.328	7.413	7.499	7.586	7.674	7.762	7.852
18	7.943	8.035	8.128	8.222	8.318	8.414	8.511	8.610	8.710	8.910
19	8.913	9.016	9.120	9.266	9.333	9.441	9.550	9.661	9.772	9.886

Tabela de dB

De um modo esquemático, todo instrumento destinado a medida de vibrações é constituído por três partes: 1) Transdutor; 2) Sistema eletrônico de amplificação e 3) Dispositivo de leitura ou indicação. A Figura VIII.09 esquematiza o instrumento quando em uso.

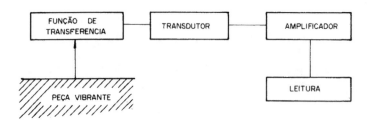

Figura VIII.09

Os transdutores eletrodinâmicos (a bobina móvel) apresentam baixa impedância enquanto que os transdutores piezoelétricos (a cerâmica ou cristais piezoelétricos) apresentam alta impedância. Como tais transdutores são os mais eficientes e de uso generalizado na atualidade, é importante saber que os mesmos fornecem um sinal elétrico de voltagem elevada porém de corrente mínima, por se tratar de dispositivo de alta impedância. Um acelerômetro não fornece energia suficiente para movimentar a agulha de um voltímetro comum, que exige alguma corrente que o transdutor não fornece. Por tal motivo, são utilizados circuitos eletrônicos que amplificam o sinal recebido, fornecendo uma tensão em baixa impedância, apta a acionar um instrumento comum a mostrador. Existem dois tipos de amplificadores de carga e de voltagem.

O sinal fornecido pelo acelerômetro piezoelétrico aparece como uma voltagem nas armaduras de uma impedância capacitiva. A carga que é gerada pelo acelerômetro é diretamente proporcional à aceleração. No caso, existem duas possibilidades: a) obter a capacitância total do circuito tão pequena quanto possivel, visando obter a voltagem máxima na entrada do amplificador ou b) carregar o acelerômetro com uma capacitância tão grande que o sistema se torna independente da capacitância dos cabos de conexão. A primeira solução consiste no amplificador a voltagem e a segunda no amplificador a carga.

No caso de ser utilizado como fonte de voltagem, o acelerômetro deve ser carregado a uma impedância tão elevada quanto possível,

MEDIÇÕES PERIÓDICAS VISANDO A MANUTENÇÃO PREDITIVA   **333**

para que seja retida a sensitividade em função da freqüência. No caso real, a carga capacitiva reduz a sensitividade dentro da faixa de freqüência, enquanto que uma carga resistiva reduz a sensitividade às freqüências baixas. Nessas condições os amplificadores de voltagem apresentam uma impedância de entrada da ordem da impedância do acelerômetro, ou seja, da ordem de 20.000 MΩ. Com isso, a freqüência mais baixa de operação se situa na faixa da fração de Hertz, permitindo que as leituras atinjam a praticamente vibrações DC, desde que o amplificador seja adequadamente projetado e construído.

No caso do amplificador à carga, ou amplificador de carga, fica eliminada a capacitância em paralelo no circuito de entrada, pouco ou nada influindo o comprimento dos cabos. Embora a sensitividade em carga de um acelerômetro varie com a temperatura, tal variação é inferior àquela observada na sensitividade à voltagem e capacitância. Embora os amplificadores de carga apresentem grandes vantagens, devem ser observados os pontos seguintes:

Há necessidade de uma amplificação apreciável para que a operação do amplificador seja adequada, exigindo um número superior de componentes que os exigidos para um amplificador de voltagem. Praticamente isto significa custo mais elevado, além de menor confiabilidade quando o ambiente apresentar condições fortemente inadequadas.

A maioria dos amplificadores de carga apresentam um tempo de elevação e tempo de recuperação elevados, o que representa sério inconveniente. Tais dados são extremamente importantes na medida de choque e pulsos rápidos.

A maior atração dos amplificadores de carga é a possibilidade de utilizar cabos bem maiores entre o transdutor e o amplificador, o que constitue inegavelmente uma grande vantagem.

Existe no comércio um número apreciável de instrumentos portáteis e que são utilizados comumente para a medida do nível global de vibração. Alguns deles permitem a leitura tanto do deslocamento quanto da velocidade e aceleração, outros indicam somente a aceleração e alguns contém saídas que permitem medir qualquer uma dessas grandezas em nível global, além de tornar possível o acoplamento a diversos tipos de analisadores. Verificaremos inicialmente somente os instrumentos mais simples que medem única e exclusivamente níveis globais.

A Figura VIII.10 ilustra o medidor de vibrações mais simples, tomado como exemplo aquele fabricado pela METRIX. O instrumento permite medir deslocamento, velocidade e aceleração, pois possue um integrador interno, dentro de uma faixa de 600 a 60000 rpm (10 a 1000 Hz).

Figura VIII.10

A Figura VIII.11 ilustra o instrumento IRD modelo 810. O mesmo mede aceleração entre 0 e 100 g, deslocamento entre 0 e 100 mils e velocidade entre 0 e 300 mm/s dentro da faixa de freqüência 350 e 600000 rpm (6 e 10000 Hz).

Figura VIII.11

MEDIÇÕES PERIÓDICAS VISANDO A MANUTENÇÃO PREDITIVA 335

A Figura VIII.12 ilustra o medidor de vibrações para uso geral da BRUEL & KJAER. O mesmo mede deslocamento, velocidade e aceleração nas seguintes faixas:

Deslocamento	0,3 μm a 10 mm	1 Hz a 2,5 KHz
Velocidade	0,02 a 1000 mm/s	1 Hz a 15 KHz
Aceleração	0,002 a 100 m/s^2	0,3 Hz a 15 KHz

O instrumento possue saída para qualquer tipo de analisador, possibilidade de leitura direta e valores rms ou pico-a-pico, opera tanto a baterias internas quanto em corrente nominal de 110/440 v 50/60 Hz, circuito de retenção para leitura de valor máximo e várias outras possibilidades.

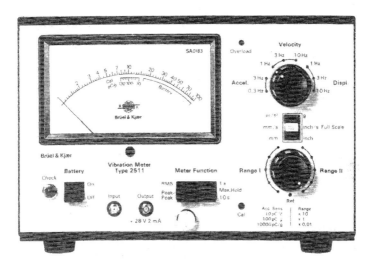

Figura VIII.12

A Figura VIII.13 ilustra o instrumento 2513 de fabricação da Bruel & Kjaer e destinado a uso geral como indicador do nível global. Este instrumento apresenta a possibilidade de executar a leitura do valor integrado da vibração durante um minuto, o que permite monitorar e predizer o limite de ruptura de um rolamento, como será visto adiante. Trata-se de instrumento versátil, bastante útil na monitoração de rolamentos (esferas ou rolos), além de pouco dispendioso.

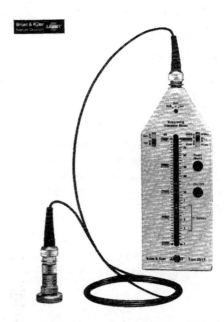

Figura VIII.13

Muitas empresas possuem instrumentos destinados à medida dos níveis de barulho, principalmente devido a problemas de insalubridade por poluição sonora Considerando que o sistema pré e amplificador de tais instrumentos em nada difere dos utilizados no equipamento para medida de vibrações, é possível utilizar tais instrumentos para executar medidas em nível global das vibrações. A única diferença entre os dois circuitos eletrônicos está na entrada. No caso de medida de níveis de som, a impedância de entrada deve coincidir com a impedância do microfone e no caso de medida de vibrações, a impedância de entrada deve coincidir com a impedância do acelerômetro. Na grande maioria dos casos, os fabricantes do instrumental os constroem com características tais que há intercâmbio microfone-acelerômetro e vice-versa. As Figuras VIII.14 a VIII.15 ilustram dois casos de uso de um medidor de nível de som como medidor de vibrações. No primeiro caso, o acelerômetro é ligado diretamente à entrada do instrumento, sendo possível a leitura tão somente do nível de aceleração. No segundo caso, existe um dispositivo integrador interposto entre o acelerômetro e o instrumento, o que permite que sejam executadas leituras em aceleração, velocidade ou deslocamento, bastando girar o botão destinado e escolha do circuito integrador desejado na função pretendida. Tais medições apresentam tão somente uma idéia do estado real do equipamento,

MEDIÇÕES PERIÓDICAS VISANDO A MANUTENÇÃO PREDITIVA   **337**

servindo como um guia e nada mais. Tais procedimentos, comuns no passado, são totalmente inconfiáveis no contexto atual da tecnologia, sendo completamente não recomendados. São aqui apresentados para que se tenha uma idéia histórica de como se procedia no início da técnica.

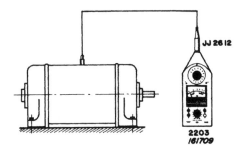

Figura VIII.14 - Medidor de Nível de Som BRUEL & KJAER modelo 2203 com acelerômetro. Somente leitura do nível de aceleração.

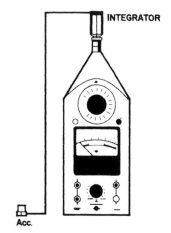

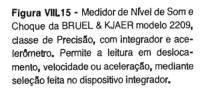

Figura VIII.15 - Medidor de Nível de Som e Choque da BRUEL & KJAER modelo 2209, classe de Precisão, com integrador e acelerômetro. Permite a leitura em deslocamento, velocidade ou aceleração, mediante seleção feita no dispositivo integrador.

338 TÉCNICAS DE MANUTENÇÃO PREDITIVA

Existem inúmeros outros instrumentos, alguns de alta qualidade, outros positivamente inaceitáveis. O importante na aquisição de um conjunto para medir vibrações é que o conjunto instrumento-acelerômetro apresente as características seguintes:

a) Ser suficientemente robusto para resistir à poluição existente no ambiente industrial.

b) Apresentar saída que permita, caso necessário, observar o sinal, sua forma e amplitude, acoplar a um registrador, osciloscópio ou outro dispositivo de análise do sinal oriundo da vibração.

c) Operar de conformidade com as normas e especificações válidas em âmbito internacional. Principalmente deve estar de acordo com as especificações escolhidas para o estabelecimento do programa de manutenção preventiva.

d) Apresentar possibilidade de executar as medições nas três variáveis de interesse, deslocamento, velocidade e aceleração. Embora a maioria das especificações sejam referidas à velocidade, casos há nos quais o deslocamento é importante (redutores, multiplicadores e engrenagens) e outros nos quais a aceleração é fator impotantíssimo, principalmente quando existem freqüências elevadas envolvidas (rolamentos de esferas ou bolas, giroscópios, etc.).

VIII.30 - VANTAGENS E LIMITAÇÕES DO MÉTODO

O método descrito, de manutenção pela observação dos níveis globais de vibração apresenta, sem a menor dúvida, vantagens apreciáveis e constituem um processo perfeitamente válido. Além de bastante confiável, pois permite que sejam tomadas providências muito antes de atingir uma fase perigosa ou mesmo catastrófica, é o processo menos oneroso que pode ser estabelecido. Normalmente tal método é o adotado como estágio inicial, já que fornece aos envolvidos com a manutenção uma visão bastante clara do que se passa, permitindo que o pessoal absorva um treinamento adequado e adquira experiência de valor inestimável. Iniciando-se por este método, o investimento é relativamente reduzido, obtendo-se dividendos altamente compensadores em termos de experiência prática e aquisição de "know how" para a fase seguinte.

Entretanto o método apresenta um defeito grave, qual seja o não permitir o estabelecimento de um diagnóstico preciso sobre a origem

MEDIÇÕES PERIÓDICAS VISANDO A MANUTENÇÃO PREDITIVA **339**

da falha que originou a vibração excessiva. Com este método, há necessidade de parar a máquina ou equipamento para determinar qual a origem da anomalia. Além do mais, o aparecimento de uma vibração qualquer que seja essencialmente senoical (componente monocromática) é, na maioria dos casos, mascarada pelo conjunto de vibrações que a própria máquina apresenta. Nesse caso, o nível global dificilmente é alterado ou percebido, tornando a avaria totalmente impreditível. De conformidade com a importância do equipamento (seja em valor monetário seja em função de sua atuação na produção), há necessidade de que se recorra a métodos mais elaborados, que permitam o estabelecimento de um diagnóstico preciso e que torne possível a eliminação da irregularidade dentro do menor tempo possível. Para tal, há necessidade de análise da vibração, sendo tal análise tão mais precisa quanto maior for a complexidade e importância do equipamento em questão.

VIII.40 - CONSIDERAÇÕES SOBRE O INSTRUMENTAL DE MEDIDA

Quando estudamos o espectro dos sinais (VIII) observamos que é possível decompor um sinal complexo e identificar as diversas componentes tanto em freqüência quanto em amplitude e fase. Com isso, é perfeitamente possível associar cada componente a uma região ou peça do equipamento, como será visto em XI. No caso de instrumento destinado a leitura do nível global, todos os sinais contidos dentro de sua largura de faixa são somados logaritmicamente e apresentados como um valor único, seja em dB ou em unidades métricas, m/s, m/s^2 ou m, dependendo do transdutor e/ou integrador utilizado.

Suponhamos que um instrumento qualquer tenha uma faixa de 8 kHz de largura. Então, o sinal medido apresentará uma amplitude de, digamos, 98 dB. Isto significa que existem componentes, dentro da faixa de passagem do instrumento cuja soma dá 98 dB. Caso a faixa de passagem seja de 20 Hz a 8 kHz, onde estão os componentes não se sabe. Inclusive, pode ser que se trate de um componente único, dois componentes de 95 dB cada situados nos extremos da faixa de passagem ou diversos distribuidos aleatoriamente e cuja soma dê 98 dB. A verdade é que sabemos o "quanto" de severidade a vibração apresenta mas não temos a menor idéia de onde a mesma se origina.

Para a manutenção preditiva, a medida em nível global faz exatamente o papel que o termômetro faz no caso da Medicina. A temperatura dá uma idéia da gravidade do caso mas não indica, ela sozinha, de

340 TÉCNICAS DE MANUTENÇÃO PREDITIVA

que se trata ou onde está a origem da febre. Analogamente, a medida do nível global indica o quanto de severidade o problema apresenta sem, no entanto, indicar ou dar idéia de onde está a causa ou origem. No caso da Medicina, o Médico solicita exames de laboratório e, no caso do Engenheiro interessado na Manutenção, os"exames" nada mais são que a análise detalhada dos componentes tanto em freqüência quanto em amplitude e, nos casos especiais a medida da fase. No XI estudaremos o como identificar os diversos componentes quanto a sua origem, através da análise espectral em freqüência e considerando as alterações nas amplitudes dos diversos componentes.

VIII.50 - ALGUNS PROCEDIMENTOS PRÁTICOS POUCO CONVENCIONAIS

O osciloscópio é um instrumento eletrônico bastante comum em nosso meio, sendo considerado um aparelho destinado a uso exclusivo dos envolvidos com Eletrônica. Quando se pergunta sobre o osciloscópio, a grande maioria responde que se trata de aparelho utilizado pelos responsáveis pelo reparo e conserto de rádios, aparelhos de som, televisões etc. O fato do osciloscópio ser um instrumento poderoso em muitos campos totalmente diversos da Eletrônica é praticamente desconhecido em nosso meio. Aqueles que o utilizam como ferramenta de manutenção mecânica geralmente são pessoas envolvidas com atividades acadêmicas e tutoriais, sendo raros os casos daqueles que conhecem o seu uso fora da Eletrônica. Verificaremos alguns detalhes com relação ao uso do osciloscópio no diagnóstico de problemas de natureza eminentemente mecânica.

VIII.50.10 - Medições de Deslocamentos. Observações com Osciloscópio - Pelo que verificamos no estudo dos transdutores a dispositivos de medição, sabemos que embora as medidas de deslocamento forneçam informações interessantes, principalmente no caso de um eixo girando entorno seu mancal e no interior do mesmo, existem dois inconvenientes que tornam tais medições complexas:

Os transdutores são sensíveis à variações da condutibilidade do material que constitue o mancal, originando um sinal de fundo chamado "run out".

As medições que se executam são medições relativas entre o deslocamento do eixo em relação ao mancal.

O primeiro inconveniente pode ser eliminado pelo registro do sinal de "run out", cortando o sinal medido levando em consideração a velocidade de rotação. Existe um instrumento que executa tal função por meio de um calculador, não sendo dispensável a marcação de um ponto para referência angular. Quando o sinal de "run out" é de alta amplitude, é possível executar um tratamento de homogenização de uma região do eixo visando obter propriedades estáveis da condutibilidade.

O segundo inconveniente pode ser corrigido usando-se transdutores e condicionadores especiais, que processam a diferença entre a medida do deslocamento relativo do eixo no mancal e o deslocamento absoluto do eixo.

De qualquer maneira, tal tipo de medição é complexa, e para que se obtenha uma precisão satisfatória e confiável há necessidade de instrumental sofisticado e geralmente bastante oneroso. Os sinais oriundos do deslocamento podem ser processados e tratados da mesma maneira que os demais sinais vibratórios que estudamos até o presente, ou seja, medida do nível global, análise de freqüência, fixação dos limites, etc.

Entretanto, é possível obter informações úteis e preciosas utilizando um osciloscópio comum, de preço relativamente baixo e dois transdutores posicionados a π/2 rad e verificar a orbitação do eixo no interior do mancal, como ilustra a Figura VIII.16. Tal tipo de informação é bastante importante com relação ao comportamento da máquina, uma vez que uma indicação com relação a fase fornece dados suplementares úteis para a localização e identificação da avaria ou irregularidade.

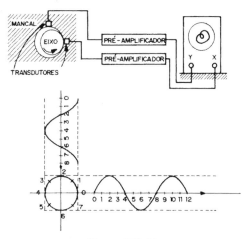

Figura VIII.16

É importante observar que dependendo da relação entre os deslocamentos nos eixos X e Y, obtem-se uma figura, cuja forma e aspecto fornece informações sobre a origem da vibração. Vejamos alguns exemplos comuns. Por exemplo, um desbalanceamento dá origem a uma órbita circular. Caso existam cargas ou tensões, assim como desalinhamentos, a órbita será deformada de várias maneiras. As Figuras ilustram algumas órbitas devidas a irregularidades que podem ser identificadas pelo aspecto da figura que aparece na tela de osciloscópio.

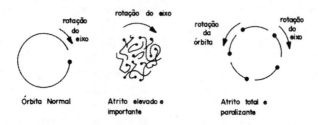

Quando o atrito eixo/mancal aumenta, as órbitas se alteram e as figuras de Lissajous apresentam características particulares. Uma de tais particularidades é o sentido de rotação da órbita que é inversa à rotação do eixo. Esta particularidade permite predizer e consequentemente programar a parada antes do aparecimento de processos destrutivos e altamente prejudiciais.

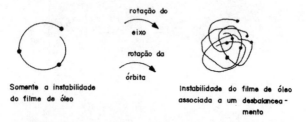

A instabilidade do filme de óleo aparece com uma órbita girando a uma velocidade entre 45 e 50% da velocidade angular do eixo e no mesmo sentido.

FIGURAS DE LISSAJOUS PARA CONDIÇOÊS ESPECÍFICAS

Figura VIII.17

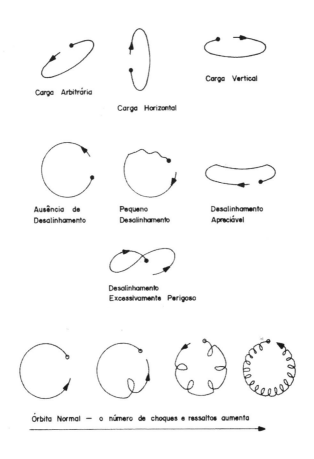

Figura VIII.18

VIII.50.20 - Diferenciação Simplificada entre Desalinhamento e Desbalanceamento e entre Folga e Turbulência - A diferenciação entre as irregularidades originadas por desbalanceamento ou por desalinhamento podem ser detetadas com facilidade mediante análise síncrona da relação Hz (Amplitude) e f_0(rotação) como ilustram as curvas da Figura VIII.19

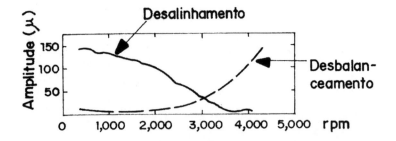

Figura VIII.19

A Figura XIII.20 indica que as vibrações originadas por folga excessiva ou originadas pela turbulência do filme de óleo não são síncronas, o que torna a sua diferenciação facilitada. A figura ilustra os resultados da medida das vibrações quando as mesmas são originadas por ambas as causas. Na verificação, é possível estabelecer qual a causa da vibração mediante observação da figura obtida e comparando-a com as ilustradas nas curvas da Figura VIII.20

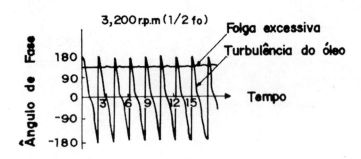

Figura VIII.20

VIII.50.30 - Considerações Gerais - Aparentemente, é totalmente inútil dizer que a manutenção preventiva baseada em observações com osciloscópio como descrita, é totalmente inviável como procedimento rotineiro. Por tal processo, a automatização é totalmente inviável, pela necessidade de reconhecer e identificar figuras. A colocação dos transdutores pode exigir a abertura/perfuração dos mancais ou a desmontagem da máquina. A Figura

MEDIÇÕES PERIÓDICAS VISANDO A MANUTENÇÃO PREDITIVA   **345**

VIII.16 mostra a colocação de transdutores de deslocamento. É preciso considerar, no entanto, que a medida dos deslocamentos axiais é necessária em várias instalações e equipamentos.

Embora seja pouco comum o uso de osciloscópio na manutenção preventiva, pelo menos em nosso meio onde tal instrumento permanece quase que confiado às oficinas de Eletrônica, tal instrumento fornece informações de grande auxílio na elaboração de um diagnóstico. Por exemplo, já vimos que alguns instrumentos apresentam os resultados computados digitalmente através de uma imagem analógica na tela de um tubo de raios catódicos. Tal figura representa o **espectro**, ou seja, a composição do sinal mecânico convertido em elétrico por meio de suas componentes em freqüência e segundo as amplitudes. Por outro lado, tal visão analítica do sinal não informa, aqueles que não possuem vasta experiência no assunto, uma visão de **como** é o fenômeno. Neste particular, o osciloscópio permite verificar a forma ou como o fenômeno se processa, enquanto que o espectro informa, de maneira bastante precisa, qual é a composição em freqüência e amplitude das diversas componentes que constituem o sinal mostrado pelo osciloscópio. A Figura VII.02 ilustra a comparação entre a forma temporal do sinal como apresentado num osciloscópio e a decomposição espectral como fornecida por um analisador de espectro. Para um observador experiente no assunto, uma das representações permite imediatamente imaginar a outra, o que não se passa quando o observador dispõe de experiência limitada no campo. Seja como fôr, embora não essencial, é bastante recomendável que o encarregado pela manutenção da instalação tenha à sua disposição, a possibilidade de obervações via osciloscópio, por mais simples que o mesmo seja.

Evidentemente seria inviável propor um estudo que cobrisse os casos existentes ou possíveis no parque industrial. Tal estudo demandaria tempo ilimitado, além de uma enorme biblioteca de dados e particularidades, associadas às nuances dos inúmeros casos possíveis.

Existem, no entanto, vários dispositivos que são comuns a praticamente todas as máquinas e equipamentos, como mancais, sistemas de eixo-manivela, rolamentos, sistemas de alavancas, sistemas ou conjuntos de engrenagens, parafusos sem-fim etc. Verificaremos alguns de tais conjuntos constituintes da maioria das máquinas do ponto de vista vibratório, com algumas considerações sobre problemas de montagem. Dado o enorme campo existente, torna-se inviável cobrir com profundidade cada um dos tópicos, de modo que nossa exposição será, obrigatoriamente, superficial.

TÉCNICAS DE MANUTENÇÃO PREDITIVA

VIII.60 - LEITURA RECOMENDADA

Bentley-Nevada Corporation - Minden, Nevada/USA - Catálogos, Especificações, Publicações Especiais

Bruel & Kjaer - Piezoelectric Accelerometers and Vibration Preamplifiers - Theory and Application Handbook - B&K Special Publication DK BB-0694-11 - October, 1986

Clapis, A., Editor - Conference on Vibration in Rotating Machinery Cambridge, 1980

Collacott, R.A. - Fundamentals of Fault Diagnosis & Condition Monitoring - 84th Advanced Maintenance Technology and Diagnostic Techniques Convention - London, September, 1984

Collacott, R.A. - Mechanical Fault Diagnosis and Condition Monitoring - UKM Publication - Leicester, 1977

Collacott, R.A. - Vibration Monitoring and Diagnosis - UKM Publication Ltd. Leicester, 1979

Deville, J.P. et J.C. Lecoufle - Surveillance des Machines - Synthese sur les Methods Classiques - Étude 15-J-04 Section 4/1 Rapport Partiel nº1 - CETIM - 1981

Filippi, R. - Expert Systems for Diagnostic Purposes - Prospected Application to the Radar Field - Rivista Tecnica Selenia vol. 10 nº 01 - 1/10 - 1986

General Radio Company - Waltham, Massachusetts/USA - Catálogos, Especificações, Manuais de Instruções, Publicações Especiais.

IRD Mechanalysis, Inc. - Columbus, Ohio 43229/USA - Catálogos, Especificações, Publicações Especiais.

ISAV - Workshop in On-Condition Monitoring Maintenance - Seminar at the Institute of Sound and Vibration of Southampton University - 1979

Metrix Instrument Company - Houston, Texas/USA - Catálogos, Especificações, Publicações Especiais

Micro-Cell Instrumentação Limitada - Campinas, São Paulo - Catálogos, Especificações, Publicações Especiais

Nepomuceno, L.X. e L.F. Delbuonno - Técnicas de Manutenção Preditiva pelo Espectro das Vibrações - Engenharia, nº 315 - 10/15 - Outubro, 1969

NBS - Proceedings of the Meeting of the Mechanical Failure Prevention Group (22nd) - Anaheim, CA - April 23/35 - 1975 Report PB-248 254 - December, 1975

Nicolett Scientific Corporation - Northvale, New Jersey/USA - Catálogos, Publicações Especiais, Especificações

MEDIÇÕES PERIÓDICAS VISANDO A MANUTENÇÃO PREDITIVA   **347**

PCB Piezotronics, Inc. - Depew, New York 14043/USA - Catálogos, Especificações, Publicações Especiais

Rockland Scientific Corporation - Rockleigh, New Jersey 07647/USA - Catálogos, Especificações, Publicações Especiais, Manuais de Instrução

Scientific Atlanta/Dynac Division/Spectral Dynamics Corporation - San Diego, California/USA - Catálogos, Manuais de Instruções, Especificações, Publicações Especiais

Shives, T.R. and W.A. Willard - Editors - Detection, Diagnosis and Prognosis - Proc. 22nd Meeting of Mechanical Failure Group - Anaheim, California April 23/25, 1975 - NASA Document PB-248 254

Sloane, E.A. - Measurement of Transfer Function and Impedance - General Radio Experimenter 44 nºs 7/9 - July/September, 1970

Staveley NDT Technologies, Inc. East Hartford, Connecticut 06108/USA Catálogos, Especificações, Manuais de Instrução, Publicações Especiais

Timoshenko, S. - Vibration Problems in Engineering - van Nostrand, 1955

Vibrometer, Inc. - Billerica, Massachussetts 01822-5058/USA - Catálogos, Especificações, Publicações Especiais.

Wavetek San Diego, Inc. - San Diego, California 92138/USA - Catálogos, Especificações, Manuais de Instruções, Publicações Especiais

Weichbrodt, B. - Mechanical Signature Analysis: A New Tool for Product Assurance in Early Fault Detection - General Electric Report 68-C-197 - 1968

Wilcoxon Research, Inc. - Rockville, Maryland 20850/USA - Catálogos e Especificações on Piezo-Electric Accelerometers.

Wilson, R.W. - The Diagnosis of Engineering Failures - South African Mechanical Engineers Review - November, 1972

IX.0 - Análise Rápida de Óleo

R.W. Erickson e W.V. Taylor, Jr.

A análise rápida de óleos lubrificantes usados tornou-se um dos principais ítens dos programas de manutenção adotados por muitos operadores de equipamentos industriais e veiculares[1]. O alto custo dos componentes mecânicos e da mão-de-obra, acrescido do prejuízo decorrente da paralisação de equipamentos por avarias relacionadas ao lubrificante ou de origem mecânica, constitui forte motivação para implantar um periódico programa de análises de óleos usados. Tal plano de análises contribui significativamente para o êxito dos programas de manutenção preventiva.

Embora o exame periódico das condições dos óleos lubrificantes tenha sido, há muitos anos, recomendado pelos fabricantes de equipamentos, os serviços de análise só se tornaram amplamente disponíveis nos últimos quinze anos. Antes, somente as maiores empresas tinham condições de realizar análises de lubrificantes; os fornecedores de lubrificantes prestavam os serviços visando basicamente a atender às necessidades dos principais consumidores e a esclarecer suas reclamações. Uma importante exceção era o serviço prestado aos armadores e operadores de grandes navios, notadamente aqueles com propulsão por turbinas a vapor[2]. Tais navios utilizam em seus sistemas cargas muito grandes de óleo, o ambiente operacional é propício a freqüentes e severas contaminações por água, sendo, os sistemas de propulsão, muito caros no que se refere a reparos ou substituição de componentes.

Durante a guerra do Vietnam, houve uma conscientização da importância da análise de lubrificantes no contexto dos programas de manutenção preventiva. As operações militares incluiram extenso uso de helicópteros e aviões a jato, os quais são sensíveis a problemas mecânicos e de lubrificação. As forças armadas dos EUA determinaram o emprego de laboratórios móveis na área do conflito, incluindo analisadores espectográficos para determinar metais de desgaste e contaminantes, considerando tais analisadores como componentes vitais dos citados laboratórios.

* Cortesia da Revista "LUBRIFICAÇÃO", de propriedade da TEXACO

ANÁLISE RÁPIDA DE ÓLEO **349**

Era de esperar, portanto, que os procedimentos adotados para minimizar falhas de aeronaves militares fossem reconhecidos pela indústria como meios de controlar custos de manutenção e aumentar a segurança. A aviação comercial foi das primeiras a utilizar laboratórios aperfeiçoados para analisar os óleos de seus motores a jato. A publicidade sobre o sucesso desses esforços no sentido de reduzir falhas de motores e aumentar o intervalo de tempo entre as principais revisões logo acarretou demanda, em escala comercial, de laboratórios capazes de proporcionar serviços de análise para vários tipos de lubrificantes usados.

Atualmente, há disponibilidade de serviços de análise rápida de óleo para motores de frotas de ônibus e caminhões, sistemas hidráulicos industriais, sistemas de lubrificação de máquinas de papel, navios com propulsão diesel ou turbina a vapor, motores (a gás natural) de acionamento de bombas e compressores e, praticamente, para todos os equipamentos lubrificados a óleo. O custo das análises de laboratório pode ser facilmente justificado quando elas fazem parte de um amplo plano de manutenção preventiva, orientado no sentido de eliminar ou minimizar falhas graves e de aumentar a vida útil de equipamentos caros.

A análise rápida de óleo não deve ser considerada como um meio específico de determinar intervalos de drenagem do óleo, ou como base para seleção de determinado tipo de lubrificante. As decisões a esse respeito cabem ao supervisor de manutenção, ou pessoa com função equivalente, após rever as recomendações do fabricante dos equipamentos e consultar o engenheiro de lubrificação. Os dados da análise serão muito eficazmente usados, pelo supervisor de manutenção, para programar inspeções preventivas da maquinaria e confirmar se o lubrificante está em condições de continuar em serviço, dentro do período estabelecido para a drenagem do óleo. Se for decidido aumentar o período entre trocas da carga de óleo, devem ser realizadas análises periódicas e instituído um registro das horas de operação, consumo de óleo e trocas de filtros. Nesses casos, de dilatação do usual período de serviço do lubrificante, torna-se especialmente importante fazer um histórico dos níveis de metais por espectrometria e dos resultados da análise química.

IX.10 - COLETA E ENVIO DA AMOSTRA

Num programa de análise rápida de óleo, o passo inicial consiste em obter uma amostra que seja representativa do lubrificante existente no sistema. Tal providência é de grande importância, pois a interpretação dos resultados das análises de laboratório só será válida se a amos-

350 TÉCNICAS DE MANUTENÇÃO PREDITIVA

tra for representativa. Por exemplo, o exame de água e sedimento numa amostra colhida de um ponto baixo do sistema, onde o óleo está estagnado, não tem utilidade prática. Por outro lado, a análise de uma amostra, embora representativa, também não terá sentido se o óleo for coletado em recipiente sujo. Para que os resultados das análises sejam válidos e tenham utilidade, as amostras devem ser colhidas com o óleo fluindo no sistema, na temperatura operacional, e depositadas em recipientes limpos. Há bombas manuais capazes de aspirar a amostra de lubrificante, do reservatório ou cárter, e enviá-la diretamente ao frasco de amostragem. Como o óleo não entra em contato com o corpo da bomba, só é necessário limpar o tubo flexível e substituir o frasco entre amostragens sucessivas. Uma alternativa é colher amostras durante uma drenagem de óleo, logo após o funcionamento, enquanto o equipamento ainda está na temperatura de serviço.

A fim de evitar confusões, a amostra deve ser rotulada imediatamente. Necessário registrar e enviar com a amostra: descrição do equipamento e tipo de serviço, identificação do lubrificante usado, data da amostragem, tempo decorrido desde a última troca de óleo e, se aplicável, a proporção de reposição (complementação de nível). Então, a amostra deve ser enviada ao laboratório com a maior brevidade possível. A seguir, serão descritos os procedimentos usados pelo laboratório de análise de óleos e os meios de interpretar os resultados, visando a avaliar as condições do equipamento e do lubrificante.

IX.20 - DESCRIÇÃO E SIGNIFICADO DOS ENSAIOS

No laboratório o analista selecionará os testes (ensaios) a serem efetuados na amostra de óleo usado, com base no tipo e grau do óleo, equipamento de onde ele foi retirado e, frequentemente, mediante exame sensorial da amostra[3,4,5,6]. A tabela I dá uma lista de métodos analíticos comuns, aplicados a óleos lubrificantes (usados) de motores. Os métodos analíticos empregados, com freqüência, para óleos lubrificantes industriais usados são mostrados na tabela II. Embora a descrição detalhada dos métodos de ensaio escape ao objetivo deste artigo, foi incluída uma breve abordagem de cada método, a fim de auxiliar a compreender o significado dos testes. Uma descrição detalhada dos métodos consta do Annual Book of ASTM Standards, Volumes 5.01, 5.02, 5.03 e 14.02[7].

ANÁLISE RÁPIDA DE ÓLEO 351

TABELA I
PROGRAMA BÁSICO DE TESTES PARA ÓLEOS-DE-MOTOR USADOS

			Tipo de Motor		
Teste	Método ASTM	Gasolina	Gás Natural	Diesel Automotivo	Diesel Marítimo
Aparência	–	X	X	X	X
Odor	–	X	X	X	X
Água (Crepitação)	–	X	X	X	X
(Destilação)	D 95	(a)	(a)	(a)	(a)
Viscosidade, a 40° C	D 445	X	X	X	X
Diluição pelo combustível					
(Destilação)	D 322	(b)	–	–	–
(Cromatografia de Gás)	D 3524	–	–	(b)	(c)
Fuligem do Combustível	–	–	–	(d)	–
Insolúveis em Pentano	D 893	–	–	–	X
Teor de Cinza	D 874	–	–	–	X
Espectrometria de Emissão	–	X	X	X	X
Teor de Glicol	D 2982	(e)	(e)	(e)	–
Espectrometria Infravermelho	–	–	(f)	–	–
Índice de Neutralização	D 664	–	–	(g)	–
Índice de Basicidade Total	D 2896	–	–	–	X

(a) Só realizar quando o teste de crepitação for positivo.
(b) Realizar quando a viscosidade for baixa, ou a diluição pelo combustível for crítica.
(c) Estimar pelo ponto de fulgor.
(d) Realizar quando a viscosidade for alta, ou a fuligem for significativa.
(e) Realizar quando a espectrometria de emissão indicar presença de bora e sódio.
(f) Para determinação de oxidação e/ou nitração.
(g) Só realizar para motores em más condições, ou quando é baixo o nível de aditivos.

TABELA II
PROGRAMA BÁSICO DE TESTES PARA ÓLEOS INDUSTRIAIS USADOS

Teste	Método ASTM	Óleo de Compressor	Óleo de Engranagem	Óleo de Turbina	Óleo de Hidráulico
Aparência	–	X	X	X	X
Odor	–	(a)	X	X	X
Água (Crepitação)	–	–	X	–	–
(Karl Fischer)	D 1744	(b)	X	(b)	(b)
Viscosidade, a 40° C	D 445	X	–	X	X
a 100° C	D 445	–	X	–	–
Insolúveis em Tolueno	D 893	–	X	–	–
Espectrometria de Emissão	–	X	X	X	X
Espectrometria Infravermelho	–	X	–	X	X
Índice de Neutralização	D 664	(c)	(c)	(c)	(c)
Contagem de Partículas	F 661	(d)	–	(d)	(d)

(a) Cuidado ao examinar óleos de sistema de amônia ou outros gases nocivos.
(b) Realizar quando a amostra estiver turva ou o teor de água for crítico.
(c) Realizar quando os métodos sensoriais ou infravermelho indicarem necessário.
(d) Realizar quando a limpeza é o principal requisito, ou para atender às recomendações do fabricante do equipamento.

352 TÉCNICAS DE MANUTENÇÃO PREDITIVA

IX.20.10 - Inspeções Sensoriais - Embora "aparência" e "odor" sejam inspeções de caráter subjetivo, um observador experiente pode reconhecer se a amostra é típica do produto e o tipo de serviço. Evidência de contaminação ou deterioração pode comumente ser detectada por exame sensorial. Óleos de motores diesel, por exemplo, adquirem rapidamente coloração negra devido à fuligem do combustível nele dispersada., Óleos-de-motor com pouco tempo de serviço ou aqueles que apresentam pouca ou nenhuma degradação têm odor suave de aditivos, semelhante ao do óleo sem uso. Os óleos com maior tempo de serviço, sob condições operacionais favoráveis, têm o odor normal de "usado". A presença de significativa quantidade de combustível numa amostra de cárter de motor pode ser detectada pelo odor e, possivelmente, por um "afinamento", enquanto que um óleo submetido a serviço prolongado ou severas condições operacionais pode apresentar odor de queimado e estar visivelmente "espessado".

Aparência e odor são especialmente significativos no exame de óleos de compressor, turbina e hidráulicos. Em serviço normal tais óleos são límpidos e transparentes, com odor suave. Embora todos os óleos do petróleo possam conter alguma água dissolvida, a presença de mesmo pequena quantidade de água "livre" em suspensão torna o óleo pouco turvo, sendo que maior quantidade de água resulta em aparência turva. Tais condições são vistas na Figura IX.01. O óleo da esquerda é seco e transparente, permitindo ver perfeitamente o traço de referência atrás do vidro. A amostra do meio, que contém 200 partes por milhão (ppm) de água, está um pouco turva, enquanto que a da direita, contendo 400 ppm de água, está tão turva que o traço mal pode ser visto. Em maiores quantidades, a água coalescerá e gotículas de água livre serão vistas no fundo do vidro. Em serviço, à medida que o óleo se degrada lentamente ou em presença de contaminantes, as suas propriedades de separação da água pioram.

Escurecimento significativo a partir da coloração normal é indicação de contaminação ou oxidação; tais condições podem freqüentemente ser confirmadas por odores característicos. Um penetrante odor de queimado indica oxidação severa; certos contaminantes químicos podem ser identificados por odores, definidos como: de combustível, solvente clorado, gás contendo compostos de enxofre, etc.*. Normalmente, o analista efetuará outros ensaios para confirmar essas indicações.

---

* Ao se verificar o odor de amostras de óleo usado é necessário cuidado, pois é possível que contenham substâncias irritantes. Por exemplo, o óleo de compressores de refrigeração pode conter amônia, a qual pode afetar as vias respiratórias.

ANÁLISE RÁPIDA DE ÓLEO 353

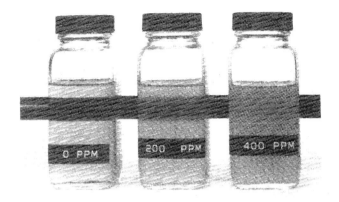

Figura IX.01 - Vários graus de contaminação por água, num óleo claro derivado do petróleo.

O exame do interior do recipiente da amostra pode revelar a presença de partículas de sujeira, lascas de tinta ou de metal. Comumente, o exame microscópico e/ou análises por difração de raio X possibilitam a identificação de tais partículas.

IX.20.20 - Ensaios Físicos e Químicos

Teor de Água

O teste de crepitação, ou chapa-quente, é o mais conveniente ensaio qualitativo para saber da presença de água no óleo. O teste pode ser realizado pingando poucas gotas de óleo numa folha de alumínio, em forma de pequeno prato, e aquecendo-a rapidamente sobre uma pequena chama ou em chapa-quente, como mostrado na Figura IX.02. Um método alternativo utiliza ferro de soldar, quente, que é imerso no óleo conforme indica a Figura IX.03. Nesses métodos, quantidade tão pequena de água livre, como 0,1 porcento, será detectada por um estalido audível.

Quando o ensaio de crepitação for positivo, deve ser efetuado o ensaio quantitativo de água por destilação (ASTM D 95) ou o Karl Fischer (ASTM D 1744). Na Figura IX.04 é mostrada a aparelhagem usada para determinar água pelo ASTM D 95. Neste ensaio determinada quantidade de

Figura IX.02 - Teste de Crepitação para detectar água: pequeno prato de folha de alumínio sobre uma chapa-quente.

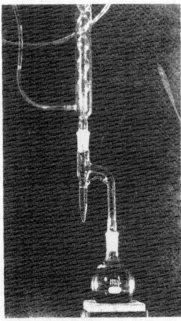

Figura IX.03 - Teste de Crepitação, para átua, usando feero de soldar quente.

Figura IX.04 - Dispositivo para determinar água em produtos do petróleo, ASTM D95

ANÁLISE RÁPIDA DE ÓLEO 355

óleo é dissolvida num hidrocarboneto solvente, imiscível em água, tal como o xilol, e aquecido num balão de destilação. O vapor do solvente em ebulição arrasta consigo o vapor d'água para um condensador, onde os vapores se condensam e caem num coletor calibrado. A água sendo mais pesada flui para o fundo do coletor, onde o seu volume pode ser medido, enquanto que o solvente retorna ao balão de destilação.

No método Karl Fischer, a água presente numa pequena e medida amostra de óleo é titulada com uma complexa solução de iodo e dióxido de enxofre em piridina, sendo a concentração de água calculada do volume de solução de iodo consumida e usando um fator de equivalência para miligramas de água e mililitros de solução de iodo*. Atualmente, muitos laboratórios são equipados com aparelhagem automática, nos quais a solução de iodo é gerada por coulometria, sendo a concentração de água calculada e exibida mediante dispositivo eletrônico. Um desses instrumentos é mostrado na Figura IX.05. O método Karl Fischer tem a vantagem de poder determinar tanto a concentração de água livre quanto a de água dissolvida, na faixa de partes por milhão; normalmente ele é apenas empregado em óleos industriais relativamente limpos ou em óleos-de-motor sem uso, pois os resíduos da combustão em óleos-de-motor usados podem originar depósitos nos sensitivos eletrodos do aparelho.

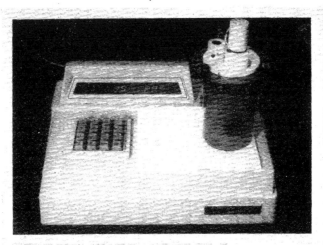

Figura IX.05 - Aparelho automático para determinação de água em produtos do petróleo, usando o método Karl Fischer.

* A solução é chamada titulante, sendo os processos químicos deste tipo comumente referidos como titulações.

A presença de água num sistema de lubrificação indica contaminação através de juntas ou vedadores com vazamento, passagem de gases da combustão para o cárter (blow-by), fugas do fluido de resfriamento através de trincas ou poros, inadequada armazenagem do óleo ou sua aplicação incorreta. Água livre é a principal causa de ferrugem, borra e lubrificação deficiente; portanto, a origem da água deve ser localizada e eliminada o mais cedo possível.

Viscosidade

A viscosidade é a mais importante característica física de um óleo lubrificante. É uma medida de resistência ao escoamento e resulta do atrito interno das moléculas movendo-se entre si, sob tensão. É a única propriedade do lubrificante que influencia a espessura da película de óleo entre as partes móveis, que por sua vez influi no desgaste. Um óleo de viscosidade inadequada não formará películas suficientemente espessas, capazes de evitar ou minimizar o desgaste. Por outro lado, óleos com viscosidade excessiva geram demasiado calor e desperdício de energia. A facilidade de partida de um motor veicular, numa manhã de inverno rigoroso, muito depende da viscosidade do óleo do cárter. A viscosidade também é uma característica essencial ao adequado funcionamento de sistemas hidráulicos, transmissões automáticas, amortecedores, etc.[8].

O fator de maior influência na viscosidade é a temperatura; no laboratório, as determinações devem ser realizadas sob rigoroso controle das condições de temperatura. Embora existam vários métodos de determinação da viscosidade, o cinemático (ASTM D 445) é o mais comumente usado para óleos lubrificantes[9]. Neste método, determinada quantidade de óleo passa através de um tubo capilar, sendo marcado com precisão o tempo gasto no fluxo. A viscosidade, designada em centistokes (cSt), é calculada com base no tempo e num fator de calibração referente ao capilar usado. A Figura 6 mostra um dispositivo para determinação de viscosidade. O analista compara a viscosidade obtida da amostra de óleo usado com o valor padrão para um óleo daquele grau, sem uso. É comum considerar-se normal um desvio inferior a 10 porcento do ponto médio da faixa de viscosidade ISO. Maiores desvios do valor padrão podem indicar o uso de grau incorreto ou mistura de óleos, espessamento devido à oxidação ou contaminação com fuligem do combustível e "afinamento" devido à diluição pelo combustível. No caso de diluição, a redução de viscosidade mostrada na Figura IX.07 permite estimar a quantidade de óleo diesel nº 2 presente numa amostra de óleo de cárter. Esse valor pode ser confirmado por cromatografia de gás[10].

ANÁLISE RÁPIDA DE ÓLEO   357

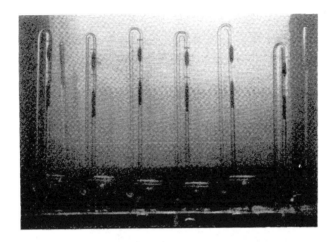

Figura IX.06 - Banho a temperatura constante, contendo diversos viscosímetros cinemáticos capilares de vidro, ASTM D 445.

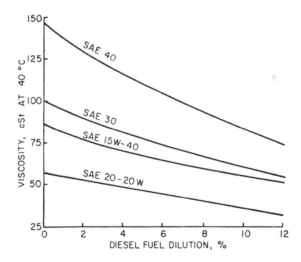

Figura IX.07 - Curvas viscosidade-diluição para quatro graus de lubrificantes de cárter.

A diluição de combustível em óleos de motor a gasolina é determinada por destilação (método ASTM D 322). Neste ensaio, quantidades medidas de óleo de cárter usado e água são depositadas num balão de vidro e destiladas. O destilado (gasolina e água) é coletado num recipiente graduado, conforme ilustra a Figura IX.08. A gasolina flutua sobre a água no recipiente, seu volume é medido e se calcula a porcentagem de gasolina no óleo.

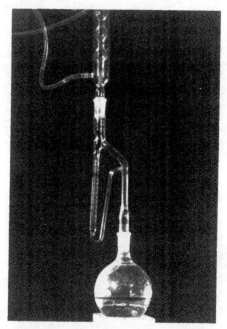

Figura IX.08 - Aparelho para determinação de diluição por gasolina em óleos de cárter, ASTM D 322.

A presença de 5 porcento de combustível diluente pode acarretar uma redução de viscosidade equivalente a aproximadamente um grau SAE. Normalmente, este valor é considerado como indicação de significativos problemas no sistema de combustível e da necessidade de drenar o óleo. Quando um óleo está excessivamente diluído não é mantida adequada película hidrodinâmica entre as partes móveis, ocorrendo contato metal-com-metal, do que resulta maior desgaste e possibilidade de danos nos mancais. Presença de fuligem de combustível ou degradação do óleo por oxidação podem aumentar a sua viscosidade, mascarando a presença do combustível diluente. Quando a fuligem de combustível for superior a 4 porcento, sem aumento de viscosidade, deve ser determinada a diluição por combustível.

ANÁLISE RÁPIDA DE ÓLEO

Desvios de viscosidade de lubrificantes industriais em serviço decorrem, freqüentemente, de complementações do nível do sistema com óleo de errado grau de viscosidade. Outras causas de alterações de viscosidade são os vazamentos de compartimentos adjacentes ou a diluição por fluidos de processo, como por vezes ocorre na operação de compressores, quando estão sendo comprimidos gases solúveis em óleo.

Insolúveis e Sedimento

Há diversos métodos para determinar os insolúveis em um óleo. Eles incluem filtração, centrifugação, testes de mancha em mata-borrão e métodos óticos. O contaminante insolúvel mais comum em lubrificantes de motores diesel é a fuligem do combustível, pois a combustão do óleo diesel é por natureza mais fuliginosa que a da gasolina ou do gás natural. A formação de fuligem é mais severa sob certas condições anormais de operação, tais como excesso de combustível ou uma restrição na admissão de ar.

Um método simples de avaliação do teor de fuligem do combustível num óleo de motor diesel é o processo ótico, no qual uma muito pequena e medida quantidade de óleo usado é colocada num frasco de vidro claro, cheio com tolueno, agitada e comparada visualmente com padrões preparados com óleos e conhecidos teores de fuligem. Este método apresenta vantagens quando comparado ao do mata-borrão. Nesse último método diversas gotas de óleo são pingadas numa folha de papel mata-borrão, deixada em repouso durante várias horas até que a difusão do óleo seja completa. Quando a mancha de óleo se expande a partir do ponto de aplicação, a insolúvel fuligem do combustível permanece no centro como uma mancha escura, de intensidade proporcional ao teor de fuligem. Manchas de referência, feitas por óleos de conhecidos teores de fuligem, permitem avaliar o teor de fuligem da amostra de óleo usado.

Nos óleos escuros ou turvos, de alta viscosidade, tais como os óleos de engrenagem, pode ser feita a determinação de contaminantes em partículas e do teor de água mediante centrifugação num tubo cônico (ASTM D 893). Uma determinada quantidade de óleo (25 ou 50 mililitros) é colocada no tubo, sendo adicionado um solvente adequado (pentano ou tolueno) até a marca de 100 ml. Após a completa mistura de óleo e solvente, o tubo é instalado na centrífuga. Independentemente do solvente usado, água e sedimento concentram-se no fundo do tubo da centrífuga, podendo ser medidos mediante referência à graduação do tubo.

Nesse método, se o solvente for pentano, as partículas de desgaste metálico e os contaminantes externos, tais como água e sujidades, após a centrifugação serão coletados no extremo do tubo. Os produtos da oxidação do óleo tendem a se concentrar na interface entre as fases de óleo e água. Quando o solvente utilizado for tolueno, o método de centrifugação mostrará metais de desgaste e contaminantes externos juntos com a água, enquanto que os produtos da oxidação geralmente estarão dissolvidos. Se presente, o sedimento particulado pode ser recuperado do tubo para facilitar a caracterização.

IX.30 - ESPECTROGRAFIA DE EMISSÃO

A identificação de contaminantes inorgânicos, assim como dos elementos organo-metálicos dos aditivos do óleo, é realizada com o uso do espectrômetro de emissão. A Figura 9 mostra o conjunto de excitação da amostra, num espectrômetro de emissão para análise de óleo. Neste instrumento, uma película de óleo é carreada num dispositivo giratório de grafite para um afilado electrodo de grafite, onde ela é submetida a um arco de alta tensão. Os elementos metálicos na amostra são excitados pela energia

Figura IX.09 - Espectrômetro de emissão. O conjunto de excitação da amostra de óleo é mostrada no inserto.

ANÁLISE RÁPIDA DE ÓLEO **361**

do arco e cada um emite característico espectro de luz, que é coletado e medido por uma série de válvulas fotomultiplicadoras. As intensidades de luz são convertidas em concentrações de elementos, mediante computador, e impressas para exame por parte do analista.

A espectrografia de emissão é um eficaz meio de análise para detectar níveis de metais de desgaste. O significado dos valores de metais de desgaste varia com a marca e modelo do equipamento e com o tipo de serviço, incluindo ambiente de trabalho, intervalos de dreno e de troca de filtros, etc. As concentrações de metais são normalmente baixas e aumentam lentamente com períodos de operação mais longos. Um súbito aumento na concentração de qualquer elemento metálico, tal como cobre, chumbo ou ferro, que estão presentes nas partes lubrificadas do equipamento, sugere um aumento da taxa de desgaste e possivelmente condições anormais de operação.

A presença de silício associada com maior nível de metais de desgaste significa penetração de poeira ou outras sujidades no sistema. Combinações de certos elementos em traços, freqüentemente dão indícios dos componentes que estão sofrendo desgaste. Utilizando a literatura fornecida pelos fabricantes dos equipamentos e sua própria experiência, o analista pode freqüentemente detectar a evidência de uma falha incipiente e alertar o cliente antes de que ocorra um sério problema mecânico. Tendências em concentrações de metais, observadas em várias amostragens sucessivas do mesmo equipamento, são particularmente úteis para diagnosticar condições possivelmente adversas ou problemas operacionais.

Embora diversas formulações de modernos lubrificantes de cárter usem aditivos contendo boro, a presença de boro, usualmente junto com sódio, na análise espectrográfica também pode sugerir a presença de anticongelante, indicativa de vazamento de refrigerante à base de glicol. Um teste químico para etileno glicol é usualmente realizado para confirmar a presença do anticongelante. Glicol pode causar espessamento e formação de borra, podendo atacar certas ligas de mancais quando presente no óleo do cárter em níveis superiores a 0,1 porcento. Quando o glicol está presente nesse nível, o óleo deve ser drenado e encontrada e corrigida a causa da penetração do refrigerante.

IX.40 - ANÁLISE INFRAVERMELHO

Espectrometria infravermelho (IR, em inglês), é outra eficaz técnica de análise de óleo, que pode detectar contaminantes orgânicos, água e produtos da degradação do óleo em baixos níveis. IR proporciona um simples e rápido método para determinar: (1) tipo geral de lubrificante (parafínico ou naftênico), (2) presença e freqüentemente a quantidade de certos contaminantes, tais como álcoois, solventes polares e água livre (excetuando, normalmente, umidade dissolvida), (3) depleção ou degradação de aditivos, antioxidantes por exemplo e (4) presença de produtos da degradação do lubrificante, decorrente de oxidação ou nitração.

Na prática, geralmente emprega-se um espectrômetro IR de feixe duplo no método diferencial. O óleo usado é depositado numa célula na parte do instrumento correspondente à amostra, sendo o óleo de referência, sem uso, colocado na célula de referência. O instrumento traça a curva representativa da diferença entre a amostra e a referência, definindo claramente as regiões espectrais características dos contaminantes orgânicos ou dos produtos da degradação do óleo. Um processo mais recente de espectrometria infravermelho diferencial (DIR, em inglês) utiliza um analisador infravermelho "Fourier Transform" (FT/IR, em inglês), no qual a amostra é colocada numa célula de feixe único, sendo o espectro comparado com o de um óleo de referência armazenado em computador. A Figura IX.10 mostra foto da tela do FT/IR (no método de absorvência) durante análise DIR de um óleo (usado) de motor a gás. O uso do FT/IR assistido por computador é conveniente e oferece maior sensitividade.

Uma importante aplicação da análise DIR é nos testes de óleos de motores a gás natural[11]. Nesses motores o processo da combustão freqüentemente promove a fixação do nitrogênio, devido à combinação de nitrogênio e oxigênio do ar de combustão. A fixação do nitrogênio é mais severa nos motores a gás, de quatro-tempos e aspiração natural, com razões ar/combustível caracterizadas por 0,5 a 5,5 porcento de excesso de oxigênio medido no ar do escapamento. A reação desses compostos de nitrogênio fixado com os óleos lubrificantes forma substâncias ácidas, que finalmente tornam-se insolúveis no óleo, acelerando a formação de verniz e borra, produzindo oxidação adicional e espessamento do óleo.

A análise DIR é usada para quantificar os produtos da nitração, proporcionar uma base para recomendar correção de adversas condições operacionais do motor e sugerir uma troca da carga de óleo antes da formação de depósitos tornar-se um problema. Conhecendo os padrões DIR característicos de óleos usados de vários motores e mantendo um registro das variações das razões de absorvência, é freqüentemente possível detectar uma ou mais das seguintes condições:

1. Pontos quentes nos pistões e paredes de cilindros.
2. Altas temperaturas do óleo do cárter (possivelmente, deficiência de arrefecimento).

ANÁLISE RÁPIDA DE ÓLEO

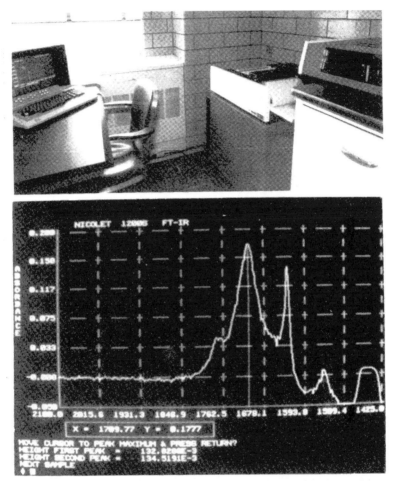

Figura IX.10 - Tela de um espectrômetro infravermelho diferencial mostrando absorvência versus número de ondas, para óleo (usado) de motor de gás. O espectrômetro é visto logo acima.

3. Razão ar/combustível inadequada.
4. Centelha fora de tempo.
5. Excessivo vazamento dos gases da combustão (blow-by).
6. Operação deficiente do sistema de ventilação do cárter.
7. Sobrecarga no motor.

A Figura IX.11 mostra uma típica curva DIR, do mais conhecido método de transmitância, revelando a evidência de nitração, oxidação, água e/ou contaminação por glicol.

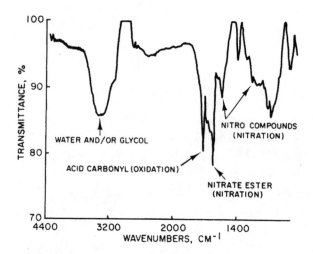

Figura IX.11 - Típica curva infravermelho diferencial, no método de transmitância.

IX.50 - ÍNDICE DE NEUTRALIZAÇÃO

Excetuando os óleos-de-motor de serviço severo (HD), que se caracterizam por apresentarem um relativamente alto grau de alcalinidade devido a seus aditivos, os óleos lubrificantes são essencialmente neutros em sua maioria. Ou seja, eles não contêm compostos ácidos nem alcalinos e são análogos às soluções aquosas cujo pH é 7. A rigor, um óleo lubrificante não pode ter pH porque este é definido em função da concentração de íons de hidrogênio de uma solução aquosa. Por conveniência, todavia, o pH é usado para indicar acidez ou alcalinidade de um óleo num solvente não-aquoso durante o ensaio de índice de neutralização. Valores de pH superiores a 7 significam alcalinidade e abaixo de 7 refletem acidez. A acidez pode resultar da degradação do óleo por oxidação, decorrente da ultrapassagem dos intervalos de serviço ou de operação anormal. pH inferior a 4 indica presença de ácidos fortes, provavelmente corrosivos.

Índice de neutralização é definido como os miligramas de hidróxido de potássio requeridos para neutralizar a acidez num grama de óleo. A alcalinidade de um óleo é a quantidade de ácido clorídrico, expressa em termos do equivalente número de miligramas de hidróxido de potássio, necessária para neutralizar um grama de óleo. A titulação (reação da dis-

ANÁLISE RÁPIDA DE ÓLEO 365

solvida amostra de óleo com uma solução padronizada de ácido ou base) é usada para determinar o índice de neutralização do óleo. Os resultados podem ser expressos em termos de índice ou número de basicidade total (TBN, em inglês), índice de acidez total (TAN) e índice de ácido forte (SAN). Os métodos comumente usados para determinar índices de neutralização de óleos incluem: ASTM D 664, que é uma titulação eletrométrica usando potenciômetro com registrador para determinação de TBN, TAN, SAN e pH inicial: ASTM D 974, titulação colorimétrica para determinar TAN; e ASTM D 2896, uma titulação eletrométrica para TBN usando como titulante ácido perclórico em ácido acético glacial.

TBN é uma medida dos componentes básicos ou alcalinos dos óleos de motor. A alcalinidade é dada ao óleo por meio de aditivos, sendo o nível alcalino dos óleos sem uso característico do tipo de serviço para o qual cada óleo é especificado. Óleos de motor para serviço moderado, como a operação de automóveis e caminhões leves, possuem níveis de alcalinidade relativamente baixos. Os óleos para motores de pesados equipamentos de construção têm níveis de alcalinidade numa faixa intermediária. Óleos indicados para prolongada operação sob severas condições, como por exemplo ocorre nos grandes motores diesel de baixa velocidade operando com óleo combustível de alto teor de enxofre, têm alta alcalinidade. A fim de evitar corrosão das partes do sistema em contato com o óleo, os óleos de motor devem ser substituídos quando seu TBN cair abaixo de determinado nível.

IX.60 - CONTAGEM DE PARTÍCULAS

Os modernos sistemas de turbinas, os sofisticados sistemas hidráulicos de máquinas-operatrizes automatizadas e os mais recentes sistemas circulatórios de máquinas de papel motivaram uma nova demanda aos laboratórios de análise de óleo. Detecção e medida quantitativa de matéria em partículas no lubrificante é de grande interesse, pois vários e importantes fabricantes de equipamentos recomendam filtração fina do óleo. Tais fabricantes recomendam a periódica determinação de contagem de partículas como parte dos programas de análises de óleo usado.

Há diversos instrumentos disponíveis para efetuar a contagem de partículas em óleos lubrificantes. O princípio de medida, ou é fotométrico, ou baseado na determinação da resistividade elétrica durante a passagem do óleo através de um pequeno orifício. No instrumento da Figura IX.12, amplamente usado, uma quantidade fixa da amostra de óleo é bombeada por pressão de ar através do orifício de medida, em vazão constan-

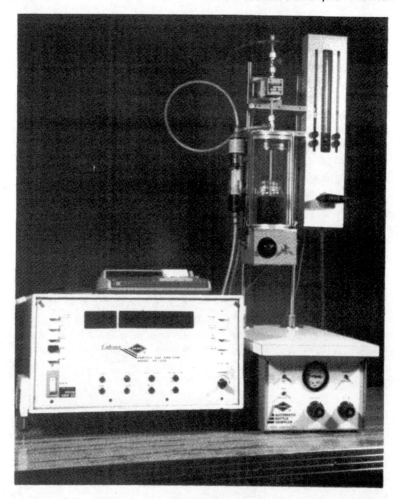

Figura IX.12 - A determinação da contagem de partículas é feita neste aparelho automático.

te, enquanto um colimado feixe de luz passa através do orifício em ângulos retos. O feixe de luz é atenuado pelas partículas antes de alcançar o detector fotodiodo, sendo a redução na intensidade da luz proporcional à área da partícula dividida pela área da janela do detector. Os resultados são lidos numa série de seis contadores eletrônicos, que acumularam os resultados durante o período de contagem. Tais resultados são então normalizados e expressos como o número de partículas (em cada uma das cinco faixas dimensionais) por 100 mililitros de amostra.

ANÁLISE RÁPIDA DE ÓLEO 367

O significado da determinação de uma contagem de partículas é estabelecido quando se comparam os valores correspondentes a um óleo usado, com o critério definido pelo fabricante do equipamento. As faixas de tamanho de partícula, em microns (micrômetros), freqüentemente usadas na definição da limpeza do óleo lubrificante são: 5 a 10, 10 a 25, 25 a 50, 50 a 100, e acima de 100.

SUMÁRIO

A análise rápida de óleo lubrificante usado pode ser um importante fator na implantação dos programas de manutenção preventiva para veículos, equipamentos industriais e outros. As amostras são coletadas dos equipamentos em operação, de acordo com um plano baseado em horas de operação ou quilômetros de serviço, ou ainda pelo calendário para unidades em operação contínua. As amostras devem ser prontamente enviadas ao laboratório e os testes completados oportunamente. No laboratório os especialistas selecionam os testes adequados, dentre os anteriormente descritos, com base no tipo e modelo do equipamento e nas condições de serviço. O encarregado ou o supervisor de manutenção deve ser alertado prontamente se a análise revelar uma condição capaz de acarretar avaria do equipamento, ou se for necessária imediata ação corretiva. Embora a análise rápida de óleo usado não possa revelar todos os problemas de mancais, engrenagens e de outros componentes do sistema, a experiência e inteligência na interpretação dos resultados dos testes podem contribuir significativamente para a eficácia do programa de manutenção preventiva.

REFERÊNCIAS

1. Steenbergen, J.E., "Comprehensive Lube Oil Analysis Programs: A Cost Effective Preventive Maintenance Tool", LUBRICATION ENGINEERING, 34, pp. 625-628, 1978.
2. Cashin, R.F., "Análises de Óleos de Turbinas e Motores Diesel Marítimos", LUBRIFICAÇÃO, Vol. 56, nº 3, 1970.
3. Snook, W.A., "Análises de Óleos Usados de Motores", LUBRIFICAÇÃO, Vol. 54, nº 9, 1968.
4. Tarbell, L.E., "Análise de Lubrificantes Usados de Compressores de Refrigeração", LUBRIFICAÇÃO, Vol. 57, nº 1, 1971.

TÉCNICAS DE MANUTENÇÃO PREDITIVA

5. Vail, O.D., "Análise de Óleo Usado de Compressor", LUBRIFICAÇÃO, Vol. 63, nº 3, 1977.
6. Young, C.H., "Análise de Óleos Hidráulicos Usados", LUBRIFICA-ÇÃO, Vol. 63, nº 4, 1977.
7. American Society for Testing and Materials, Philadelphia, PA, 1984.
8. Rein, S.W. "Viscosidade – I", LUBRIFICAÇÃO, Vol. 64, nº 1, 1978.
9. Rein, S.W., "Viscosidade – II", LUBRIFICAÇÃO, Vol. 64, nº 2, 1978.
10. Bauccio, M.L., "Efficient Analysis of Used Lubricating Oil Using Gas Chromatography", LUBRIFICATION ENGINEERING, 38, pp. 549-556, 1982.
11. "Motores a Gás"; LUBRIFICAÇÃO, Vol. 53, nº 1, 1967.

X.0 Espectro dos Sinais. Filtros e Analisadores

L.X.Nepomuceno

Já vimos que o método da medida do nível global das vibrações, embora constitua um procedimento excelente para evitar situações graves, o mesmo não permite um diagnóstico preciso para localizar e determinar qual a **origem** do nível excessivo de vibrações. Para que se tenha um diagnóstico, há necessidade de um detalhamento que o instrumental descrito até o presente não o permite.

As vibrações de um equipamento ou máquina qualquer raramente são constituídas por uma única vibração mas sim por um conjunto de vibrações, contendo várias freqüências, cada uma delas originada num determinado componente. Inclusive, no início do nosso estudo verificamos a relação que existe entre várias irregularidades e freqüências das vibrações em função da rotação do equipamento ou componente. A Figura VII.01 ilustra, de maneira bem simplificada, o que realmente se passa com o equipamento industrial. Tem-se ilustrados os casos seguintes:

a) Motor Elétrico girando livremente. A vibração que o mesmo apresenta é constituída por uma senóide, cuja freqüência coincide com a rotação do motor. Estamos admitindo que o rotor gira em mancais de bronze e sem atrito, assim como não existe hélice de ventilação. Espectro monocromático

b) Dois motores girando com velocidades na relação 1.3. Aparecerão duas freqüências, uma o triplo da outra e a freqüência resultante apresenta o aspecto ilustrado. Ambos os motores apresentam as mesmas características descritas em **a.** Espectro constituído por duas componentes, com amplitudes proporcionais à vibração isolada de cada motor.

c) Compressor a pistão comum. A forma de onda é a ilustrada e o espectro é constituído por várias harmônicas de ordem ímpar, com amplitude decrescentes.

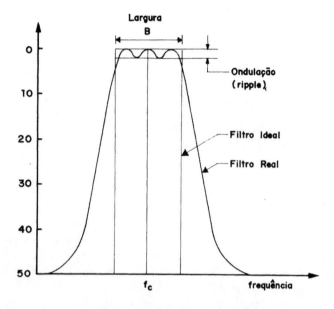

Figura X.01

d) Máquina genérica. A vibração apresenta um aspecto como o ilustrado na figura e o espectro apresenta-se como praticamente contínuo. Tal espectro é desenvolvido pela integral de Fourier, como será visto oportunamente.

Os espectros ilustrados mostram componentes individuais totalmente separadas das demais, ou seja, as freqüências são separadas Hertz por Hertz, não havendo proximidade entre as componentes. Cabe uma pergunta muito importante: Qual deve ser a separação entre as componentes de uma vibração genérica? Até que extensão devem ser separados os sinais provenientes das diferentes vibrações que constituem o nível global da vibração sendo observada? Tais questões têm uma única resposta possível: depende. Caso se trate de um equipamento simples como um motor elétrico ou ventilador, geralmente a medida do nível global é suficiente para detectar a irregularidade, uma vez que as componentes de interesse são muito poucas, geralmente ligadas à rotação do eixo. Caso se trate de um compressor, há necessidade de uma análise mais detalhada, um dispositivo que contenha conjunto de engrenagens, rolamentos de esfe-

ESPECTRO DOS SINAIS. FILTROS E ANALISADORES **371**

ras e de rolos, pistões e outros componentes que executam movimento alternativos, etc., exigem uma análise muito mais precisa. No caso de equipamentos acoplados em tandem, como um motor acoplado a um variador de velocidade, que está acoplado a um sistema de engrenagens (redutor ou multiplicador) que por sua vez está acoplado a um equipamento como soprador, laminador, etc., a análise deverá ser, evidentemente, muito mais precisa, havendo necessidade de muito maior resolução entre as diversas componentes do espectro. Dada a complexidade do assunto e as várias possibilidades existentes para executar a análise, convém que recordemos algumas noções elementares que constituem os fundamentos da análise dos sinais provenientes das vibrações.

X.10 - CONCEITOS FUNDAMENTAIS DA ANÁLISE DOS SINAIS

A análise do fenômeno é executada visando a obtenção do **espectro** das vibrações. O espectro nada mais é que uma representação gráfica, tendo a freqüência nas abcissas (escala linear ou logarítmica) e em ordenadas as amplitudes. A separação das várias componentes nas diversas freqüências contidas no fenômeno é executada através de um dispositivo denominado **filtro**, um dispositivo que, teoricamente, deixa passar um determinado número de freqüências e bloqueia todas as demais. Por exemplo, quando medimos o nível global, aparentemente não existe filtro. Entretanto, há um filtro que deixa passar todas as componentes dentro de uma certa faixa de passagem. A separação entre as freqüências mínima e máxima que o filtro deixa passar é denominada **largura de faixa**, definida pela expressão

$$B = f_2 - f_1$$

Visando maior conveniência, é definido internacionalmente uma freqüência denominada freqüência central, expressa pela relação

$$f_c = \sqrt{f_1 \cdot f_2}$$

ou seja, a freqüência central é igual a média geométrica das freqüências extremas do filtro.

Entretanto, não existem condições práticas de se construir um filtro que obedeça à curva ideal, quando as freqüências superior e inferior são estabelecidas mediante retas rigorosamente verticais, havendo sepa-

372 TÉCNICAS DE MANUTENÇÃO PREDITIVA

ração abrupta entre as componentes que atravessam e que não atravessam o filtro.

Nos casos práticos, reais, a passagem através dos filtros segue o contorno ilustrado na Fig. X.01, observando-se que aparece uma determinada "ondulação" (ripple) no topo, assim como os limites laterais, são inclinados e não verticais. Nesse caso, é importante saber que as especificações válidas internacionalmente estabelecem com bastante clareza e precisão, qual a ondulação máxima admissível, assim como qual o gradiente máximo das curvas que limitam a passagem lateralmente. A definição que foi dada para estabelecer a largura da faixa de passagem fica também prejudicada, uma vez que a passagem não mais é abrupta mas sim segue uma determinada curva diferente da reta. A definição mais comum para largura de faixa é a utilizada em Eletrônica, qual seja, a largura de faixa é definida como as freqüências de meia potência ou freqüências de -3 dB. Tais freqüências representam aquelas nas quais a atenuação do sinal pelo filtro representa uma atenuação de 3 dB em relação ao nível nominal de transmissão. A conveniência desta definição é que, nas freqüências de -3 dB, a transmissão nominal de potência cae à metade de seu valor, ou seja é reduzida pela metade. Uma outra definição é a "largura de faixa efetiva", baseada na potência de ruído transmitido pelo filtro. A largura efetiva é definida como a largura da faixa de passagem de um filtro ideal que transmite a mesma quantidade de energia que a especificada pelo filtro em consideração para uma entrada de ruído branco. Para efeitos práticos, a largura efetiva da faixa é determinada levando-se a um gráfico o quadrado da amplitude versus características em freqüência do filtro em escala linear e integrando a área compreendida entre esta característica e o eixo das abcissas. Tal área, dividida pela ordenada máxima fornece a largura efetiva da faixa.

Nos casos usuais são utilizados dois tipos de filtros o de largura de faixa constante e o de largura de faixa percentual ou proporcional. Tais denominações pertencem a uma série de filtros, existindo outros que apresentam características diferentes. Os filtros de largura constante cobrem a faixa de interesse num número de faixas cuja largura não é alterada em função da freqüência, por exemplo os filtros com largura de faixa de 20 Hz. Os filtros de largura proporcional ou percentual, apresentam uma largura de faixa que é percentualmente proporcional à freqüência central da faixa, como por exemplo,

$$B = n \cdot \frac{f_c}{100}$$

ESPECTRO DOS SINAIS. FILTROS E ANALISADORES 373

onde **n** é a largura da faixa em percentagem da freqüência central. Um filtro comumente utilizado apresenta uma largura de faixa percentualmente igual a 6% da freqüência central. Os filtros mais utilizados são os de oitava e de terça, que são filtros percentuais, definidos pelas expressões:

$$\text{Oitavas} \qquad f_2 = 2 \cdot f_1$$

$$\text{Terças} \qquad f_2 = 2^{1/3} \cdot d_1$$

Como a largura de faixa é definida por $B = (f_2 - f_1)$, ter-se-á para o filtro de terças,

$$B = f_1 (2_{1/3} - 1) = 0,26 \cdot f_1$$

e, pela definição da freqüência central,

$$f_c = \sqrt{f_1 \cdot f_2} = f_1 \sqrt{2^{1/3}} = f_1 \cdot 2^{1/6} = 1,122 \cdot f_1$$

ou,

$$B = 0,231 \cdot f_c$$

e a largura de faixa é igual a 23,1% da freqüência central. Analogamente, o filtro de oitavas é igual a 70,7% da freqüência central. A Figura X.02 ilustra as características dos filtros de oitavas e de terças fornecidos pela BRUEL & KJAER

Com o auxílio dos filtros obtem-se as amplitudes das diferentes freqüências, bastando então traçar o espectro amplitude versus freqüência. Aparece, no caso, uma dúvida ao observador inexperiente. Qual o método de análise mais adequado a determinado problema envolvendo vibrações? De um modo geral, quando a vibração contém componentes discretos em freqüência e o ambiente apresenta um nível de vibração de fundo elevado, a densidade espectral de potência é analisada de maneira mais adequada por meio de filtros de faixa constante e estreita. Quando a vibração apresenta uma distribuição espectral muito ampla e existem ressonâncias no sistema sendo estudado, a análise mais adequada é a executada com filtros de faixa percentual constante. Existem no comércio vários tipos de filtros com várias larguras de faixa, tanto para faixa constante quanto para faixas percentuais, o que torna a seleção uma questão de compromisso

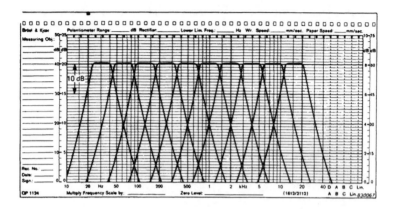

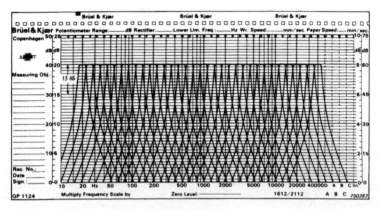

Figura X.02

entre a precisão exigida e o tempo que demandará a análise. Note-se que quanto mais estreita a faixa de passagem, tanto maior o tempo necessário para completar a análise. Como veremos adiante, a utilização de analisadores em tempo real e os a FFT (Fast Fourier Transform) reduzem bastante tal tempo de análise mas, por outro lado, a faixa dinâmica é um tanto inferior à possível com os demais tipos de analisadores. Existe a possibilidade de traçar o espectro utilizando a escala das abcissas com divisões lineares ou com divisão logarítmica. A escala linear é mais conveniente quando se pesquisam harmônicas de uma dada freqüência, mas nos demais casos o uso da escala logarítmica é mais vantajosa. Quando a análise é executada

ESPECTRO DOS SINAIS. FILTROS E ANALISADORES

com largura de faixa percentual, a escala utilizada é sempre a logarítmica. O importante no espectro é que se tenha uma visão tão facilitada quanto possível para o fenômeno que estamos estudando. Tal minúcia visual pode ser avaliada através dos gráficos da figura X.03, que ilustram a representação do espectro utilizando filtros de faixa constante e de faixa percentual, em escalas horizontais lineares e logarítmicas. Em qualquer hipótese, os manuais de instrução referentes a cada instrumento são geralmente completos e minuciosos, fornecendo detalhes e instruções bastante úteis. Normalmente, quando se utilizam filtros de oitavas e de terças, os espectros são traçados manualmente pelo pequeno número de pontos a traçar. Entretanto, quando se trata de uma análise cobrindo ampla faixa e na qual são necessários detalhes maiores que os fornecidos por tais filtros, o traçado é feito ou através de registrador de sinais, que traça o gráfico, ou através de análise rápida, onde o espectro é descrito numa tela de tubo de raios catódicos. Nesses casos, o registro é feito através de fotografias da tela. Posteriormente voltaremos ao assunto de registro dos níveis e traçado mecânico ou optico dos espectros.

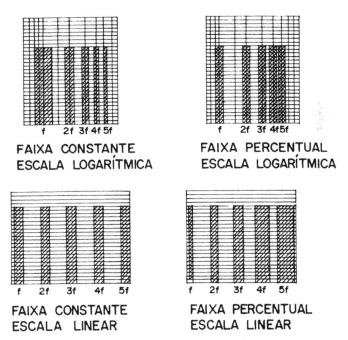

Figura X.03

TÉCNICAS DE MANUTENÇÃO PREDITIVA

Existe, com relação aos termos usados sobre os filtros, alguns fatos bastante importantes, que passaremos a expor. O filtro ideal seria um dispositivo que deixa passar, sem diminuir a amplitude, de todos os componentes contidos no interior de sua faixa de passagem, ou seja, fator de amplificação = 1. Além disso, todos os componentes fora de sua faixa de passagem deveriam ser total e completamente atenuados, ou seja, fator de amplificação = O. Para tal filtro, como vimos, a largura de faixa é definida pela expressão

$$B = f_2 - f_1$$

e a freqüência central por

$$f_c = \sqrt{f_1 \cdot f_2}$$

Portanto, um filtro qualquer é especificado totalmente através da fixação das freqüências extremas, f_1 e f_2 ou pela sua faixa de passagem e freqüência central. Entretanto, existe uma outra interpretação para o termo "faixa de passagem" ou "largura da faixa", qual seja, a largura da faixa indica o grau de incerteza que se tem na medida executada, no que diz respeito à freqüência. Para um filtro ideal tal incerteza é a largura da faixa B, já que uma única componente de freqüência no interior da faixa dá origem ao mesmo resultado na saída do filtro seja nas proximidades de f_1 seja na de f_2. Como há necessidade de registrar o fenômeno, o período disponível de t segundos não é de assimilação tão simples. Suponhamos, por hipótese que tem-se de medir a freqüência de um fenômeno senoidal de freqüência desconhecida e que, para isso, dispõe-se de somente t segundos. Podemos utilizar o procedimento elementar de contar os picos positivos da senoide. Caso seja contado no tempo t somente um pico, a freqüência do fenômeno será de f = 1/t Hz. Caso sejam contados 2 picos, a freqüência será de f = 2/t Hz; 3 picos será f = 3/t Hz, etc. Como dispomos de um tempo limitado para a execução da medida, torna-se inviável medir uma senoide de freqüência f no tempo t sem a introdução de um erro 1/t. Em outras palavras, para medir um fenômeno de freqüência f = 1/T, há necessidade de um filtro cuja faixa de passagem seja de no mínimo

$$B = \frac{1}{T} \; Hz$$

ESPECTRO DOS SINAIS. FILTROS E ANALISADORES

Para o registro utilizando um filtro de largura de faixa B Hz, há necessidade de um tempo de registro de no mínimo 1/B segundos, de modo que o próprio analisador é que determinará a largura da faixa dos resultados obtidos. Normalmente o tempo de resposta de um filtro de largura de faixa B é aproximadamente 1/B e tal tempo é o mínimo que deve transcorrer para a obtenção de resultados válidos. Tal relacionamento entre as variáveis pode ser escrito como

$$B \cdot t \geqslant 1$$

como o mínimo absoluto para a exigência relacionado a largura de faixa e o tempo de registro. Podemos escrever a equação acima sob a forma

$$\frac{B}{f} \cdot f \cdot t \geqslant 1$$

ou

$$b \cdot n \geqslant 1$$

onde b é a largura de faixa relativa na freqüência f e $n = ft$ = número de períodos da freqüência f no intervalo de tempo t. Para uma largura de faixa b = 1%, n deve ser de no mínimo 100 períodos.

Voltando ao assunto da escolha entre os dois tipos básicos de filtro, o de faixa constante e o de faixa percentual, a figura X.04 compara as duas alternativas mostrando a diferença fundamental existente entre ambos. Os filtros de largura de faixa constante apresentam uma resolução uniforme numa escala de freqüência linear e tal fato dá origem, por exemplo, a uma resolução idêntica e mesma separação dos componentes relacionados harmonicamente, facilitando a deteção dos espectros que apresentam configuração harmônica. No entanto a escala linear em freqüência restringe-se a uma faixa de freqüências no máximo de duas décadas, como ilustra a figura X.04

Quando a análise é executada com filtros de faixa percentual, ao contrário dos filtros de faixa constante, obtem-se uma resolução uniforme em escala logarítmica e, por tal motivo, a escala de freqüência pode ser utilizada numa faixa de três ou mais décadas. Além do mais, os filtros de faixa percentual correspondem a dispositivos de Q (fator de qualidade) constante e por isso é um método lógico e eficiente para analisar espectros dominados por ressonâncias estruturais. Há, ainda, outros motivos para o

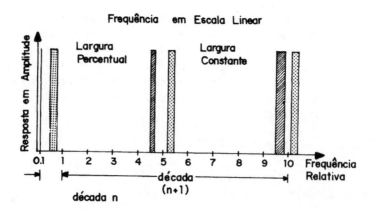

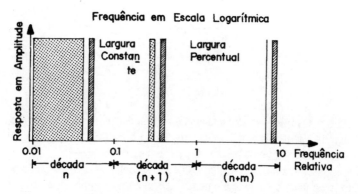

Figura X.04

uso da escala logarítmica em freqüência, mesmo quando não estão sendo utilizados com faixa percentual, como os seguintes:
  i) Várias relações podem ser apreciadas de maneira mais fácil e rápida quando as medições são apresentadas em escalas log-log. Exemplificando, a integração dá origem a uma queda de 20 dB/década e, com isso, a representação das velocidades ou deslocamentos constantes constituem retas num diagrama aceleração versus freqüência.
  ii) As pequenas variações na velocidade de operação de um equipamento genérico aparecem tão somente como um deslocamento lateral do espectro, o que facilita e simplifica a comparação direta entre espectros.

ESPECTRO DOS SINAIS. FILTROS E ANALISADORES 379

As vibrações são, através dos transdutores, transformadas em sinais elétricos e tais sinais são processados e analisados por dispositivos especiais denominados analisadores. Já vimos o como funcionam os filtros de oitava e de terças, que sub-dividem as componentes do sinal nas faixas de freqüências correspondentes. Os sinais detetados podem ser de duas naturezas distintas, dependendo do fenômeno sendo observado. Quando o sinal pode ser descrito total e explicitamente por uma função matemática qualquer, o mesmo é denominado **sinal determinístico**. Tal fato implica que as amplitudes de todas as componentes são constantes e tal sinal, quando levado a um filtro, desde que obviamente o sinal esteja dentro da faixa de passagem do mesmo, a saída dará origem a um sinal proporcional à energia fornecida pelo próprio fenômeno, no caso a vibração. Por tal motivo os sinais determinísticos são mais fáceis de analisar que quaisquer outros sinais. Na análise sequencial de um sinal determinístico genérico, os filtros são substituídos um após outro até cobrir toda a faixa de freqüências de interesse ao caso, fornecendo cada filtro uma leitura correspondente à sua largura de faixa. Caso a largura de faixa seja B, haverá necessidade de esperar, em cada faixa, o tempo $t = 1/B$ para que o filtro forneça a resposta total correspondente a toda a energia que pode atravessar a faixa. Após o sinal ter sido maximizado e como o sinal é constante (determinístico), o filtro cumpriu sua função e pode ser substituído pelo referente a faixa seguinte. Cada medição é completada em $t = 1/B$ segundos, desde que, em cada faixa, exista um único componente. Caso existam vários componentes dentro da faixa, o tempo de análise pode ser prolongado. Caso a faixa total da análise cubra as freqüências de f_1 a f_2, o número total de medições necessário tornar-se-á igual a $(f_1 - f_2)/B$, perfazendo o total de

$$t = \frac{(f_2 - f_1)}{B} \cdot \frac{1}{B} = \frac{(f_2 - f_1)}{B^2} \quad \text{segundos}$$

Esta expressão indica o tempo mínimo necessário para executar a análise com o uso de um filtro ideal. Quando se trata de filtros reais, que é o único de existência prática, tal tempo de análise é prolongado. É interessante observar que o tempo de análise obedece a uma dependência proporcional ao inverso do quadrado. Então, caso a faixa de passagem do filtro seja reduzida por um fator 10, o tempo mínimo para a análise é multiplicado por um fator 100.

Ao contrário dos sinais determinísticos, que apresentam componentes discretos e de amplitude constante, existem sinais nos quais a

TÉCNICAS DE MANUTENÇÃO PREDITIVA

potência apresenta flutuações, tornando inviável a descrição do sinal através de uma expressão funcional matemática. Tais sinais são denominados sinais **randômicos** ou sinais **estocásticos**, e para descrever as funções randômicas há necessidade de tomar como base uma verificação estatística. Com isso, tais sinais apresentam grande complexidade para sua análise, pela necessidade de introduzir estatística durante a análise. Enquanto que os sinais determinísticos permitem estimar a potência no interior da faixa de freqüências B durante o tempo 1/B, no caso de sinais randômicos a potência flutua com o tempo, e assim sendo, a estimativa da potência é válida somente para o ponto em questão a num dado instante. Num tempo diferente obter-se-á uma potência diferente, embora válida. Com isso, é fácil observar que a análise apresenta uma dependência apreciável em função do tempo. Tal dependência pode, com vantagem, ser eliminada. O tempo adicional para a medição através de um sistema de análise introduz grandes dificuldades de interpretação dos resultados. Existe, no entanto, uma grande classe de sinais randômicos cujas propriedades estatísticas independem do tempo em que são medidos, sinais esses denominados **estacionários** ou sinais de **regime**. Existe, por outro lado, uma classe de sinais que são denominados **não-estacionários**, como a fala por exemplo, cuja análise e interpretação constitue um capítulo separado do estudo da análise dos sinais.

Pelo exposto até o presente, a saída de um filtro tem a mesma energia (ou potência) dos vetores aplicados à entrada. O filtro é então utilizado para separar as componentes constituintes do sinal e contidas em sua faixa de passagem, podendo a saída do filtro ser levada a um detetor. Através de detetor, o sinal alternativo AC é elevado ao quadrado e tomada a média para que seja obtido o valor médio quadrático, rms. Então a saída corresponde a um sinal contínuo DC, proporcional à soma das potências dos componentes contidos no interior da faixa de passagem do filtro. Quando se executa a análise em freqüência, este nível do sinal de saída é registrado como o conteúdo de potência do sinal, no dado instante, no interior da faixa, como se fosse um único componente cuja freqüência é igual à freqüência central do filtro na faixa de passagem em questão. Alternativamente, é possível utilizar a raiz quadrada e registrá-la como o valor rms deste componente, independentemente de um detetor.

O procedimento acima dá origem a fixação de um ponto na curva que representa a análise em freqüência e, obviamente, numa análise completa existirão muitos outros pontos obtidos de maneira análoga. Há possibilidade de dois processos para a obtenção do espectro:

ESPECTRO DOS SINAIS. FILTROS E ANALISADORES   **381**

i) Processo sequencial de análise (processo em série ou sequencial)

ii) Processo de análise em tempo real (processo em paralelo)

No processo sequencial, é medido somente um ponto no domínio das freqüências de cada vez. Após a medida, o filtro é desligado e/ou levado a um segundo filtro com uma freqüência central diferente que por sua vez é substituído após a leitura e registro do valor observado e assim sucessivamente até cobrir toda a faixa de interesse. No processo paralelo, ou tempo real, todos os pontos são medidos simultaneamente em paralelo. Verificaremos no momento a análise sequencial e oportunamente verificaremos a análise em paralelo.

Consideraremos na análise sequencial somente os sinais estacionários, ou seja, aqueles cujas amplitudes não variam com o tempo. Dentre eles estão incluídos não somente os sinais determinísticos (que podem ser descritos total e completamente por funções matemáticas definidas) mas também os sinais estacionários e determinísticos podem ser admitidos como constituídos inteiramente por componentes senoidais discretas e de freqüências diferentes. Quando todas as freqüências se apresentam como múltiplos inteiros de uma freqüência f_m denominada **freqüência fundamental**, os sinais são denominados **harmonicamente relacionados,** neste caso, o próprio sinal será periódico e repetir-se-á a cada período correspondente à freqüência fundamental. Caso as componentes não sejam harmonicamente relacionadas, o sinal é comumente denominado sinal quasi-periódico (ou anharmônico). A Figura X.05 ilustra o espectro de ambos os tipos de sinais.

Os sinais randômicos apresentam um espectro em freqüência que não se concentra em freqüências discretas mas sim é distribuído continuamente em função da freqüência. Nesse caso, a análise num dado tempo refere-se a um trecho do fenômeno. Voltaremos oportunamente ao assunto. A Figura X.06 ilustra um sinal tipicamente randômico, em seu espectro de freqüência.

Na tomada da média de um sinal, é necessário, nos casos práticos, que seja obedecida com a máxima proximidade a equação

$$T = \frac{1}{T_a} \int_0^{T_a} x(t) \, dt$$

onde $x(t)$ é a função cuja média é tomada durante o tempo T_a. O processo mais lógico seria a integração contínua mas, por outro lado, é possível rea-

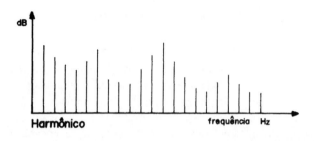

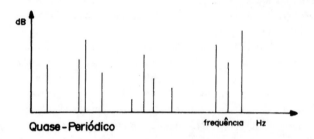

Figura X.05

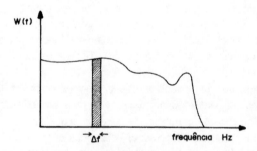

Figura X.06

lizar a média pela integração de amostras, desde que as amostras sejam recolhidas a intervalos corretos, com o que não é perdida informação alguma, obtendo-se o mesmo resultado que aquele que seria obtido com a integração contínua. O processo de amostras é representado pela expressão

$$T = \frac{1}{n} \sum_{i=1}^{i=n} x_i$$

Este processo é utilizado frequentemente para obter a média espectral em sistemas digitais. A Figura X.07 ilustra o processo, no qual o espectro inteiro é obtido no tempo 1/B para cada intervalo, onde é B a largura de faixa de passagem de cada filtro. Todas as informações do espectro durante o tempo no qual o sinal está contido no interior da faixa de passagem são levadas a um sistema digital que extrae a média e fornece o resultado.

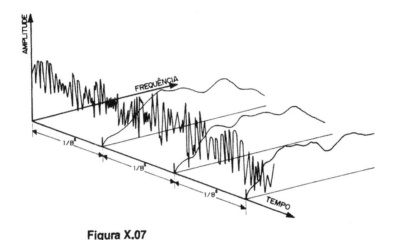

Figura X.07

Lembrando que o tempo necessário para analisar um sinal determinístico num filtro ideal de faixa de passagem igual a B Hz, para obter a análise de f_1 a f_2 é dado por

$$t = \frac{(f_2 - f_1)}{B^2}.$$

cabe a pergunta. Qual o tempo para analisar um sinal randômico? Em cada medição, há necessidade de $(f_2 - f_1)/B$ segundos do mínimo. Entretanto, como há necessidade de obter a média, será gasto um tempo superior a 1/B segundos. Considerando o erro estatístico introduzido na medição de um sinal randômico ϵ, como dado por uma expressão do tipo

$$\epsilon = \frac{1}{2\sqrt{B \cdot T_a}}$$

TÉCNICAS DE MANUTENÇÃO PREDITIVA

uma análise com um erro relativo e exigirá uma duração para cada medição de

$$T_a = \frac{1}{4 \cdot B \cdot \epsilon^2}$$

e o tempo necessário para analisar o fenômeno inteiro será de

$$t = \frac{(f_2 - f_1)}{4 \cdot B^2 \cdot \epsilon^2} \quad \text{segundos}$$

A expressão acima mostra que para analisar um sinal randômico, o tempo dispendido é muito superior àquele necessário para analisar um sinal determinístico. Caso o erro relativo ϵ deva se situar em 10%, ou seja, deve haver uma probabilidade de 68% para cada ponto medido estar dentro de 10% do valor médio, o tempo para completar a análise será 25 vezes superior para a análise completa de um sinal determinístico utilizando a mesma faixa e largura do filtro.

Como os sinais randômicos não apresentam a sua energia concentrada em freqüências discretas mas sim distribuídas numa faixa de freqüências, a quantidade de energia transmitida dependerá da largura de faixa do filtro, sendo aproximadamente proporcional para faixas bem estreitas. O nível espectral pode ser normalizado, dividindo-se a potência medida pela largura da faixa de passagem, obtendo-se uma grandeza denominada **densidade espectral de potência**, em unidades de (potência/Hz), como por exemplo V^2/Hz, g/Hz, etc. Quando se trata de sinais determinísticos, a apresentação em termos de densidade espectral de potência não tem muito sentido, uma vez que o processo tem por si mesmo uma largura de faixa infinitamente estreita e portanto uma densidade espectral infinitamente ampla. Quando num dado sinal estiverem presentes sinas senoidais e randômicos, o observador deve estar a par que a largura da faixa de passagem tem de ser levada em consideração quando comparando os níveis respectivos. Isto porque as componentes senoidais dão origem à mesma saída, independentemente da largura da faixa de passagem do filtro, enquanto que as componentes randômicas fornecem uma saída que depende da faixa de passagem. Tal característica é utilizada comumente para detetar sinais senoidais mascarados por vibrações cobrindo faixa ampla de freqüências, substituindo os filtros por outros com faixa de passagem cada vez mais estreita. O espectro de potência (não a densidade espectral de potência) dos componentes randômicos cae com o estreitamento da faixa

ESPECTRO DOS SINAIS. FILTROS E ANALISADORES **385**

de passagem, enquanto que os componentes senoidais permanecem com a amplitude constante.

X.20 - ANALISADORES USUAIS. ANÁLISE SEQUENCIAL

Já foi visto que a manutenção preditiva pela obsevação do nível global de vibração apresenta enormes vantagens mas, por outro lado, não permite estabelecer um diagnóstico. Com tal procedimento, sabe-se que há alguma coisa irregular mas não temos informações de **o que** e a causa ou origem da irregularidade permanece desconhecida. Para que seja possível estabelecer um diagnóstico preciso, há necessidade de várias outras informações inviáveis pela simples medida e observação do nível global. Visando obter maiores informações, substitue-se a medida do nível global, que cobre a faixa de vibrações eventualmente presente, por dispositivos que deixam passar determinadas componentes contidas numa faixa de freqüências, bloqueando todas as demais. Tais dispositivos são denominados filtros ou analisadores, dependendo do caso e à sua descrição foi feita em X.0 que acabamos de terminar. Dentre os vários filtros existentes: faixa constante, faixa proporcional (ou percentual) etc., interessa-nos no momento os tipos mais simples, normalmente aptos a diagnosticar cerca de 95% dos problemas de manutenção preventiva, dependendo do tipo de máquina, equipamento ou dispositivo cuja manutenção se pretende. Os casos mais complexos, envolvendo máquinas e equipamentos importantes, seja pelo custo seja pela importância à instalação, exigem analisadores bem mais complexos, assim como pessoal altamente especializado, serão estudados posteriormente.

Os filtros mais comuns são os que realizam a análise em faixas de freqüências de uma oitava, meia-oitava ou terça-de-oitava. Tais filtros são padronizados e as freqüências centrais devem estar de conformidade com as especificações estabelecidas pela ISO através da recomendação ISO R-266. Nessa especificação estão descritas as freqüências centrais dos filtros sequenciais de oitava, meia-oitava e terço-de-oitava. Observe-se que no caso dos filtros de uma e de meia oitava as freqüências centrais são designadas pelo seu valor, nos filtros de terças, a designação é numérica. Tal número é igual a dez vezes o logarítmo de Briggs da freqüência central. Por exemplo, à freqüência central corresponde a faixa n° 30 é de 1000 Hz, já que log 100 = 3. Analogamente, à faixa n° 29,5 corresponde a freqüência central de 900 Hz, a n° 41 a freqüência central de 11,2 kHz etc. Abaixo está reproduzida a tabela da especificação mencionada.

Frequência Preferida	Banda Nº	1	1/2	1/3
16	12	X	X	X
18	12,5			
20	13			X
22,4	13,5		X	
25	14			X
28	14,5			
31,5	15	X	X	X
35,5	15,5			
40	16			X
45	16,5		X	
50	17			X
56	17,5			
63	18	X	X	X
71	18,5			
80	19			X
90	19,5		X	
100	20			X
112	20,5			
125	21	X	X	X
140	21,5			
160	22			X
180	22,5		X	
200	23			X
224	23,5			
250	24	X	X	X
280	24,5			
315	25			X
355	25,5		X	
400	26			X
450	26,5			
500	27	X	X	X
560	27,5			
630	28			X
710	28,5		X	
800	29			X
900	29,5			
1000	30	X	X	X
1120	30,5			
1250	31			X
1400	31,5		X	
1600	32			X
1800	32,5			
2000	33	X	X	X
2240	33,5			
2500	34			X
2800	34,5		X	
3150	35			X
3550	35,5			
4000	36	X	X	X
4500	36,5			
5000	37			X
5600	37,5		X	
6300	38			X
7100	38,5			
8000	39	X	X	X
9000	39,5			
10000	40			X
11200	40,5		X	
12500	41			X
14000	41,5			
16000	42	X	X	X

Figura X.08

Pelo visto até o presente, não é difícil verificar que, quanto mais estreita for a faixa de passagem do filtro, maior será a quantidade de informações que se obtém. Evidentemente, tais informações referem-se às freqüências presentes e a amplitude de cada componente e, com tais dados, não é difícil calcular a energia envolvida em cada uma dessas componentes. A figura X.09 ilustra o espectro de um mesmo sinal, nas condições:

– Nível Global de Vibração.
– Análise em faixas de Oitavas.
– Análise em faixas de terças.
– Análise em faixa percentual, estreita, 4% da f_C.
– Análise em faixa constante, com largura de 2 Hz.

As informações que são obtidas com cada tipo de filtro são por demais evidentes para serem explanadas. Além do mais, existem os sistemas digitais, cuja separação pode ser inferior a 1 Hz, e que exige computadores e contadores de pulsos para poderem ser efetivos. Não cuidaremos deste assunto no momento, já que verificaremos os processos mais simples de medição e análise.

A análise ou medição mais simples é a medida do nível global da vibração, onde a medida abrange todas as freqüências compreendidas na faixa de passagem do medidor. A medida mais simples a seguir consiste

ESPECTRO DOS SINAIS. FILTROS E ANALISADORES 387

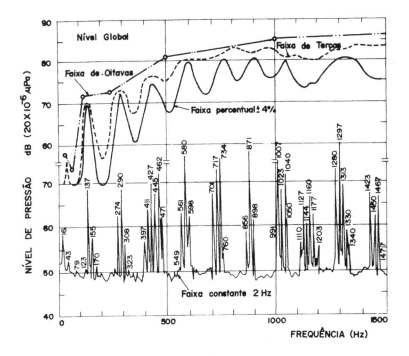

Figura X.09

na análise em faixas de oitavas. Nesta análise, o total das freqüências é dividido em faixas de uma oitava cada uma, iniciando-se em 16 Hz e comumente interrompendo a série a 8 kHz para a medida de barulho e prosseguindo até 16 kHz ou 31,5 kHz no caso de análise de vibrações. A análise é executada em dispositivos denominados filtros de oitavas e a saída do filtro dá o valor das componentes contidas no interior da faixa escolhida. Normalmente as faixas são escolhidas através de um botão que permite a mudança da faixa de maneira simples e manual. Os valores são então levados a papel log-lin obtendo-se o espectro das amplitudes nas diferentes faixas, tendo em abcissas a freqüência e em ordenadas a grandeza, geralmente expressa em dB. A Figura X.10 ilustra um filtro de oitavas, de fabricação BRUEL & KJAER, modelo 1624, que cobre a faixa de 22,4 a 45 kHz.

Depois da análise em oitavas, o mais simples seria o filtro de meia-oitava. Entretanto, tal filtro caiu em obsolescência, não sendo utilizado há vários anos. Por tal motivo, não perderemos tempo descrevendo-o. Para

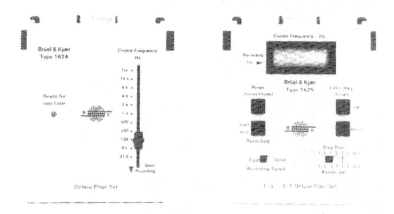

Figura X.10

todos os efeitos, o filtro mais simples depois do filtro de oitavas é o filtro de terças. Tais filtros são operados manualmente na maioria dos casos, embora existam dispositivos automáticos que executam a passagem de um filtro ao seguinte mecanicamente. A Fig. X.10 ilustra filtro de terças portátil, de fabricação BRUEL & KJAER, modelo 1625 que cobre a faixa entre 16 Hz e 50 kHz através das freqüências centrais de 20 Hz a 40 kHz. Dada a atenuação observada com vários sinais, o filtro ilustrado possui um amplificador de ganho unitário, que não introduz distorção no sinal medido e permite que seja coberta toda a faixa de freqüências mencionada.

Após a análise em filtros de terças, a análise mais simples é a que se obtem com filtro de faixa percentual constante. A Figura X.11 ilustra um filtro sintonizável, de fabricação BRUEL & KJAER modelo 1621, apto a cobrir a faixa de 0,2 Hz a 20 kHz em cinco sub-faixas. O filtro possui seletividade em duas posições, que são utilizadas de conformidade com as necessidades e o problema sendo estudado. Tais seletividades corresponde às larguras de faixas de 6% e uma segunda de 15%, bem mais ampla.

Existem, por outro lado, inúmeros tipos de filtros produzidos pelos mais diversos fabricantes, desde portáteis a filtros complexos e acoplados a sistemas de computação. Seja como fôr, o filtro, tem por finalidade analisar os sinais, decompondo-o em diversas componentes, fornecendo as amplitudes a cada freqüência indicada pela largura da faixa de passagem que apresenta. Entretanto, o filtro isoladamente nada representa, uma vez que a sua função é analisar sinais, e nessas condições deve haver um dispositivo qualquer que forneça os sinais a ser analisados. De maneira

ESPECTRO DOS SINAIS. FILTROS E ANALISADORES 389

Figura X.11

esquemática, um sistema de análise funciona segundo a Fig. X.12. O sinal mecânico é captado pelo transdutor que envia o sinal elétrico a um pré-amplificador/amplificador, cuja saída é levada ao filtro, cuja saída coincide com o sinal mecânico na freqüência em consideração e abrangendo a faixa de passagem admitida pelo filtro. A saída do filtro é então lida num dispositivo adequado, que nos instrumentos portáteis consiste num mostrador a ponteiro.

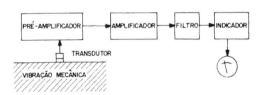

Figura X.12

Geralmente os fabricantes de instrumentos para medida e análise de vibrações fabricam também medidores e analisadores de barulho. O instrumental eletrônico é praticamente o mesmo e a substituição do microfone por um transdutor não representa problema, bastando, se for o caso, acrescentar um controle para acoplamento/casamento de impedâncias. As figuras seguintes ilustram um medidor de nível de som com um integrador substituindo o microfone, com filtro acoplado e as várias possibilidades de medição e análise de vibrações, dependendo do equipamento que a instalação tem à disposição.

Pelas figuras observa-se que as possibilidades de análise são amplas e dependem essencialmente do problema que se pretende estudar, até que ponto a precisão da análise é necessária e qual a experiência e o "know how" que a equipe que executará o programa de manutenção preventiva possue. Seria um contrasenso estabelecer um programa de manutenção preventiva adquirindo equipamento preciso e sofisticado, geralmente bastante oneroso, sem possuir equipe suficientemente experimentada e utilizando tais equipamentos para fazer diagnósticos que podem ser feitos com instrumentos simples, relativamente pouco dispendioso e que exige pessoal com preparo técnico bom, porém desprovido de especialização e longa experiência no assunto.

A Figura X.13 mostra a versatilidade e as amplas facilidades que existem no estabelecimento de um programa de manutenção preventiva em base ao estado dos componentes, determinado através do espectro das vibrações. As combinações ilustradas servem tão somente como "gambiarras" para verificações simples e que não exigem os detalhes constantes da tecnologia atual e são ilustrados para que se tenha uma idéia de como o processo funcionava no passado. Valem as considerações feitas em VIII.30.

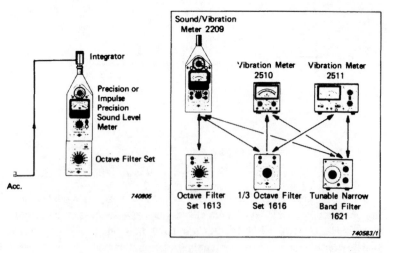

Figura X.13

ESPECTRO DOS SINAIS. FILTROS E ANALISADORES

Verificaremos agora um problema crucial, qual seja a manutenção de um registro que permita uma comparação da evolução de uma irregularidade qualquer em função do tempo de operação da máquina ou equipamento que se pretende em condições ótimas.

Normalmente o espectro de oitava é traçado manualmente em papel adequado a tal finalidade, o mesmo se passando quando a análise é em faixas de terças. Existem no mercado registradores gráficos que podem ser acoplados aos filtros e que, mediante uma sincronização adequada fornece o traçado do espectro imediatamente, no local e na hora. Tais registradores são extremamente vantajosos mas, nos casos gerais o seu uso é dispensável, bastando o registro em fichas adequadas, e eventualmente o traçado manual da evolução da amplitude da grandeza sendo analisada. A figura seguinte ilustra uma ficha para registro dos níveis de vibração em função da freqüência, comumente fornecida pelos fabricantes de instru-

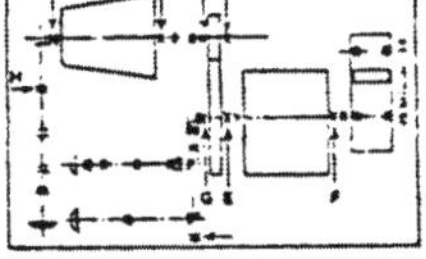

Figura X.14 - Ficha de controle, desenvolvida e apresentada pela VIBRAMETRICS para um grupo industrial. A ficha é complicada e é aplicada num equipamento particular.

mentos de medida e análise de vibrações. As figuras seguintes ilustram alguns instrumentos destinados a medida, análise e registro das vibrações e a seguir os espectros de oitavas e de terça de oitavas de vibrações em equipamentos indusrtriais comuns.

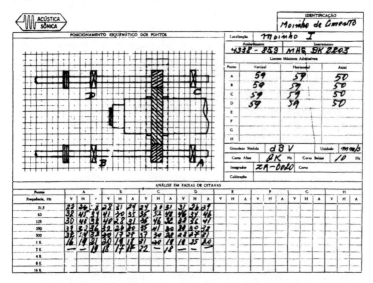

Figura X.15 - Ficha desenvolvida e apresentada pela ACÚSTICA & SÔNICA e destinada ao controle de manutenção de moinho e cimento. Foi utilizada a análise em faixas de oitavas por ser esse o equipamento que o interessado possuia. Os resultados foram excelentes e o instrumental está sendo usado desde 1975, utilizando a análise de oitavas e predizendo as falhas com antecedência de 45 dias para alguns componentes e 20 dias para outros.

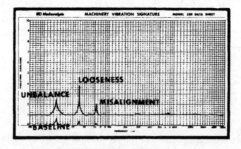

Figura X.16 - Espectro traçado por instrumento IRD MECHANALYSIS modelo 820, ilustrado à página seguinte.

ESPECTRO DOS SINAIS. FILTROS E ANALISADORES   393

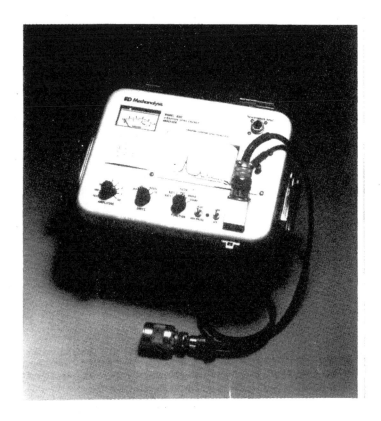

Características:

Faixa de freqüências	600 a 600.000 rpm
	10 A 10 kHz
Faixa de Amplitudes	0-1000 mils - 0-3000 μ m
Velocidade	0-3000 μ m/s
Aceleração	0-100 g pico-a-pico

Opera com alimentação da rede, 115 v 60 Hz ou baterias.
Possue retificador interno que quando ligado a linha carrega automaticamente as baterias.

Figura X.17 - Instrumento de medição, análise e registro da IRD MECHANALYSIS modelo 820, com o qual foi traçado o espectro ilustrado anteriormente.

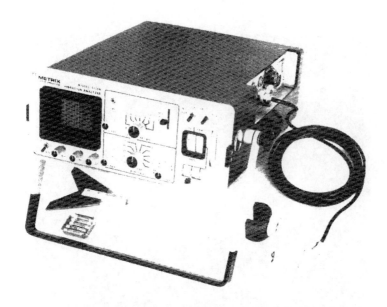

Figura X.18 - Analisador/Medidor de vibrações METRIX, robusto e totalmente portátil. Apto a medir e analisar a amplitude e a freqüência do deslocamento, velocidade e aceleração dentro da faixa de freqüências correspondente a 300/100.000 rpm ou seja, 5 Hz a 1600 Hz. Fornecido para verificar especificamente equipamentos novos, pesquisando se o mesmo satisfaz ou não as especificações referentes a tais dipositivos.

     O detalhe deste instrumento é que o mesmo possui um osciloscópio incorporado, que permite observar a forma de onda do sinal mecânico e, com isso verificar se há não-linearidades devido ao filme de óleo.
     O osciloscópio permite ainda obter figuras de Lissajous, com o que o inspetor/encarregado poderá conseguir informações interessantes, como será visto adiante.
     Totalmente portátil, operando a baterias recarregáveis. Possue retificador interno que carrega as baterias quando ligado à linha de força. Satisfaz a todas as especificações e normas estabelecidas pelas Sociedades Profissionais reconhecidas em âmbito internacional.

ESPECTRO DOS SINAIS. FILTROS E ANALISADORES 395

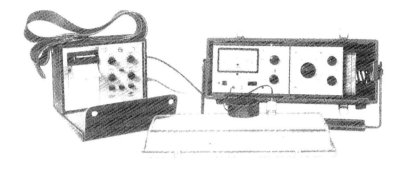

Figura X.19 - Conjunto portátil BRUEL & KJAER, constituído pelo Medidor de Vibrações modelo 2511, filtro sintonizável modelo 1621 e registrador gráfico 2306. O conjunto executa medição e análise de vibrações com as seguintes características:

Faixa Coberta:

    Aceleração 0,5 Hz a 15 kHz 0,002 a 100 m/s^2
    Velocidade 1 Hz a 15 kHz 0,02 a 1000 mm/s
    Deslocamento 1 Hz a 2,5 kHz 0,0003 a 10 mm

Totalmente portátil, operando a baterias recarregáveis. Possue retificador interno que carrega as baterias quando ligado à linha de força. Satisfaz a todas as especificações e normas estabelecidas pelas Sociedades Profissionais reconhecidas em âmbito internacional.

    Existem, como é natural, inúmeros outros fabricantes e fornecedores de instrumentos. Entretanto, os descritos são os mais comuns e existentes em nosso meio, motivo pelo qual foram indicados. Existe um fornecedor bastante conhecido em nosso meio, a BENTLEY-NEVADA mas tal fabricante especializou-se em sistemas de monitoração, sendo que várias de nossas indústrias possuem dispositivos desse fabricante em suas instalações.

396 TÉCNICAS DE MANUTENÇÃO PREDITIVA

Os instrumentos descritos e as fichas apresentadas permitem um controle satisfatório para as finalidades da manutenção preditiva. Entretanto, nos casos comuns, quando não há necessidade de registradores ou quando a instalação não justifica o investimento, o mais adequado consiste em traçar os espectros de oitavas ou de terças, dependendo do caso, utilizando os valores obtidos com a medição e análise utilizando tais filtros. A seguir são apresentados alguns espectros referentes a vibração de equipamentos industriais usuais.

Os espectros ilustrados em faixas de oitavas e de terças, constituem o suficiente para cerca de 95 dos problemas de manutenção preventiva. É claro que o espectro apresenta algum valor somente em termos comparativos. Um espectro isolado por si só pouco ou nada representa, sem que se possuam dados anteriores. Repisamos mais uma vez, que os valores observados e medidos apresentam situações **relativas**. O que apresenta realmente valor para a manutenção preventiva é a **variação** ou **alteração** no espectro, sendo desprovido de sentido um espectro isolado. Fica evidente, mais uma vez, a vantagem que a instalação industrial possua o espectro do equipamento quando **novo**, que teoricamente obedece às especificações mencionadas e válidas em âmbito internacional. Disso é fácil deduzir a importância das fichas de controle e acompanhamento, nas quais são registrados os valores observados nas medições e observações periódicas. A figura X.20 corresponde a medições executadas num mancal que contém um rolamento de esferas. Embora o rolamento apresentasse defeito, não foi atingido a situação catastrófica e o mesmo foi substituído sem que houvesse parada não programada. Depois de retirados os rolamentos foram examinados, observando-se forte "pitting" nas esferas, assim como em alguns pontos das pistas. Uma investigação mostrou que durante o reparo do equipamento, o soldador posicionou os eletrodos de tal maneira que a corrente atravessou o rolamento, originando o pitting e consequentemente estrago total da peça.

Uma instalação qualquer que pretenda estabelecer um programa de manutenção preventiva deve ter em mente o seguinte: cerca de 95% dos problemas relacionados com o desgaste e predição do que vai acontecer dentro do período entre medições sucessivas, não exige equipamento sofisticado e dispendioso, mas tão somente organização e pessoal plenamente conscio da responsabilidade que recae sobre a manutenção. Um controle de cada máquina ou equipamento permite uma eficiência várias vezes superior àquela obtida com equipamento dispendioso, complexo e altamente preciso manuseado por pessoal sem o necessário conhecimento e experiência para operá-lo. Seria o mesmo que montar uma Auto-Escola

ESPECTRO DOS SINAIS. FILTROS E ANALISADORES 397

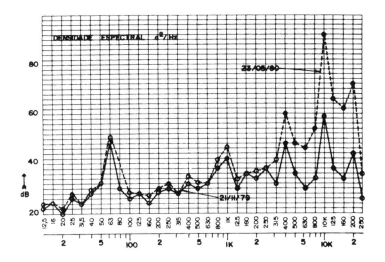

Figura X.20

adquirindo, para início das operações, Rolls-Royce ou Mercedes último tipo. A instalação, ao iniciar seu programa, deve possuir um instrumento confiável e simples, apto a fornecer leituras em velocidade, aceleração e deslocamento, tanto para medida global quanto em faixas percentuais. Um analisador de terças certamente fornecerá dados suficientes para a grande maioria dos casos. Visando maior controle, os resultados poderão ser levados e plotados em gráficos de terças, com o que um exame visual ligeiro permite verificar se há algo de anormal. Um registrador gráfico acoplado a um filtro auto-sintonizável é, sem a menor dúvida, dispositivo muito mais prático e mais eficiente. Entretanto, para operá-lo e interpretar suas indicações há necessidade de uma experiência mínima e bastante "know how" do asunto. Os melhores resultados para adquirir a experiência e o "know how" é a permanência, durante longo tempo, manuseando filtros manuais e dispositivos simples.

Existe, como é sabido de todos, instalações que exigem uma vigilância permanente e tão mais precisa e cuidadosa quanto maior fôr a responsabilidade da mesma. É evidente que uma instalação nuclear ou aeroespacial exige um controle bem superior aquele exigido por uma fábrica de papel, produtos químicos ou metalurgia. Existe no mercado uma série

398 TÉCNICAS DE MANUTENÇÃO PREDITIVA

enorme de dispositivos destinados a monitorar permanentemente os equipamentos. Alguns executam o controle através do nível global das vibrações, interrompendo o funcionamento da máquina para permitir que, com instrumento portátil, seja feito o diagnóstico. Outros sistemas de monitoração não somente indicam os níveis globais como também os registram durante 24 horas; há também sistemas bastante complexos e sofisticados que monitoram registrando o nível global em vários pontos, analisam e apresentam o espectro graficamente e, além disso, possuem dispositivos de alarme e interrupção do funcionamento do equipamento e dispositivos associados ao mesmo. Obviamente, uma instalação que justifique tal investimento em controle implica algo de extrema responsabilidade não somente econômica mas também vidas envolvidas e/ou poluição ambiental em grau extremo.

O apresentado até o momento permite que se tenha uma idéia clara da operação dos sistemas seqüenciais, com ou sem registro gráfico, assim como estabelecer um programa de manutenção preventiva utilizando equipamentos simples e pouco dispendiosos. Passaremos agora a verificar alguns sistemas mais complexos e aptos a apresentar resultados de análise executada em paralelo, ou seja, uma análise na qual todos os componentes dentro da faixa de freqüências do instrumento são apresentados simultaneamente.

X.30 - ANÁLISE EM PARALELO. ANALISADORES USUAIS

Há alguns anos, foi verificada a grande vantagem que seria obtida caso fosse possível conectar um número apreciável de filtros de faixa estreita em paralelo, injetando o sinal simultaneamente en todos eles obtendo, dessa maneira, uma análise feita num tempo não superior ao da duração do próprio fenômeno. Tais dispositivos inicialmente eram construídos por filtro ligados em seqüência rápida e que descreviam ou traçavam o gráfico, de maneira também extremamente rápida. Posteriormente, os resultados passaram a ser apresentados em telas de tubos de Braun, com o que o tempo de análise foi bastante reduzido. A Figura X.21 ilustra esquematicamente o como tais dispositivos operam.

X.30.10 - Analisadores em Tempo Real - Com o desenvolvimento tecnológico das últimas décadas, o equipamento eletrônico tornou-se cada vez mais compacto, tornando possível a montagem de dispositivos e instrumentos de pequeno volume, leves e portátil no sentido exato do termo. Os fabricantes mais conhecidos desses instrumentos são a Bruel & Kjaer,

ESPECTRO DOS SINAIS. FILTROS E ANALISADORES

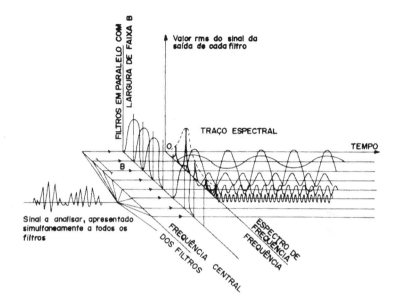

Figura X.21

Hewlett Packard, Scientific Atlanta, Dawe, Spectral Dynamics, Siemens, Rhode & Schwarz etc. Pelos motivos expostos, os instrumentos que fornecem a leitura em tempo real (unidades temporais em abcissas e amplitudes em ordenadas) tornaram-se dispositivos obrigatórios em praticamente todas as instalações industriais.

Os instrumentos descritos apresentam os resultados de duas maneiras: através de retas verticais ou através de um traço contínuo, fornecendo os espectros sob a forma de linhas ou sob a forma de curva, apresentação em tela de tubo de raios catódicos em ambos os casos.

Ao escolher um analisador em tempo real, o interessado deve levar em consideração vários fatores, tais como:
– Resolução da análise pretendida ou seja, o número de filtros que o instrumento deve possuir dentro de uma dada faixa. De maneira geral, os equipamentos comerciais apresentam entre 300 e 800 filtros.
– A faixa dinâmica exigida pela análise pretendida. Os equipamentos usuais apresentam faixas dinâmicas que variam entre 40 e 90 dB.

400 TÉCNICAS DE MANUTENÇÃO PREDITIVA

– A faixa de freqüência necessária à análise que deve ser executada e o número de faixas. Encontram-se instrumentos que cobrem a faixa entre 20 Hz a 25 kHz; 0,3 Hz a 15 KHz; 0,02Hz a 50 KHz, etc. As larguras de faixa dos filtros varia entre 0,01 Hz até 20 Hz no caso de faixa constante.

Os analisadores apresentam resultados sob a forma de amplitude em função da freqüência ou seja, sob a forma de linhas ou de traço contínuo, fornecendo espectros. A manutenção deverá estabelecer a origem dos traços (amplitudes) em função da rotação do equipamento. Deverá verificar a existência ou não de harmônicas, observar se a velocidade de rotação ou de operação do dispositivo é uniforme e mais uma série elevada de dados e informações que permitem o estabelecimento de um programa de manutenção preditiva altamente satisfatório e que apresente segurança elevada.

Quando se trata de equipamento excepcionalmente importante ou de uma instalação de conjunto de máquinas, o grupo responsável pela manutenção ver-se-á frente a um número apreciável de espectros que devem ser estudados e interpretados com segurança, originando uma saturação real de dados. Este fato leva comumente a uma seleção arbitrária dos parâmetros a serem estudados e verificados. Quando tal ponto é atingido, considerando-se a experiência acumulada pela equipe de manutenção, a própria equipe é levada à aquisição de sistemas automáticos destinados a interpretação dos resultados. Nesse ponto, chega-se aos analisadores em FFT (Fast Fourier Transform) que, acoplados a um computador ou microprocessador dão origem a um sistema extremamente sofisticado de manutenção preditiva em base ao espectro das vibrações.

Os analisadores em tempo real fornecem o espectro completo em paralelo com a mesma secção do sinal e, assim sendo, são capazes de não somente acompanhar sinais que apresentam-se variáveis com o tempo mas ainda fornecer o espectro de maneira muito mais rápida que os analisadores seqüenciais, como já foi observado.

A seguir são descritas as especificações principais assim como fotos de alguns dos analisadores em tempo real mais comuns. Alguns dos analisadores fabricados pelos fornecedores tradicionais operam tanto em tempo real como em base à transformada de Fourier.

ESPECTRO DOS SINAIS. FILTROS E ANALISADORES   401

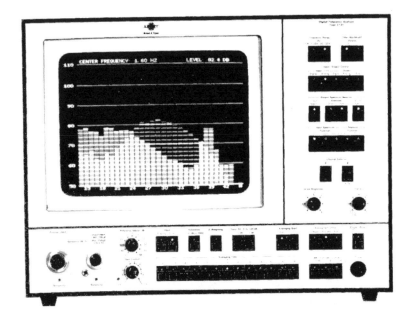

Figura X.22 - Analisador em tempo real de fabricação da Bruel & Kjaer, modelo 2131 - Apresentação digital para análise em oitavas e terças-de-oitavas nas faixas de áudio, sub-áudio tanto de som quanto de vibrações. 42 canais de 1,6 Hz a 20 KHz. A apresentação é calibrada em dB, faixa dinâmica de 60 dB. O instrumento dispõe de duas memórias, tornando possível a comparação de espectros, transferência entre as duas dos espectros armazenados e mais uma série de operações descritas no manual de instruções. O instrumento opera em rede de alimentação 110/220 V com freqüência da rede entre 40 e 400 Hz.

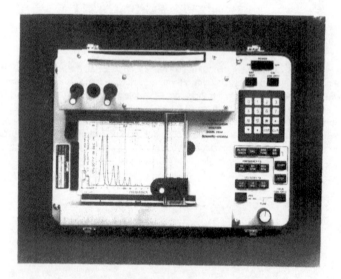

Figura X.23 - Analisador e balanceador de máquinas produzido pela Scientific Atlanta - Dymac Division, modêlo M-747 associado ao registrador gráfico M-760. Opera na faixa de freqüências de 5 Hz (300 rpm) a 2 kHz (120.000 rpm). Faixa dinâmica de 80 dB. Sensitividade de 50 mV/g em aceleração, 50 mV.mm/s em velocidade e 100 mV/mm em deslocamento. A tela osciloscópica do instrumento permite observar a orbitação de eixos e peças girantes, tendo assim as possibilidades de um osciloscópio.

ESPECTRO DOS SINAIS. FILTROS E ANALISADORES 403

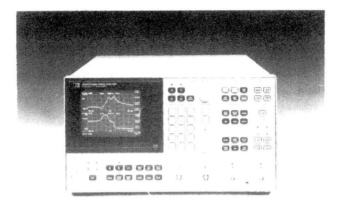

Figura X.24 - Analisador dinâmico fabricado pela Hewlett-Packard, modelo 3562A, com dois canais, zoom, faixa de freqüências entre 0,006Hz e 100 kHz. Permite a execução das análises seguintes: espectro de freqüências em função do tempo, espectro com demodulação, análise da forma de onda e captura da forma de onda e sua análise, coleta computadorizada de dados, ajuste de curvas, síntese da resposta em freqüência, programação auto-seqüencial. Contém memória e permite o traçado de gráficos e impressão dos resultados em registrador gráfico ou máquina eletrônica. O instrumento foi desenvolvido especificamente para análise vibracional.

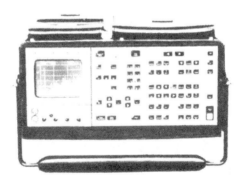

Figura X.25 - Analisador de vibrações fornecido pela Bruel & Kjaer, modelo 2515, desenvolvido especificamente para manutenção preditiva pelo espectro das vibrações. Faixa de freqüências de 0,3 Hz a 20 kHz. Permite operação com as funções função temporal instantânea, função temporal média (averaged), função temporal expandida, espectro rms da função temporal média e cepstrum do espectro. A apresentação é em tubos de raios catódicos e o armazenamento dos dados exige um micro compatível com o instrumento. O instrumento tem um peso de 16,2 Kg o que o torna um instrumento dificilmente considerado "portátil".

X.30.20 - ANALISADORES EM BASE À TRANSFORMADA DE FOURIER

No item VII.03 foram vistos alguns detalhes da aplicação da transformada de Fourier à análise de sinais. No Apêndice B são fornecidos detalhes que explicam o como aplicar a FFT (Fast Fourier Transform) aos problemas de vibrações.

Existe, comercialmente, número bastante elevado de instrumentos que analisam as vibrações em FT ou mesmo em temporal real e FFT, dotados de micros no próprio equipamento, além de outras sofisticações que não cabem sequer comentar.

São descritos a seguir alguns dos instrumentos mais utilizados na manutenção preditiva.

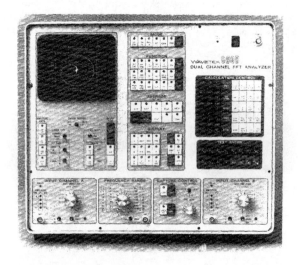

Figura X.26 - Analisador Wavetek, modelo 660B, com dois canais, apresentando os resultados simultaneamente, e tubo de raios catódicos de ⌀ 5". Operação dentro da faixa de freqüência de 1 Hz a 100 kHz, com uma largura de 0,00025 Hz. Instrumento de enorme gama de aplicações, podendo operar como instrumento de transferência de funções, analisador de faixa larga ou faixa bastante estreita, possuindo ajustes os mais variados dentro de ampla faixa de aplicações.

ESPECTRO DOS SINAIS. FILTROS E ANALISADORES 405

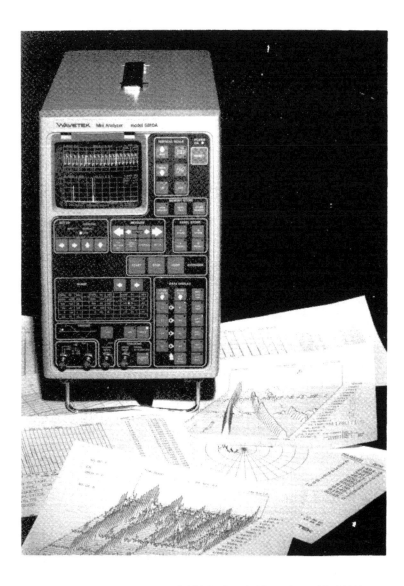

Figura X.27 - Analisador semi-portátil fabricado pela Wavetek, modelo 5810A, apto a executar a análise de vibrações tanto em tempo real quanto em FFT. Faixa de freqüência entre 10 Hz e 100 kHz, com expansão zoom, apresentação com resolução de 400 elementos. Velocidade de 17 espectros por segundo em qualquer modo. Largura de faixa em tempo real de 7 kHz.

Nos últimos anos, dado o desenvolvimento tecnológico que procura obter estruturas com um mínimo de peso e máximo de resistência, apareceu a necessidade de realizar estudos profundos sobre estruturas especiais, principalmente aquelas desenvolvidas na indústria aeronáutica. Apareceram, por tal motivo, vários dispositivos desenvolvidos especificamente à análise de estruturas. O assunto passou a merecer atenção dos envolvidos em manutenção após vários acidentes que mostraram a necessidade de acompanhar a monitorar o estado de estruturas praticamente estáticas.

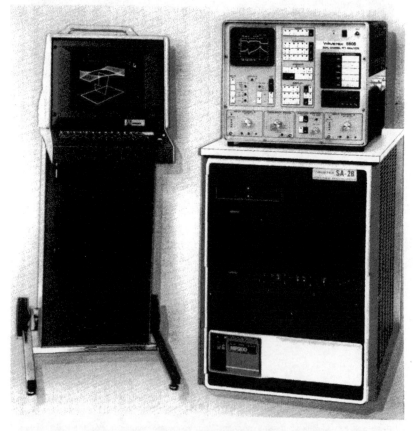

Figura X.28 - Conjunto destinado especificamente à análise estrutural. O conjunto é constituído por um analisador Wavetek modelo 660B, associado a um módulo de análise estrutural (Structural Analysis System Module) Wavetek modelo SA-28, microprocessador Hewlett-Packard modelo HP/200 e dispositivo de apresentação osciloscópica Tektronik.

ESPECTRO DOS SINAIS. FILTROS E ANALISADORES   407

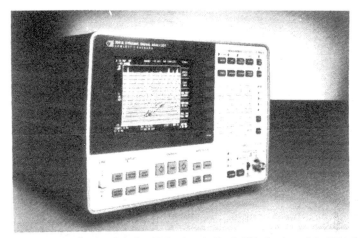

Figura X.29 - Analisador dinâmico fabricado pela Hewlett-Packard, modelo 3561-A canal único e com dupla apresentação. Possue zoom e memória, com uma faixa de freqüência de 0,125Hz a 100 kHz, faixa dinâmica de 80 dB, janelas planas, Hanning, uniforme e exponencial. Executa a análise em tempo real contínua, em oitavas e terças.

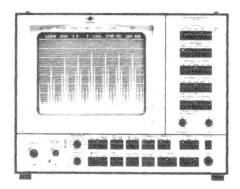

Figura X.30 - Analisador espectral de faixa estreita fabricado pela Bruel & Kjaer modelo 2033, executando a análise em tempo real ou em FFT. Alta resolução, 10240 amostragens, memória para registro da função temporal. Faixas com amplitudes selecionáveis de 80 dB a 40 dB para apresentação linear em função da freqüência de 10 Hz e 1 kHz com 390 amostras para as funções temporais. Zoom multiplicador por 10. Ampliação para 4000 linhas de regiões cobertas com 400 linhas. 1024 janelas de amostragem ao longo de 10240 amostras de função temporal registrada. Possibilidade de "movimento lento" no espectro de freqüência.

Figura X.31 - Instrumento portátil, fabricado e comercializado pela Rockland Scientific Corporation, modelo 5840A. O instrumento opera tanto em linha de 110 V quanto com baterias recarregáveis, sendo completamente portátil, pesando 7,5 Kg com as baterias. Permite a monitoração e análise de sinais contínuos ou transitórios oriundos de sons vibrações ou mesmo quaisquer sinais elétricos. Apresenta sensitividade de 50 mV dentro da faixa de freqüências de 10 Hz a 20 KHz, com uma resolução de 400 linhas. Janela Hanning ou uniforme, selecionável pelo operador. Opera nos modos somatório (potência), picos (potência), exponencial (potência) ou em tempo (voltagem), em 2-256 degraus binários, operando com gatilho livre, gatilho interno e gatilho externo, com um pré-gatilho de 1/32 do tempo da janela. A leitura com relógio de tempo real indica o ano, mês, dia, hora, minuto e segundos. Possui quatro memórias. Possui interface que permite a conexão direta de registrador digital, com saída vídeo-composta. Instrumento desenvolvido especificamente para manutenção preditiva pelo espectro das vibrações.

ESPECTRO DOS SINAIS. FILTROS E ANALISADORES 409

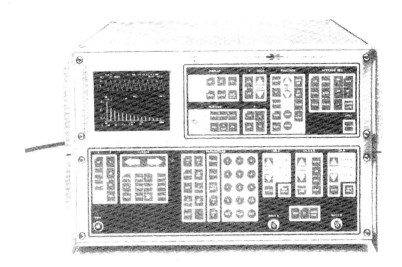

Figura X.32 - Instrumento analisador dinâmico modelo SD-375 fabricado pela Scientific Atlanta-Spectral Dynamics Division. Faixa de freqüência entre 1 Hz e 100 kHz. Apresentação em tempo real e em FFT, com memória em todos os modos de operação. Permite uma ampla série de aplicações na análise de sinais acústicos, mecânicos ou elétricos.

X.40 - LEITURA RECOMENDADA

Bruel & Kjaer - Naerum, Denmark - Catálogos, Especificações, Manuais de Instruções, Publicações Especiais.

General Radio Company - Waltham, Massachusetts 02254 USA - Catálogos, Especificações, Manuais de Instruções, Publicaçõs Especiais.

IRD Mechanalysis, Inc - Columbus, Ohio 43229 USA - Catálogos, Especificações, Manuais de Instruções, Publicações Especiais.

Metrix Instruments Co. - Houston, Texas 77043 USA - Catálogos, Especificações, Publicações Especiais.

Nicolet Scientific Corporation - A parte referente a medida e análise de vibrações foi incorporada pela Rockland Scientific Corp.

Randal, R.B. - Application of B & K Equipment to Frequency Analysis - B & K Special Publication 17-089 - September, 1979

Rockland Scientific Corp. - Rockleigh, New Jersey 07647 USA - Catálogos, Manuais de Instruções, Especificações, Publicações Especias.

410 TÉCNICAS DE MANUTENÇÃO PREDITIVA

Scientific Atlanta-Spectral Dynamics Division - Dymac Products Co. - San Diego, California 92123-0575 USA - Catálogos, Manuais de Especificações, Publicações Especiais, Especificações.

Stewart, R.M. - Application of Signal Processing Techniques to Machinery Health Monitoring - Institute of Sound and Vibration Research of Southampton University Report 154 - 1984

Wang, Z.Z. - Frequency Spectrum Analysis of Vibration Signals - Technical Report, Dept. Materials Science & Engineering - New York State University Report MSE - 83-14, 1983

Wavetek San Diego, Inc. - San Diego, California 92138 USA - Catálogos, Especificações, Manuais de Instruções, Publicações Especiais.

XI.0 Identificação da Origem das Vibrações Monitoração

L. X. Nepomuceno

Vimos que quando se executa a medição dos sinais que aparecem num equipamento ou máquina, encontramos várias componentes com freqüências e amplitudes as mais diversas possíveis. No caso, através de filtros e analisadores é possível traçar o espectro do sinal e, com isso, determinar quais as freqüências envolvidas e qual a amplitude que cada uma delas apresenta. Pelo exposto até o presente, dado um sinal mecânico qualquer existente num equipamento, máquina ou dispositivo, temos meios de transformar tal sinal mecânico em sinal elétrico e determinar, com bastante precisão, quais as freqüências presentes e quais as amplitudes de cada uma das componentes do sinal em estudo. Permanece o problema de responder à pergunta: qual a origem de cada uma das freqüências componentes do sinal? que componente da máquina ou em que região do equipamento é que esta ou aquela freqüência está sendo produzida? A resposta a tais perguntas permite a elaboração de um diagnóstico racional e confiável tornando possível a implantação de um programa satisfatório de manutenção.

Verificando o processo de desenvolvimento das diferentes técnicas, observa-se o seguinte: embora as vibrações existam há muitos anos e toda máquina apresentá-las, no passado os problemas eram detetados através do barulho. Isto porque cada tipo de irregularidade ou anomalia dá origem a uma vibração bem característica que, propagando-se no ar leva aos ouvidos do operador ou interessado um barulho típico, que permite identificar a sua origem com relativa facilidade e segurança. Nos casos mais corriqueiros, existe, entre os motoristas, pleno conhecimento de barulhos como pino batendo, válvulas desreguladas, bomba de água engripada, dínamo com bucha gasta, motor fundido, rolamento da roda sem graxa, câmbio seco, conjunto coroa e pinhão com folga, e mais uma série de barulhos que permitem a tomada de posição por parte do motorista. Entretanto, observe-se que tais barulhos indicam sempre uma situação pratica-

412 TÉCNICAS DE MANUTENÇÃO PREDITIVA

mente de desgaste final. Em outras palavras, quando a anomalia é detetada pelo nível de barulho, o desgaste ou defeito atingiu proporção tão grande que possivelmente outros componentes foram prejudicados pela anomalia daquele que apresenta o barulho. A identificação é possível pelo espectro característico e a análise indicará exatamente qual o componente que produz uma vibração com o conteúdo espectral referente ao barulho percebido.

No caso de interesse à manutenção, cada uma das freqüências presentes no espectro deve ser associada a um componente determinado ou conjunto de componentes. Simplificadamente, determinam-se as freqüências através da análise espectral e procura-se associar a cada componente espectral um elemento do equipamento que dê origem a esta freqüência. É possível calcular qual a freqüência natural ou qual a freqüência de ressonância de cada componente através do equilíbrio de forças, conjugados, momentos e energias. Tais técnicas constituem um capítulo da Matemática Aplicada associado a conhecimentos satisfatórios da dinâmica do sistema em estudo e mais conhecimentos amplos de matemática pura. Procuraremos indicar o como desenvolver alguns cálculos relevantes através de conceitos elementares ligados a exemplos tão práticos quanto possível.

O importante no caso é que, além das características que o barulho apresenta em função de seu conteúdo espectral, a laudnés representa algo muito importante. Através da medida do nível de pressão do som é possível verificar a gravidade do problema. No caso da identificação através das vibrações, devemos notar que o estudo e a análise permitem obter informações sobre o quanto e o que. Em outras palavras:

Amplitude: Indica o quanto de gravidade uma anomalia apresenta.

Freqüência: Indica qual componente ou qual a região do equipamento que está originando a freqüência detetada.

Fase: Associada à amplitude e à freqüência, permite determinar o como a anomalia se originou. Dá a causa ou origem da anomalia.

A monitoração através do barulho apresenta os melhores resultados quando o equipamento a ser monitorado consistir em dispositivo rotativo ou cíclico. A monitoração é normalmente elaborada através da captação do som aéreo por microfones posicionados de maneira adequada. No final da década dos sessenta, Lavoie estudou o problema com detalhes,

IDENTIFICAÇÃO DA ORIGEM DAS VIBRAÇÕES MONITORAÇÃO   **413**

concluindo que a monitoração via barulho apresenta resultados melhores quando se trata de dispositivos rotativos, monitorando-se:

a) Estruturas de suporte de Motores Diesel,
b) Anomalias em motores aeronáuticos a jato,
c) Cavitação em bombas,
d) Conjuntos de Engrenagens,
e) Maquinário Instalado em Submarinos,
f) Rolamentos e Mancais de Antenas de Radar,
g) Desgaste em Válvulas Hidráulicas,
h) Anomalias em Ventiladores e Exaustores.

É óbvio que a determinação da tendência envolve uma série de medições do barulho em condições normais e uma avaliação do significado das alterações. Para a manutenção baseada em níveis de pressão sonora e no espectro do barulho, há necessidade do barulho originado quando o equipamento está em operação "normal" ou então a faixa dentro da qual o barulho pode ser considerado como produzido pelas condições normais de funcionamento. As alterações é que indicarão o que, e o quanto foi alterado o estado do componente ou componentes que originam o barulho detetado.

XI.10 - ESTREITAMENTO DOS PICOS DO ESPECTRO DEVIDO A ANOMALIAS

Vários trabalhos desenvolvidos por Collacott mostram que a contagem dos picos do barulho produzido por um rolamento permitem obter um fundamento racional para o monitoramento de tais peças. Quando existe a tendência ao engripamento, tal técnica é altamente vantajosa. Os estudos mostram que existe ampla evidência que há o envergamento do eixo girando entorno um mancal de **babbit** como ilustra a Figura XI.01, devido ao desgaste tanto do mancal quanto do munhão.

Os vários ensaios realizados mostram que a segunda harmônica, 3f, passa a dominar o espectro e a quinta harmônica, 7f, aumenta consideravelmente à medida que o ensaio se desenvolve. Além do mais, a análise em tempo real do comportamento do barulho nas proximidades do engripamento mostra que a aderência entre os metais dá origem a barulhos distribuídos periodicamente de forma regular. O comportamento da ocorrência desses encolhimentos dos picos está ilustrado na Figura XI.02

Os barulhos produzidos pelas máquinas são classificados da maneira mais "onomatopeica" possível. Podemos encontrar pessoas com

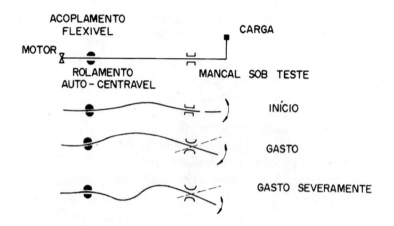

Figura XI.01

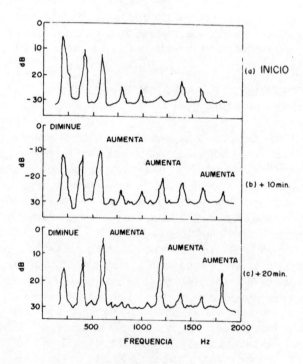

Figura XI.02

IDENTIFICAÇÃO DA ORIGEM DAS VIBRAÇÕES MONITORAÇÃO   **415**

responsabilidade informando que a máquina está fazendo "shrunk", "clunk", "crack", "crunk", "shiii", "schlep", "plaff" etc., ou que o barulho é de "fritura", "galinha cacarejando", "assobio", "panela fervendo" e mais uma série de classificações que depende do espírito e experiência do informante. Isso mostra que um observador é capaz de distinguir vários barulhos e, inclusive, reconhecer vários motores instalados em veículos diversos e operando sob condições as mais diferentes possíveis. Um estudo preparado e desenvolvido por Wilkins e Thomas visando verificar a possibilidade de reconhecer duas características de automóveis somente utilizando o ouvido humano e o som aéreo tornou possível verificar que reconhece-se:

i) O tipo particular de um motor instalado em diferentes carrosserias e em diversos ambientes, comparando os resultados com observações em outras carrosserias e em ambientes diferentes do incial.

ii) O tipo de motor utilizado em diferentes veículos, como gasolina ou Diesel, energizando o próprio veículo ou acionando um gerador ou bomba, etc.

Existem vários fatores que exercem influência marcante no barulho produzido por um motor qualquer, como entrada e saída dos gases, estrutura de suporte, tipo de rodas, tipo de terreno, filtros de ar, acessórios etc. Além do mais, existe sempre o fator subjetivo, que não deve ser desprezado, principalmente se o˙ observador souber, de antemão, quais os motores envolvidos no ensaio ou estudo.

XI.20 - BARULHO PRODUZIDO POR MOTORES DIESEL

Sabemos que cada tipo de dispositivo apresenta barulhos que lhe são característicos. No caso de motores Diesel, também conhecidos como de combustão interna, o barulho gerado apresenta os característicos seguintes:

i) A estrutura do motor é projetada visando primordialmente a rigidês e, nessas condições, apresenta uma freqüência de ressonância situada entre 750 e 2100 Hz. No entanto, o sistema eixo-manivela/volante apresenta uma ressonância nas flexões de torsão da ordem de 200 Hz, assim como a estrutura do motor apresenta ressonâncias bem mais baixas, principalmente no caso de motores muito longos. Observe-se que, na grande maioria dos casos, tais freqüências muito baixas contribuem pouco para o espectro do barulho.

416 TÉCNICAS DE MANUTENÇÃO PREDITIVA

ii) A freqüência de repetição das forças impulsivas é normalmente muito baixa, situando-se entre 0,05 e 0,01 Hz bem abaixo da freqüência natural da estrutura do motor. Vários estudos indicam que, para um motor de 4 cilíndros operando de 600 a 3000 rpm a explosão num dado cilíndro é realizada entre 5 a 25 vezes por minuto.

iii) A estrutura global do motor é excitada por várias forças diferentes e de maneira concomitante, apresentando cada uma delas características totalmente diversas das demais. Tem-se as forças:

a) Força excitatriz primária originada pelo gás resultante da combustão realizada no interior do cilíndro.

b) Forças secundárias de excitação apresentando características totalmente diferentes, forças essas geradas pelo funcionamento do eixo-manivela e associada às forças da explosão de maneira não-linear, dando origem aos impactos do pistão, impacto dos mancais, das engrenagens reguladoras dos tempos de combustão, etc.

c) Forças geradas pelos acessórios, tais como sistema de injeção de combustível, sistema de engrenagens acionador das válvulas, dispositivos do sistema de arrefecimento, etc.

Para avaliar o barulho produzido por um motor Diesel, parece claro que há uma relação entre as forças de excitação e o barulho emitido, uma vez que existem extremos determináveis na pressão desenvolvida no interior dos cilindros dos motores. Tais extremos referem-se a uma elevação abrupta da pressão e uma elevação gradual de tal pressão. A análise espectral mostra diferenças enormes entre 800 e 2000 Hz, que tem laudnés entre 15 e 20 dB acima do restante da faixa. Toda a faixa coberta pelo barulho é controlada pela força do gás da combustão, quando se trata de pressão com subida abrupta. Quando a pressão cresce gradualmente, a força de maior dominância depende da faixa de freqüências. Na faixa de freqüências baixas e médias, até 800 Hz, a força mais importante passa a ser a dos impactos dos pistões. Passa a tornar-se importante alguns parâmetros como a folga excessiva das válvulas e a conseqüente "palmada" dos pistões dão origem a barulhos que não são influenciados pelas forças de impacto do gás da combustão ou dos pistões. A figura XI.03 ilustra a variação das forças e do barulho para diversos componentes dos dois tipos importantes de motores.

IDENTIFICAÇÃO DA ORIGEM DAS VIBRAÇÕES MONITORAÇÃO 417

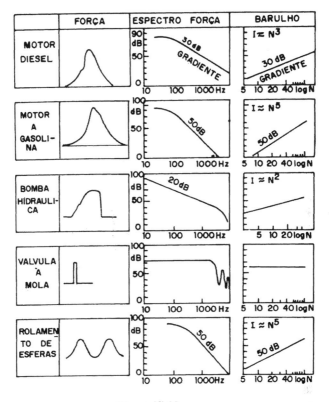

Figura XI.03

XI.30 - VIBRAÇÕES NATURAIS DE BARRAS

No maquinário usual são geradas diversas vibrações, cada uma delas apresentando uma origem determinada, assim como um espectro passível de ser traçado com bastante precisão. Em qualquer caso, o barulho produzido nada mais é que uma conseqüência das vibrações originadas pelo funcionamento da máquina. Tais vibrações são acopladas ao ar, de um modo ou outro, onde se propagam e atingem os ouvidos dando a sensação auditiva. Existem nas máquinas vários geradores de barulho que são denominados "ativos" e outros geradores que são denominados passivos. Embora a diferenciação possa parecer sem sentido, há motivos para esta diferenciação, como será observado no desenvolvimento de nosso

418 TÉCNICAS DE MANUTENÇÃO PREDITIVA

estudo. Os sistemas geradores de vibração ativos são aqueles que produzem barulho e vibrações pelo seu próprio funcionamento, tais como máquinas cíclicas como motores e transmissões, etc., caldeiras e bombas, prensas e switches. Os demais são passivos, ou seja produzem vibrações somente quando excitados pelas vibrações dos sistemas ativos.

XI.30.10 - Vibrações Transversais de Barras - No final da década dos trinta, Morley publicou um trabalho interessante em seu livro, descrevendo um processo para o cálculo da freqüência natural de vibração de barras tensionadas ou não, em base as conhecidas leis de deflexão. O processo consiste em igualar a energia potencial devida a tensão estática de deflexão e a energia cinética que a barra apresenta ao passar pela posição sem deflexão. O método pressupõe que a barra vibre em todo seu comprimento na mesma freqüência e com a mesma deflexão em todo seu perfil. Embora tais suposições não sejam satisfeitas nos casos práticos, a aproximação é suficiente para as finalidades de nosso estudo. Tem-se as seguintes equações:

$$\text{Energia Cinética} = \int_0^{\ell} \omega \frac{m}{2} (y)^2 \, dx$$

$$\text{Energia de Tensão} = \int_0^{\ell} m \frac{y}{2} \, dx$$

onde **m** é a massa por unidade de comprimento, distribuída uniformemente por toda extensão da barra, ω a freqüência angular de rotação considerada uniforme. Igualando ambas as energias,

$$\frac{1}{2} m \omega \int_0^{\ell} \omega \, y^2 \, dx = \frac{1}{2} m \int_0^{\ell} y \, dx$$

obtém-se

$$\omega^2 = \frac{\int_0^{\ell} y \, dx}{\int_0^{\ell} y^2 \, dx}$$

IDENTIFICAÇÃO DA ORIGEM DAS VIBRAÇÕES MONITORAÇÃO 419

Considerando a barra como simplesmente apoiada, ter-se-á uma carga distribuída uniformemente e, tomando-se a equação geral da deflexão (encurvamento)

$$M = EI \frac{d^2 y}{dx^2}$$

e calculando as constantes de integração a partir dos valores conhecidos para y e dy/dx, a curva que descreve a flexão estática é dada pela expressão

$$y = \frac{m}{24\ EI} (x^4 - 2\ell x^2 + \ell^3 x)$$

e então

$$f = \frac{\omega}{2\pi} = \frac{1,572}{2\ell} \sqrt{\frac{EI}{m}}\ Hz$$

A Figura XI.04 ilustra a barra em questão.

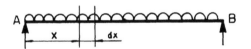

Figura XI.04

Quando a barra em vez de estar apoiada estiver fixa em ambos os extremos, a equação da deflexão estática é dada pela equação

$$y = \frac{m}{24\ EI} x^2 (\ell - x)^2$$

e então

$$\omega^2 = 504 \frac{EI}{m^4}$$

obtendo-se

$$f = \frac{\omega}{2\pi} = \frac{3,57}{\ell^2} \sqrt{\frac{EI}{m}}\ Hz$$

Como existem normalmente vários dispositivos que se assemelham às barras, as expressões dadas permitem calcular os valores aproximados das respectivas freqüências de ressonância. Tais freqüências aparecem como oscilações forçadas, uma vez que a operação do equipamento dá origem a vibrações que, por sua vez excitam as barras (e vários outros componentes) que passam a vibrar na sua freqüência natural. Com isso, as freqüências presentes passam a constituir um complexo cuja interpretação exige uma análise espectral.

XI.40 - VIBRAÇÕES ORIGINADAS NAS CORREIAS

A trasmissão da energia do motor ao equipamento através de correias (chatas ou em "V") é procedimento utilizado comumente no maquinário e equipamento moderno. Em alguns casos a transmissão é feita por correntes especiais e, nesses casos, é possível elaborar cálculos e considerações assemelhadas as que faremos a seguir.

Dadas duas polias ligadas entre si através de uma correia, como ilustra a Figura XI.05, qualquer perturbação na correia se propaga com uma velocidade que é função da densidade da correia e da tensão a que a mesma está sujeita. Tal velocidade é dada pela conhecida expressão

$$v^2 = \frac{P}{\rho A}$$

onde é **v** a velocidade de propagação da perturbação, **P** a tensão aplicada à correia, ρ a densidade da correia e **A** a secção reta da correia. Então, para que uma perturbação caminhe por toda a correia de comprimento L_b e volte, transcorre o tempo

$$t_0 = \frac{2L_b}{v}$$

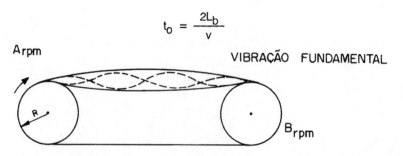

Figura XI.05

IDENTIFICAÇÃO DA ORIGEM DAS VIBRAÇÕES MONITORAÇÃO 421

e então a freqüência das vibrações transversais numa correia em condições de regime é dada por

$$f_0 = \frac{1}{t_b} = \frac{v}{2L_b}$$

Se tomarmos dois pontos arbitrários g e h, o tempo para a perturbação percorrer a distância g a h será

$$t_1 = \frac{L_b}{v+u} \qquad \text{na direção do movimento}$$

$$t_2 = \frac{L_b}{v-u} \qquad \text{na direção oposta ao movimento}$$

onde u é a velocidade linear da correia dada pela expressão

$$u = \frac{2\pi R}{N}$$

Então, para que a perturbação cumpra um ciclo completo deve transcorrer o tempo

$$t = t_1 + t_2 = L_b \left(\frac{1}{v+u} + \frac{1}{v-u} \right) = \frac{2L_b v}{v^2 - u^2}$$

e a freqüência fundamental será dada pela expressão

$$f = \frac{1}{t} = \frac{v^2 - u^2}{2L_b v} \qquad Hz$$

Visando verificar a presença de harmônicas, também chamadas de "overtons", é possível escrever a expressão acima com o multiplicador **n**. Tomando-se a equação de f_0, ter-se-á

$$f = n \frac{v}{2L_b} \left(1 - \frac{u^2}{v^2} \right) = 2nf_0 \left(1 - \frac{u^2}{v^2} \right)$$

422 TÉCNICAS DE MANUTENÇÃO PREDITIVA

Quando o dispositivo executa a conexão motor-equipamento utilizando correias de alta velocidade, aparece uma tensão suplementar na correia, devida à força centrífuga. Nesses casos, há necessidade de calcular esta tensão suplementar para que se tenha valores mais próximos das vibrações que realmente existem. Note-se que as vibrações mencionadas são inerentes à correia não havendo, nos casos habituais, relação entre essas freqüências e a freqüência angular de rotação do eixo.

Nos casos normais de manutenção, o problema de vibrações originado por correias apresenta alguns casos bem determinados. Podemos citar os seguintes:

i) **Acoplamento inadequado, desgaste da correia ou tensão excessiva:** Deteta-se uma freqüência da ordem de duas vezes a freqüência das vibrações transversais f_0 mais múltiplos desta freqüência; vibração radial elevada, com amplitude instável; detetam-se batimentos quando a freqüência de ressonância da correia for muito próxima à freqüência de rotação da excitação, i.é, quando acontecer
$$f_0 \cong f_e$$

ii) **Face da polia ou correia desalinhada:** A freqüência da vibração é igual à freqüência de rotação do eixo; plano dominante da vibração no sentido axial; força e deslocamento em fase; a amplitude da vibração é estável. A observação em luz estroboscópica permite ver a excitação da correia. Comumente o problema é resolvido mediante a alteração da tensão ou do comprimento da correia, dependendo do caso.

iii) **Polias excêntricas ou desalinhadas:** A freqüência da vibração coincide com a freqüência de rotação do eixo; o plano dominante é o plano radial; força e deslocamento vibrando em fase; a vibração apresenta amplitude estável; muitas vezes o problema é resolvido com a colocação de arruelas nos parafusos de fixação das polias.

iv) **Ressonâncias da correia:** As freqüências de ressonância da correia não apresentam relação alguma com a rotação dos eixos, sendo dadas pelas expressões descritas; o plano dominante das vibrações é o plano radial; a amplitude das vibrações pode ser instável em alguns casos, dependendo do amortecimento existente, é possível detetar freqüências entorno $\pm$ 20% da freqüência de ressonância da correia.

IDENTIFICAÇÃO DA ORIGEM DAS VIBRAÇÕES MONITORAÇÃO   **423**

Algo bastante importante na manutenção envolvendo correias é o seguinte: Os acoplamentos à correia são executados normalmente com correias em "V" inteiriças ou constituídas por nós ou módulo. Com o uso, tais correias apresentam um determinado alongamento, conhecido como "esticamento" na linguagem usual. Como é óbvio, tais correias apresentam rupturas com o tempo de uso, sendo então substituídas. É prática comum em nosso meio substituir todas as correias e aquelas consideradas esticadas serem sucateadas ou então utilizadas como dispositivos para levantar peso. Uma técnica bastante útil e de resultados econômicos interessantes consiste no seguinte procedimento: Se num sistema que possue, digamos, cinco correias duas delas se rompem, substituir todas elas por correias novas e guardar as que não se romperam; mais tarde, quando algumas das correias da mesma máquina se romper, substituí-las pelas correias esticadas que estão no almoxarifado. Com isso, ter-se-á sempre a possibilidade de utilizar as correias até o limite máximo de sua vida útil, evitando sucatear dispositivos em condições satisfatórias de uso. Nas instalações que utilizam um número elevado de correias em "V", como indústrias de papel e celulose, indústrias químicas e petroquímicas, etc., tal procedimento dá resultados tecnicamente aceitáveis e economicamente altamente vantajosos.

XI.50 - VIBRAÇÕES DE ORIGEM ELÉTRICA

As anomalias mais comuns nos motores elétricos e em geral nos dispositivos elétricos podem ser classificadas como:

i) **Laminações do estator soltas:** Aparecem freqüências da ordem de 1 kHz ou mais; plano dominante no sentido radial; a amplitude mantem-se estável; a envoltória apresenta picos estreitos constituindo as faixas laterais; esta anomalia geralmente não apresenta efeitos destrutivos.

ii) **Rotor excêntrico:** Detetam-se freqüências iguais a rotação do motor e concomitantemente freqüências iguais a uma e duas vezes a freqüência da linha de alimentação; o plano dominante é o radial, com amplitude estacionária. Na eventualidade do rotor estar desbalanceado, além de excêntrico, a amplitude das vibrações apresenta flutuações.

iii) **Barras do rotor rompidas:** Deteta-se uma freqüência igual a da rotação e, concomitantemente, duas faixas laterais com freqüência igual a duas vezes a freqüência de escorregamento; plano dominante radial; amplitude estacionária;

424 TÉCNICAS DE MANUTENÇÃO PREDITIVA

faixas laterais com picos estreitos. Este problema aparece somente em motores de indução.

iv) **Linha com voltagem desbalanceada:** Deteta-se uma freqüência igual a duas vezes a freqüência da linha de alimentação; plano dominante radial; a amplitude é baixa e estacionária; envoltória indicando vibração de faixa estreita.

v) **Chapas soltas:** Deteta-se a freqüência igual a duas vezes a freqüência da linha de alimentação; vibração dominante do plano radial; amplitude elevada e estacionária; envoltória indicando faixa estreita.

vi) **Problemas no estator:** Eletricamente o estator pode apresentar problemas de curto-circuito ou aquecimento excessivo; detetar-se-ão freqüências iguais a da alinha e as faixas laterais com freqüências iguais a duas vezes a freqüência de escorregamento; a amplitude apresenta-se estável; a envoltória mostra faixas laterais estreitas.

As anomalias descritas referem-se a motores elétricos de modo geral, existindo, no entanto, outras anomalias como as que passamos a descrever e que, realmente, são de origem elétrica. No caso geral, os dispositivos elétricos apresentam dois tipos de vibrações que lhes são típicas. Tem-se, eletricamente, a vibração devida a passagem dos pólos do rotor nas ranhuras do estator e os efeitos magnetostritivos devido a dilatação das lâminas. Esta última vibração coincide com a freqüência igual ao dobro da freqüência alternativa da linha de alimentação e a segunda depende do número de pólos, fendas e rotação da máquina.

As vibrações eletromagnéticas devidas ao efeito de magnetostrição são detetáveis facilmente. As mesmas emitem um som igual aquele emitido pelos transformadores e reatores, já que sua freqüência é igual ao dobro da freqüência da linha. A sua identificação é imediata. Basta desligar a corrente elétrica que a mesma cessa. Normalmente tais vibrações são axiais e radiam som pelo acoplamento rígido entre o motor, geralmente de pequena área radiante efetiva e as superfícies e coberturas de equipamentos, que apresentam grande área radiante.

As vibrações originadas pela passagem dos pólos do rotor pelas ranhuras do estator apresentam uma freqüência que depende do número de pólos e número de fendas do estator, assim como da rotação. A deteção dessas vibrações é problema delicado, uma vez que as mesmas são facilmente confundidas com as freqüências do setor e suas harmônicas. Entretanto, cabe ressaltar que um aumento em suas componentes pode

IDENTIFICAÇÃO DA ORIGEM DAS VIBRAÇÕES MONITORAÇÃO 425

significar uma degradação do dispositivo, como uma variação inaceitável do entreferro.

Nessas máquinas existe também as vibrações aerodinâmicas originadas pelas pás de ventilação. Tal problema é semelhante aquele descrito no caso das vibrações aerodinâmicas. No caso das máquinas elétricas rotativas, tais vibrações são geralmente desprezíveis, ao contrário do barulho produzido pelo fluxo de ar que normalmente é bastante indesejável, pelo espectro rico em freqüências elevadas.

XI.60 - VIBRAÇÕES ORIGINADAS POR TURBULÊNCIA/INSTABILIDADE

Quando um eixo genérico está em posição de equilíbrio em relação a seus mancias, o seu eixo de rotação não é centrado com o eixo geométrico dos mancais. Concomitantemente, a distribuição de pressão no óleo entorno do ponto de folga entre o eixo e o mancal não é simétrico porque há perda de carga do fluido que atravessa tal espaço e a pressão à montante é superior aquela à jusante. Na eventualidade de admitirmos a hipótese de uma distribuição linear das velocidades do óleo entre o eixo e o mancal, a velocidade média será igual a metade da rotação do mancal.

Uma conseqüência da distribuição assimétrica da pressão do óleo é o aparecimento de forças tangenciais que se dirigem de maneira precessional em relação ao eixo em dadas condições, originando um movimento divergente. Com isso, a freqüência do turbilionamento situa-se num valor aproximadamente igual à metade da rotação do eixo. Este fenômeno é observado comumente quando a velocidade de rotação do eixo é cerca do dobro da freqüência própria (natural) do conjunto eixo-mancal-fundações.

Tal instabilidade é dotada de uma propriedade que denominaremos de "inércia" porque o fenômeno desaparece quando a velocidade de rotação é diminuída, voltando a aparecer a uma velocidade inferior a mencionada, ou quando o movimento é iniciado até atingir a rotação de regime.

A Figura XI.06 ilustra esquematicamente a distribuição das forças quando o fenômeno está presente. A segunda figura ilustra o movimento de precessão, cujo sentido é contrário ao sentido de rotação do eixo. Tais figuras esquemáticas permitem ter uma idéia do fenômeno existente.

Como existem um contato entre o eixo e o mancal na ausência de lubrificação, a reação exercida pelo mancal sobre o eixo tende a originar uma precessão no sentido inverso ao de rotação. Do outro lado o módulo desta força de reação é aproximadamente igual a força de contato, origi-

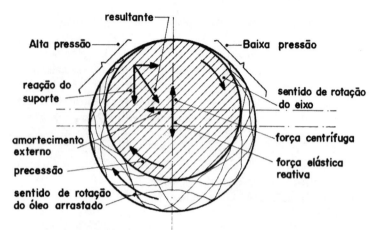

DIAGRAMA ESQUEMÁTICO DA DISTRIBUIÇÃO DA PRESSÃO DO ÓLEO

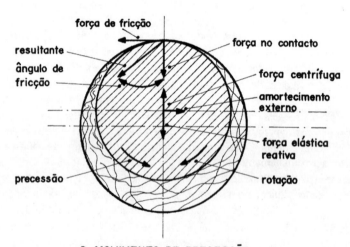

O MOVIMENTO DE PRECESSÃO
EM SENTIDO CONTRÁRIO AO DA ROTAÇÃO DO EIXO

Figura XI.06

nando-se a possibilidade de atingir um regime instável. Caso a instabilidade tenha lugar, a sua freqüência será independente da rotação do eixo. O aparecimento desta instabilidade dificilmente é detetável através de medidas de aceleração no mancal. O procedimento mais adequado consiste em executar a medida do deslocamento do eixo em relação ao mancal.

IDENTIFICAÇÃO DA ORIGEM DAS VIBRAÇÕES MONITORAÇÃO   **427**

No caso, a turbulência do filme do óleo constitue um processo instável, uma vez que ocorre uma instabilidade. Deteta-se uma freqüência que se situa entre 40 e 45% da rotação do eixo, sendo comum detetar ainda harmônicas desta freqüência; o plano dominante é o radial; a amplitude é estável dentro de 20 a 35% da rotação do eixo, nos casos bastante severos, detetam-se freqüências superiores à rotação do eixo; a envoltória apresenta picos discretos; a turbulência/instabilidade pode, eventualmente, excitar a freqüência crítica do rotor.

Uma segunda instabilidade existente em dispositivos rotativos que, embora não relacionada com o filme de óleo constitue uma instabilidade, é o roçamento do rotor. A anomalia é descrita agora por se tratar de uma instabilidade e quando há o roçamento, deteta-se uma freqüência da ordem de 50% da rotação e suas harmônicas; o plano dominante é radial; amplitude estável dentro de 20 a 35% da rotação, aparecendo também freqüências superiores à rotação nos casos bastante severos; a amplitude apresenta picos discretos e pode também excitar a freqüência crítica do rotor.

XI.70 - VIBRAÇÕES DEVIDAS AO DESBALANCEAMENTO

Em VI.05 foram descritos os princípios fundamentais do desbalanceamento, assim como os processos e técnicas de balanceamento estático e dinâmico. No caso da manutenção, o que interessa é determinar se existe ou não desbalanceamento num equipamento ou máquina qualquer. A determinação é feita sempre por meio de vibrações, como não poderia deixar de ser. Admitamos, inicialmente, que um dispositivo arbitrário, máquina ou equipamento, apresente balanceamento satisfatório, com desbalanceamento residual atendendo as especificações pertinentes ao seu G e deixamos operando normalmente.

Com o funcionamento do equipamento, aparecerá, depois de algum tempo, um determinado desbalanceamento. É importante verificar **como** tal desbalanceamento aparece. Caso o desbalanceamento se apresente com um crescimento que é uma função do tempo de operação, o mesmo é devido à deposição de partículas na superfície de maneira inhomogênea, como a deposição desigual de poeira nas pás de ventiladores e exaustores, assim como pode ser originado por um desgaste eólico das extremidades das palhetas em turbinas de alta velocidade ou corrosão química. Por outro lado, caso o desbalanceamento se apresente de maneira intempestiva ou rápida, isto pode significar o rompimento de uma palheta

428 TÉCNICAS DE MANUTENÇÃO PREDITIVA

da turbina, a quebra ou amassamento de uma pá de ventilador ou exaustor ou mesmo o rompimento de uma peça móvel determinada.

Para as finalidades da manutenção, considera-se como **desbalanceamento** as anomalias seguintes:

    i) **Desbalanceamento de massa:** Deteta-se uma freqüência igual à rotação do rotor; o plano dominante é o radial com vibração axial diminuta. A freqüência axial pode se tornar apreciável no caso de rotores "suspensos"; a força se apresenta em fase e o conjugado apresenta defasagem de 90º ou mais; a vibração apresenta amplitude estacionária; envoltória indicando vibração de faixa estreita; caso o rotor apresente arqueamento observam-se alterações da amplitude e fase com o transcorrer do tempo.

    ii) **Eixo torto:** Obviamente o eixo torto não constitue um desbalanceamento. Entretanto, como é detetada a freqüência de rotação com grande amplitude e, caso o envergamento se situe nas proximidades do acoplamento aparece também a freqüência igual ao dobro da rotação, o problema é incluindo no presente estudo. A vibração se processa dominantemente no plano axial; há uma defasagem de 180º axialmente; a amplitude apresenta-se estacionária; envoltória indicando faixa estreita; o "run-out" da massa do rotor aparece como desbalanceamento e o "run-out" no acoplamento aparece como desalinhamento.

Num equipamento qualquer, a existência de um eixo defletido dá origem a uma vibração cuja freqüência é o dobro da freqüência de rotação angular do eixo em questão. É fácil imaginar que quando um eixo está torto, ao girar o mesmo executa um movimento de "cotovelo" nos rolamentos, e a carga é distribuída de maneira aproximadamente uniforme na superfície dos rolamentos, em duas posições normais ao eixo. Entre essas duas posições, há uma concentração de esforços, inicialmente num dos terminais do rolamento e a seguir no outro terminal. Tais esforços apresentam uma periodicidade igual a duas vezes a rotação do eixo. Nos casos práticos, uma deflexão ou "entortamento" igual ou superior a 50 μm dá origem a uma vibração de amplitude apreciável.

Os casos de eixo torto podem ser percebidos imediatamente, independentemente do uso de instrumentos ou dispositivos de medição. Entretanto, quando tal se dá, o entortamento é tão grande que possivelmente outras peças já foram danificadas e provavelmente inutilizadas, principalmente rolamentos. É comum o eixo cardã de automóveis apresentar um entortamento por motivos vários e tal entortamento aumenta com o uso do veículo e, quando percebido, haverá necessidade de substituir não somente o eixo mas também as cruzetas e rolamentos. No maquinário e equipamento industrial o fenômeno é análogo, sendo importante que a manutenção preditiva detete a irregularidade logo que a mesma apareça, visando evitar que o equipamento se danifique e exija reparos de monta, cujos prejuízos são por demais visíveis, além da perda de produção (lucros cessantes).

iii) **Motor com rotor excêntrico:** Quando um motor apresenta o rotor excêntrico, a vibração dá a impressão de um desbalanceamento, motivo pelo qual esta anomalia é incluída nos casos de desbalanceamento, embora não o seja. Detetam-se as freqüências de rotação do rotor e a freqüência da linha acompanhada de duas vezes a freqüência da linha de alimentação; a vibração é processada no plano radial; a amplitude da vibração apresenta-se estacionária; envoltória indicando faixa estreita. Aparecem flutuações de batimento na amplitude caso também existam problemas de natureza elétrica.

XI.80 - DESALINHAMENTOS

Assim como o desbalanceamento, o desalinhamento dá origem a uma vibração. No caso do desbalanceamento a freqüência da vibração coincide com a rotação do rotor mas, no caso de desalinhamento, pode aparecer além da correspondente à rotação, outras freqüências iguais ao dobro e ao triplo da velocidade de rotação. De maneira geral, existem dois tipos de desalinhamento: paralelo e angular. A Figura XI.07 ilustra esquematicamente os dois tipos de desalinhamento

DESALINHAMENTO   DESALINHAMENTO
ANGULAR   **Figura XI.07**   RADIAL

430 TÉCNICAS DE MANUTENÇÃO PREDITIVA

O importante, para diferenciar as vibrações oriundas de desbalanceamento daquelas oriundas de desalinhamento, é que enquanto o desbalanceamento apresenta a vibração com componentes máximas radiais, o desalinhamento apresenta componentes com amplitude máxima no sentido axial. Em base a tal dado, o alinhamento de máquinas e equipamentos deve ser executado com as mesmas funcionando em condições normais e observando-se as vibrações axiais e radiais, de preferência simultaneamente.

Geralmente o desalinhamento aparece em máquinas acopladas e tandem, embora possa também aparecer em máquinas singelas. Exemplificando, é comum o desalinhamento paralelo entre a linha de centro dos eixos e a linha de centro dos rolamentos. Excetuando-se os casos de desalinhamento excessivo, o mesmo não origina vibrações elevadas nos rolamentos, devido a reação dos próprios mancais de apoio às forças produzidas pelo desalinhamento. Aparecem comumente vibrações com componentes radiais e axiais, sendo importante observar que quando o mancal possue rolamentos de esferas ou de rolos, existirá sempre uma vibração, independentemente de existir ou não desalinhamento ou desbalanceamento. O desalinhamento é detetado pela observação da relação entre as amplitudes das vibrações axiais e radiais. Como vimos, o eixo torto dá origem a uma vibração análoga a do desalinhamento e, por tal motivo, ao executar a medição aparece a dúvida: trata-se de desalinhamento ou eixo torto? Entretanto, basta observar que, **quando as vibrações axiais apresentarem uma amplitude superior a uma vez e meia a amplitude das vibrações radiais, existe grande probabilidade de ocorrer um desalinhamento.**

Existem alguns detalhes que permitem verificar se se trata de desalinhamento paralelo ou angular. Tem-se:

i) **Desalinhamento paralelo:** Detetam-se as freqüências de rotação e do dobro da rotação do eixo; a amplitude se processa dominantemente no plano radial, com uma defasagem de 180°; a amplitude permanece estável; a envoltória indica freqüência de faixa estreita.

ii) **Desalinhamento angular:** Detetam-se freqüências correspondentes a uma vez e duas vezes a rotação do eixo; vibração dominante no plano axial, com defasagem de 180°; a amplitude é estacionária e a envoltória refere-se a faixa estreita.

A maior parte dos desalinhamentos são constituídos por uma combinação de ambos os tipos. As medições e verificações no plano verti-

IDENTIFICAÇÃO DA ORIGEM DAS VIBRAÇÕES MONITORAÇÃO 431

cal geralmente estão mais sujeitas a erros. Quando os acoplamentos estão separados por distâncias grandes, a freqüência de rotação apresenta-se com amplitude maior que nas distâncias pequenas.

XI.90 - FOLGAS MECÂNICAS

Com o uso, aparece uma folga entre um eixo e seu mancal, entre o pistão e o cilindro, entre o cabeçote e as guias das corrediças em prensas, etc. Toda vez que duas peças mecânicas deslisam entre si, há necessidade de uma diferença de dimensões, diferença conhecida comumente por "ajuste", destinado a manter uma película de lubrificante entre as peças deslizantes. Com o uso, tal "ajuste" aumenta além do necessário, passando a constituir uma "folga". A folga aparece comumente nos mancais de metal patente, ou de desgaste, sendo importante a sua deteção para evitar prejuízos de monta. Tem-se as características seguintes:

i) **Mancais e pedestais não-rotativos:** Detetam-se freqüências iguais a uma, duas e três vezes a rotação do eixo, sendo esta última predominante; ocasionalmente podem ser detetadas freqüências da ordem de dez vezes a rotação do eixo; a vibração se dá dominantemente no plano radial; a defasagem varia com o tipo de folga; a amplitude apresenta-se estacionária; a envoltória pode abranger até dez vezes a freqüência de rotação do eixo.

ii) **Impulsionadores rotativos:** Deteta-se como freqüência dominante a igual a rotação do eixo, podendo aparecer harmônicas até de décima ordem, porém com pequenas amplitudes: plano dominante radial; a defasagem varia em cada partida; a amplitude permanece estacionária, embora varie de partida-a-partida; os deslocamentos do centro de gravidade dão origem a alterações na amplitude e fase das vibrações.

Verificaremos mais tarde como determinar as folgas existentes utilizando um osciloscópio comum que, através da orbitação, indica a sua existência e permite uma avaliação da extensão da folga.

XI.100 - VIBRAÇÕES EM SISTEMAS DE ENGRENAGENS

As engrenagens e sistemas de engrenagens representam constituintes de um número enorme de mecanismos, máquinas e equipamentos, estando presente em praticamente todo maquinário, desde automóveis a sistemas controlados por computadores. O problema apresenta maior gravidade, em se tratando de vibrações, quando o caso se refere a redutores, caixas de engrenagens e multiplicadores, onde normalmente existem várias engrenagens sujeitas a esforços elevados. No início do processo de industrialização, as caixas de engrenagens (redutores) eram classificadas e julgadas em base ao nível de barulho que apresentavam, sendo a classificação puramente subjetiva. Com o desenvolvimento da industrialização, procurou-se aperfeiçoar a técnica subjetiva, utilizando dispositivos que dependiam menos do estado de espírito do observador. Pesquisava-se o estado das engrenagens somente quando o nível de barulho era considerado excessivo pelos que trabalhavam nas proximidades e, via de regra, a recomendação consistia simplesmente na troca das engrenagens. Na época, um conjunto de engrenagens silencioso era considerado como algo especial e cuja adoção somente era exigida em casos bastante raros.

Com o desenvolvimento industrial, as engrenagens foram se tornando cada vez mais comuns, aparecendo concomitantemente empresas e pequenos grupos cuja atividade era única e exclusivamente produzir engrenagens para terceiros, entregando-as com qualidade cada vez melhor. Com o tempo foi fundada, nos Estados Unidos, a AGMA American Gear Manufacturing Association que estabeleceu uma série de exigências para as engrenagens, classificando-as em vários "níveis de qualidade", em função da aplicação em cada particular. Tal nível de qualidade relaciona cada engrenagem ao espaçamento dente a dente, tolerância do perfil, passo, módulo, tolerância total, etc., incluindo todos os fatores que de uma forma ou outra afetam a quietude de operação. Os interessados no assunto devem consultar o AGMA Gear Handbook. No caso da manutenção preditiva assunto que nos interessa, importa verificar as vibrações, e como o estudo das mesmas pode indicar o estado das engrenagens ou sistemas de engrenagens de um dispositivo qualquer, incluído num programa de manutenção preditiva.

As vibrações e seu nível, assim como a "silenciosidade" de um sistema de engrenagens, depende de vários fatores, existindo três áreas que afetam de maneira marcante não somente o barulho, mas também as vibrações observadas nas engrenagens e sistemas de engrenagens:

Influência do Projeto: Tipo de engrenagem; geometria dos dentes; carga unitária sobre os dentes; rolamentos, materiais utilizados, etc.

Influência da Fabricação: Precisão; acabamento superficial dos dentes; carga unitária sobre os dentes; rolamentos; materiais utilizados, etc.

IDENTIFICAÇÃO DA ORIGEM DAS VIBRAÇÕES MONITORAÇÃO **433**

Influência da Operação: Velocidade crítica; ressonância natural; condições ambientais; lubrificação; montagem da caixa que contém o sistema de engrenagens, etc. Existem tantos fatores que influem tanto no barulho quanto nas vibrações das engrenagens que seria necessário enumerar uma lista bastante ampla, o que não nos interessa, bastando a lista acima. De maneira geral, podemos afirmar que as engrenagens com os eixos paralelos dão origem a menos barulho e vibrações que as que apresentam ângulo entre eixos, ângulo esse que pode ser qualquer. Isto pela facilidade de manter as tolerâncias com maior rigor no primeiro caso que no segundo, além de menor atrito durante o contato entre os dentes. As engrenagens helicoidais permitem o contato simultâneo de mais de um dente (superposição helicoidal) e dão origem a um nível de vibrações e barulho da ordem de 12 dB inferior aos produzidos por engrenagens com dentes paralelos, nas mesmas condições de transmissão de esforços. As engrenagens de dupla-hélice, ou espinha-de-peixe (herringbone gears) exigem a produção correta de duas hélices com a mesma fase e precisão, sem superposição no final do apex, e sem entrelaçamentos. Quando a velocidade é elevada, qualquer diferença ou erro associado à inércia da massa axial da engrenagem produz uma distribuição desigual dos esforços nos dentes, originando uma operação com vibrações excessivas, além de barulhenta. Por tais motivos, as engrenagens que dão origem a operações silenciosas e quietas são sempre as engrenagens helicoidais simples. Existem ainda outros fatores que não cabem no nosso estudo. Os interessados encontrarão tais dados e estudos na bibliografia indicada. Em qualquer hipótese, os dados seguintes são importantes e devem ser exigidos do fabricante de engrenagens, ou de sistema de engrenagens, para evitar problemas futuros:

O conjunto de engrenagens deve apresentar, sempre, entre cada par, um "dente caçador", ou seja, uma relação não inteira entre os números de dentes de cada par engrenagens. Isto evitará que os mesmos dentes tenham contato periodicamente e em cada revolução, levando tal contato para várias revoluções do par.

As ressonâncias dos componentes do sistema rotativo devem apresentar uma freqüência natural de, no mínimo, 30% separadas da rotação de operação, múltiplos da rotação e freqüências de malha dos conjuntos de engrenagens.

A ressonância da caixa-suporte, assim como de outros componentes estruturais, deve estar separada da rotação do sistema de 20%, incluindo-se os múltiplos da rotação, freqüência de malha, etc.

434 TÉCNICAS DE MANUTENÇÃO PREDITIVA

O lubrificante deve ser aquele que apresente a máxima viscosidade compatível com o projeto e aplicação do sistema de engrenagens. Deve ainda ser especificado o valor máximo admissível para as vibrações e barulho produzido pelo sistema de engrenagens.

Os dados acima podem ser estabelecidos numa ordem de compra, projeto, etc., sendo inviável quando se encontra uma instalação funcionando ou é adquirida uma instalação inteira pelo sistema de "black box", "turn key" e outros processos comuns nos países que se pretendem "em desenvolvimento". Existem regulamentações que estabelecem quais os níveis de barulho permissíveis no ambiente de trabalho, mas o assunto escapa ao presente estudo. Segundo a AGMA, no caso de sistemas comuns de engrenagens utilizadas na indústria, e operando em velocidade consideradas "médias", os níveis e o espectro do barulho são os descritos na tabela a seguir. Embora a tabela não indique mais que um tipo de qualidade estabelecido pela AGMA, os níveis devem ser estabelecidos previamente, em função da operação desejada, experiência no assunto e o tipo de serviço que se pretende. E então preciso conhecer as fontes de vibrações e barulho, as possíveis alterações do espectro e os métodos de correção que indicarão as providências que devem ser tomadas.

Níveis usuais observados em redutores e sistemas de engrenagens usados industrialmente e operando a velocidades moderadas.

Freqüência Central, Hz	Nível da Amplitude nº Faixa, dB
31,5	100
63	93
125	85
250	85
500	85
1.000	85
2.000	85
4.000	85
8.000	85
16.000	83
31.500	78

Tabela XI.01

IDENTIFICAÇÃO DA ORIGEM DAS VIBRAÇÕES MONITORAÇÃO 435

A freqüência devida ao contato dos dentes e as freqüências de malha são normalmente as que predominam em qualquer conjunto de engrenagens. Admitindo um conjunto simples coroa-e-pinhão, com o pinhão operando a 4500 rpm e a coroa a 2400 rpm, as freqüência rotacionais são

$$f_p = \frac{4500}{60} = 75 \quad Hz$$

$$f_c = \frac{2400}{60} = 40 \quad Hz$$

Admitindo que o pinhão tenha 27 dentes ($N = 27$), a freqüência da malha será

$$f_m = f_p \cdot N = 2025 \, Hz$$

Entretanto, caso haja superposição na linha do pitch, que é simétrica em relação ao eixo do pinhão ou da coroa, haverá geração de várias freqüências, como por exemplo:

$$f_{p1} = 2 \cdot f_p = 150 \, Hz$$
$$f_{c1} = 2 \cdot f_c = 80 \, Hz$$
$$f_{p2} = 3 \cdot f_p = 225 \, Hz$$
$$f_{c2} = 3 \cdot f_c = 120 \, Hz$$

Existe ainda a possibilidade de um ligeiro desalinhamento do eixo de uma das engrenagens que compõe o sistema, o que dá origem a um contato reverso nos dentes. Nesses casos obsevar-se-á uma vibração na freqüência

$$f_{m1} = 2 \, f_m = 4050 \, Hz$$

Caso exista uma instabilidade no rolamento do pinhão, ou mesmo uma rotação do rolamento, origina-se uma vibração cuja freqüência é dada por

$$f_r = 0,43 \cdot f_p \cong 0,47 \cdot f_p \cong 34 \, Hz$$

436 TÉCNICAS DE MANUTENÇÃO PREDITIVA

Pelo exposto, podem estar presentes várias outras freqüências, originadas por irregularidades e imperfeições que não nos cabe mencionar, uma vez que nosso interesse é Manutenção Preditiva e não a técnica de construção de engrenagens e sistemas de engrenagens. Além do mais, há a possibilidade de combinação de vibrações, observando-se então modulação em freqüência e variações de fase. É comum o aparecimento das freqüências

$$f_I = f_m + f_p = 1950 \quad Hz$$

$$f_{II} = f_m - f_p = 2100 \quad Hz$$

As freqüências f_I e f_{II} podem ser originadas ou atribuídas a uma excentricidade do pinhão associada a um contato inadequado entre os dentes.

Observe-se que qualquer diferença, soma ou multiplicação das freqüências f_p, f_c, ou f_m pode ser detetada, dependendo dos esforços exercidos sobre as engrenagens, e nesses casos uma delas torna-se predominante. Tal fato ressalta o quanto é importante ter-se o espectro completo ou a "assinatura" (signature) do equipamento quando novo, para ter-se maior facilidade nas investigações e controle futuro. Na eventualidade de aparecer uma freqüência diversa das mencionadas acima, deve ser investigada a origem de tal vibração. É bastante comum a existência de um dos dentes estar usinado com um erro, erro esse que pode ser realmente uma usinagem incorreta, freza incorreta ou outra ferramenta de corte inadequado, cuja seleção escapou ao operador.

Na manutenção preventiva, a medida e observação das vibrações visam detetar os defeitos mais comuns em engrenagens e sistemas de engrenagens (redutores) que, pela ordem, são os seguintes:

1 - Desbalanceamento das partes móveis.
2 - Erro de transmissão estática.
3 - Desalinhamento.
4 - Dentes estragados.
5 - Variações de torque.
6 - Turbulência no filme de óleo.

Nos redutores, a maior fonte de vibrações situa-se normalmente no erro de transmissão estática. Tal fator permite determinar a qualidade da usinagem, tornando possível verificar qual a classificação da pró-

IDENTIFICAÇÃO DA ORIGEM DAS VIBRAÇÕES MONITORAÇÃO 437

pria usinagem em função dos índices AGMA. Observe-se que toda e qualquer substância abrasiva ou corrosiva no óleo dá origem a desgaste dos dentes, aparecendo vibrações indesejáveis. É importante observar que em qualquer redutor, a presença de vibrações com deslocamentos superiores a 125 μm em qualquer freqüência, está fora de todas as especificações estabelecidas presentemente.

Pelo exposto com relação às engrenagens, a maioria dos redutores é construído com engrenagens helicoidais, com o que obtem-se um sistema no qual dois ou mais dentes permanecem constantemente em contato simultâneo. Tal fato diminue apreciavelmente o erro de transmissão estática, originando vibrações com amplitude reduzida. Quando, num conjunto qualquer de engrenagens, um dos dentes apresenta estragos, os "trancos" durante a operação indicam o fato, independentemente de medida de vibrações, análise ou tomada do espectro. A manutenção preditiva tem por finalidade exatamente determinar os defeitos que eventualmente apareçam nos dentes (ou dente), antes de ser atingida a fase crítica e irreversível de quebra do dente danificado.

Nos sistemas de engrenagens, a vibração mais comum é constituída pelo impacto dos dentes, denominada vibração de impacto, originada pelo acasalamento dos dentes. Quando o sistema está carregado em excesso, há uma flexão dos dentes que por sua vez dá origem a um aumento de pessão em relação a dente adjacente, e com isso é aumentada a amplitude de vibrações na freqüência de impacto. Quando um compressor ou sistema alternativo é acionado através de redutor ou conjunto de engrenagens, há uma variação apreciável no torque, o que dá origem a vibrações com amplitude modulada. Tais vibrações, ao atingir a carcassa e outras áreas vibrantes, radiam um barulho que é caracterizado por ter a sua amplitude aumentada e diminuida numa cadência constante, análoga aos batimentos. Por tal motivo, a irregularidade é percebida imediatamente pelo barulho típico que produz.

Existem, ainda, vários outros casos de vibrações associados a outros problemas, que serão vistos oportunamente, quando descrevermos com algum detalhe os problemas de manutenção preditiva pelo estudo das vibrações.

Como é natural, existem métodos e processos que permitem determinar as diferentes freqüências originadas num sistema de engrenagens. Verificaremos a seguir alguns detalhes ligados aos problemas das engrenagens, detalhes de alguns espectros típicos, assim como alguns todos simples de cálculo das vibrações originadas pelo funcionamento de engrenagens e sistemas de engrenagens.

Tomemos como exemplo ilustrativo os espectros da Figura XI.08. O espectro mostra a análise entre 20 Hz e 20 kHz, com uma faixa percentual de 3% e os sinais registrados dentro de um intervalo de aproximadamente um mês, com o acelerômetro apoiado na carcassa de uma caixa de engrenagens sobre um rolamento. A rotação de ambos os eixos cor-

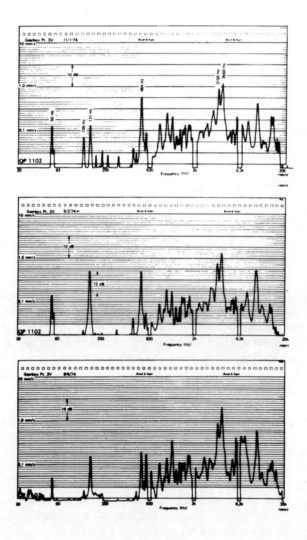

Figura XI.08

IDENTIFICAÇÃO DA ORIGEM DAS VIBRAÇÕES MONITORAÇÃO **439**

respondem às freqüências de 50 Hz e 121 Hz respectivamente, sendo a freqüência de malha de 3150 Hz. Há uma deterioração significante, como indica a comparação de ambos os espectros, já que há uma diferença de 11 dB em relação à componente a 120 Hz. Tal deterioração apresenta uma influência desprezível no nível global de vibração que é governado primordialmente pelas componentes no entorno da freqüência de malha. Entretanto, a análise espectral torna tal alteração claramente visível e, além disso, permite determinar que, obviamente, a origem se localiza no eixo de alta velocidade. Neste caso particular, depois de mais um mês de operação, foi programado um balanceamento e realinhamento do sistema, fazendo com que o sistema de engrenagens voltasse a operar nas condições normais, em condições melhores que inicialmente (espectro a) conforme se deduz do espectro final (espectro c). Como já afirmamos em várias ocasiões, não há segurança em nos apoiarmos num espectro isolado, mas sim num conjunto de espectros levantados em períodos diversos. A melhor solução é obter o espectro do equipamento quando novo e, caso o mesmo obedeça as especificações mencionadas anteriormente, acompanhar a variação tendo tal espectro, ou "assinatura" (signature) como base.

Embora seja bastante difícil tirar conclusões face a um único espectro, quando o responsável conhece o equipamento tal possibilidade torna-se bastante real. Por exemplo, o espectro levantado da caixa de engrenagens em 11 de janeiro de 1949 mostra um pico elevado na freqüência de 480 Hz, exatamente a 4ª harmônica da freqüência angular de rotação do pinhão. Como, normalmente, a 4ª harmônica é de pequena amplitude, a amplitude presente no espectro indica que o problema fundamental se situa na coincidência da ressonância da estrutura com tal harmônica. Então, nesta máquina em particular o balanceamento e o alinhamento devem ser executados com excepcional precisão, visando com isso evitar a excitação da ressonância da estrutura pelos componentes de distorção normalmente pequenos.

Os espectros da Figura XI.09 ilustram o efeito da melhoria obtida com o alinhamento correto, exceptuando-se somente uma freqüência. Trata-se de uma caixa de engrenagens que apresentou um espectro como o ilustrado com linha cheia. No próprio gráfico foram traçados os limites de classificação conforme VDI 2056, exigida pelas especificações do projeto. O sistema de engrenagens, somente com o alinhamento adequado modificou sua classificação que estava no limiar Tolerável/Inaceitável para a classficação Bom/Aceitável. Observa-se que o nível global de velocidade efetiva, rms, é controlado, em ambos os casos, pela 1ª harmônica de uma das rotações dos eixos, 50 Hz ou 85 Hz.

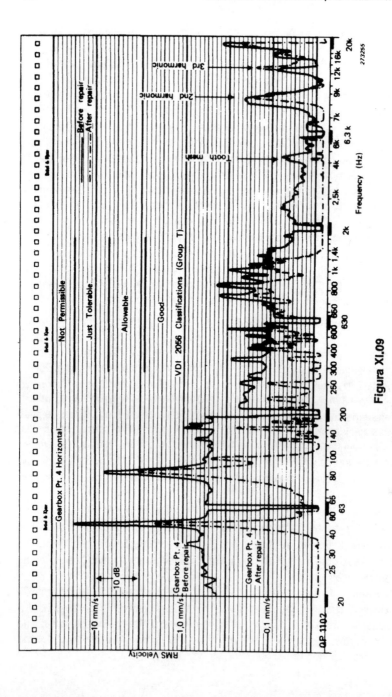

Figura XI.09

IDENTIFICAÇÃO DA ORIGEM DAS VIBRAÇÕES MONITORAÇÃO 441

Nas máquinas rotativas de alta velocidade e que apresentam mancais sem rolamentos, como turbinas e turbo-compressores, há necessidade de diferenciar as vibrações devidas ao turbilionamento do óleo, a menos da metade da rotação do eixo (42% a 49%), e o turbilionamento de meia-ordem, que é devido a falta de vedação proveniente de erro de montagem e possível de existir unicamente à temperatura e carga de operação. Esta última é uma sub-harmônica, devida possivelmente a uma não-linearidade e ocorre exatamente à metade da velocidade de rotação do rotor. Excepcionalmente aparece a 1/3 da rotação do rotor. Os espectros seguintes ilustram este caso, aparecendo não somente as harmônicas de ordem 1/2 mas também as de ordem 1 1/2, 2 1/2, 3 1/2 etc. que são perfeitamente visíveis e tal configuração permite fazer a distinção da vibração devida ao turbilionamento do óleo.

Caso, no espectro, apareçam alterações nas freqüências naturais, isto pode ser atribuído a evolução de possíveis trincas ou fissuras que originam alteração na compliância ou na massa.

Pode aparecer modulação no espectro, tanto em amplitude quanto em freqüência, como na freqüência de malha ou na de passagem das pás de turbinas que são as portadoras, aparecendo faixas laterais entorno a portadora e suas harmônicas. Um exemplo típico de modulação em amplitude é o fornecido pela excentricidade de uma engrenagem, que dá origem a uma alteração periódica na pressão de contato entre os dentes e cada revolução. Teoricamente, a modulação em amplitude por uma única freqüência deve dar origem a um par de faixas laterais constituídas por uma única freqüência e afastadas da portadora por uma quantidade igual a freqüência de modulação. Entretanto, no caso geral a modulação nunca é uma senoide única e sim um sinal distorcido, e por tal motivo aparece sempre uma família de faixas laterais espaçadas sem múltiplos da freqüência fundamental. No caso de modulação em freqüência, aparecem faixas laterais múltiplas mesmo para o caso de uma única componente senoidal de modulação.

Os erros sistemáticos na geometria dos dentes dão origem tanto a modulação em amplitude quanto em freqüência. As variações periódicas de torque que são normalmente flutuantes e originadas em qualquer parte do sistema, dão origem a modulação em amplitude mas, eventualmente, originam também modulação na freqüência de malha. Nas máquinas tipo turbina, a freqüência de passagem das pás ou palhetas pode ser modulada pelas freqüências naturais das pás e tal fenômeno dá origem a faixas laterais espaçadas de tal maneira que permitem a medida a freqüência natural das mesmas.

TÉCNICAS DE MANUTENÇÃO PREDITIVA

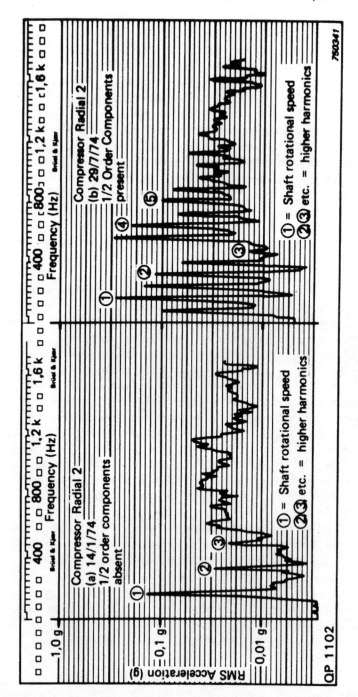

Figura XI.10

IDENTIFICAÇÃO DA ORIGEM DAS VIBRAÇÕES MONITORAÇÃO 443

Pelo exposto, é fácil verificar que existem técnicas de tratamento do sinal mecânico através de processos eletro-eletrônicos, que podem e são utilizados na manutenção preventiva com enormes vantagens. Existem alguns métodos e processos, digamos, "especiais" que são utilizados extensivamente em várias tecnologias e ramos da pesquisa científica, como a de Fourier, Tratamento Estatístico, etc. Tais métodos são bastantes avançados e são utilizados corriqueiramente nas indústrias aeronáuticas em países de elevado desenvolvimento tecnológico. Os mesmos são utilizados em nosso meio, porém mais com finalidades acadêmicas que industriais, dado o nosso desenvolvimento incipiente. Inclusive, nos meios acadêmicos, o equipamento existente é utilizado em menos de 5% de seu tempo útil e em menos de 1% das possibilidades.

Os elementos de um sistema de engrenagens estão sujeitos a uma deterioração devido ao uso, uma vez que cada dispositivo apresenta uma vida útil determinada e finita. É evidente que por melhor que seja a qualidade, as coroas, pinhões, rolamentos, eixos, pás hidro e aerodinamicamente acionadas apresentam um desgaste natural devido ao próprio uso. De maneira geral, os esforços vibratórios gerados por tais dispositivos são classificados em três categorias gerais:

1 - As freqüências são harmônias da freqüência angular de rotação do eixo de entrada por uma relação cinemática constante. Trata-se de, por exemplo, das vibrações provocadas por desbalanceamento dos eixos, devido aos esforços das engrenagens, falta de coaxialidade dos eixos (desalinhamento) do redutor com o eixo das máquinas que devem ser acionadas ou que acionam. Tal desalinhamento dá origem a forças dinâmicas axiais e radiais, pela modulação oriunda de acoplamentos, etc.

2 - As vibrações quase-senoidais nas quais a freqüência não é ligada imutavelmente à rotação angular dos eixos mas sim àquelas provenientes de outras máquinas operando nas proximidades e que são transmitidas através das fundações como as provenientes dos movimentos diferenciais eixo-mancal devido a instabilidade do filme de óleo. Entretanto, tais fenômenos são pouco comuns e bem menores que os presentes numa instalação com eixo único e originadas pelas cargas radiais devidas as engrenagens.

As vibrações produzidas pela passagem de um rolete ou esfera sobre um defeito, deslisamento entre as pistas etc.

já foram devidamente estudadas. Normalmente, com os instrumentos usuais, a resolução dos analisadores não é suficiente para diferenciar as freqüências muito próximas de tais fenômenos, exigindo processos mais precisos e, evidentemente, bem mais dispendiosos. Normalmente tais filigranas são mascaradas pelas vibrações descritas em 1.

3 - As vibrações aleatórias originadas por atrito estridente (de arraste) entre o eixo e o mancal, as alterações devidas a passagem das bolas ou roletes de rolamentos sobre uma região ou zona defeituosa e as excitações diversas como as provocadas pela cavitação que são transmitidas via eixo e outros componentes a praticamente todo o conjunto, principalmente se acoplado em tandem e os acoplamentos forem rígidos ou semi-rígidos.

A identificação e localização das fontes de tais freqüências depende essencialmente de sua natureza, como é evidente.

O esquema da Figura XI.11 dá uma idéia de como as diversas faixas de freqüência se posicionam em relação as várias causas ou origens possíveis.

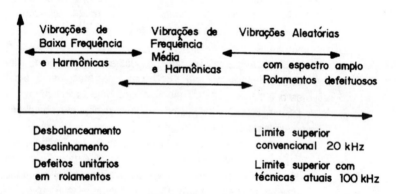

Figura XI.11

Como a assinatura de um redutor compõe-se de um espectro total e único e com faixa limitada normalmente entre 0 e 2 kHz pelos métodos convencionais, obtem-se resultados amplamente satisfatórios. Entretanto, quando existem componentes em maior número, a resolução passa a ser excelente em altas freqüências e insuficiente às freqüências baixas.

IDENTIFICAÇÃO DA ORIGEM DAS VIBRAÇÕES MONITORAÇÃO 445

Por tal motivo, é preferível executar a análise seqüencial de um dado sinal na eventualidade de se precisar de um conjunto de informações mais amplo. As diferenças técnicas de análise dos sinais serão uma função dos fenômenos cuja detecção se pretende e a individualização de cada categoria de anomalia. De qualquer forma, devem ser feitos esforços para explorar sistematicamente os elementos relacionados com a rotação dos eixos e a conseqüente repetição dos sinais. Com tal providência, obter-se-á a graduação adimensional da rotação nos eixos de freqüências do espectro extraindo-se o sinal global sob a forma de sinais periódicos e cujo aparecimento é perfeitamente conhecido. A medida de um sinal auxiliar composto por um pulso a cada rotação do eixo e que apareça com maior freqüência por um pulso a cada rotação do eixo e que apareça com maior freqüência indica uma falha, sem introduzir complicações no instrumental. Concretamente, é possível elaborar três tipos de assinaturas nos grupos seguintes:

I - Análise de Fourier em baixa freqüência, com retirada dos sinais determinada pela cadência dos eixos que compõe o equipamento.

II - Extração das assinaturas individuais dos grupos de engrenagens ou outros dispositivos através dos sinais em tempo real, seguidos de uma análise de Fourier.

III - Análise estatística global dos sinais emitidos.

O exposto permite que se tenha uma idéia clara de como proceder no estabelecimento de um programa de manutenção preditiva em base ao estado real dos componentes, determinado pelo espectro das vibrações. Observe-se que à medida que um equipamento assume importância fundamental na instalação, seja pela sua importância ao processo seja pelo seu elevado custo, a complexidade da análise cresce, crescendo concomitantemente o custo de tal análise e os custos aparentemente diretos da manutenção, o que é perfeitamente natural.

No nosso parque industrial, com um desenvolvimento tecnológico incipiente, uma vez que os equipamentos e sistemas complexos são importados como "caixas pretas" e a ausência de preparo cnhecimentos e experiência por parte dos encarregados da manutenção, obriga a utilizar uma análise em faixas largas, eventualmente faixas de oitavas e raramente em faixas de terças. Excepcionalmente é utilizado um filtro sintonizável em faixas percentuais de 6% ou 3%, dada a dificuldade ou mesmo inviabilidade dos envolvidos na manutenção interpretar os resultados obtidos. Por tal motivo, insistimos que o elo fraco na manutenção atualmente é o elemento

446 TÉCNICAS DE MANUTENÇÃO PREDITIVA

humano. Sem um preparo, ensinamento e treinamento adequado, o problema jamais será resolvido, por melhores e maiores quantidades de instrumentos que sejam adquiridos.

Quando se trata de engrenagens, é interessante recordar alguns aspectos fundamentais do funcionamento das mesmas. Vários fatos corriqueiros e fundamentais nem sempre são percebidos por aqueles que trabalham com equipamentos que possuem tais dispositivos, seja porque as peças são teoricamente robustas e resistem a qualquer tratamento, seja por displicência, uma vez que existem problemas mais prementes. Em qualquer caso, vamos recordar alguns pontos fundamentais, em complemento ao que foi descrito em 7.40.80. Neste item foram descritos suscintamente os defeitos ou anormalidades mais comuns, assim como as freqüências respectivas. Verificamos agora, com mais detalhe, o como diferenciar uma irregularidade da outra, em base à observação e análise dos parâmetros, vibração no caso presente.

Para que se desenvolva um diagnóstico satisfatório num sistema de engrenagens, o procedimento a ser seguido é praticamente o mesmo utilizado para diagnosticar irregularidades em rolamentos, com a única diferença se situando no campo das freqüências, que evidentemente diferem das apresentadas por rolamentos. As principais irregularidades referem-se as causas seguintes:

a) Engrenamento inadequado entre os dentes de engrenagens contíguas.

b) Irregularidades locais, tais como trincas, fissuras, rebarbas nos dentes etc.

c) Engrenagem excêntricas ou com erro no módulo.

d) Engrenagem com dentes machucados ou estragados.

e) Desalinhamento de engrenagens.

Como não poderia deixar de ser, um dente único de uma engrenagem nada mais é que uma viga engastada num extremo e com o extremo oposto livre. Assim sendo, tal viga engastada pode vibrar na sua freqüência de ressonância, cujo valor depende das dimensões, geometria da peça (dente no caso), material que constitue o dente, etc. Existe uma força que é aplicada individualmente ao dente e na forma de impacto. Nessas condições, dadas as perdas internas do próprio material, o dente apresenta oscilações livres e fortemente amortecidas. Dada a conexão mecânica, vibrações são transmitidas ao eixo que suporta a engrenagem e evidentemente aos mancais e/ou rolamentos. Por tal motivo, detectam-se vibrações amortecidas (f_n) que são de alta freqüência, junto com as vibrações de

IDENTIFICAÇÃO DA ORIGEM DAS VIBRAÇÕES MONITORAÇÃO   447

malha (f_m) que são de baixa. A Figura X.12 ilustra o como tais vibrações são produzidas e quais as variações temporais como mostradas num osciloscópio.

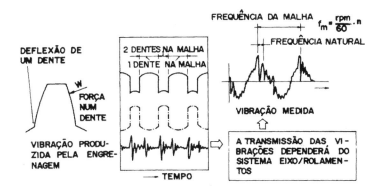

Figura XI.12

As freqüências mencionadas acima constituem ponto fundamental para o diagnóstico de sistemas de engrenagens. Entretanto, o levantamento que deve ser feito máquina por máquina deve observar as eventuais variações não somente nas baixas freqüências mas também nas altas, visando com isso programar quantitativamente a deterioração das engrenagens, cujos efeitos no nível de vibrações são marcantes. Nos complexos industriais de grande porte, onde existem máquinas de elevada responsabilidade não somente devido ao custo mas ainda pela importância das mesmas na produção, os laboratórios e departamentos de manuteção possuem meios de executar testes de desgaste acelerado visando estabelecer os níveis para desgaste leve e para desgaste elevado ou excessivo. De posse de curva da evolução do desgaste, a Manutenção Preditiva tem em mãos elementos para programar e providenciar os reparos necessários para que não sejam atingidas situações perigosas ou irreversíveis, como o rompimento de uma ou mais engrenagens e a parada do equipamento. Nessas condições, quando se possue a curva do conjunto em operação, semelhante a curva ilustrada na Figura XI.13, a Manutenção Preditiva, através dos inspetores de campo, informa do fato e as providências são tomadas automaticamente. Observe-se que qualquer alteração que se apresente de maneira clara e marcante durante o levantamento, deve ser informada afim de que seja elaborado um diagnóstico mais detalhado, vi-

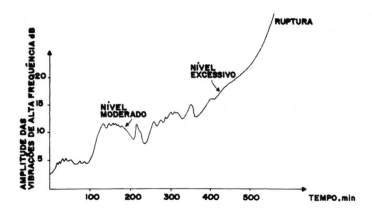

Figura XI.13

sando detectar a causa e o tipo de anormalidade, dentro da política de procedimento estabelecida para tal tipo de dispositivo. Observe-se que o conceito de diagnóstico deve ser baseado no método escolhido para analisar a amplitude da freqüência e o grau de modulação. Note-se que os sistemas de engrenagens são, normalmente, dispositivos de custo elevado e geralmente de grande importância à instalação. Por tal motivo, os mesmos devem ser inspecionados e monitorados com o devido cuidado, tomando a Manutenção as providências que se fizerem necessárias dentro do espaço de tempo mais curto possível. É economicamente mais interessante providenciar a obtenção de engrenagens novas no momento que são observadas anormalidades devido ao engrenamento ou defeitos nos dentes, para que possa ser programada a substituição no momento adequado e sem transtornos à produção ou ao funcionamento da instalação.

Como exemplo típico tem-se as engrenagens com dentes irregulares, seja devido ao desgaste não-uniforme, seja por erro de usinagem ou de montagem. Quando os dentes são irregulares, não-uniformes, a amplitude da freqüência de malha aumenta, uma vez que os contatos são irregulares ou erráticos, seja pela presença de materiais estranhos junto com o lubrificante, como limalhas metálicas, areia e outras "sujeiras" industriais. A Figura XI.14 ilustra a variação temporal desta freqüência de malha quando devida a dentes gastos ou estragados.

É mais comum do que parece a primeira vista, a usinagem de engrenagens com o centro do eixo excêntrico com o eixo da engrenagem.

IDENTIFICAÇÃO DA ORIGEM DAS VIBRAÇÕES MONITORAÇÃO 449

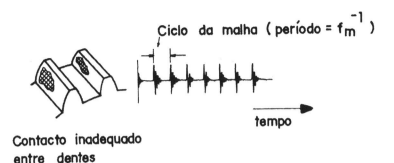

Figura XI.14

No caso ter-se-á que duas engrenagens vão operar excentricamente e, como não poderia deixar de ser, o contato entre dentes varia de conformidade com o grau de excentricidade. Nesse caso, observa-se um barulho tipo rugido, cuja amplitude aumenta e diminui à medida que as engrenagens giram. Concomitantemente, as vibrações apresentam a freqüência de malha com amplitude variando com o tempo, como ilustra a Figura XI.15. Quando uma das engrenagens apresenta erro no passo, o problema é semelhante quanto a variação temporal de amplitude da freqüência de malha. A figura ilustra o caso em pauta.

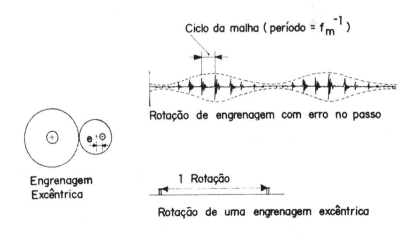

Figura XI.15

XI.100.10 - Noções de Cálculos da Vibração de Engrenagens - Já vimos quais as freqüências principais que são detectadas com a operação de um par de engrenagens. As imperfeições inerentes a cada engrenagem dá origem a impulsos cuja freqüência vai depender do número de dentes, velocidade de rotação e combinação de engrenagens como vimos. Quando a carga é uniforme, a relação entre os números de dentes de cada par deve ser um número primo, para diminuir ao máximo a possibilidade de contato dente-com-dente, originando o dente "caçador", como foi exposto. De maneira resumida, tem-se as freqüências seguintes:

i) **Par de Engrenagens** - Fig. XI.16

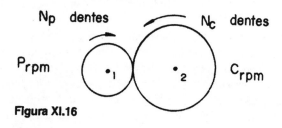

Figura XI.16

Frequência de malha $f_m = f_p \cdot N_p$

Frequência do pinhão $f_p = P_{rpm}/60$

Frequência da coroa $f_c = C_{rpm}/60 = \dfrac{N_p}{N_c}/60$

NOTA: Denominamos as engrenagens de pinhão aquela com menor número de dentes e coroa a que possue maior número de dentes. Poderíamos designar por engrenagens 1 e 2 ou a e b.

ii) **Conjunto de Engrenagens** - Fig. XI.17

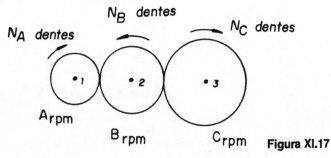

Figura XI.17

IDENTIFICAÇÃO DA ORIGEM DAS VIBRAÇÕES MONITORAÇÃO 451

Frequência de malha $f_m = A_{rpm}/60 \cdot N_A = B_{rpm} \cdot N_B = C_{rpm} \cdot N_C$

Frequência da Engrenagem A $f_A = A_{rpm}/60$

Frequência da Engrenagem B $f_B = B_{rpm}/60$

Frequência da Engrenagem C $f_C = C_{rpm}/60$

iii) **Sistemas Planetário de Engrenagens** - Fig. XI.18

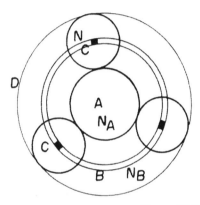

Figura XI.18

a) Carcassa Fixa $\dfrac{B_{rpm}}{A_{rpm}} = -\dfrac{N_B}{N_A} \: ; \: \dfrac{C_{rpm}}{A_{rpm}} = -\dfrac{N_A}{N_C}$

Frequência de Malha $f_m = N_A \cdot A_{rpm} = N_B \cdot B_{rpm} = N_C \cdot C_{rpm}$

Frequência do Pinhão $f_p = n \cdot A_{rpm}$ (n = número de planetas)

Frequência do Planeta $f_p = 2 \cdot \dfrac{N_A}{N_B} \cdot A_{rpm} = 2 \cdot B_{rpm}$

Frequência da Coroa $f_c = n \cdot \dfrac{N_A}{N_C} \cdot A_{rpm} = n \cdot C_{rpm}$

b) Pinhão Fixo $\quad \dfrac{B_{rpm}}{C_{rpm}} = \dfrac{N_C}{N_C - N_A} \; : \; \dfrac{C_{rpm}}{D_{rpm}} \; : \; \dfrac{N_C}{N_A + N_C}$

Frequência de Malha $\quad f_m = \dfrac{N_A \cdot N_C}{N_A + N_C} \cdot C_{rpm} = N_A \cdot D_{rpm}$

Frequência do Pinhão $\quad f_p = \dfrac{n \cdot N_C}{N_A + N_C} \cdot C_{rpm} = n \cdot D_{rpm}$

Frequência do Planeta $\quad f_p = \dfrac{2 \cdot N_A \cdot N_C}{N_B (N_A + N_C)} \cdot C_{rpm} = 2 \cdot \dfrac{N_A}{N_B} \cdot D_{rpm}$

Freqüencia da Coroa $\quad f_c = \dfrac{n \cdot N_A}{N_A + N_C} \cdot N_C = n \cdot \dfrac{N_A}{N_C} \cdot D_{rpm}$

c) Coroa Fixa $\quad \dfrac{B_{rpm}}{A_{rpm}} = \dfrac{N_A}{N_A - N_C} \; : \; \dfrac{A_{rpm}}{D_{rpm}} \; : \; \dfrac{N_A}{N_A + N_C}$

Frequência de Malha $\quad f_m = \dfrac{N_A \cdot N_B}{N_A + N_C} \cdot A_{rpm} = N_C \cdot D_{rpm}$

Frequência do Pinhão $\quad f_p = \dfrac{n \cdot N_C}{N_A + N_C} \cdot A_{rpm} = n \cdot \dfrac{N_C}{N_A} \cdot D_{rpm}$

Frequência do Planeta $\quad f_p = \dfrac{2 \cdot N_A \cdot N_C}{N_B (N_A + N_C)} \cdot A_{rpm} = 2 \cdot \dfrac{N_C}{N_A} \cdot D_{rpm}$

Frequência da Coroa $\quad f_c = \dfrac{n \cdot N_C}{N_A + N_C} \cdot A_{rpm} = D_{rrpm}$

IDENTIFICAÇÃO DA ORIGEM DAS VIBRAÇÕES MONITORAÇÃO 453

As expressões acima permitem calcular e verificar quais as freqüências que serão detectadas durante a operação e funcionamento de alguns sistemas de engrenagens. É ainda possível executar cálculos mais elaborados, considerando ou não a inércia das engrenagens e vários outros detalhes. Não entraremos em outros detalhes, devendo os interessados recorrer a literatura recomendada, onde o interessado encontrará informações sobre o cepstrum além de várias técnicas que pertencem à Engenharia de Projetos. Para a manutenção, tais técnicas não constituem ferramentas essenciais, por pertencerem mais a estudos tutoriais e outras atividades acadêmicas.

Nos casos de manutenção, interessam alguns detalhes de medida de vibrações que indicam a presença ou não de anomalias. Tem-se:

i) **Erro de Transmissão ou Dentes com Acabamento Inadequado**: A freqüência mais importante no caso é a freqüência de malha e suas harmônicas; o plano dominante é o radial para engrenagens de dentes retos (spur gears) sendo o plano axial dominante quando se trata de engrenagens helicoidais ou espinha de peixe (Herringbone); a amplitude depende da velocidade de operação e do erro de transmissão total; a envoltória apresenta-se comumente como um único pico mas, em alguns casos, acompanhado de faixas laterais.

ii) **"Runout" do passo, Desbalanceamento de Massas, Desalinhamento ou Dente Defeituoso**: Detecta-se a freqüência igual à rotação do eixo, acompanhada da freqüência de malha e mais faixas laterais com freqüência igual à rotação da engrenagem; o plano dominante é o radial para as engrenagens de dentes retos, sendo o axial quando se tratar de engrenagens helicoidais ou espinha de peixe; a amplitude corresponde à rotação, aparecendo faixas laterais de conformidade com a gravidade das anomalias; a envoltória apresenta-se com picos discretos e separados; a operação de engrenagens pode excitar ressonâncias torsionais de diferentes freqüências; quando existem erros de usinagem, podem ser detectadas freqüências iguais e duas e três vezes a rotação da engrenagem.

XI.200 - VIBRAÇÕES EM MANCAIS E ROLAMENTOS

Os mancais podem ser de desgaste, normalmente constituidos por peças de aço recobertas com ligas especiais, também conhecidos como "babbit" ou "metal patente" ou mancais de rolamentos que podem ser de esferas, roletes, agulhas, etc. No caso de mancais de desgaste, o problema se situa no desgaste do babbit ou do eixo. Tem-se:

a) **Mancais de Desgaste** (Luvas) - Detectam-se freqüências randômicas normalmente de faixa larga; a amplitude apresenta-se flutuante tendo como plano dominante o radial; é possível observar a posição e as alterações dinâmicas do eixo com o uso de transdutores de proximidade; a amplitude da vibração aumenta à medida que o mancal se degrada; a envoltória apresenta energia elevada na linha de base, indicando freqüências inferiores a uma, duas e três vezes a rotação do eixo; a posição do rotor é comumente detectada através de transdutores de proximidade. Tais transdutores fornecem excelente proteção, principalmente no caso de mancais de encosto.

Quando estudarmos o uso do osciloscópio na manutenção mecânica, voltaremos a estudar o como detectar anomalias em mancais de luvas, ou de desgaste. Verificaremos agora alguns detalhes relativos aos rolamentos, também conhecidos como **anti-friction bearings** na literatura inglesa.

XI.200.10 - Rolamentos de Esferas e de Rolos

Os rolamentos constituem parte integrante de praticamente toda máquina ou equipamento, desde as mais simples às mais complexas. Quando comparado com o custo da máquina ou equipamento, o rolamento representa importância despresível. Entretanto, um rolamento de poucas centenas de cruzados quando apresenta defeito grave, pode paralizar um equipamento no valor de algumas centenas de milhões, como realmente paraliza. Por tal motivo, a manutenção preditiva apresenta resultados altamente compensadores somente quando prediz, com uma antecedência razoável (entre duas e oito semanas) quando um rolamento iniciará a dar problemas ou, em outras palavras, quando um rolamento deverá ser substituído para evitar interrupção da produção. Como se trata de componente

IDENTIFICAÇÃO DA ORIGEM DAS VIBRAÇÕES MONITORAÇÃO **455**

relativamente pouco dispendioso e de substituição normalmente simples, o conhecimento prévio de qualquer problema com o mesmo é de importância fundamental a qualquer programa de manutenção, preditiva ou não.

Os defeitos ou irregularidades que aparecem nos rolamentos consistem na deterioração das pistas externa ou interna, ou mesmo ambas. Ao passar sobre tais irregularidades, produzir-se-ão choques que dão origem a vibrações, cuja amplitude depende do estado do rolamento no que diz respeito às machucaduras nas pistas. Tais estragos são devidos a umas poucas causas, sendo as mais comuns as seguintes:

1 - Sobrecarga.
2 - Desbalanceamento.
3 - Variações bruscas de temperatura.
4 - Lubrificação inadequada.
5 - Partículas abrasivas ou corrosivas no lubrificante.
6 - Erro de projeto, utilizando o rolamento inadequado à função.
7 - Desgaste pelo uso (fadiga do material)

A danificação do rolamento pode ser tanto na pista externa quanto na interna, assim como nas esferas ou roletes. Uma das causas comuns de danificação de rolamentos, e que geralmente passa desapercebida totalmente, é manter a máquina ou equipamento parado durante longo tempo. Quando a máquina está parada, encaixotada ou não, outros dispositivos estão funcionando nas proximidades, podendo tal dispositivo ser inclusive bate-estacas, durante a erecção da instalação, ocasião em que as máquinas ficam paradas no páteo (muitas vezes na sua embalagem original). Os dispositivos funcionando transmitem vibrações ao solo, além das estruturas e que estão apoiados e, conseqüentemente tais vibrações atingirão os equipamentos estocados no páteo. Com isso, as vibrações dão origem a estragos nos rolamentos, não somente nas pistas mas também nas esferas ou rolos. Como geralmente os redutores e engrenagens estão apoiados em rolamentos via eixos, as vibrações irão introduzir danos nos mesmos. Tais danos apresentam-se na forma de ondulações nas pistas ou deformação das esferas ou rolos.

Pelo exposto, observa-se que a detecção de defeitos incipientes está relacionada intimamente com a observação das causas básicas dos defeitos. A detecçao nos estágios iniciais permite qe sejam tomadas providências a priori, evitando na grande maioria dos casos prejuízos de monta e, concomitantemente, permite que o reparo seja programado, com inúmeras vantagens sob todos os aspectos. É indiscutível a enorme vanta-

456 TÉCNICAS DE MANUTENÇÃO PREDITIVA

gem de um programa de manutenção preditiva bem estabelecido, que evite paradas não-programadas e inesperadas dando muito maior confiabilidade a qualquer sistema produtivo que adote tais técnicas. Existem vários pequenos detalhes de operação que, embora não façam parte de um programa de manutenção preditiva, seus efeitos na própria manutenção são importantes. O simples evitar consertos não-programados e eliminar situações catastróficas é algo de valor inestimável à produção e à programação econômica de qualquer empreendimento. No momento que as causas básicas das irregularidades forem verificadas e controladas, a situação passa a ser tranqüila em todos os níveis da unidade, seja técnica, produtiva, administrativa ou financeira. Considerando o exposto no início do presente item, os rolamentos constituem problema de importância fundamental, devendo por isso merecer especial atenção.

As causas mais freqüentes de defeitos em rolamentos são bastante estranhas, como mostra a relação seguinte, que não é exaustiva:

1 - Flanking ou pitting, devido à fadiga do material.
2 - Pitting elétrico - Tal pitting é devido a procedimento inadequado dos soldadores durante reparos diversos. Tal caso é comum quando, durante um reparo qualquer a arco elétrico, o soldador conecta o terminal terra na estrutura e executa a solagem com a corrente elétrica circulando através do rolamento. O supervisor deve alertar o soldador quanto a tal procedimento, totalmente incorreto e com resultados bastante deletérios aos rolamentos:
3 - Corrosão ou erosão do material devido a agentes químicos
4 - Smearing, ou remoção de material de uma área e sua deposição numa área diferente.
5 - Desgaste mecânico, devido ao uso prolongado ou sobrecarga.
6 - Falta de lubrificação ou lubrificação inadequada.
7 - Equipamento permanecendo estacionado durante períodos longos.

Não é de todo incomum um rolamento engripar, passando a girar junto com o eixo, formando uma peça única e, conseqüentemente, executando uma usinagem na carcassa ou suporte. Nesses casos, há um aumento considerável nas vibrações de alta freqüencia devido ao grande atrito que existe entre a pista externa e a estrutura da própria máquina, acoplada rigidamente aos mancais-suporte. Com o desenvolvimento da

IDENTIFICAÇÃO DA ORIGEM DAS VIBRAÇÕES MONITORAÇÃO **457**

usinagem, observa-se no futuro uma freqüência com amplitude elevada na rotação da máquina.

Um estudo detalhado sobre os defeitos incipientes em rolamentos foi feito por Balderston da The Boeing Company, cujos resultados constituem subsídio valioso à manutenção preventiva pelo espectro das vibrações. O estudo de Balderston mostrou que caso a esfera esteja alinhada exatamente no meio das pistas internas e externa, os choques serão idênticos em ambas as pistas, devido ao espaçamento micrométrico que deve existir. Entretanto, a esfera realiza uma rotação espiralar, de modo que a freqüência de rotação se apresenta modulada pela velocidade de rotação da esfera. Como as freqüências estão dentro da faixa de áudio, é perfeitamente possível observar a modulação em freqüência.

O cálculo das freqüências de ressonância dos rolamentos utilizados por Balderston foram executados pelo autor em base às equações de Lamb e Love e, para uma esfera tem-se:

$$f_r = \frac{0{,}424}{r} \sqrt{\frac{E}{2\rho}}$$

Para uma esfera, as vibrações aparecem pelo fato da esfera, durante seu movimento, oscilar na forma elipsoidal, transformando-se alternativamente em elipsoide de revolução oblato e prolato. Um rolamento genérico utilizado no estudo apresentou os seguintes resultados: I = momento de inércia da secção reta em relação a eixo neutro; a = raio do eixo neutro; m = massa no anel por unidade de comprimento; n = número de ondas entorno a circunferência do anel:

Esfera	f_r =	388 kHz			
Pista externa	n =	2	3	4	5
	f =	3,29 kHz	9,32 kHz	17,9 kHz	28,5 kHz
Pista interna	N =	2	3	4	5
	f =	16,25 kHz	46 kHz	88kHz	124,3 kHz

As expressões indicam a freqüência de ressonância para esferas consideradas "livres", não sendo válidas para o rolamento montado. No entanto, a experiência mostra que as variações nas freqüências de ressonância são da ordem ou inferiores ao erro introduzido pelo processo de

458 TÉCNICAS DE MANUTENÇÃO PREDITIVA

medição e, portanto, valem os valores determinados teoricamente. Em qualquer hipótese, depois de montado aparece um certo amortecimento, inexistente quando o elemento em consideração está totalmente "livre". Nos casos de aplicação prática, valem as expressões teóricas que descrevem a freqüência de ressonância.

Pelo exposto, para a determinação de defeitos incipientes em rolamentos, deve ser escolhida a freqüência entorno de 40°kHz como a que oferece melhores resultados. O estudo no entorno de tal freqüência não somente informa com precisão se o defeito está na pista interna ou externa ou ainda nas esferas (ou roletes), como satisfaz de maneira plenamente confiável o problema da manutenção preditiva já que há uma indicação claríssima de quando o rolamento deverá ser substituído. Dependendo do enfoque que for dado ao caso, se visando somente a manutenção da produção ou se visando um estudo detalhado da evolução dos defeitos, o procedimento será diferente. Caso o objetivo seja tão somente a manutenção preditiva visando manter a produção dentro de uma programação pré-estabelecida, o rolamento deverá ser substituido dentro do programa indicado pelo PERT. Caso o objetivo seja um tanto especulativo, visando uma pesquisa em busca da causa fundamental, deverá ser realizada uma análise profunda no entorno dessa faixa de freqüências, o que permitirá determinar a origem exata do defeito e qual, ou quais os componentes que a motivaram.

Balderston verificou cuidadosamente e estudou os defeitos através do espectro cobrindo vasta gama de velocidades de rotação, ao contrário de McLain & Hartman que estudaram o problema de rolamentos operando em baixa rotação. O estudo de Balderston mostra que os defeitos em componentes de rolamentos de esferas ou rolos manifestam-se através de freqüências correspondentes aos impactos nos defeitos ou irregularidades. Entretanto, mesmo em freqüências elevadas, entre 5 kHz e 50 kHz e algumas vezes até a 100 kHz, que correspondem às freqüências naturais dos próprios componentes, observam-se e detectam-se defeitos na pista interna ou externa em ambas as regiões de freqüências. Note-se que enquanto uma falha na pista externa aparece normalmente na região carregada, originando uma excitação uniforme a cada passagem do elemento girante, um defeito na pista interna dá origem a uma modulação na freqüência rotacional à medida que a carga na zona avariada é modificada. A Figura XI.19 ilustra espectro de dois rolamentos idênticos, sendo o primeiro sadio e adequadamente lubrificado e o segundo contendo cavernas na pista interna.

Nos últimos anos, com o desenvolvimento acelerado das técnicas de Emissão Acústica (AE), a mesma tem sido aplicada com bastante

IDENTIFICAÇÃO DA ORIGEM DAS VIBRAÇÕES MONITORAÇÃO 459

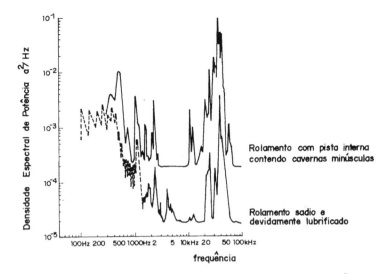

Espectro vibracional, em espectro de densidade espectral, a^2/Hz em função da frequência para rolamentos sadios e contendo defeitos na pista interna.

Figura XI.19

sucesso na detecção de defeitos incipientes em rolamentos, permitindo detectar falhas em seus componentes. Não entraremos em detalhes e os interessados devem consultar os fabricantes de instrumentos para tal finalidade e a literatura a respeito, visando obter informações detalhadas e atualizadas.

Tratando-se de dispositivos relativamente pouco dispendioso, tornando-se de custo desprezível quando comparado com o próprio equipamento ou com a instalação, nem sempre os mesmos são cuidados com a atenção que merecem. Basta verificar que um simples rolamento pode originar a parada de um equipamento de grande produção ou mesmo uma linha de produção, originando perdas econômicas difíceis de avaliar.

Como qualquer peça ou componente, os rolamentos apresentam deterioração com o uso, uma vez que o desgaste é inevitável. Entretanto, um rolamento genérico pode apresentar ruptura ou falha prematura por uma série de razões. É necessário então verificar quais são tais causas de "falhas", quais os sintomas possíveis de detectar e que providências devem ser tomadas para prolongar ao máximo a vida de um rolamento.

460 TÉCNICAS DE MANUTENÇÃO PREDITIVA

Hoje em dia a verificação e monitoramento do estado dos rolamentos é feito através de análise das vibrações e as anormalidades são classificadas em termos amplos como anormalidades de fabricação inadequada e anormalidades originadas pelo uso. Independentemente dessas duas classes de anormalidades, existem vários problemas que são originados por montagem ou procedimentos inadequados durante a montagem, originando um agravamento das condições do rolamento após curto período de uso. Verificaremos inicialmente quais os fatores que conduzem a fratura ou falhas nos rolamentos e originados por má prática ou inexperiência de montagem. Nesse particular, A. Pulley realizou um estudo bastante detalhado e baseado em longa experiência como gerente de fábrica de grande porte, cujos resultados estão resumidos a seguir.

a) **Lubrificação Inadequada** - Os elementos rotativos de um rolamento apresentam sempre um certo escorregamento em relação às pistas ou em relação a guia, havendo necessidade de lubrificação adequada. É muito importante verificar que a presença de óleo ou graxa não significa que existe **lubrificação adequada**, assim como uma lubrificação inadequada não significa ausência de lubrificante. Ao estudar uma falha devida a lubrificação é esencial que sejam verificadas as propriedades, a quantidade e as condições de operação do lubrificante. Tais condições é que indicam a adequacidade ou não do lubrificante usado. Comumente quando não há lubrificação alguma aparece um som agudo, tipo apito, acompanhado de uma elevação da temperatura principalmente às altas velocidades. Por outro lado, um excesso de lubrificação dá origem a um fenômeno semelhante à produção de mateiga, conhecido como "churning" ou, aportuguesando ao "manteigamento" do lubrificante, acompanhado de elevação da temperatura às altas velocidades. Uma observação cuidadosa dos efeitos mencionados permite que sejam tomadas providências antes de ser atingida uma situação irreversível. O exame visual do rolamento mostra, como indício de lubrificação inadequada, um desgaste que dá aos elementos girante um aspecto de "envidramento" ou "envernizamento", assim denominado por originar um aspecto brilhante ou polido. Entretanto, tal "envernizamento" nem sempre é percebido e comumente o primeiro sinal percebido indicativo de desgaste é o apareci-

IDENTIFICAÇÃO DA ORIGEM DAS VIBRAÇÕES MONITORAÇÃO **461**

mento de uma certa "opacidade" nas faces de contato. Caso se esfregue um dedo nas pistas interna ou externa em direções opostas, observar-se-á, através do tato, que numa direção a superfície é uniforme e rugosa na direção oposta. A partir disto aparece um "acavernamento" progressivo porque o metal é retirado de uma das superfícies, deixando pequenas cavernas (pitting). Com o uso o processo progride e, no final, deixa as pistas semelhantes a uma série de crateras distribuídas aleatoriamente até que a ruptura sobrevenha. Existe, ainda, um outro processo devido a lubrificação inadequada que é denominado "ensujamento" (smearing) e consiste na retirada de material sob a forma de partículas numa das superfícies e depositá-las em outra superfície onde são soldadas pelo calor. É importante observar que os fabricantes de rolamento indicam sempre e de maneira sistemática, qual é o lubrificante adequado para um dado rolamento.

b) **Assentos defeituosos no eixo ou na estrutura** - É muito importante que os rolamentos sejam assentados adequadamente, seja no que diz respeito à pista interna seja no que diz respeito à pista externa. E importantíssimo que tanto o anel interno quanto o externo sejam assentado de maneira firme e uniforme em toda a superfície. Caso exista ovalização no assento da pista externa, aparecerá um certo grau de opacidade não uniforme nesta pista, com maior destaque na região ou ponto de maior aperto. Caso a ovalização seja no eixo, a mesma apresentar-se-á com o mesmo desgaste na pista interna; pode ainda aparecer "riscamento" (fretting) na região de menor aperto. Em qualquer caso, o riscamento devido a corrosão por atrito apresenta um aspecto de marca enferrujada e abrange as áreas sem aperto. Quando o assento é cônico, apresenta uma reentrância ou depressão, não havendo possibilidade de um assentamento uniforme e adequado em toda a superfície do anel, dentro de pouco tempo aparece evidência de aperto ou folga excessiva, podendo aparecer ambas concomitantemente.

c) **Assentamento incorreto no eixo ou na estrutura** - O anel do rolamento deve ser ajustado adequadamente em seu assento caso se mova na direção da carga. Caso ele seja estacionário em relação à carga a mesma deve apresentar-

TÉCNICAS DE MANUTENÇÃO PREDITIVA

se como um assento que desliza, embora existam exeções a esta afirmação. O quanto de ajustamento dependerá da carga, uma vez que quanto maior a carga maior será o ajustamento. Quando existe permanentemente uma determinada vibração, há necessidade de um ajustamento maior no anel assentado e, possivelmente, um assento bem ajustado em ambos os anéis. Um ajustamento excessivo dá origem a uma diminuição de folga entre os anéis e os elementos girantes. Assim sendo, o rolamento não estará operando dentro dos limites estabelecidos pelo projeto para a folga, originando-se o lasqueamento ou desagregação com o conseqüente colapso. Caso o ajustamento do assento do eixo seja excessivamente grande, o anel interno romper-se-á e, caso tal não se dê na ocasião de assentamento e funcionar, aparecerá um barulho uniforme. Após curto período de rotação aparecerão cavernas acompanhadas de um colápso rápido. Um ajustamento frouxo dá origem a deformação do anel em seu assento e possivelmente permitirá que o mesmo gire, prejudicando ambas as faces em contato e destruindo tanto o rolamento quanto o assento.

d) **Retentores Inadequados** - Verificaremos adiante (e) o efeito de substâncias estranhas no interior dos rolamentos. Os fabricantes de rolamentos tomam precauções especiais visando proteger o produto que fornecem de substâncias estranhas, inclusive umidade. Entretanto, o usuário nem sempre toma os devidos cuidados, aparecendo problemas que poderiam ser perfeitamente evitados, eliminando perdas que podem eventualmente ser consideráveis. Quando as condições de operação o exigem, devem ser usados sempre rolamentos "selados" ou "blindados" e, caso necessário, montar retentores adicionais seja na estrutura seja no próprio rolamento. Observe-se que a presença de ácidos dão origem a pequenas cavernas nos elementos girantes, principalmente quando o ambiente apresenta umidade relativa elevada.

e) **Montagem inadequada** - Embora o procedimento seja altamente inadequado e inconveniente, na prática os rolamentos são "ajustados" em seu assento por marteladas e punções, seja em eixos ou nas estruturas-suporte. Tal procedimento dá origem a marcas ou endentações na forma de

IDENTIFICAÇÃO DA ORIGEM DAS VIBRAÇÕES MONITORAÇÃO

talhos, mossas etc. nos anéis, principalmente quando as pancadas não incidem nos locais pretendidos e a martelada atinge ou o guia ou o outro anel. Como é sabido, tais pancadas dão origem a um endurecimento (brinelling) na região que sofreu o golpe via endurecimento por trabalho mecânico (Mechanical Hardening) que, por sua vez, apresentam como resultado o aparecimento de cavernas (pitting) ou lasqueamento. Na prática a existência do fenômeno é feita ou pelo processo clássico de encostar o cabo de uma chave de fenda no ouvido (estetoscópio de baiano) ou utilizando um estetoscópio médico usual. Este problema é comum quando a montagem é feita com falta de cuidado no procedimento, permitindo que materiais estranhos penetrem no próprio rolamento, cujas conseqüências se fazem sentir em curto tempo. As substâncias que dão origem ao aparecimento de endentações nas pistas e elementos girantes são bastante comuns, como poeira, partículas de metais, sujeiras comuns, etc., e logo a seguir aparecem cavernas, lasqueamentos e desgaste rápido. Note-se que uma pequena quantidade de poeira, não necessariamente abrasiva, passa a ocupar o lugar do lubrificante, originando alteração nas folgas de projeto e reduzindo apreciavelmente a vida útil do rolamento. É bastante comum a aplicação de lubrificantes através dos "pontos de lubrificação", a óleo ou graxa e, quando tais entradas não estão adequadamente limpas, torna-se problema fácil introduzir materiais altamente abrasivos que levam a deterioração rápida do rolamento. Observamos, em várias ocasiões, o "conserto" do assento do rolamento que está um tanto folgado ou um tanto apertado através de puncionamento ou limagem feita a olho e o ajustamento é feito pelo mesmo processo. Nesses casos, a graduação do "ajuste" é bastante aleatória, conseguida ao acaso e normalmente está totalmente fora dos limites aceitáveis. Com isso, a área de contato anel/assento é reduzida da maneira marcante e as conseqüências são aquelas descritas em b).

f) **Desalinhamento** - O desalinhamento, como o próprio nome o indica, é a colocação dos rolamentos com o eixo de ambos fora de uma mesma reta. Tal desalinhamento, como já foi visto, pode ser angular ou paralelo. O desalinhamento é originado pelas irregularidades seguintes:

464 TÉCNICAS DE MANUTENÇÃO PREDITIVA

1 - Eixo ou assento na estrutura fora de esquadro ou danificado.
2 - Eixo torto ou envergado.
3 - Corpos estranhos entre o anel e o assento.
4 - Rolamento martelado em seu assento.

Normalmente o desalinhamento é devido ao ajuste do assento executado de maneira descuidada ou desleixada, ou falta de atenção ao examinar os assentos. Quando a pista interna ou anel interno é colocado no eixo através de pancadas, o mesmo permanecerá de maneira excêntrica com o eixo e, à medida que gira, dá origem a "ensujamento" e com aspecto de lasqueamento, resultando em colapso em curto tempo. No caso da pista externa, a mesma é fixada rigidamente tanto radial quanto axialmente e mostra um desgaste que se apresenta de maneira angular em relação ao canal da pista no caso de bolas e marcas de desgaste em ambos os lados dos roletes. Note-se que os defeitos acima não devem, nunca, ser corrigidos através do uso de rolamento auto-alinháveis.

g) **Passagem de Corrente Elétrica** - É mais comum do que normalmente se imagina, a passagem de corrente elétrica através dos elementos girantes dos rolamentos. Quando se trata de equipamento eletromecânico, tal corrente é originada pelas correntes parasíticas que são geradas magneticamente, correntes essas de intensidade bastante reduzida. Tais correntes dão origem a uma machucadura com aspecto de acanelamento ou estriamento tanto em ambas as pista quanto nos elementos girantes. A passagem de tal corrente pode ser bloqueada, bastando a aplicação de uma escova ao eixo e aterrá-lo adequadamente. Com tal providência, obter-se-á uma montagem tecnicamente satisfatória e com procedimento adequado à conservação da vida útil do rolamento. Bem mais importante e de conseqüências bem mais sérias é a passagem de corrente de soldagem, comum durante os reparos e providências usuais em toda instalação. Neste caso atravessa o elemento rolante uma

IDENTIFICAÇÃO DA ORIGEM DAS VIBRAÇÕES MONITORAÇÃO

vernas dá origem a rápida deterioração e conseqüente falha do rolamento.

h) **Vibrações Externas** - É bastante comum permanecer ou no páteo ou mesmo no interior da instalação uma série de máquinas que não estão funcionando. A permanência estacionária de máquinas leva a que os elementos girantes dos rolamentos fiquem permanentemente nos mesmos lugares, recebendo as vibrações externas, produzidas por outras máquinas em operação ou pelo próprio tráfego, que transmitir-se-ão aos rotores através dos rolamentos. Com isso, as regiões de contato elemento girante/pistas apresentam um processo de desgaste pelo atrito, sendo invisível a olho nú os sinais de esmerilhamento. Quando existe umidade relativa elevada, aparecem comumente manchas de cor marrom e ligadas ao enferrujamento dos constituintes, espaçadas de distâncias iguais a separação dos elementos girantes. Quando existem substâncias abrasivas, as marcas que aparecem são semelhantes as estrias produzidas por corrente elétrica, tornando bastante problemático distinguir qual a causa real. O fenômeno de endurecimento mecânico pode ser originado durante o transporte, em que as partes rotativas´ geralmente são presas ou então pelas vibrações que atingem a máquina via fundações.

As ilustrações esquemáticas da Figura XI.20 mostram o aspecto dos diferentes defeitos originados por montagem ou procedimento inadequado na instalação. Tais figuras foram elaboradas por Allan Pulley.

XI.200.10.10 - Vibrações Originadas por Rolamentos - Suponhamos que uma instalação industrial qualquer tenha sido montada com os cuidados que o caso exige, adotando procedimento válidos e evitando as inconveniências citadas no parágrafo anterior. É muito importante observar que um rolamento qualquer, seja qual fôr, apresenta **sempre** vibrações. O importante é verificar **quais** as vibrações, quais as amplitudes e, principalmente, como as freqüências e suas amplitudes variam com o funcionamento da máquina e equipamento. Tais fatores é que constituem os fundamentos de um programa de manutenção preditiva eficiente e que apresente vantagens econômicas apreciáveis.

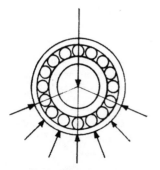
Distribuição da carga num rolamento

Carga Normal – Pista interna girante

Carga Normal – Pista externa girante

Carga Axial

Carga exclusivamente axial e excessiva

Carga combinada axial e radialmente

Pista externa desalinhada

Pista interna desalinhada

Assento da pista externa ovalizado

Pista dos roletes desalinhada

Figura XI.20

IDENTIFICAÇÃO DA ORIGEM DAS VIBRAÇÕES MONITORAÇÃO 467

Quando se trata de máquinas rotativas, é importantíssimo que a Manutenção possua informações do estado do equipamento, para estabelecer qual o melhor processo para eliminar a irregularidade. Para isso, deverá possuir meios e técnicas de detetar qual o grau e qual a causa da irregularidade mecânica de tais equipamentos (ventiladores, exaustores, turbinas, bombas, motores elétricos, etc.) dentro do menor prazo possível. O método ou técnica de diagnóstico utilizando a medição e análise do barulho e vibrações é o que melhores resultados apresenta. No diagnóstico de irregularidades mecânicas em máquinas rotativas, deve a Manutenção estar apta a verificar e analisar as vibrações devidas a rolamentos, sistemas de engrenagens, balanceamento estático e dinâmico, sistemas girantes e executar o interrelacionamento das grandezas envolvidas. Interessa-nos, no momento, verificar qual o método ou técnica de monitorar os rolamentos, e posteriormente verificar os demais itens.

É possível, através de técnicas atuais, verificar a extensão e a causa da deterioração de rolamentos, estabelecendo-se as causas seguintes:

    i) Defeitos de fabricação.
    ii) Lubrificação deficiente.
    iii) Manuseio ou operação inadequada.

O item iii) já foi visto com detalhes, de modo que passamos a verificar os demais.

Sabemos que existem sempre vibrações nos rolamentos e interessa saber quais as anormalidades que podem ser detetadas através da medida e análise das próprias vibrações. Existe, no caso, duas classes de vibrações em rolamentos: vibrações de alta freqüência e vibrações de baixa freqüência. Para o diagnóstico e verificação do estado de um rolamento, interessam tão somente as vibrações originadas pela rotação de uma peça girante cujo eixo é apoiado em rolamentos, sendo as demais descartadas.

A Figura XI.21 ilustra esquematicamente os rolamentos usuais, indicando quais as freqüências que devem ser encontradas, quando a montagem é tal que a pista externa permanece estacionária.

As freqüências que aparecem nas vibrações dos rolamentos podem ser previstas e calculadas e, em se tratando de monitoramento, as mesmas são oriundas de forças de choque ou impulsivas, resultante de defeitos ou irregularidades superficiais que originam freqüências relacionadas linearmente.

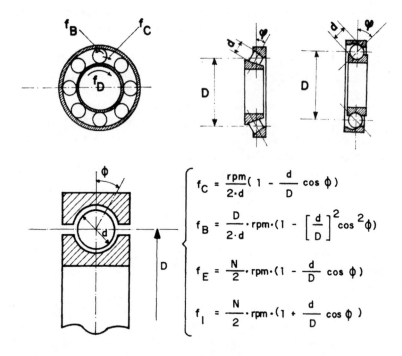

Figura XI.21

Os trabalhos de Balderston, assim como um estudo cinemático dos impulsos originados nos rolamentos permitem escrever as expressões seguintes para as freqüências que são normalmente detetadas

Frequência originada na pista interna

$$f_i = \frac{f_0}{2} \cdot N \cdot (1 + \frac{d}{D} \cos \varnothing)$$

Frequência originada na pista externa

$$f_e = \frac{f_0}{2} \cdot N \cdot (1 - \frac{d}{D} \cos \varnothing)$$

Frequência originada no spin do elemento girante

$$f_B = \frac{f_0 \cdot D}{d} \cdot N \cdot (1 - (\frac{d}{D})^2 \cos \varnothing)$$

IDENTIFICAÇÃO DA ORIGEM DAS VIBRAÇÕES MONITORAÇÃO

Frequência originada pela carcassa

$$f_C = \frac{f_0}{2} \left(1 - \frac{d}{D} \cos \varnothing\right)$$

onde é: d=diâmetro do elemento girante; D=passo do diâmetro do rolamento; $\varnothing$ = ângulo de contacto; N=número de elementos girantes; f_0=freqüência de rotação do eixo.

Os rolamentos, de um modo geral, vibram sempre em várias freqüências que apresentam significado de interesse à manutenção. Tais freqüências discretas são as seguintes:

Freqüência de rotação do eixo

$$f_0 = \frac{rpm}{60}$$

Presente ao menor desbalanceamento, apresentando influência despresível

Freqüência do spin do elemento girante

$$f_B = \left(\frac{D + d}{d}\right)\left(\frac{D - d}{D}\right) \cdot f_0$$

Freqüência originada pelo elemento girante

$$f_G = \frac{D - d}{D} \cdot f_0$$

Originada por uma irregularidade (microcaverna ou identação) no elemento girante ou nas pistas

Freqüência originada por irregularidade no elemento girante

$$f_{2G} = 2 \cdot f \left(\frac{D + d}{D}\right)\left(\frac{D - d}{d}\right)$$

A irregularidade choca-se com as pistas interna e externa alternadamente

Freqüência originada por irregularidades na pista interna

$$f_{I2} = (f_O - f_G) \cdot N = \left(\frac{D+d}{2D}\right) N \cdot f_o$$

Freqüência originada por irregularidades na pista externa

$$f_{E2} = f_G \cdot N = \left(\frac{D-d}{2D}\right) N \cdot f_o$$

Facilmente presente quando há variações da rigidêz entorno o assento do rolamento

Quando se trata de rolamento de roletes e do tipo cônico, ilustrado na Figura XI.22 as freqüências discretas apresentam-se de maneira diversa. Segundo Stokey tem-se as freqüências seguintes:

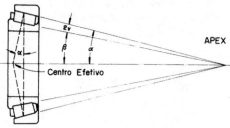

Figura XI.22

$$\omega_1 = -\left(\frac{\operatorname{sen}\alpha}{\operatorname{sen}\alpha + \operatorname{sen}\beta}\right) \cdot \omega_4$$

$$\omega_2 = \left(\frac{\operatorname{sen}\beta}{\operatorname{sen}\alpha + \operatorname{sen}\beta}\right) \cdot \omega_4$$

$$\omega_3 = -\left(\frac{\operatorname{sen}\alpha}{\operatorname{sen}\nu}\right) \cdot \left(\frac{\operatorname{sen}\beta}{\operatorname{sen}\alpha + \operatorname{sen}\beta}\right) \cdot \omega_4$$

IDENTIFICAÇÃO DA ORIGEM DAS VIBRAÇÕES MONITORAÇÃO **471**

onde é ω_1 = velocidade angular da carcassa em relação ao cone; ω_2 = velocidade angular da carcassa em relação à externa; ω_3 = velocidade angular do rolete em relação à externa; ω_4 = velocidade angular do cone em relação a externa; α = metade do ângulo da pista externa; ν = metade do ângulo do rolete; β = metade do ângulo da pista interna. O sinal negativo indica que a rotação é no sentido anti-horário quando comparada com o sentido positivo de rotação do eixo e pista interna. As freqüências mencionadas estão ligadas às dimensões do rolamento cônico pelas expressões

$$\omega_1 = - \left(\frac{D_{pe}}{D_{pe} + D_{pi}} \right) \cdot \omega_4$$

$$\omega_2 = \left(\frac{D_{pi}}{D_{pe} + D_{pi}} \right) \cdot \omega_4$$

$$\omega_3 = - \left(\frac{D_{pi}}{D_r} \right) \cdot \left(\frac{D_{pe}}{D_{pe} + D_{pi}} \right) \cdot \omega_4$$

Uma irregularidade sob a forma de descontinuidade do rolete dá origem ao aparecimento de uma freqüência dada por

$$f_r = \frac{1}{30} \cdot \omega_3$$

Uma descontinuidade na pista externa dá origem a uma freqüência f_e igual ao número de vezes que o rolete passa sobre a mesma na unidade de tempo. Ter-se-á

$$f_e = \frac{N}{60} \cdot \omega_2$$

Analogamente, quando há uma descontinuidade na pista interna, aparece a freqüência f_i dada pela expressão

$$f_i = \frac{N}{60} \cdot \omega_1$$

O uso das fórmulas acima permite determinar com facilidade, quais as freqüências associadas, com vários defeitos de rolamentos. Embora o estudo exija expressões matemáticas complexas, é possível visualizar com facilidade o que se passa. Na Figura XI.23, o rolamento da esquerda foi marcado e posicionado de tal modo que as marcas da pista externa, guia e pistas externa estacionária. Pode ser observado que a guia moveu-se cerca de 40% de uma revolução. Caso exista um defeito na pista externa, um defeito como uma pequena caverna puntiforme, 40% do guia e consequentemente 40% das esferas (ou roletes) passarão sobre tal defeito originando impactos sobre tal defeito mediante uma revolução completa da pista interna.

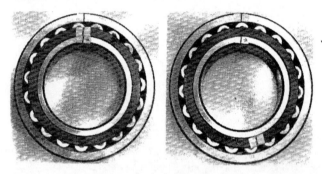

Figura XI.23

Este experimento/demonstração ilustra, na figura, um rolamento SKF 2226 que possue 19 roletes. Então, para cada revolução da pista interna, aparecerão 0,4 x 19 = 7,6 impactos dos roletes (ou esferas) com a pista externa. Caso a pista interna gire a 100 rpm, haverão 760 impactos por minuto ou 760 cpm = 12,5Hz. Levando-se as dimensões reais do rolamento nas equações dos rolamentos obter-se-á uma freqüência de 820 cpm = 13,66 Hz. Tal resultado está esquematizado na tabela seguinte, desenvolvida em base às equações descritas na página anterior.

rpm = 100; $\emptyset$ = 10°;   N = 19;   d = 24,99 mm;   D = 179,98 mm

Então,

f_C = 43 cpm = 0,716 Hz; f_B = 353 cpm = 5,88 Hz

f_E = 820 cpm = 13,66 Hz; f_I = 820 cpm = 13,66 Hz

IDENTIFICAÇÃO DA ORIGEM DAS VIBRAÇÕES MONITORAÇÃO 473

Pelo exposto, verifica-se ser bastante fácil determinar as freqüências associadas a defeitos de rolamentos, bastando para tal o uso das fórmulas. O significado de tais freqüências na determinação das condições globais do rolamento podem não ser aparente mas as mesmas indicam, com precisão, qual a parte do rolamento que apresenta defeito. Como ilustração, suponhamos um rolamento de bolas e com carga apreciável e operando a baixa rotação. Os componentes individuais dos rolamentos de baixa rotação apresentam falhas numa ordem específica; as falhas se iniciam normalmente como ligeiros lasqueamentos na região carregada da pista externa. À medida que o defeito evolue, o lasqueamento aumenta em profundidade começando a produzir marcas nos roletes ou bolas. No estágio final de ruptura, os roletes (ou bolas) transferem o lasqueamento à pista interna, aparecendo o espectro de freqüência da pista interna. Nessas condições, as freqüências e os espectros dos diferentes defeitos constituem auxiliar preciosíssimo na determinação da vida útil residual do rolamento.

O importante é que o responsável pela manutenção tenha clara consciência de que, em qualquer rolamento, **existem vibrações,** independentemente do estado do mesmo. O que interessa é a amplitude relativa de tais vibrações quando comparadas com a peça nova e em perfeito estado.

Repisamos que um espectro isoladamente pouco ou nenhum valor apresenta, exceto em casos especiais e interpretado por observador experimentado e com conhecimentos sobre rolamentos semelhantes. A manutenção preditiva, assim como o cálculo da vida útil residual de uma peça, rolamento no caso presente, é baseado na **evolução** ou **alteração** de espectros sucessivos e não em dados isolados.

XI.200.10.20 - Deteção de Anomalias em Rolamentos - Embora raro, pode acontecer que um dos elementos rotativos não apresente o mesmo diâmetro dos demais. Neste caso é gerada em vibração de baixa freqüência que coincide com o ciclo de revolução do elemento rotativo. Na eventualidade de existir uma irregularidade na pista externa, haverá a produção de vibrações de alta freqüência devido ao impacto dos elementos girantes em tal machucadura. Neste caso, a freqüência que aparece é elevada e corresponde a vibração natural do elemento. Observe-se que as vibrações na freqüência natural dos elementos são elevadas e, assim sendo, torna-se um pouco difícil distinguir se as vibrações são devidas a um defeito na pista ou a lubrificação inadequada ou mesmo ausência de lubrificação. A Figura XI.24 ilustra a variação temporal da amplitude das vibrações nos dois casos mencionados.

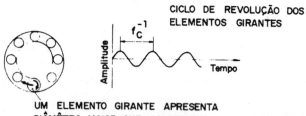

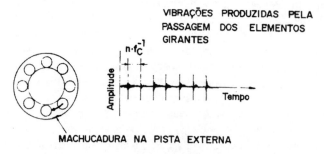

Figura XI.24

A Manutenção deve acompanhar tais vibrações ao executar o diagnóstico de um rolamento, através da evolução ou tendência da variação das amplitudes em baixa e alta freqüência. Quando é verificada uma anormalidade, a Manutenção faz investigações suplementares para estabelecer se a origem é o rolamento ou as freqüências baixas são originadas por outro elemento que não o próprio rolamento.

Note-se que o método permite conclusões e verificações com uma antecedência apreciável, informando-as aos envolvidos com a Manutenção e, consequentemente com os resultados econômicos obtidos pela Produção, quais as providências que devem ser tomadas antes que seja atingida uma situação catastrófica, cujos resultados econômicos para a instalação como um todo são imprevisíveis. Por tal motivo, o controle e verificação da evolução dos espectros constitue método indispensável a um programa adequado de Manutenção Preditiva.

As tabelas das Figuras XI.25 e XI.26 indicam o como proceder para identificar as causas das vibrações anômalas em baixa freqüência

IDENTIFICAÇÃO DA ORIGEM DAS VIBRAÇÕES MONITORAÇÃO 475

(fabricação defeituosa) e em alta freqüência (defeitos oriundos do desgaste devido ao uso). Observe-se que as tabelas indicam os fatores principais, não constituindo indicações exaustivas.

VIBRAÇÕES ORIUNDAS DE FABRICAÇÃO DEFEITUOSA (BAIXA FREQUÊNCIA)

Causa da Anormalidade	Frequências Geradas	Observações
Eixo torto ou rolamento assen tado ou ajustado inadequa damen te	$f_0 \pm N.f_C$	aparece ge rada a fre quência in dicada.
Elementos girantes com diâme tros desiguais	f_C $2.f_C - f_0$	apareceram geradas as frequências indicadas
Ondulações na pista interna	$n.N.f_I \pm f_0$	É gerada esta frequência quando o núme ro de ondas é $n.N\pm 1$.
Ondulação na pista externa	$n.N.f_C$	Gerada quando o número de ondas é $n.N\pm 1$
Ondulação dos elementos girantes	$2.n.f_B \pm f_C$	Frequência ge rada quando o número de on- das é $2.n$

Figura XI.25

Um trabalho bastante importante no que diz respeito ao controle e predição da vida útil de rolamentos foi executado pela equipe constituída por Toshio Toyota, Kenji Maekawa e Takashi Susuki, membros da Nippon Steel Corporation, cobrindo algumas centenas de máquinas instaladas em diversas usinas siderúrgicas do Japão. Inclusive, vários dados mencionados no presente trabalho foram retirados dos relatórios publicados pelos autores mencionados. É importante observar que em alguns países altamente industrializados, as medições e controle são executados por

476 TÉCNICAS DE MANUTENÇÃO PREDITIVA

meio de instrumentos bastante sofisticados, várias vezes acoplados a computadores que, através de sistemas adequados, informam à Manutenção e à Produção quais as providências que devem ser tomadas, visando sempre conseguir o máximo de eficiência, procurando sempre manter a relação custo/benefício no seu valor mais adequado.

VIBRAÇÕES ORIUNDAS DE DESGASTE (ALTA FREQUÊNCIA)		
Causa da Anormalidade	Frequências Geradas	Observações
Defeitos na pista interna. Irregularidades ou ondulações.	$n.f_0$ .... $n.N.f_I$ $n.N.f_I \pm f_0$ $n.N.f_I \pm f_C$	Em qualquer dos casos, deteta-se a frequência natural e são geradas componentes de alta frequência.
Defeitos na pista externa. Falhas puntiformes	$n.N.f_C$	Detetam-se vibrações na frequência natural e componentes de alta frequência.
Defeito nos elementos rotativos.	$2.n.f_B$ $n.N.f_B \pm f_C$	Deteta-se a frequência natural e componentes de alta frequência.

Figura XI.26

XI.200.20 - Predição da Vida Útil Residual de Rolamentos - Verificamos quais as freqüências que são originadas pelo funcionamento dos rolamentos, sejam de bolas, roletes, agulhas ou cônicos. Mais uma vez repisamos que um espectro isolado pouco ou nada representa nos casos gerais. A manutenção preditiva é baseada, assim como a avaliação da vida útil de um componente qualquer, na **evolução** ou **alteração** do espectro e não num dado isolado. Excetuam-se os casos extremos, nos quais um único dado informa o que está se passando.

Recentemente, foram executados vários trabalhos e observações visando a manutenção preditiva de rolamentos, procurando-se esta-

IDENTIFICAÇÃO DA ORIGEM DAS VIBRAÇÕES MONITORAÇÃO **477**

belecer um método que permitisse avaliar a vida útil residual dum rolamento qualquer com o mínimo de instrumentação e utilizando pessoal com um preparo bastante reduzido. Alguns grupos industriais desenvolveram alguns processos interessantes, que permanecem praticamente como "know-how" privativo, pouco se sabendo a respeito, além de notícias esparsas pouco confiáveis e inconclusivas. Um dos processos que apresente resultados excelentes e é bastante confiável é aquele desenvolvido pela ICI (Imperial Chemical Industries), segundo informações diversas.

O método é o seguinte: Os níveis de vibração são medidos em seus valores de pico e o nível rms equivalente, LEQ rms, durante um minuto. A diferença para os rolamentos novos é da ordem de 3 dB. À medida que o rolamento é usado, o LEQ rms permanece praticamente constante, enquanto que o nível de pico aumenta. Este aumento do valor de pico é devido a presença de defeitos pequenos e localizados, cujo aumento contribue para o valor de pico mas mantém o valor LEQ rms constante. Num determinado instante, a diferença entre os dois valores medidos, LEQ rms e pico, atinje o valor de 18 dB. A LEQ rms passa a aumentar. Possivelmente tal aumento seja devido ao "alargamento" da curva que, de uma senoide "apertada" no sentido horizontal que passa a tender a uma senoide normal. O valor do nível LEQ rms aumenta e, quando atingir uma diferença de 3 dB entre sua leitura e a leitura do valor de pico, o rolamento se rompe.

O método é então bastante prático, uma vez que as medições permitem traçar o gráfico da variação entre os dois valores, pico e LEQ rms, tornando possível predizer, com bastante antecedência, quando a diferença de 3 dB será atingida. De posse de tal dado, torna-se problema puramente administrativo a programação da substituição do rolamento em questão. Note-se que o método exige tão somente um instrumento apto a executar a leitura rms durante um minuto e o nível de pico, dispensando outras providências. Como, nas indústrias, normalmente há número apreciável de rolamentos e a sua substituição no "momento adequado" constitue problema de solução nem sempre fácil, o processo é bastante recomendado, principalmente considerando que a sua implantação implica em investimento relativamente baixo e os resultados são bastante animadores. A Figura XI.27 apresenta esquematicamente a evolução das medições e como interpretar os resultados e ilustra aproximadamente o que se passa com o aspecto temporal das vibrações que são medidas. A Bruel & Kjaer comercializa o instrumento 2513 Integrating Vibration Meter desenvolvido especificamente para esta finalidade.

Fisicamente podemos interpretar o que se passa da maneira seguinte: Devido a microdefeitos metalúrgicos, aparecem pequenas micro-

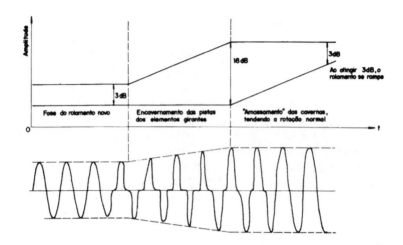

Figura XI.27

fissuras na superfície metálica tanto das pistas quanto dos elementos girantes. O lubrificante, devido a elevação moderada da temperatura, apresenta viscosidade baixa, penetrando em tais microfissuras. A operação do próprio rolamento faz com que se soltem pedaços minúsculos das superfícies, originando pequenas cavernas que, com o desgaste que se observa com o correr do tempo transforma-se em cavernas que aumentam bastante. O processo nada mais é que o efeito Rehbinder, que estudamos no item III.05.05. Depois de algum tempo, não há mais possibilidade de aparecer cavernas, uma vez que o desgaste já atingiu valores apreciáveis, as pistas e os elementos girantes estão com as superfícies completamente "acavernadas". Começa, a partir desse momento, o "arredondamento" das cavernas, que passam a ter seus bordos amassados para dentro, diminuindo a profundidade das cavernas e, concomitantemente, aumentando o raio da pista externa, diminuindo o da pista interna e diminuindo o raio dos elementos girantes. Depois de certo tempo, a vibração volta a ser senoidal e o rolamento se rompe, uma vez que as pistas estão gastas, não mais comportando a fixação dos elementos girantes.

Do ponto de vista vibratório, tem-se que um rolamento deve apresentar movimento senoidal durante o seu funcionamento. Em se tratando de uma senoide, tem-se os valores seguintes que são fundamentais:

IDENTIFICAÇÃO DA ORIGEM DAS VIBRAÇÕES MONITORAÇÃO

Dada uma vibração descrita pela função senoidal,

$$X = x(t) = x_0 \, \text{sen} \, (\omega t + \varnothing)$$

Tem-se

Valor médio

$$X_m = \frac{1}{T} \int_{-\infty}^{+\infty} |x(t)| \, dt$$

Valor eficaz (rms)

$$X_{rms} = \sqrt{\frac{1}{T} \int_{-\infty}^{+\infty} |x(t)|^2 \, dt}$$

Tem-se as expressões seguintes, válidas para variações senoidais ou cosenoidais:

$$X_{rms} = F_f \cdot X_m = \frac{1}{F_c} X_{pico}$$

onde F_f é o fator de forma e F_c o fator de crista do fenômeno. Tais fatores dão uma idéia da forma de onda do fenômeno sendo estudado. Em termos abrangentes, tem-se

$$F_f = \frac{X_{rms}}{X_m}$$

$$F_c = \frac{X_{pico}}{X_{rms}}$$

Quando se trata de fenômeno senoidal, ou seja, fenômeno monocromático, tem-se os valores

$$X_{rms} = \frac{\pi}{2\sqrt{2}} \cdot X_m = \frac{1}{\sqrt{2}} \cdot X_{pico}$$

uma vez que, nos fenômenos senoidais tem-se

$$F_f = \frac{\pi}{2\sqrt{2}} = 1,1107 \cong 1 \, dB$$

$$F_c = \sqrt{2} = 1,4142 \cong 3\ dB$$

Então, um rolamento novo e operando normalmente deve dar origem a uma vibração senoidal e, assim sendo, os valores de pico e eficaz (rms) devem diferir em 3 dB, o que significa que o valor de pico é igual a 1,4142 do valor rms. No momento que o processo de acavernamento tem lugar, a forma de onda é alterada, com variação nos fatores de forma e de crista, passando a diferença entre X_m e X_{rms} a ser muito maior que 3 dB. Em muitos casos, a diferença atinge até 18 dB. Quando se inicia o processo de "amassamento" das cavernas, o valor de pico da senoide não diminue mas, como o processo tende a voltar a ser senoidal, o valor de X_{rms} aumenta, tendendo a atingir a diferença de 3 dB do valor de pico. Quando tal se dá, o processo é novamente senoidal. Entretanto, o desgaste das pistas e dos elementos girantes não permite mais que estes últimos permaneçam no interior do rolamento. A folga devida as alterações dos raios das pistas faz com que o rolamento se desmonte, soltando os elementos girantes que se espalham pelo chão.

É, então, possível predizer qual será a vida útil de um rolamento através das medidas periódicas dos valores eficaz e de pico e, através do gráfico, extrapolar em função do tempo, até que a diferença entre ambos atinja os 3 dB, momento em que a ruptura é esperada.

Classicamente a predição da vida útil dos rolamentos é feita pelo acompanhamento da alteração nas amplitudes às freqüências mais altas, da ordem de 8 kHz até cerca de 15 kHz. As aplicações desta técnica digamos, clássica, será verificada no capítulo XII, onde vários casos de aplicação prática são descritos com detalhes.

Como foi exposto, os defeitos em rolamentos se iniciam com o aparecimento de cavernas minúsculas (pitting) nas pistas e/ou nos elementos girantes, originando pequenos choques que se traduzem por picos na leitura das vibrações. Foi desenvolvido um instrumento destinado a medição de tais pulsos, instrumento esse comercializado pela SPM Instrument AB, Figura XI.28. Segundo o fabricante, o monitoramento e predição da vida útil residual do rolamento obedece a curva ilustrada na Figura XI.29. A finalidade do instrumento é indicar, à Manutenção, quais as condições reais de operação de um rolamento, permitindo que sejam tomadas providências em tempo hábil. Os interessados em maiores detalhes devem recorrer aos usuários ou ao próprio fabricante.

IDENTIFICAÇÃO DA ORIGEM DAS VIBRAÇÕES MONITORAÇÃO

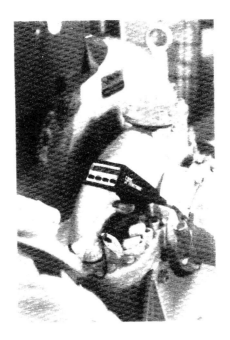

Figura XI.28

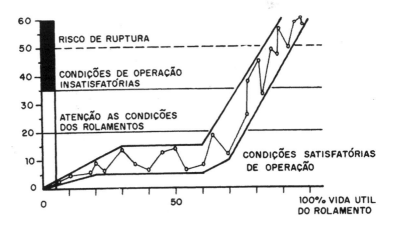

Figura XI.29

482 TÉCNICAS DE MANUTENÇÃO PREDITIVA

XI.300 - VIBRAÇÕES DE ORIGEM AERODINÂMICA

Tal tipo de vibrações é encontrado nos ventiladores, exaustores e sistemas assemelhados. A vibração, no caso, é constituída por pulsações de pressão geradas pelas pás do sistema, ventilador, exaustor, turbina, etc., e apresentam uma freqüência igual à passagem das pás ou palhetas através de entradas ou saídas de fluído. Do ponto de vista amplo, os dispositivos mencionados são acionados a hélice, cuja finalidade é ou impulsionar o fluido ou ser impulsionada pelo mesmo. Os dispositivos ventiladores e exaustores, de um modo geral são ou axiais ou centrífugos. Nos dispositivos centrífugos, o fluxo através da hélice é essencialmente em direção radial oposta a um eixo de rotação que é o eixo do rotor. As forças centrífugas originam o fluxo e a compressão da massa de ar entorno e envolvida pelo rotor. Nos dispositivos axiais, o fluxo é essencialmente na direção axial. Existem, em vários casos, uma combinação de ambos os processos, obtendo-se dispositivos de fluxo mixto. Embora os processos radial ou centrífugo operem sempre, os dispositivos axiais não operam quando existe uma pressão contrária ao fluxo. Tais dispositivos normalmente são exaustores, trabalham com baixa pressão e assim sendo exigem caixas, envoltórios e suportes simples e frágeis. Os dispositivos radiais pelo contrário, impelem o ar ou fluído sob pressão elevada e exigem caixas, envoltórios e suportes resistentes o suficiente para resistir às tensões e pressões normalmente encontradas. Tais dispositivos são conhecidos comumente como compressores ou impulsores. Existem, nos dispositivos que impulsionam fluidos ou são impulsionados por fluidos, alguns fenômenos vibratórios e sonoros que são de origem aerodinâmica ou de origem mecânica. Vejamos, de maneira suscinta, quais são os mais importantes.

Existe em todo e qualquer sistema girante a possibilidade de desbalanceamento, desalinhamento, defeitos nos mancais, etc., que constituem **defeitos mecânicos**, que são estudados em itens separados. No caso presente, interessa as vibrações de origem aerodinâmica somente, ficando os defeitos detalhados em outros itens do presente estudo. A vibração, assim como o barulho mais marcante nos sistemas a pás (ou hélices) é o rotacional gerado pelas pás do sistema, sendo o barulho emitido conhecido comumente como "barulho das pás" e/ou "vibração das pás". Caso existam n_1 pás (ou palhetas) girantes e n_2 pás (palhetas, partições do distribuidor, etc., dependendo do caso), e o sistema tiver uma freqüência de rotação angular ω, estarão presentes na vibração, ou barulho, as componentes seguintes:

IDENTIFICAÇÃO DA ORIGEM DAS VIBRAÇÕES MONITORAÇÃO 483

$$f_1 = \omega \cdot n_1$$

$$f_2 = \omega \cdot n_2$$

$$f_3 = \omega \cdot n_1 \cdot n_2$$

assim como as harmônicas,

$$f_{1i} = \omega \cdot n_1 \cdot i$$

$$f_{2i} = \omega \cdot n_2 \cdot i$$

$$f_{3i} = \omega \cdot n_1 \cdot n_2 \cdot i \qquad\qquad i = 1, 2, 2, ..., n$$

As freqüências acima são as que apresentam amplitude de maior valor, principalmente a freqüência f_1. Tal freqüência típica dos sistemas rotacionais a pás ou palhetas, normalmente é transmitido à base e aos suportes, percorrendo a estrutura de sustentação via sólido. Na eventualidade dessa freqüência, ou alguma das freqüências presentes, coincidir com a freqüência de ressonância de algum componente estrutural o mesmo passará a vibrar, podendo atingir amplitudes que põem em perigo a própria estrutura, devido a presença de oscilações forçadas nas proximidades da freqüência de ressonância. Por tal motivo, os sistemas girantes devem ser instalados somente após um estudo detalhado das vibrações dos componentes estruturais e a sua ancoragem deve ser sempre precedida de um estudo criterioso para a escolha dos suportes anti-vibratórios ou isolantes, sem o que a instalação apresenta probabilidade de rompimento não só da estrutura como também do próprio sistema girante. Como foi visto, a vibração de maior amplitude corresponde ao número de pás multiplicado pela freqüência angular de rotação do sistema. Isto porque cada vez que uma pá, ou palheta, passa por um ponto dado, o ar aí localizado recebe um impulso e a repetição de tal impulso na unidade de tempo dá origem a vibração e barulho descrito. A vibração originada pela pá é uma função do projeto do dispositivo, havendo detalhes que escapam ao presente estudo. Os interessados devem recorrer à literatura especializada no assunto. O importante, para o presente estudo, é que esta vibração tem uma freqüência bem determinada e, uma vez medida, deve ser registrada para evitar confundí-la com outras que também interessam à manutenção preditiva. Tal vibração é a "vibração das pás" (ou palhetas, obviamente).

484 TÉCNICAS DE MANUTENÇÃO PREDITIVA

Quando a lâmina da hélice se move (ou palheta de turbina, pá de ventilador ou exaustor, etc.) gera um gradiente de pressão em direção à sua espessura. Caso o fluxo em direção a lâmina seguinte seja lamelar este gradiente de pressão é constante e não origina barulho ou vibração apreciável. Entretanto, caso o perfil da lâmina seja incorreto ou inadequado, aparece uma separação do fluxo, que passa a ser rotacional (ou turbilionar) e desenvolve-se uma configuração de pressão variável, originando-se vibração e barulho excessivo, devido ao movimento turbilionar do fluxo. O fenômeno do aparecimento de vibrações e barulho devido ao fluxo aerodinâmico aparece geralmente quando a velocidade de escoamento é superior àquela para qual o sistema foi projetado (exceto erros de projeto como é óbvio) ou ainda, em alguns casos, devido a aderência de substâncias estranhas em sistemas projetados com tolerâncias mínimas visando eficiência, deposição essa que altera as dimensões das lâminas, alterando o projeto original. Entre tais substâncias tem-se a poeira, tintas, substâncias químicas inerentes ao próprio processo, etc.

Existe ainda a possibilidade de aparecer barulho e vibrações excessivas quando o jato de ar lançado pelo sistema exaustor encontra uma camada de ar parado. Nesse caso, originam-se turbilhões pela diferença de impedâncias entre o tubo de escape e o ar livre, aparecendo vibrações que podem se propagar ao sistema inteiro. Tal defeito é encontrado, no entanto, somente no início de funcionamento da instalação, sendo geralmente atenuado antes do sistema entrar em funcionamento como um todo. O barulho da turbulência é composto por componentes de alta freqüência, sendo percebido imediatamente um "apito" e o acelerômetro indicará componentes de 2 kHz, 4 kHz, 8 kHz ou mais.

XI.400 - VIBRAÇÕES ORIGINADAS PELO ATRITO

O atrito entre duas superfícies que se movimentam entre si, seja em movimento circular contínuo seja em movimento alternado, é devido à aspereza das superfícies mesmas, dando as vibrações de freqüência elevada. As irregularidades ou asperezas da superfície podem ser devidas a uma usinagem inadequada (ou mesmo ausência de usinagem) e, em geral, as vibrações descrescem com o tempo de uso do equipamento, já que as superfícies ao deslisarem entre si provocam uma usinagem adequada, ou "alisamento" delas mesmas. A corrosão pode, eventualmente, fazer com que tal aspereza retorne, com o que o nível de vibração torna a aumentar. em qualquer caso, as vibrações originadas por atrito apresentam normalmente uma composição bastante ampla e complexa, sendo detetada

IDENTIFICAÇÃO DA ORIGEM DAS VIBRAÇÕES MONITORAÇÃO **485**

mais pelo barulho que produzem que pelos seus efeitos, uma vez que a simples presença do barulho já indica um irregularidade que é corrigida em qualquer instalação.

XI.500 - VIBRAÇÕES ORIGINADAS PELO PROCESSO

A cavitação pode aparecer nas bombas e dispositivos que movimentam líquidos, nas quais aparecem forças hidrodinâmicas apreciáveis. O problema apresenta gravidade por corroer as pás de rotores devido aos efeitos adversos da cavitação. Mesmo reconhecendo ser bastante difícil obter perfis que evitem a cavitação e seus estragos, há casos em que a mesma é inexistente.

Como é amplamente sabido, a cavitação é devida a formação de bolhas de vapor (ou eventualmente gás dissolvido no líquido) e os efeitos adversos são provocados pelas elevadas pressões originadas durante a implosão de tais bolhas. Com a cavitação aparecem ondas de choque de alta amplitude, numa repetição que coincide com a freqüência da cavitação. É classificada como "defeito" embora não o seja, pois se trata de fenômeno físico bem conhecido. Em muitos casos, o seu aparecimento está ligado ao uso inadequado do equipamento, como vasão ou pressão diversa da especificada.

A deteção da presença da cavitação é feita normalmente pela "escuta" direta nas proximidades do local, uma vez que o seu barulho é típico. Tal barulho é tão característico que dificilmente é confundido com outro, bastando ligeira experiência para imediatamente identificá-lo. Nas bombas, a cavitação pode ser contínua ou intermitente. Quando contínua, é inerente ao processo e é recomendável a alteração do processo ou da bomba. Caso a cavitação seja descontínua, a leitura de um instrumento de medição de vibrações apresenta variações bruscas na indicação, principalmente às altas freqüências. Como as vibrações de cavitação são essencialmente de alta freqüência, a melhor leitura é conseguida através da medida da aceleração (como veremos mais tarde quando descreveremos os sensores de medição).

Na detecção das vibrações, a cavitação apresenta um espectro de faixa larga e com amplitudes totalmente randômicas, com amplitude flutuante; a envoltório apresenta faixa larga até cerca de 2 kHz.

O processo apresenta, ainda, vibrações devidas às pás e palhetas de turbinas e impulsionadores. Tais vibrações são as mesmas que discutimos no caso das vibrações de origem aerodinâmica e coincidem com as que se observam nas bombas, devido ao processo hidrodinâmico.

486 TÉCNICAS DE MANUTENÇÃO PREDITIVA

As características são as seguintes:

a) **Pás e Palhetas:** Freqüência predominante igual ao número de pás ou palhetas multiplicado pela velocidade rotacional; o plano dominante é o radial, na direção da tubulação de descarga; a amplitude apresenta-se flutuante; a envoltória apresenta aspecto de faixa larga; quando existe mais de uma saída de descarga, aparecem harmônicas da freqüência das pás.

XI.600 - VIBRAÇÕES ORIGINADAS POR RESSONÂNCIA

Quando existe uma excitação, também denominada função de excitação, cada componente passará a vibrar na sua freqüência natural, que normalmente coincide com a freqüência de ressonância. O plano dominante pode tanto ser o radial quanto o axial, dependendo das circunstâncias; a ressonância de um rotor suspenso pelo seu centro apresentará uma defasagem de 180º entre os mancais; um componente da estrutura apresenta uma relação de fase que depende do modo de envergamento que for excitado; a amplitude apresenta-se estacionária mas a energia da linha de base apresenta flutuações que dependem da força e do amortecimento; a envoltória apresenta-se ampla na base e com uma largura que depende do amotecimento; observa-se que a freqüência é a do componente, independendo de variações de velocidade da excitação.

XI.700 - VIBRAÇÕES ORIGINADAS POR CAUSAS DIVERSAS

Dada a variedade e complexidade enorme das máquinas e equipamentos modernos, é totalmente inviável tentar rever todas as causas possíveis de vibrações. É possível, no entanto, acrescentar às classes de vibrações descritas até o presente, vibrações essas consideradas normais em todo e qualquer equipamento, as explosões dos motores de combustão internas, os movimentos do pistão de compressores, etc. Em tais máquinas e equipamentos não é difícil definir e estabelecer níveis adequados de vibrações; entretanto, uma alteração em tais níveis após um período de funcionamento pode significar uma deterioração. Note-se que as amplitudes das vibrações depende da carga a que o equipamento está sujeito, e com isso fica perfeitamente factível determinar quando uma máquina arbitrária está ou não sendo sobrecarregada. Com tal verificação, a manutenção

IDENTIFICAÇÃO DA ORIGEM DAS VIBRAÇÕES MONITORAÇÃO **487**

preditiva poderá determinar uma diminuição na carga dessa mesma máquina, visando mantê-la produzindo aquilo para a qual foi projetada e, concomitantemente, aumentando a vida útil da própria máquina.

XI.800 - MONITORAÇÃO PERMANENTE

Pelo exposto até o momento, sabemos que a manutenção preditiva é uma técnica poderosa e apta a informar, com grande margem de segurança, qual o componente de um dispositivo que está apresentando problema, qual a gravidade do problema e dar uma idéia satisfatória de quando o componente em questão apresentará ruptura, interrompendo a produção. Tais conclusões são obtidas através do acompanhamento das **alterações** de determinados parâmetros, cujos valores podem ser extrapolados em função do tempo de operação e, com isso, informar quando deverá ser feita uma intervenção no equipamento.

A técnica é possível porque todas as máquinas e equipamentos apresentam características determinadas, características essas que se alteram com o tempo, devido o uso continuo ou intermitente dos dispositivos. A assinatura do equipamento novo vai se alterando com o desgaste e, antes que seja atingida uma situação catastrófica, o equipamento deve ser reparado. A grande vantagem da manutenção preditiva é que a mesma permite detectar irregularidades quando ainda incipientes, possibilitando a tomada de providências em tempo hábil, ou seja uma intervenção no "momento adequado". Existem vários dispositivos que acompanham, permanentemente, o que está se passando com cada componente de um maquinário qualquer, seja ele elétrico, mecânico, hidro ou ou pneumático, estático ou cinético. Tais dispositivos são denominados "monitores" e existe uma variedade enorme no mercado, alguns bastante simples outros excepcionalmente complexos e o tipo a ser usado dependerá de vários fatores envolvidos com o equipamento e com a sua importância.

XI.800.100 - Transdutores Utilizados na Monitoração - Normalmente, em nosso meio, a grande maioria dos monitores instalados referem-se à monitoração pelo nível global de vibração. Geralmente as vibrações são medidas num único eixo, embora existem dispositivos que permitem medir nos três eixos x, y e z bastando substituir o transdutores através de uma chave no próprio instrumento do monitor. Alguns apenas indicam o nível de vibração, enquanto que outros possuem indicadores (visuais ou sonoros), existindo ainda alguns mais complexos, que possuem dispositivos que desligam o equipamento quando o nível ultrapassa determinado valor.

Em qualquer caso, os monitores são acionados através de transdutores que transformam o sinal mecânico em sinal elétrico, sinal esse que é levado ao monitor que executa o controle. Em vários casos de equipamentos mais sofisticados, são levados a um único monitor os sinais elétricos correspondentes à vibração (velocidade, deslocamento ou aceleração), temperatura, fluxo de gás ou líquido, etc. A Figura XI.30 ilustra um transdutor de velocidade, produzido e comercializado pela METRIX INSTRUMENT CO.

Figura XI.30

A Figura XI.31 ilustra o transdutor de velocidade modelo M83 produzido pela SCIENTIFIC ATLANTA - DYMAC DIVISION.

Figura XI.31

A Figura XI.32 ilustra um acelerômetro modelo 5704, produzido pela BRUEL & KJAER. Este transdutor foi construído para operar em ambientes reconhecidamente poluidos, como indústrias químicas e petroquímicas, usinas siderúrgicas, plataformas "offshore" e ambientes assemelhados.

Figura XI.32

XI.800.20 - Painéis Indicadores - Os sinais elétricos fornecidos pelos transdutores são levados a um painel, indicador, registrador ou dispositivo que informa a quem de direito quais as providências que devem ser tomadas. Existem outros que não somente registram a informação como tomam ainda providências ajustadas em seus controles. Tais sistemas serão vistos adiante, sendo verificado no momento tão somente os painéis mais simples e mais comuns.

A Figura XI.33 ilustra o painel produzido pela SCIENTIFIC ATLANTA - DYMAC DIVISION, constituído por vários módulos acoplados entre si, executando funções ligadas a vibrações mecânicas.

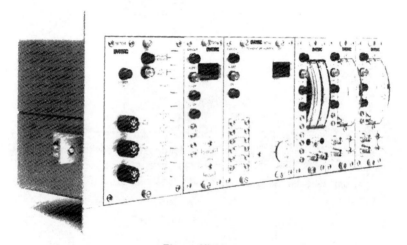

Figura XI.33

A Figura XI.34 ilustra um painel especial, fornecido pela METRIX INSTRUMENT CO., no qual são indicados os valores de temperaturas, vibrações, fluxo, pressão de descarga e velocidade da turbina.

A Figura XI.35 ilustra um painel universal modelo 2505 produzido pela BRUEL & KJAER. O dispositivo não apresenta somente indicação dos valores das grandezas sendo medidas como permite, ainda, o ajuste de providências segundo as conveniências de cada caso.

Os transdutores e painéis ilustrados representam o conjunto de dispositivos considerados como o mínimo para a manutenção preditiva e monitoração de equipamentos que apresentam responsabilidade à instalação. Os sinais que os painéis apresentam podem ser utilizados ou para

IDENTIFICAÇÃO DA ORIGEM DAS VIBRAÇÕES MONITORAÇÃO 491

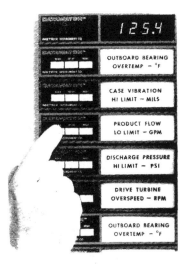

Figura XI.34

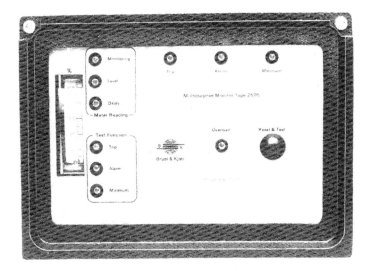

Figura XI.35

492 TÉCNICAS DE MANUTENÇÃO PREDITIVA

alertar o operador ou mesmo para acionar um alarme e inclusive para interromper o funcionamento do equipamento, dependendo dos ajustes e regulagens que sejam feitas, assim como as conexões do monitor com os demais dispositivos de controle e operação. Entretanto, o procedimento dependerá de cada caso particular, existindo instalações onde um dos equipamentos intermediários não pode interromper sua operação abruptamente, uma vez que isto daria conseqüências muito mais deletérias que o estrago desta peça de equipamento.

Como nosso estudo refere-se primordialmente aos procedimentos técnicos na manutenção preditiva de instalações industriais, não entraremos em maiores detalhes quanto a tais dispositivos. Há, no entanto, instalações cujo projeto refere-se somente a tal instalação, sendo considerado um projeto "especial" ou "projeto individual". Em tais instalações, são introduzidos equipamentos, máquinas e dispositivos que são considerados também especiais, inexistindo modelos ou instalações similares que possam eventualmente servir de base comparativa. Nesses casos, há necessidade de estudo detalhado de cada peça de equipamento, devendo ser verificados todos os detalhes de operação, tanto mecânicos quanto elétricos, hidráulicos, térmicos, etc. Para tal estudo, foram desenvolvidos dispositivos especiais que, embora não sejam considerados dispositivos de manutenção habitual, os mesmos fornecem resultados inatingíveis pelos procedimentos descritos até o presente. Verificaremos alguns de tais tipos de equipamentos.

XI.800.30 - Monitoração pela Análise dos Sinais - Quando o equipamento, máquina ou conjunto apresenta importância elevada à instalação, seja devido a sua importância na produção da unidade, seja pelo seu valor econômico alto e de reposição ou reparo excessivamente oneroso, há não somente necessidade mas conveniência técnico-econômica em monitorá-lo de maneira adequada. No caso, adequada significa saber com antecedência o que está se passando, como ainda ser informado de quando o rompimento possivelmente se dará, dando aos envolvidos com o problema informações referentes a situação anterior, durante a evolução da anomalia e que providências devem ser tomadas, e em tempo hábil. Com isso, a instalação é dotada de um sistema de vigilância permanente que informa as anomalias e suas causas, a evolução da anomalia e fornece um diagnóstico confiável e permanentemente. Dependendo da instalação, a complexidade do sistema de monitoração aumenta, aumentando concomitantemente os custos não somente em capital investido mas, principalmente, em pessoal que deverá ser cada vez mais preparado e mais especializado, com conhecimento cada vez mais amplo quanto à instalação, sua operação e funcionamento, processos de produção e suas alterações em função das diversas variáveis que intervem no caso. Passaremos a verificar alguns equipamentos complexos e uns poucos sistemas bastante sofisticados de manutenção preditiva pela análise dos sinais, com registro e acompanhamento da evolução das anomalias que eventualmente aparecerem.

A Figura XI.36 ilustra o Trender modelo M746 produzido pela SCIENTIFIC ATLANTA - DYMAC DIVISION. Já vimos, quando estudamos a temperatura, as vantagens que se obtém quando o controle é feito pela tendência de variação da mesma e não em base aos valores máximos e/ou mínimos. O monitor de tendência opera em processo assemelhado. O instrumento não somente informa e registra toda e qualquer aproximação e a tendência a atingir o valor máximo estabelecido pela regulagem for atingida ou ultrapassado e informa, além disso, quando um limite será ultrapassado com uma antecedência de 24 horas, registrando a cada segundo todas as alterações observadas.

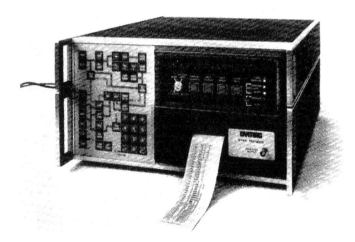

Figura XI.36

Os instrumentos ilustrados não constituem "sistema de monitoração" mas sim equipamentos destinados a estudo detalhado do comportamento e das alterações que os diferentes parâmetros possam apresentar em função da operação da máquina ou dispositivo sendo estudado. Tais instrumentos são utilizados em manutenção como ferramentas para determinar o **como** o parâmetro se altera e o **porque** de tal alteração. Nos problemas de projetos de máquinas, equipamentos e dispositivos, tais instrumentos apresentam valor inestimável, pela ampla gama de variáveis e combinações de variáveis que os mesmos oferecem sendo, no caso de manutenção, dispositivos um tanto complexos de difícil operação, pelas necessidades de preparo em Matemática, Física Teórica e Engenharia Mecânica nem sempre encontrados em profissionais trabalhando no ambiente industrial. Para as finalidades da manutenção, os sistemas de monitoração apresentam normalmente resultados mais satisfatórios, principalmente do ponto de vista prático.

A Figura XI.37 ilustra um sistema simples produzido pela BRUEL & KJAER, apto a monitorar permanentemente cerca de cinco jogos de oito transdutores (sensores), num total de quarenta pontos, através de multiplexação. O sistema executa a comparação automática de espectros, registrando os valores observados e comparados, seja através de registrador em fita magnética seja em registrador gráfico, sendo possível programar as operações através de microprocessador adequado.

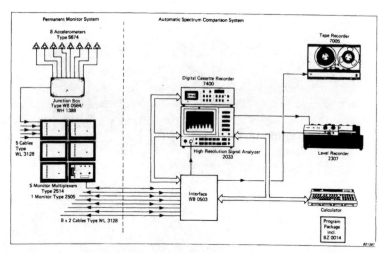

Figura XI.37

Um dos sistemas sofisticados e mais completos de sistemas de monitoração está ilustrado na Figura XI.38 conjunto produzido pela SCIENTIFIC ATLANTA - DYMAC DIVISION: o sistema opera simultanea-

IDENTIFICAÇÃO DA ORIGEM DAS VIBRAÇÕES MONITORAÇÃO   **495**

Figura XI.38

mente um número praticamente arbitrário de transdutores, medindo, informando e indicando, controlando e tomando as providências que se fizerem necessárias, com relação aos parâmetros: vibração, fluxo de gás ou líquido, velocidades de rotação e/ou de arraste, temperatura, pressão e posicionamento dos materiais envolvidos. A análise e as informações ou providências são tomadas em relação ao gradiente de variação dos parâmetros, ou seja, em função da tendência e não em função de valores absolutos. A instalação ilustrada na figura refere-se ao sistema de monitoração e controle de um conjunto de instalações, constituído por uma refinaria, uma plataforma offshore, uma estação de bombeamento e pipeline e um petroleiro que esteja nas proximidades. Os sinais são emitidos via microondas, recolhidos por um satélite de comunicações e re-enviado ao sistema de processamento de dados/monitoração/controle permanente.

A Figura XI.39 ilustra o sistema M6000 produzido pela SCIENTIFIC ATLANTA - DYMAC DIVISION, sistema também complexo e amplo, embora bem menos sofisticado que o ilustrado anteriormente. Este sistema fornece informações claras e concisas sobre as condições das máquinas e

Figura XI. 39

IDENTIFICAÇÃO DA ORIGEM DAS VIBRAÇÕES MONITORAÇÃO

de maneira contínua; informa de imediato qualquer decisão que deve ser tomada; apresenta gráficos através de computador, das situações anteriores e depois do aparecimento de anomalias, com a finalidade de facilitar a análise e obtenção de diagnósticos. Os interessados em maiores detalhes devem entrar em contato com os fabricantes, não cabendo maiores minúcias. Existem, obviamente, vários outros fabricantes e fornecedores de instrumentos, dispositivos, equipamentos e acessórios para monitoramento e indicação do estado real dos diversos parâmetros envolvidos nos problemas de manutenção. Entretanto, não serão fornecidos outros detalhes, uma vez que não pretendemos alongar as amplas possibilidades oferecidas pelas combinações possíveis ou viáveis de dispositivos disponíveis no mercado.

É importante observar que, à medida que a complexidade, sofisticação, precisão e confiabilidade de um sistema de monitoramento aumenta, a necessidade de pessoal preparado, treinado e habilitado cresce de maneira exponencial. Por tal motivo, repetimos que os programas de manutenção preditiva devem ser implantados gradualmente, utilizando o equipamento mais simples possível visando conseguir um treinamento adequado e obtenção de pessoal em número suficiente às necessidades da instalação. Depois de possuir uma equipe devidamente treinada e habilitada, é então possível começar a tomar as providências para a implantação de um sistema utilizando instrumental mais complexo e mais sofisticado.

Observe-se que a instalação de monitores e mesmo o monitoramento permanente de um conjunto de equipamentos, equipamento isolado ou instalação inteira não diminue, de maneira alguma, as responsabilidades dos encarregados da manutenção. A finalidade de tais sistemas é, exatamente, fornecer à manutenção os dados necessários para que sejam tomadas providências antes que ocorram situações graves que podem e realmente acarretam prejuízos de monta nao somente à produção como ainda prejuízos no próprio maquinário, acrescido dos lucros cessantes. Tais fatores devem ser considerados pela Manutenção, principalmente na decisão de instalar ou não um sistema de monitoramento e como escolher tal sistema.

Pelo que foi exposto, a Manutenção Preditiva visa primordialmente detectar a existência de anomalias através da observação de determinados parâmetros e, de tais observaçõs, prever ou predizer o que vai acontecer, permitindo que sejam tomadas medidas preventivas para evitar situações catastróficas ou perigosas. Tais anomalias referem-se a defeitos

498 TÉCNICAS DE MANUTENÇÃO PREDITIVA

vários, a maioria deles oriundos de desgaste natural de peças e componentes ou situações devidas a alterações na matéria sendo trabalhada ou uma série de causas várias. Entretanto, sempre existe um parâmetro que permite executar uma previsão. Existem, por outro lado, várias anomalias ou defeitos que não são passíveis de detecção pelos métodos indicados, embora apresentam impotância capital à operação de um dispositivo ou máquina qualquer. Exemplificando, um tanque ou depósito sofre os efeitos da corrosão, perdendo suas paredes material contínuamente, podendo atingir espessuras que põe em perigo a operação da própria máquina. Durante a operação de um equipamento genérico, os eixos e outros componentes sofrem tensões ciclícas, e a existência de um pequeno núcleo pode iniciar uma fissura, que com os esforços ciclícos se transforma numa trinca que evolue com o tempo até levar a peça a ruptura completa, com as conseqüências amplamente sabidas. Inclusive nos dispositivos e equipamentos soldados (tanques, fornos, autoclaves, estruturas, etc.) o aquecimento e resfriamento natural dão origem a contrações térmicas que podem e realmente dão origem a fissuras que evoluem até o rompimento do componente. Embora os métodos descritos não permitam a detecção prévia de tais anomalias, existem outros métodos que permitem uma detecção e avaliação segura de tais anomalias, e inclusive permitem monitorar a evolução das mesmas. Tais técnicas serão vistas resumidamente nos itens XV a XXI

XI.900 - LEITURA RECOMENDADA

Alger, P.L. - Magnetic Noise in Polyphase Induction Motors - Trans. Amer. Inst. Elect. Engrg. 73 Pt IIIA 118/125 - 1954

Balaam, E. - Dynamic Predictive Maintenance for Refinery Equipment Hydrocarbon Processing - May 1979 131/136

Balderston, H.L. - Detection of Incipient Failure in Bearings - Materials Evaluation, June 1976 123/127

Bevan, T. - The Theory of Machines - Longmans, Green and Company - 1950

Braun, S., Editor: - Mechanical Signature analysis - Theory and Applications - Academic Press, 1986

Brown, D.N. and J.C. Jorgensen: - Machine Condition Monitoring Using Vibration Analysis: - A Case Study from a Petrochemical Plant - Bruel & Kjaer Application Note nº B00163-11

IDENTIFICAÇÃO DA ORIGEM DAS VIBRAÇÕES MONITORAÇÃO

499

Bartelmus, W. - A Comparison of the Coherence Method with Spectral Method of Diagnosing Machines by Means of their Vibration - Conf. Proc. Konferencja Dynamiki Mszyn, Warsaw, 1976

Bruel & Kjaer - DK-2850 Naerum, Denmark - Bruel & Kjaer do Brasil Rua José de Carvalho, 55 04714 Santo Amaro/São Paulo, SP

Bentley-Nevada Corporation - Minden/Nevada, USA - Catálogos, Especificações, Literatura Especial.

Collacott, R.A. - Fundamentals of Fault Diagnosis & Condition Monitoring - 84th Advanced Maintenance Technology and Diagnostic Techniques Convention - London September, 1984

Collacott, R.A. - Mechanical Fault Diagnosis and Condition Monitoring - UKM Publication Ltd. - Londo, 1977

Collacott, R.A. - Monitoring to Determine the Dynamics of Fatigue ASTM Journ. Testing & Evaluation - May, 1976

Collacott, R.A. - Structural Integrity Monitoring - UKM Publication Ltd. Leicester - 1981

Collacott, R.A. - Vibration Monitoring and Diagnosis - UKM Publications, Leicester - 1979

Clapis, A. - An Instrument for the Measurement of Long-Term Variation of Vertical bearings Alingments in Turbogenerators - Centro D'Informazioni, Sperienze, Study - CISE Document 1578 - September, 1980

Coudray, P. et M. Guesdon - Surveillance des Machines - Étude 15-J-041 Section 471, Rapport Partiel nº 06 - CETIM, 1982

Coudray, P. et M. Guesdon - Surveillance des Machines - Étude 15-J-041 Section 471, Rapport Partiel nº 9 - CETIM, 1982

Diagnostic Engineering - bimonthly publication - Various issues, from 1982

Dowham, E. and R. Woods - The Rationale of Monitoring Vibrations of Rotating Machinery in Continuously Operating Process Plants - ASME Paper 71-Vibr-96 Jour. of Engrg for Industry - 1985

Frarey, J.L. - Development of Gear Failure Detection Methods - Office of Naval Research Contract N00014-68-C-0455, MTI 70TR76 - December 31, 1970

General Radio Company - Waltham, Massachussets 0254 USA - Catálogos, Manuais de Instruções, Publicações Especiais.

Ganier, M., N. Oiler et A. Ricard - Surveillance des Machines: Cas de Réducteurs à Engrenages - Méthode d'Analyse de la Contamination des Lubrifiants Industriels - Étude 15-J-04.1 Section 535 Raport Partiel 06 CETIM, 1981

Harris, C.M. and C.R. Crede - Shock and Vibration Handbook, 3 vols. McGraw-Hill, 1983

TÉCNICAS DE MANUTENÇÃO PREDITIVA

IRD Mechanalysis, Inc. - Columbus, Ohio 43229 - USA - Catálogos, Especificações, Literatura Especial

Jones, Mervin, Editor - Condition Monitoring: Proceedings of International Conf. on Condition Monitoring at the University College of Swansea 10/13 April, 1984

Kanai, M., M. Abe and K. Kido - Estimation of the Surface Roughness on the Race or Balls of Ball Bearings by Vibration Analysis - Journ. Vibration, Stress and Reliability in Design - Trans ASME vol. 109, 60/68 - January, 1987

Lavoie, F.J. - Signature Analysis: - Product Early Warning System - Machine Design January 1969 Pop. 23/28

Meier, H.E. - Objektive akustische Guetenpruefung durch Mustererkenung und Signalanalysis - Entwurf eines Pruefsystems und Anw endung fuer einen Elektromotor - Bunderministerium fuer Forschung und Technologie Bericht BMFT-FB-T-83-005 Februar, 1983

McClachlan, N.W. - The Theory of Vibration - Dover Publications, 1985

Morley, A. - Strength of Materials - Longmans, Green & Company 1938

Metrix Instruments, Company - 1711 Towhurst Drive - Houston, Texas 77043 - USA - Catálogos, Especificações, Literatura Especial.

Micro-Cell Instrumentação Ltda. - Rua Uirapurú, 52 - Barão Geraldo/Campinas 13085 São Paulo - Catálogos e Especificações

Myklestad, N.C. - Fundamentals of Vibration Analysis - McGraw-Hill 1956

Nepomuceno, L.X. e L.F. Delbuonno - Técnicas de Manutenção Preditiva pelo Espectro das Vibrações - Engenharia, nº 316, 10/15 - 1969

Nicolett Scientific Corporation - Catálogos, Especificações, Relatórios e Publicações Especiais

Meale & Associates - Guide to the Condition Monitoring of Machinery - H.M.S.O. - London, 1979

PCB Piezotronics, Inc. - Nepew, New York 14042-2495 USA - Catálogos e Especificações

Randall, R.B. - Vibration Signature Analysis - Techniques and Instrument Systems - Paper presented at the Noise, Shock and Vibration Conference - Monash University, Melbourne - May, 1974

Ranky, M.F. - Diagnostics of Gear Assembly – A New Approach using Impact Analysis - Institute of Sound and Vibration of Southampton University Repot ISAV nº 1000 - 1978

Rockland Scientific Corpoation - 10 Volvo Drive - Rockleigh, New Jersey 07467 USA - Catálogos, Especificações, Literatura Especial

IDENTIFICAÇÃO DA ORIGEM DAS VIBRAÇÕES MONITORAÇÃO 501

Stokey, W.F. - Vibration of Systems having Distributed Mass and Elasticity - in Shock & Vibration Handbook by Harris and Crede - McGraw-Hill, 1983

Schenck do Brasil Indústria e Comércio Ltd. Rua Áurea Tavares 480 06750 Tabôao da Serra, SP - Filial no Brasil da Carl Schenck Ag - D-6100 Darmstadt Deutschland - Catálogos, Especificações

Scientific Atlanta - Spectral Dynamics Division - Dymac Prodúcts 4075 Ruffin Road - San Diego, California 92123-0575 USA - Catálogos, Especificações, Literatura Especial

Stewart, R.M. - Application of Signal Processing Techniques to Machinery Health Monitoring - Institute of Sound and Vibration Southampton University - report ISAV 154 - 1984

Toyota, T., N. Yokota, K. Maekawa, N. Yamada and T. Suzuki: - Development and Application of Machine Diagnostics - Nippon Steel Technica Report nº 19, 20/49 - 1982

Thomas D.W. and B.E. Wilkins - The Analysis of Vehicle Sound for Recognition - Pattern Recognition 4, 379/389, 1972

Thompson, R.A. and B. Weichbordt - Gear Diagnostics and Wear Detection - ASME Paper 69-VIB-10, April 1960

Tatge, R.B. - Acoustic Techniques for Machine Diagnosis - Journ. Acous. Soc. Amer. 44, 1236/1241 - 1969

Vibrometer, Inc. - Billerica, Massachussetts 01822-5058 USA - Catálogos, Especificações, Manuais e Publicações Especiais

Wang, Z.Z. - Frequency Spectrum of Vibration Signal - Tech. Report Dept. Materials Science and Engrg. New York State University MSE-83-14 - 1983

Wavetek San Diego, Inc. - San Diego California 92138 USA - Catálogos, Especificações, Instruções e Literatura Especial.